画说力学系列

解析流动：画说流体力学

王洪伟　著

王洪伟 姬天悦　绘

人民邮电出版社

北京

图书在版编目（CIP）数据

解析流动 ：画说流体力学 / 王洪伟著 ；王洪伟，
姬天悦绘. -- 北京 ：人民邮电出版社，2020.12
（画说力学系列）
ISBN 978-7-115-54492-6

Ⅰ. ①解… Ⅱ. ①王… ②姬… Ⅲ. ①流体力学－普
及读物 Ⅳ. ①O35-49

中国版本图书馆CIP数据核字(2020)第151195号

内 容 提 要

这是一本解释日常流动现象的科普书，本书在保证趣味性的同时对所涉及的流体力学知识进行了较为深入的介绍。在对流动现象的解释中，本书力求达到在通俗易懂和科学严谨之间的平衡，让不同层次的读者都能看懂。书中插图均为作者在计算机上绘制而成，相关内容尽量用图而不是文字来表达，力求解释清晰又不啰唆。本书在图解基础上辅以流体力学基础知识，以及几个自己在家就可以进行的小实验，让读者可以深入理解流体力学的原理。

本书既适合广大科学爱好者，也适合从事与流体力学有关的行业技术人员阅读。

◆ 著　　王洪伟
绘　　王洪伟　姬天悦
责任编辑　刘盛平
责任印制　陈　犇

◆ 人民邮电出版社出版发行　北京市丰台区成寿寺路 11 号
邮编　100164　电子邮件　315@ptpress.com.cn
网址　https://www.ptpress.com.cn
北京九州迅驰传媒文化有限公司印刷

◆ 开本：787×1092　1/16
印张：14.75　　2020 年 12 月第 1 版
字数：358 千字　　2024 年 11 月北京第 16 次印刷

定价：89.00 元

读者服务热线：(010)81055552　印装质量热线：(010)81055316
反盗版热线：(010)81055315
广告经营许可证：京东市监广登字 20170147 号

前言

写一本流体力学科普书的想法产生于几年前，当时为了写专业的流体力学书——《我所理解的流体力学》，我买了很多科普书来参考学习以便把知识写得有趣且浅显易懂。看得多了，发现科普书和专业书之间存在明显的鸿沟。科普书大都讲得太浅，点到为止，甚至为了简化问题而产生错误，而专业书则基本都是按照学科体系编排，不是从问题出发的，读者不阅读大部分章节就很难得到想要的那部分知识。

于是拟定了一些题目后我就开始写了，但写出来的却仍然感觉既不浅显易懂又不深入系统，我想这正体现了当前科普工作的困境。在一两百年前，当时的很多科学家同时也是受欢迎的公众人物，因为他们的科研同时也是科普的，他们显得睿智而又擅长解决实际问题。然而这一百多年来，科技飞速发展，学科也越分越细，专业人士之间都隔行如隔山，更别说普通公众对科学的理解了。科普和科研之间的裂痕逐渐加大，因为科普都是解释现象的，而现象的本质往往比较复杂，甚至经常涉及跨学科的知识，于是就需要“博物学家”来解释，而“博物学家”有暗指不够专业的意思，这让很多科学家避之不及。

那什么是科普呢？通用的定义是：利用各种传媒以通俗易懂的方式让公众接受科学知识的活动，是一种社会教育。这里面完全没有提及受教育者的年龄、专业和社会地位。然而，我们却经常认为科普主要是针对青少年的活动，大多数的科普图书和科普活动都是针对青少年的。实际上，承担更多社会责任的成年人更需要科普，但当他们寻求一些通俗易懂的图书来了解科学时，可以选择的却很少。

科普书中也颇有一些针对成年人甚至专业人士的好书。例如，诺贝尔化学奖得主姜·范恩（John Fenn）写的《热的简史》就特别好。这是一本典型的科普书，但却不是面向中小学生的，书中对于热力学本质的论述甚至比很多教科书还要深入，我想从高中学生到相关工程技术人员，甚至包括很多教授热力学的大学教师读后都会颇有收获。该书读起来很有趣，语言也很轻松，从哪方面来说都应该算是科普书。

作者在写作过程中也曾经试图把每个现象都解释得全面且明白，但恐怕并未做到，因为实际现象总是牵扯太多的专业知识。也可能有的读者读完本书后会引出更多的疑问，其实这也是科普图书的作用之一：引发读者的兴趣和思考。其实不只是一般读者，科学工作者也是这样，知道的越多，疑问就越多。

本书到底是不是一本好的科普书留给读者评价，但作者敢说这是一本有特色的图书，和市面上的科普书都不太一样。在内容上，本书力求深入浅出，把复杂的流体力学知识归结到基本的牛顿定律和能量守恒定律；在表现方式上，本书主要以图解的方式，并配用尽量简洁的文字描述对相关内容进行展示。书中的插图均由作者绘制，在保证科学严谨的同时力求表述清晰且美观，漫画人物是作者的女儿绘制的，以提升知识的趣味性。

王洪伟

2020 年 6 月

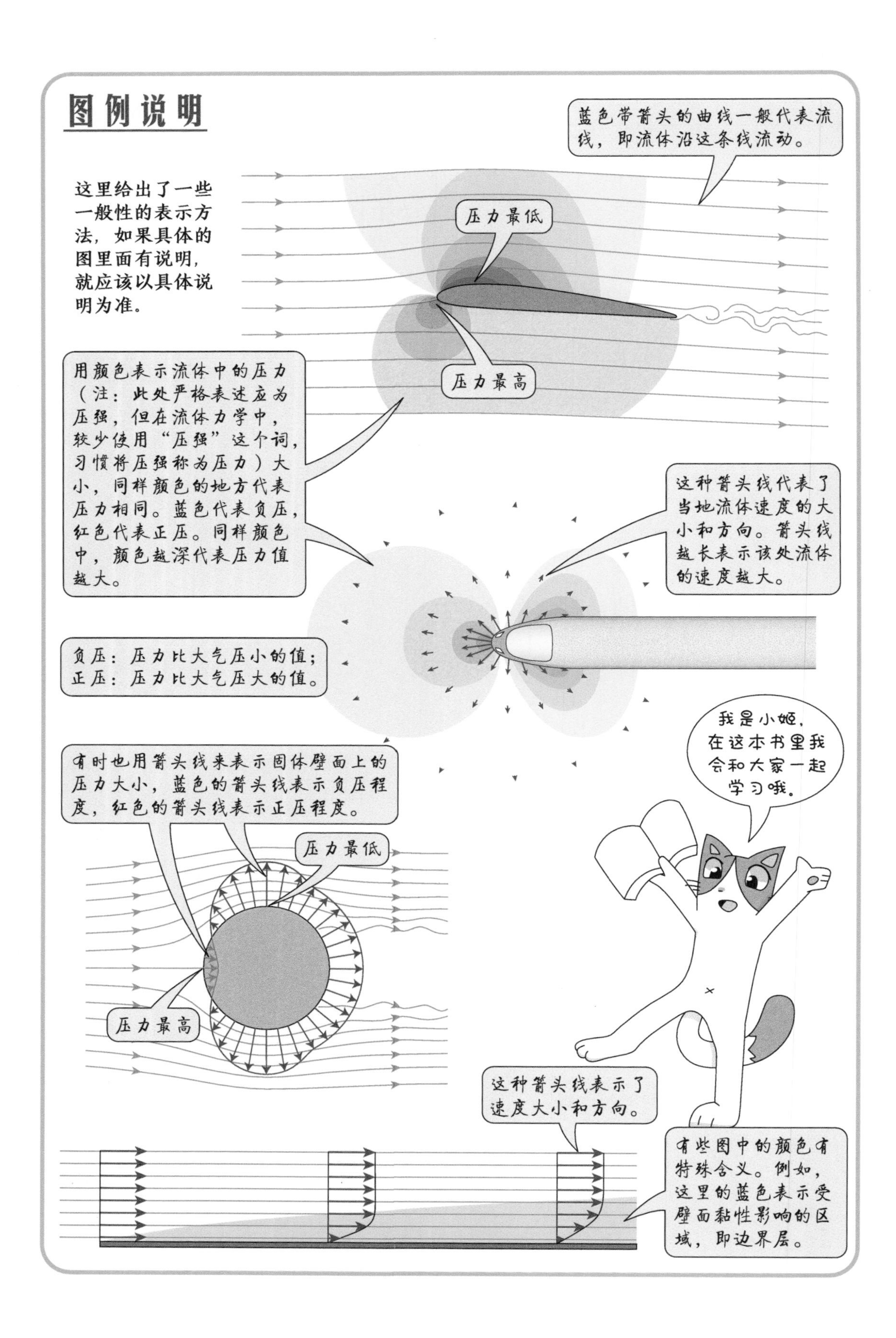
图例说明
这里给出了一些一般性的表示方法，如果具体的图里面有说明，就应该以具体说明为准。
蓝色带箭头的曲线一般代表流线，即流体沿这条线流动。
压力最低
压力最高
用颜色表示流体中的压力（注：此处严格表述应为压强，但在流体力学中，较少使用“压强”这个词，习惯将压强称为压力）大小，同样颜色的地方代表压力相同。蓝色代表负压，红色代表正压。同样颜色中，颜色越深代表压力值越大。
这种箭头线代表了当地流体速度的大小和方向。箭头线越长表示该处流体的速度越大。
负压：压力比大气压小的值；
正压：压力比大气压大的值。
我是小姬，在这本书里我会和大家一起学习哦。
有时也用箭头线来表示固体壁面上的压力大小，蓝色的箭头线表示负压程度，红色的箭头线表示正压程度。
压力最低
压力最高
这种箭头线表示了速度大小和方向。
有些图中的颜色有特殊含义。例如，这里的蓝色表示受壁面黏性影响的区域，即边界层。

目 录

第 1 章

什么是流体

1. 流体是能流动的物质

流体是液体和气体的统称，指那些易于流动的物质，是区别于固体的物质。但这个定义不太明确，什么样才是易于流动呢？貌似对于金匠来说，金子也易于流动，那金子可不可以算作流体呢？可见，要正确理解流体和固体的区别，首先要理解什么是流动，流动是指不断变形的运动，变形则指物体的形状发生了变化。

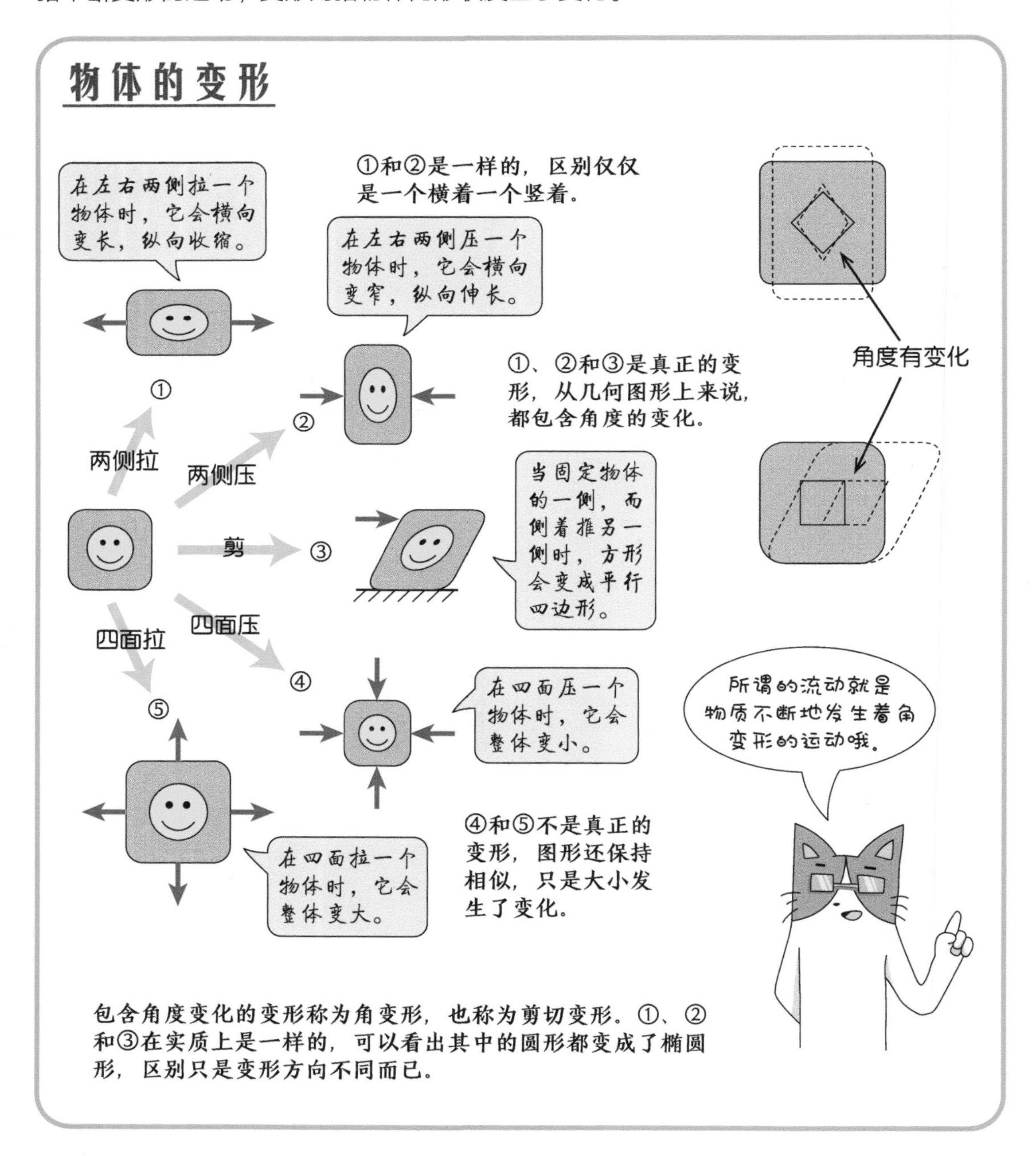

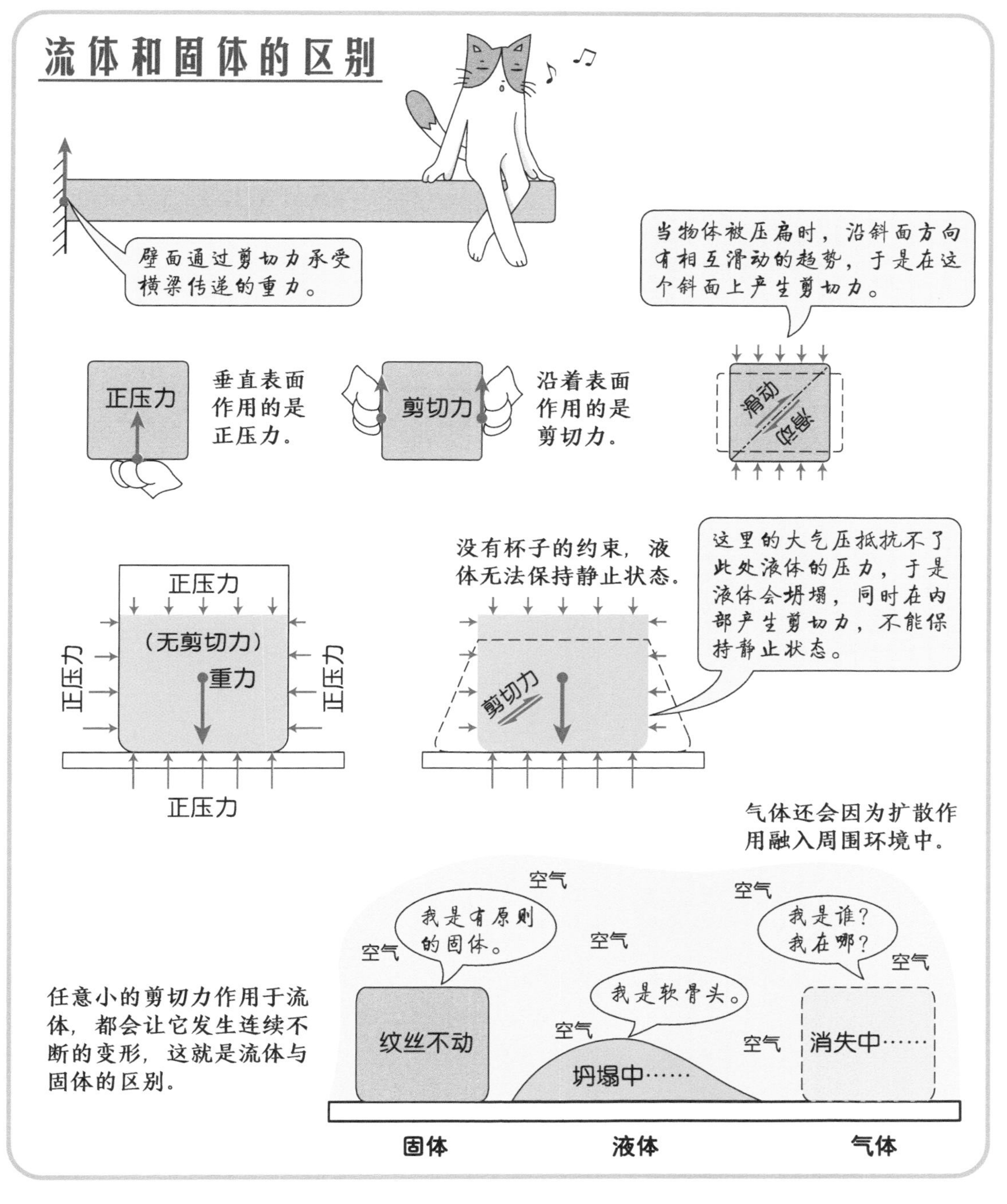

流动是一种不断地发生角变形的运动。水装在矿泉水瓶里的时候，我们是不能判断它是液体还是固体的，当我们想把水倒出来的时候，能流出来的是水，流不出来的是冰。也就是说，判断一种物质是不是流体，不是从它的成分判断的，而是根据它受力时的运动状态。固体可以放在桌子上保持静止，而流体就必须装在容器中才行。原因是只有装在容器中，才能使流体不受剪切力作用。流体的内部只要存在剪切力，就不可能处于静止状态，而是会不断地发生角变形运动，也就是流动。所以，我们可以给流体下一个严格的定义：在任意小的剪切力作用下，都会发生连续不断的角变形的物质。

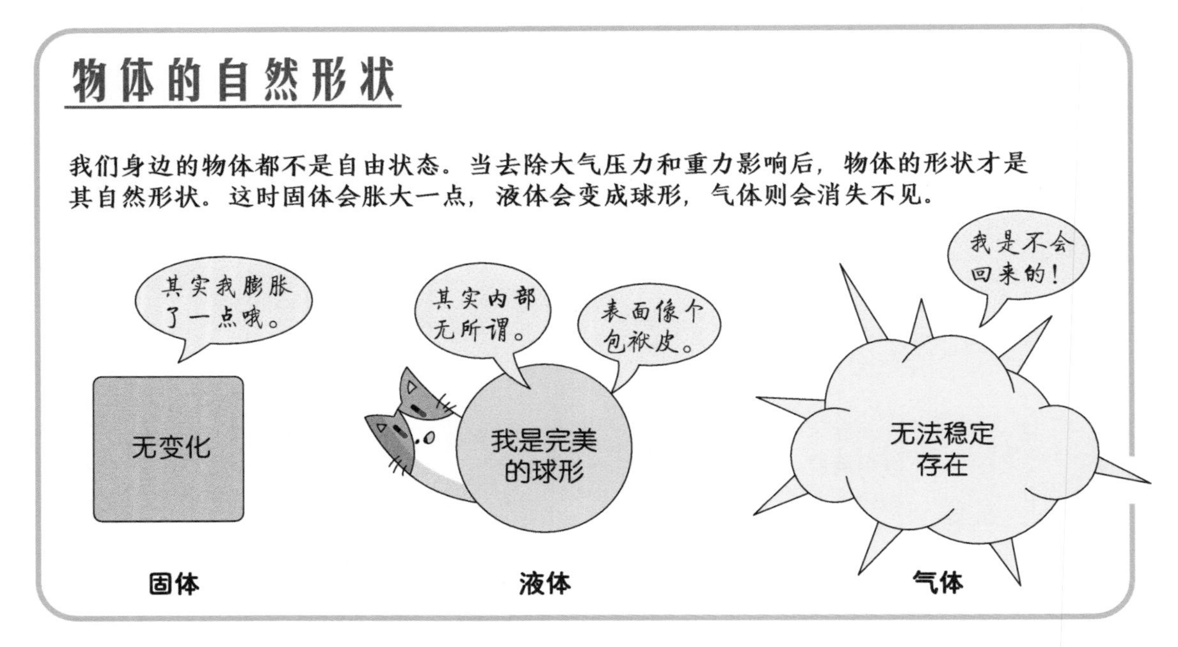

金匠打造金首饰的时候，利用的确实是金子的流动性，或称为延展性。但常温的金子当然不是流体，因为必须对金子施加足够大的力才能让它变形。把金块放在桌子上，无论过多少年都不会流成一摊，因为金子本身的弹性力足够抵抗重力而保持静止，所以它不是流体。

有人说，流体是没有固定形状的东西，严格来说不是这样的。我们日常生活中感觉流体有没有固定的形状，是跟我们所处的环境有关的。在地球表面上，物体都受到重力和大气压的作用。重力会在液体内产生剪切力使其流动，所以才没法保持固定的形状。气体则会融入环境中的其他气体，不但没有固定形状，还无法保持一个整体。物体的自然形状应该是在不受外力的情况下定义的。例如，馒头的形状是半球形，但如果被踩在脚下就不是了。流体比馒头还娇气，应该放在完全不受力的环境去研究它的形状。

在外太空的真空并且无重力的环境中，物体是基本不受力的。现在，我们把一杯20℃的水放在外太空的环境中，让杯子突然消失，水会变成什么形状呢？我们应该能猜出是球形，因为水有表面张力。不单是水，所有液体都应该是球形的，可以说球形就是液体的天然形状。少量的液体保持球形主要是表面张力的作用，大量的液体保持球形则还有万有引力的作用。大的恒星、行星和卫星都是球形的，这是因为当质量足够大时，万有引力很大，超出了固体的承受能力，使固体也表现出流体的特征了。不过且慢，如果真的把一杯水放在外太空，失去压力的水会沸腾，水蒸气不断逃逸，最后剩下的水会冻成冰，这就不完全是我们流体力学研究的内容了。

如果把气体放在外太空会怎样呢？显然，气体会以极快的速度消散在宇宙空间，就是爆炸，到最后什么都不会剩下。除非气体量特别大，到了万有引力可以和气体本身的压力平衡的程度，气体也会形成球形。例如，木星就是这样的一团气体。当万有引力不明显时，气体显然是没有形状的。我们甚至可以说，气体在不受力时根本就不存在。我们日常所遇到的对气体性质的描述，都是指在有环境压力约束下的气体。

观察液体的自然形状

虽然在地球上，液体不可避免地会受到重力的影响，但我们还是可以创设一个模拟零重力的场景，来观察液体的自然形状。方法就是让一种液体处于另一种密度相同的液体中，利用浮力来消除重力的影响。

所需物品和材料：

大玻璃杯（或透明塑料杯）1 个，可放入大玻璃杯中的小酒杯 1 个（半两左右的白酒杯最好），小勺（或滴管）1 个，无水酒精或医用酒精（或用 65° 以上的白酒代替）1 大杯，橄榄油（或其他食用油）1 小杯，纯净水 1 瓶。

步骤：

1. 在大玻璃杯中装入大半杯酒精，小酒杯中装入满杯橄榄油；
2. 把装满橄榄油的小酒杯慢慢沉入大玻璃杯底部，因为橄榄油的密度比酒精的密度大，这时橄榄油保持在小酒杯中；
3. 用小勺或滴管缓缓地把纯净水加入到大玻璃杯中，每加入一勺要稍微搅拌并等一小段时间让酒精和水混合均匀；
4. 可以看到小酒杯中的橄榄油表面逐渐凸起，当加入水量合适后，橄榄油从小酒杯中浮起，在大玻璃杯酒精溶液中央形成球形。

小贴士：

1. 加水要缓慢，如果水加得过快来不及和酒精混合均匀，可能会导致酒精和水的溶液密度大于橄榄油密度而使油浮出液面。
2. 所选的白酒密度必须小于油的密度，普通白酒是不行的。
3. 如果没有小酒杯，也可以直接将橄榄油倒入大玻璃杯中，这样的缺点是橄榄油会破碎成很多滴，效果不好。

2. 流体的独特性质——黏性和压缩性

流体在静止时内部不能产生剪切力，但流动起来后是可以产生剪切力的，这种性质叫作黏性。取一根粗吸管，吸入一小段糖浆或蜂蜜，把吸管倒过来，在重力的作用下，糖浆会开始向下流动。只要糖浆黏稠度和吸管粗细合适，我们就可以观察到糖浆匀速下落的景象，管壁的摩擦力平衡了糖浆的重力，这就是黏性力的效果。

黏性力、附着力和表面张力是不同的。附着力是两个物体之间的吸引力，在静止时也是存在的。例如，胶水把两个东西粘（zhān）起来靠的就是附着力。表面张力发生在液体表面，是表层分子之间的吸引力形成的。黏性力则只发生在流动过程中，是在两层有相对运动的流体之间的剪切力。液体和气体都有黏性，黏性典型的效果是产生阻力。

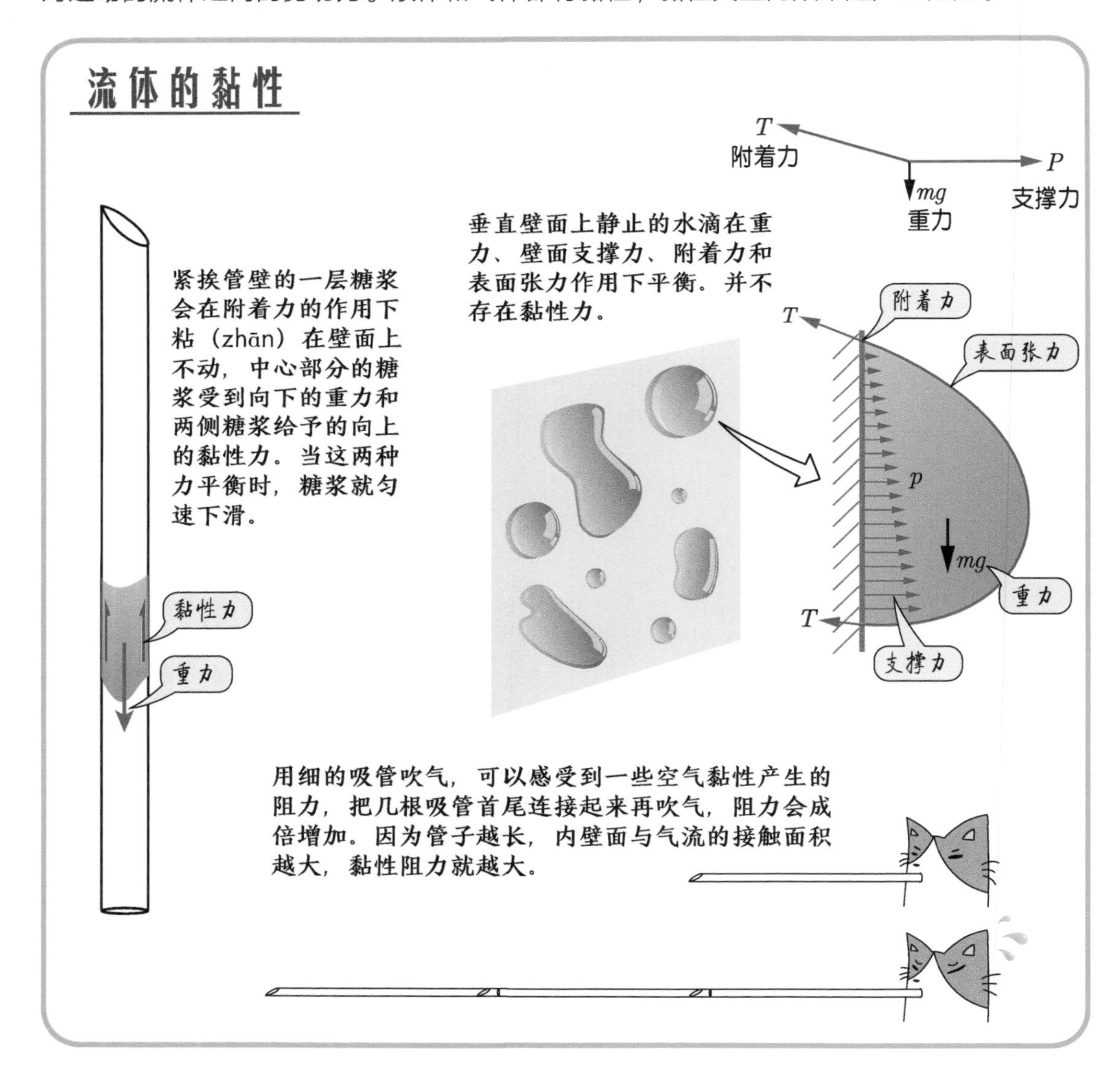

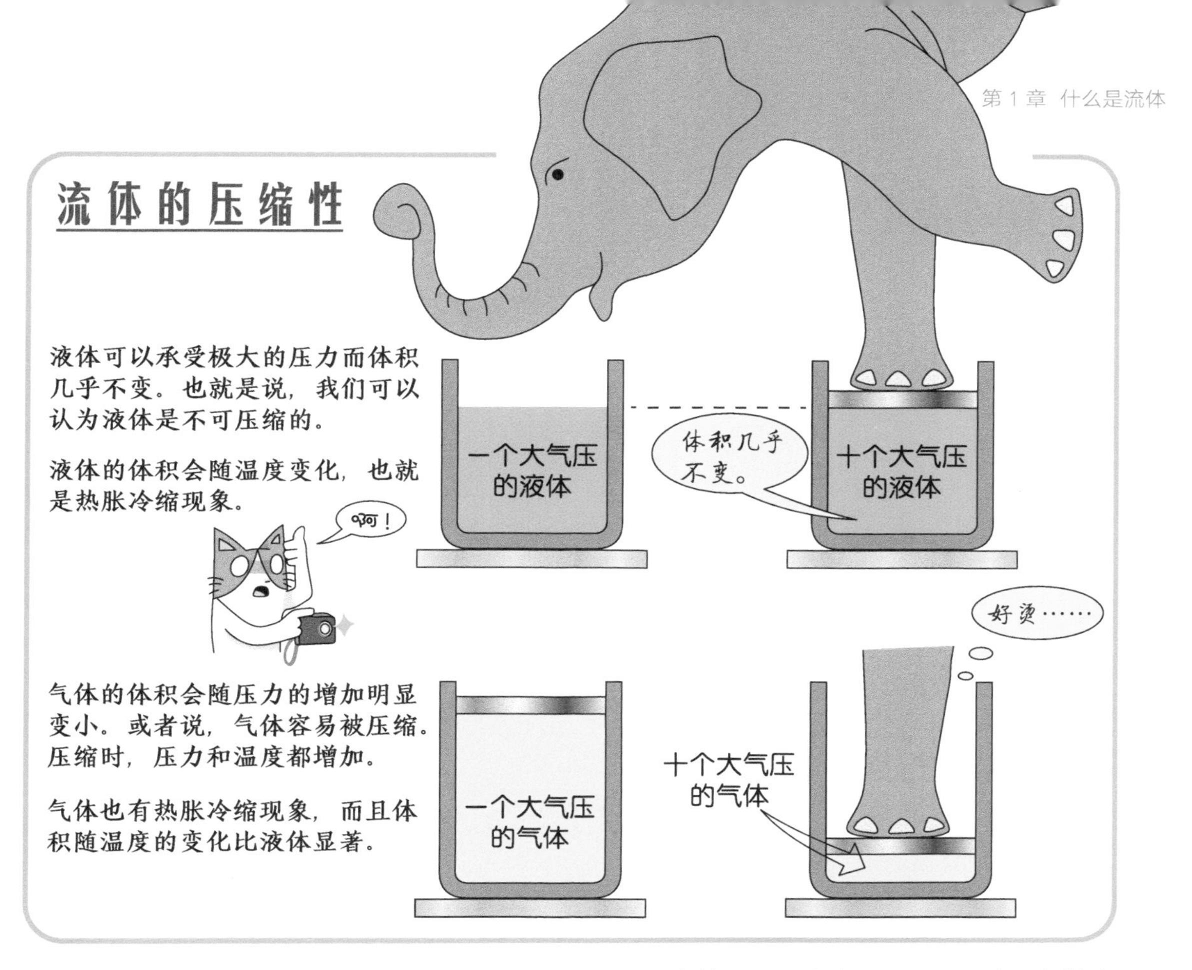

液体虽然难以保持固定的形状，但体积基本是固定的。1 个大气压、20℃时，水的密度是 998.2 kg/m^3；100 个大气压、20℃时，水的密度是 1002.7 kg/m^3，即体积只减小了约千分之五。把一个矿泉水瓶沉入 3000 m 深的海底，装满水后拧紧盖子，再拿出海面，它会不会爆炸呢？看来是不会，因为虽然压力减小了很多，但水的体积只膨胀一点。当然，如果海底的高压水中溶解有大量气体，就不好说了。

气体没有明确的体积，会自发地充满任何容积的容器。气体的密度 ρ 与温度 T 和压力 p 相关，一般气体较精确地符合下面的公式：

$$\rho=\frac{M}{8310}\cdot\frac{p}{T}$$

式中，M 是气体的分子量；p 是气体的压力，Pa；T 是气体的绝对温度，K。

可见，气体的密度同时受到压力和温度的影响。对于空气来说，其平均分子量为 29，在 1 个标准大气压（101,325 Pa）、20℃（绝对温度是 273.15+20=293.15 K）时的密度约为 1.2 kg/m^3。汽车轮胎内的气压一般为 3.5 个大气压左右，同样 20℃时，内部空气的密度约为 4.2 kg/m^3。

从上面的气体状态关系式可以看出密度似乎与压力成正比，如果快速地把一个容器内的 20℃常压气体压缩到 10 个大气压，它的体积是不是会变为原来的 1/10 呢？答案是不会。原因是压缩同时会使气体温度上升。实际上气体体积会变为原来的 1/5 左右，而其温度则会上升到 300℃左右。所以，压缩不仅使气体密度增加，还会使气体温度增加。

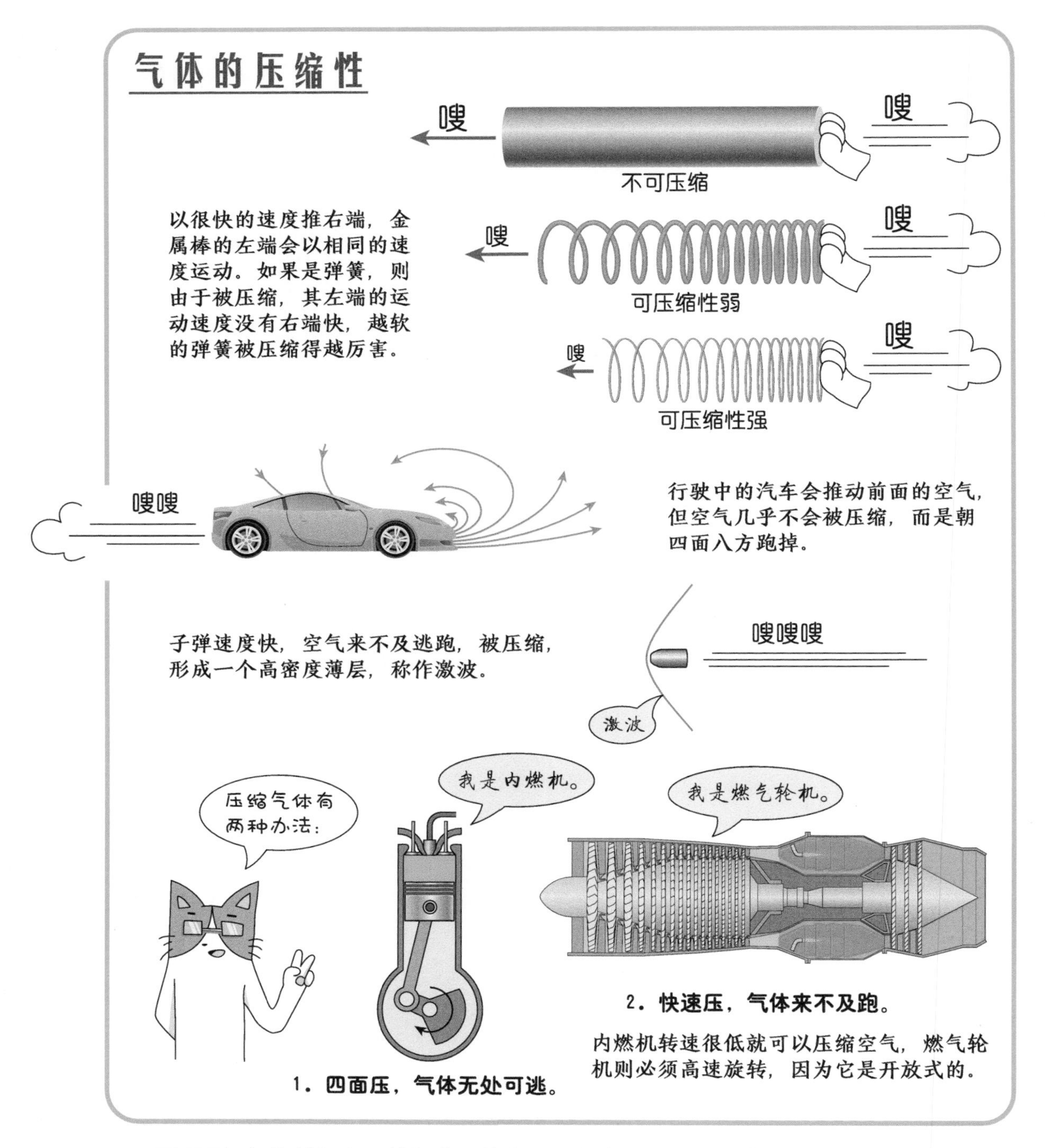

只要不把气体关起来，就很难压缩它，因为空气分子逃跑的速度非常快。这个速度取决于分子的热运动速度，宏观上差不多是声速。当去压缩空气的物体速度远低于声速时，气体会跑掉而不会被压缩，速度越接近声速，压缩效果就越明显。如果是超声速去压缩，则气体完全逃不掉，都被压在一起，就形成了激波。

声音在流体中以纵波的方式传播，是流体的一连串压缩和膨胀过程。如果真有某种完全不可压缩的流体（实际上不存在），那么其中的声速就应该是无穷大。

连续的流体

物质是不是连续可分的呢？目前，这个问题在科学上并没有答案。物理学家甚至倾向于认为空间都不是连续可分的。好在我们要研究的流体力学属于经典力学，不涉及量子力学和相对论的问题。经典力学是完全基于牛顿力学和微积分的学科，使用微积分就要求物质是连续可分的，所以经典力学不考虑原子尺度的问题。我们为了解释流体的黏性和压缩性，经常要提到空气分子，但是分子间的作用力如何形成了宏观的力，其实并不是很清晰。分子运动论的创始人之一玻尔兹曼的观点是：微观并不直接决定宏观，宏观的力是微观运动统计平均的结果，在宏观和微观之间有一道鸿沟。例如，宏观定义的气体的压力和温度对一个分子来说并没有意义。

对于流体力学问题来说，只研究基于宏观定义的力和运动就足够了。所以我们不需要把流体看成是分子和原子组成的，而是认为流体是一种连续的物质，可以无限分割，这样就可以用微积分来解决流动问题。这种忽略微观结构的方法称为连续介质假设，是流体力学和固体力学的基础。

对于常温常压的空气，连续介质假设是很合理的，因为分子的平均距离只有 0.00007 mm。当研究尺度很小的问题时，连续介质假设就有问题了。例如，现在的芯片的制造工艺达到了纳米级，在这个尺度上就不能使用经典力学了。花粉在水中会出现布朗运动，说明在花粉的尺度上水不满足连续介质了。

另外，当气体密度很低时，即使尺度很大，也未必能满足连续介质假设。例如，火箭在 120 km 的高空飞行时，气动阻力就不能用常规的流体力学计算，因为在这个高度上，分子间的平均距离有 30 cm，不能看成是连续的了。

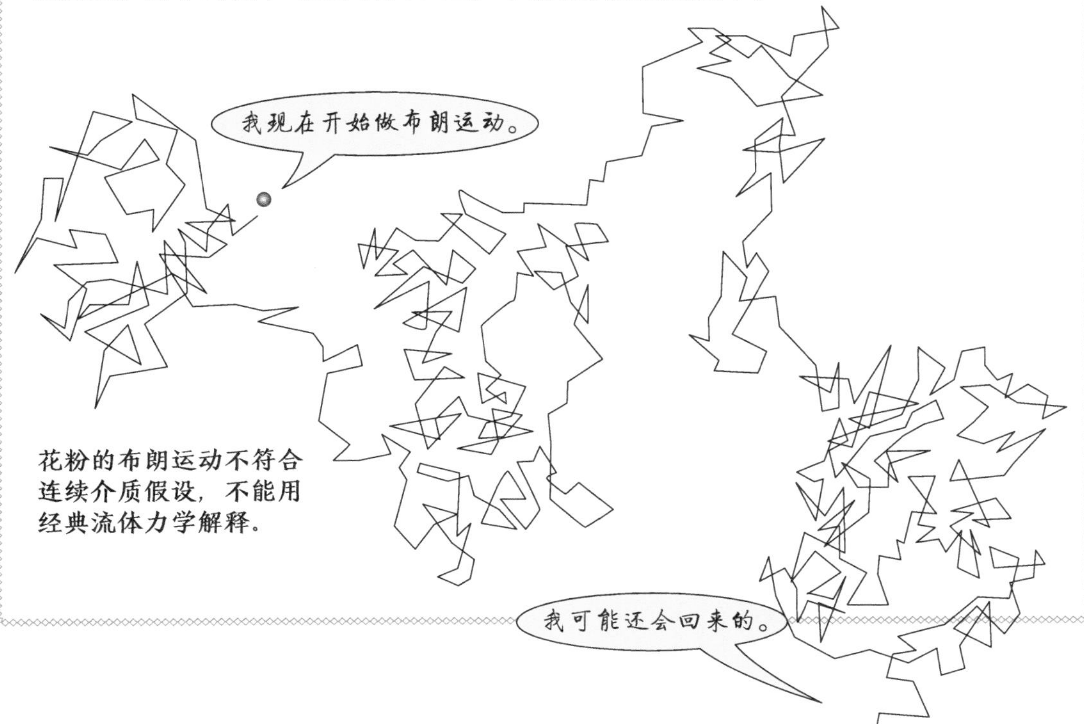

花粉的布朗运动不符合连续介质假设，不能用经典流体力学解释。

3. 压力就是指压强

在工程问题中，最重要的通常不是力的实际大小，而是单位面积上力的大小。例如，小轿车会陷进松软的土地中，而重得多的履带车却可以安然地通过，就是因为履带接触地的面积大，对地面压强小。

物体受到外力后，会产生一个内力与之平衡，单位面积上的内力称为应力。与截面平行（或叫相切）的称为切应力，与截面垂直的称为正应力（分为压应力和拉应力），压强就是压应力。由于流体内部不存在拉应力，所以流体内的表面力就分为压强（正应力）和黏性力（切应力）。实际上，在流体力学中，较少使用“压强”这个词，而是直接使用“压力”来表示正应力，这样它才更好地与黏性力对应，都表示单位面积的力。本书后面会频繁地使用压力，都指的是压强，而不会使用压强这个词。

流体内部的压力

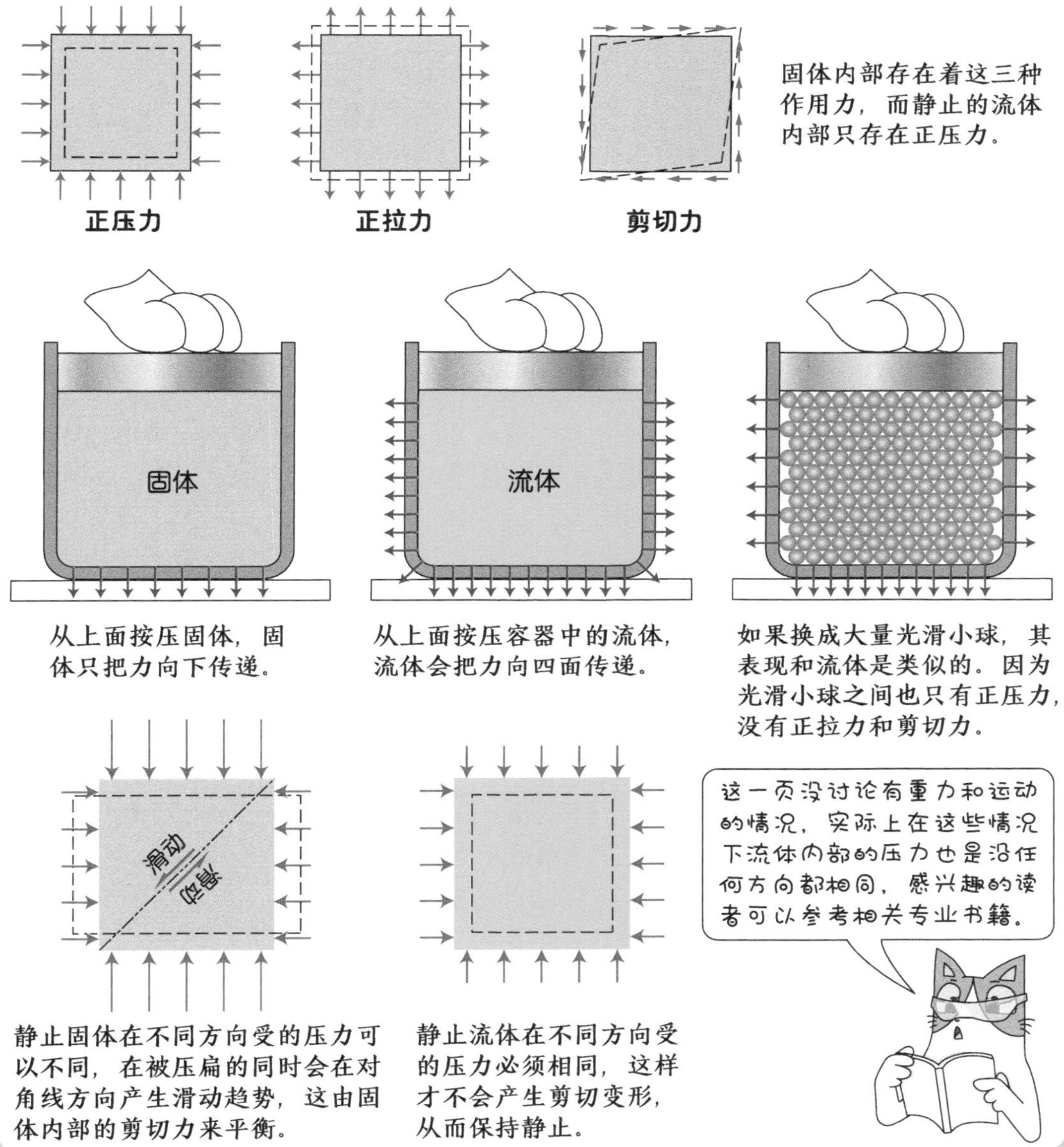

正压力

正拉力

剪切力

固体内部存在着这三种作用力，而静止的流体内部只存在正压力。

固体

流体

从上面按压固体，固体只把力向下传递。

从上面按压容器中的流体，流体会把力向四面传递。

如果换成大量光滑小球，其表现和流体是类似的。因为光滑小球之间也只有正压力，没有正拉力和剪切力。

滑动

滑动

静止固体在不同方向受的压力可以不同，在被压扁的同时会在对角线方向产生滑动趋势，这由固体内部的剪切力来平衡。

静止流体在不同方向受的压力必须相同，这样才不会产生剪切变形，从而保持静止。

这一页没讨论有重力和运动的情况，实际上在这些情况下流体内部的压力也是沿任何方向都相同，感兴趣的读者可以参考相关专业书籍。

由于大气的存在，地球表面上看起来不受力的物体，其实都受到一个大气压力的作用，所以物体内部总是存在着相应的压力。液体内部的压力是分子之间的排斥力产生的，气体内部的压力是分子热运动互相碰撞产生的。无论液体还是气体，它们内部的压力有一个共同的特点，就是在任何一点上，朝各个方向的压力都相等。这是流体区别于固体的一个特点，是因为流体内部的剪切力性质决定的。固体无论静止还是运动，其内部的剪切力都可以和正应力大小相当。流体静止时内部没有剪切力，即使运动时剪切力也通常比正压力小得多。于是，流体微团基本上只在周围的正压力作用下平衡，这些压力必须相等。

体积力和表面力

流体力学中把力按照作用形式分为体积力和表面力。

体积力是指作用于整团流体上的力，并且是不需要接触就能施加的力。重力就是一种体积力，如果流体导电或者有磁性，电磁力也是需要考虑的体积力。当流体做变速运动时，受到的惯性力也是体积力。

表面力是指通过接触流体的表面而作用的力。可以是固体对流体的作用力，也可以是相邻的流体对这部分流体的作用力。表面力按作用方向可以分为压力、拉力和剪切力。

对于气体，其分子之间并没有作用力，压力其实是气体分子互相碰撞的宏观表现。显然气体微团之间是不会因为碰撞体现出拉力的。当气体流动时，不同层的气体速度如果不同，就会有黏性剪切力。液体分子大概处于平衡位置，压近一些就体现为排斥力，膨胀一些就体现为吸引力。现实中，液体分子之间的作用力完全取决于外部环境，暴露在大气中的液体分子之间都体现为排斥力，因为要抵抗外界的大气压力。如果是一团处于无重力的真空环境中的液体，它会由于表面张力呈球形，相当于在表层有一个收紧的膜，因此内部的分子之间也有一点排斥力来与之相抵抗。也就是说，液体内部的分子之间都体现为排斥力，只有表层体现出吸引力，即表面张力。

浮在水面上的船在浮力和重力的作用下平衡。重力是体积力，方向向下，所以浮力必然应该是向上的，且与重力相等。虽然阿基米德原理告诉我们浮力的大小等于物体所排开流体的重量，但浮力并不是体积力，而是物体与流体接触的各个接触面上表面力的合力。飞机在空中匀速飞行的时候，升力等于重力，推进力等于阻力。这其中，只有重力是体积力，其他几个力都是表面力的合力。

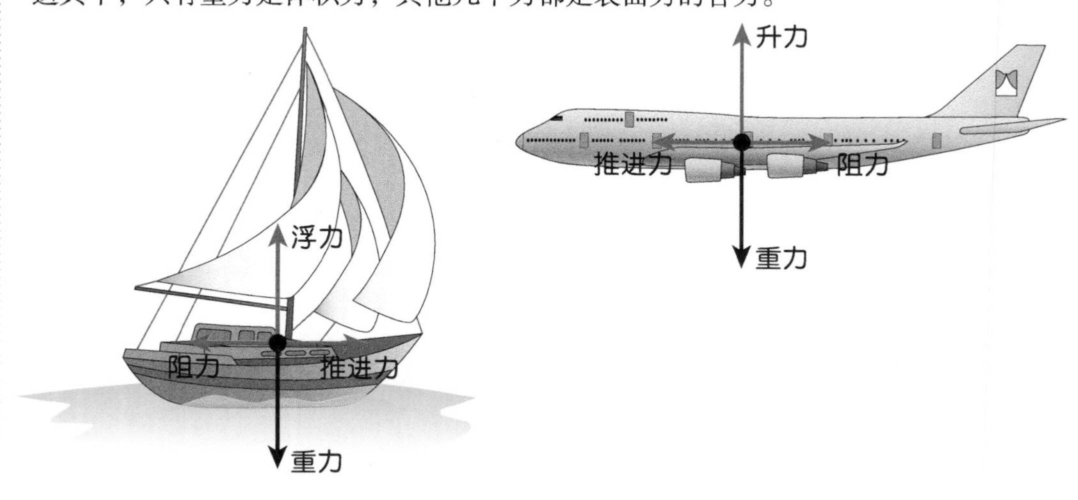

4. 图钉和千斤顶

固体和流体传递力的方式有很大的不同。固体传递相同大小的力，而流体传递相同大小的压力（单位面积的力）。按图钉时，图钉把手给予的力完全传递给木板，手安然无恙，而木板被刺穿。这是因为破坏物体的是单位面积上的力，钉帽的面积大，尖的面积很小的缘故。按动液压千斤顶的压杆时，是在推动小活塞，流体传递相同大小的压力，另一侧的大活塞上所受的力等于压力乘以它的面积，手施加的力就成倍地增加了。液压传动应用非常广泛，用软管中的油来传递压力，不用像杠杆或者滑轮那样需要考虑力的方向，是一种非常方便的省力方式。

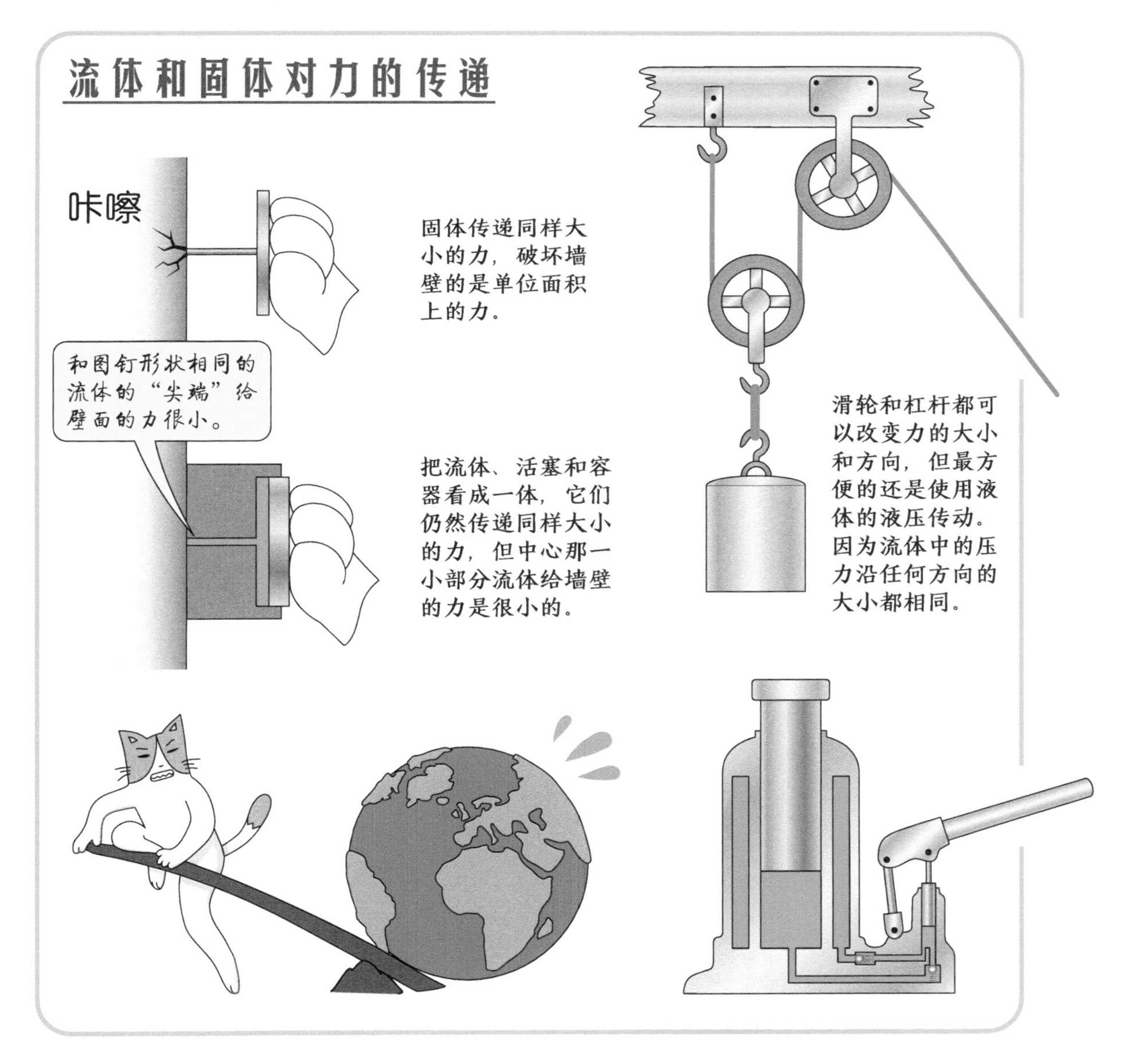

5. 神奇的表面张力

表面张力是使液体表面收缩的一种力，是表层分子之间相互吸引产生的。分子间力称为范德华力，同时包含吸引力和排斥力。当液体不受外力时，内部分子间也处于平衡的不受力状态，即吸引力和排斥力相等，分子们靠近一点就体现出排斥力，远离一点就体现出吸引力。而在液体表面上，经常有些能量高的分子挣脱了其他分子的吸引力而逃脱，这就是液体的气化。在这种作用下，液体表层分子间的距离比内部分子间的距离更大一些，分子间体现为拉力，这就是表面张力。表面张力的存在使液体表面趋向于面积最小，使液滴倾向于呈球形。

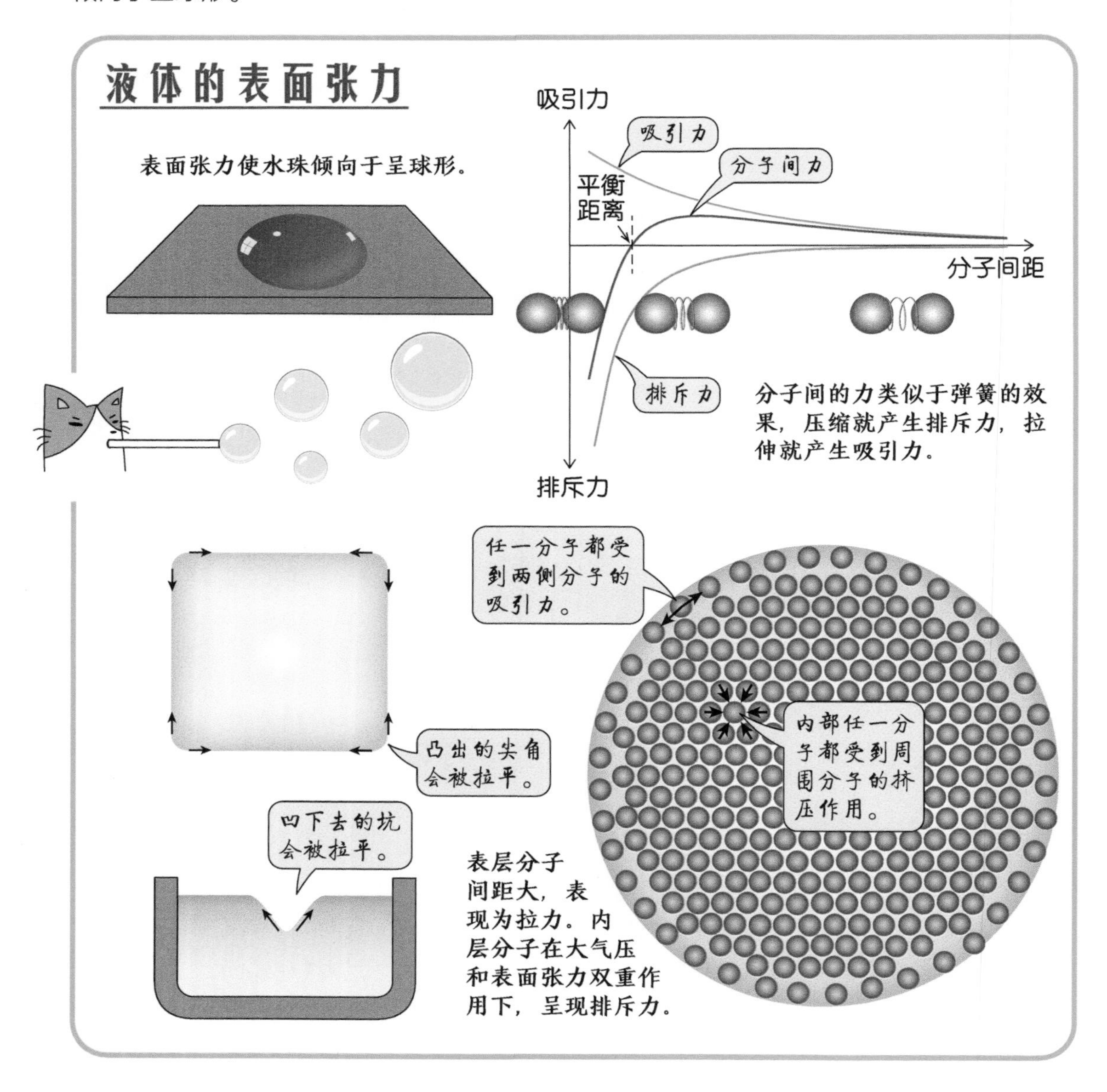

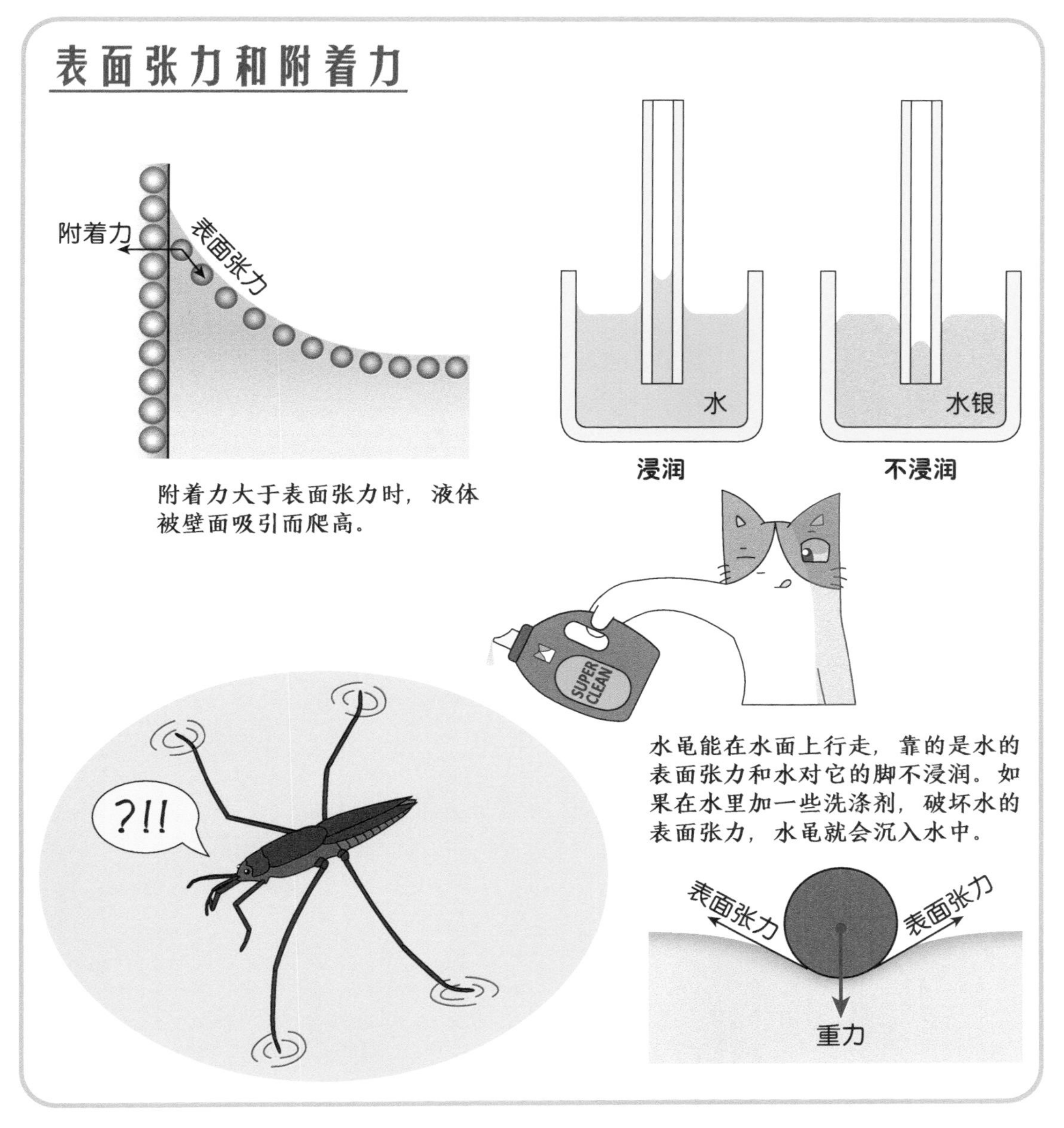

一般把同种物质分子之间的吸引力称为内聚力，而把不同物质分子之间的吸引力称为附着力。表面张力是内聚力，而液体与容器壁面接触处有附着力。附着力有可能大于内聚力，也有可能小于内聚力。当附着力大于内聚力时，液体就会被固体壁面吸过去，这时体现为浸润；当附着力小于内聚力时，液体就会被内部液体吸回去，这时体现为不浸润。水和玻璃之间是浸润的，所以玻璃管内的水会被壁面吸引爬上一定高度；水银和玻璃之间是不浸润的，所以玻璃管内的水银液面会被壁面排斥而低于液面。

水的毛细作用是在表面张力和浸润的共同作用下，水柱在细管内整体上升一段的现象。表面张力和附着力共同在水面形成一个下凹的薄膜，其下面的水压低于大气压力。有些昆虫可以在水上行走，靠的是水的表面张力和水对昆虫的脚不浸润的共同作用。据研究表明，水黾的脚部微小的刚毛内围困有空气，从而产生了宏观上的不浸润效果。

6. 覆杯实验探秘

一个杯子装满水，用塑料板盖在杯口上，手按着把杯子倒过来，小心地放开手，塑料板并不会下落，杯内的水也不会洒出来，这个演示称为覆杯实验。对这一现象通常的解释是外部存在大气压力，杯中水的重量对塑料板的力小于大气压力托住纸板的力。但仔细想来，这个解释是有问题的，因为放在空气中的水里本身就含有一个大气压力，再加上水本身的重量，是应该使塑料板下落的。实际上，这个现象中，杯口处水的表面张力和附着力也是必不可少的，下面先来看看两种不同深度杯子的演示。

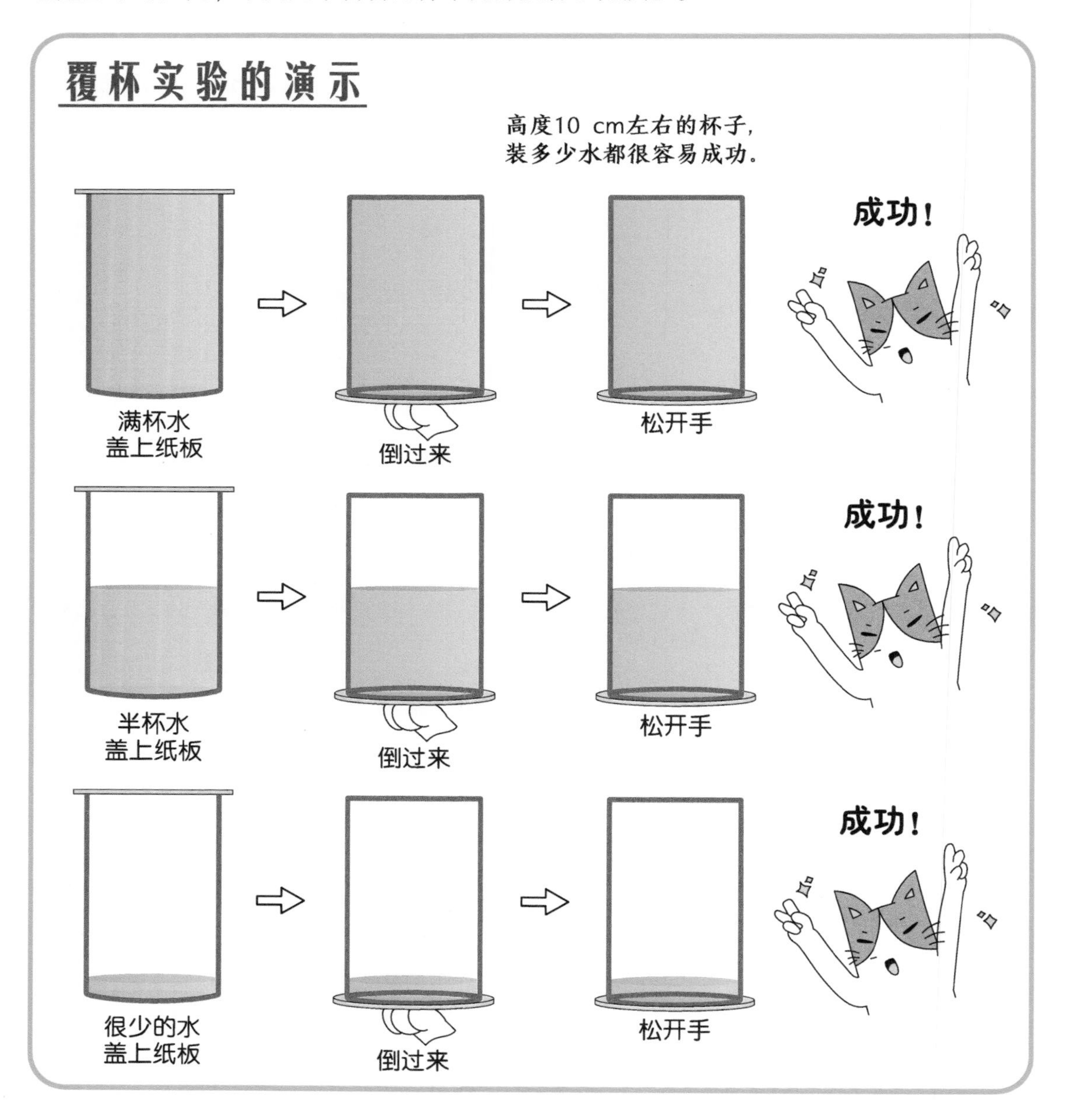

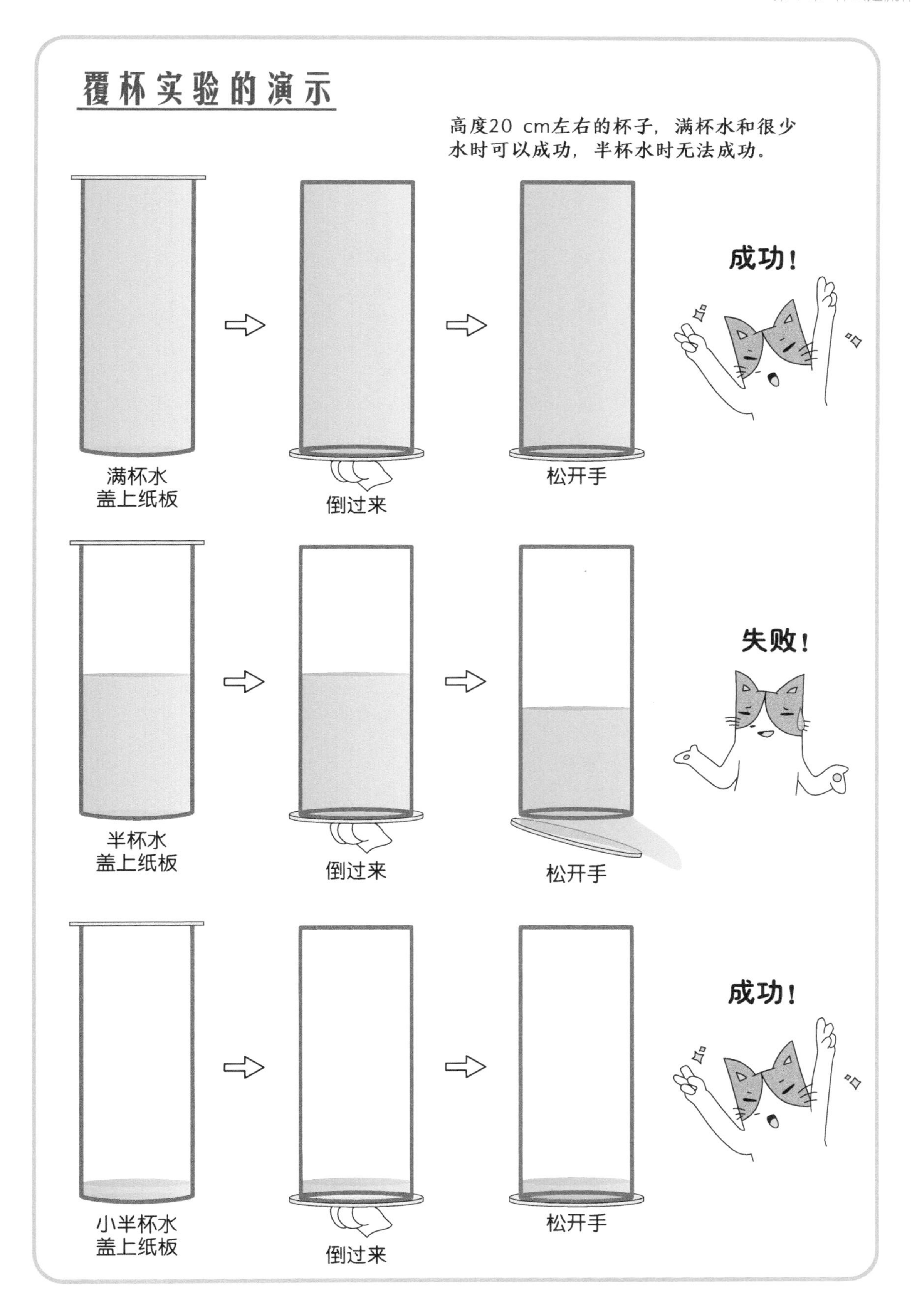
覆杯实验的演示
高度20 cm左右的杯子，满杯水和很少水时可以成功，半杯水时无法成功。
满杯水
盖上纸板
倒过来
松开手
成功！
半杯水
盖上纸板
倒过来
松开手
失败！
小半杯水
盖上纸板
倒过来
松开手
成功！

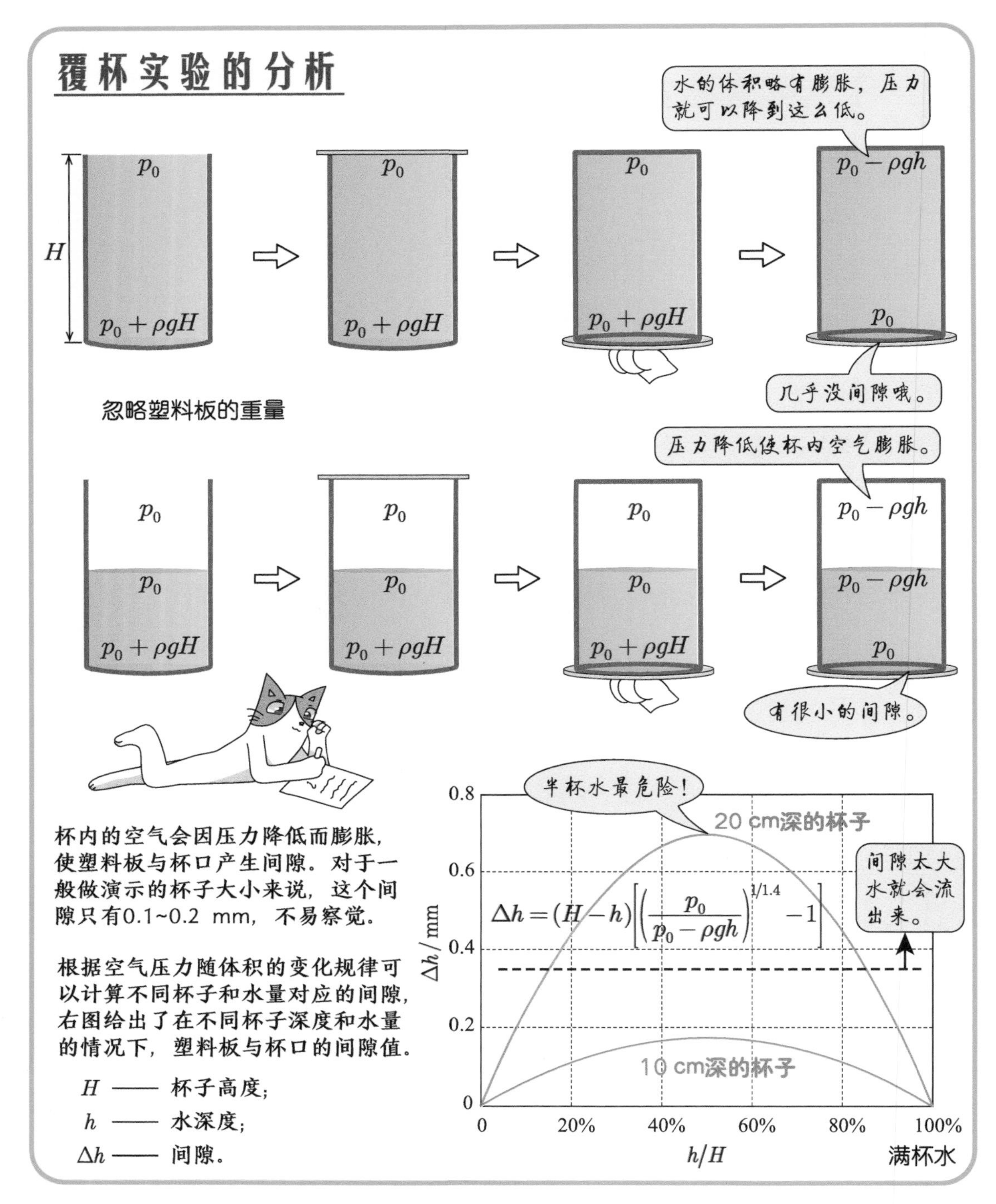

可以看出这个演示的成功与否与杯子的高度以及杯子装水的多少都有关系。对于满杯水来说，设杯子高度为 H ，杯子装满水后，杯口处水的压力等于大气压 p_0 ，杯底水的压力为 $p_0+\rho gH$ 。盖上塑料板并不对水施加力，水的压力保持不变。倒置杯子后水的压力仍然不变，只是此时杯底处水压变为 p_0 ，杯口处水压变为 $p_0+\rho gH$ 。塑料板上表面压力大于下表面，加上塑料板本身的重量，显然它应该下落，水会洒出来，但实际上却不会，原因是松手之后杯内的水会膨胀降压。

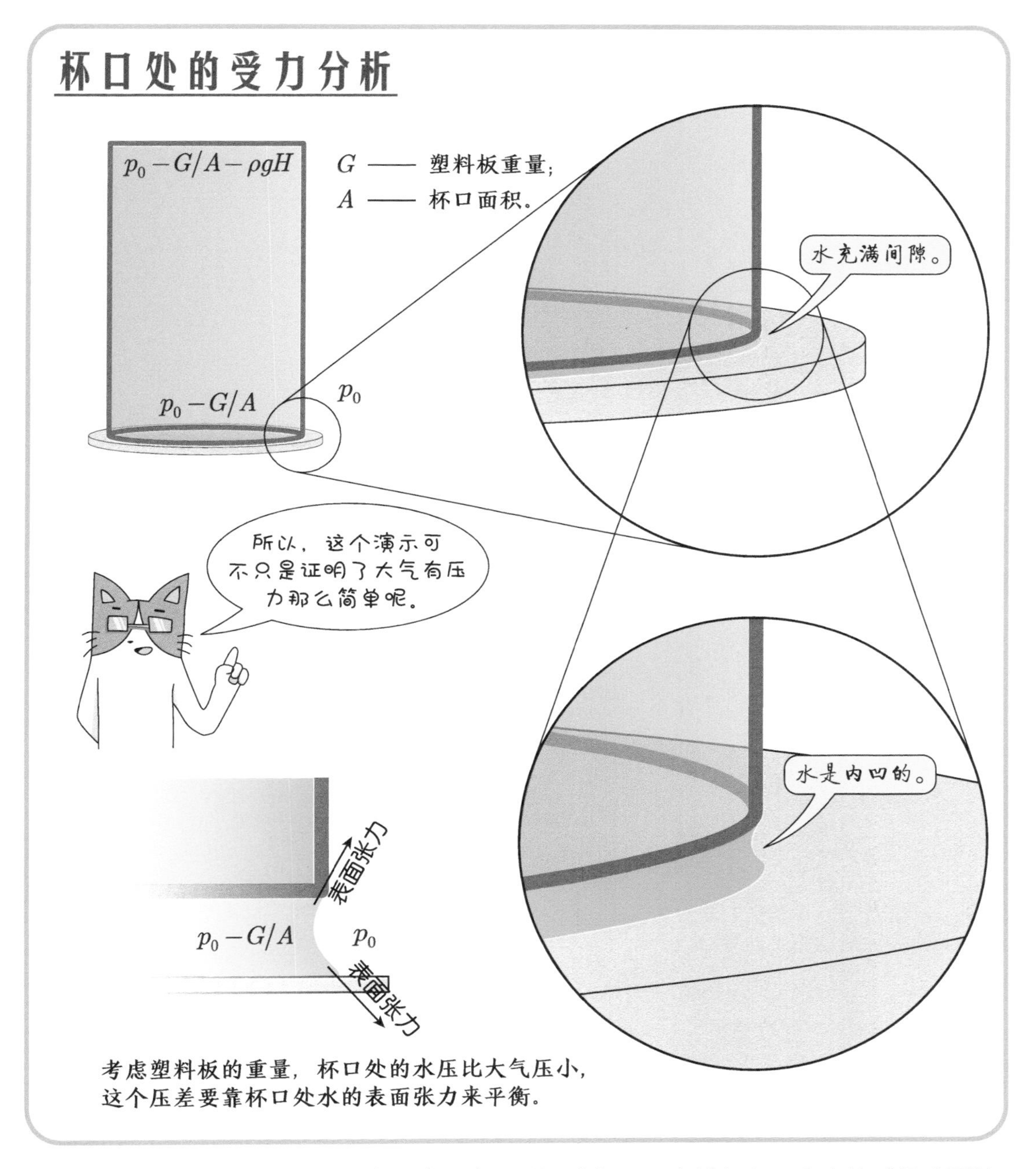

可见杯子的高度很重要，小杯子怎么都可以，大杯子只有满杯和一点水的时候才可以。另外还有一个问题，无论满杯水还是半杯水，塑料板和杯口之间都是有间隙的，那水为什么不会流出来空气也不会流进去呢？这要归因于水的表面张力。在小的间隙处表面张力非常强，一旦间隙大了就不行了，这就是用高为 20 cm 的杯子做演示时，半杯水就不行的原因，因为这时的理论间隙达到了近 0.7 mm。

考虑到塑料板是有重量的，杯口处水的压力应该是略低于大气压力的，间隙处的液面会向内凹，内部水的压力与间隙处表面张力之和等于大气压力。因此，虽然杯内的水可以很重，但塑料板却不能太重，因为它的重量是靠表面张力维持的。

7. 危险的气泡

输送液体的管道中如果存在气泡，液体流动可能会中断，这种现象称为气塞。气塞现象的危害很大，用水泵抽水时，如果管路中有大量气泡，就可能会导致水泵无法正常工作。汽车的制动油管中如果混入了空气或过热而有蒸汽析出，就有制动失效的危险。我们的主血管中如果混入了气泡，就有可能会造成供血不畅，甚至危及生命。

气塞现象

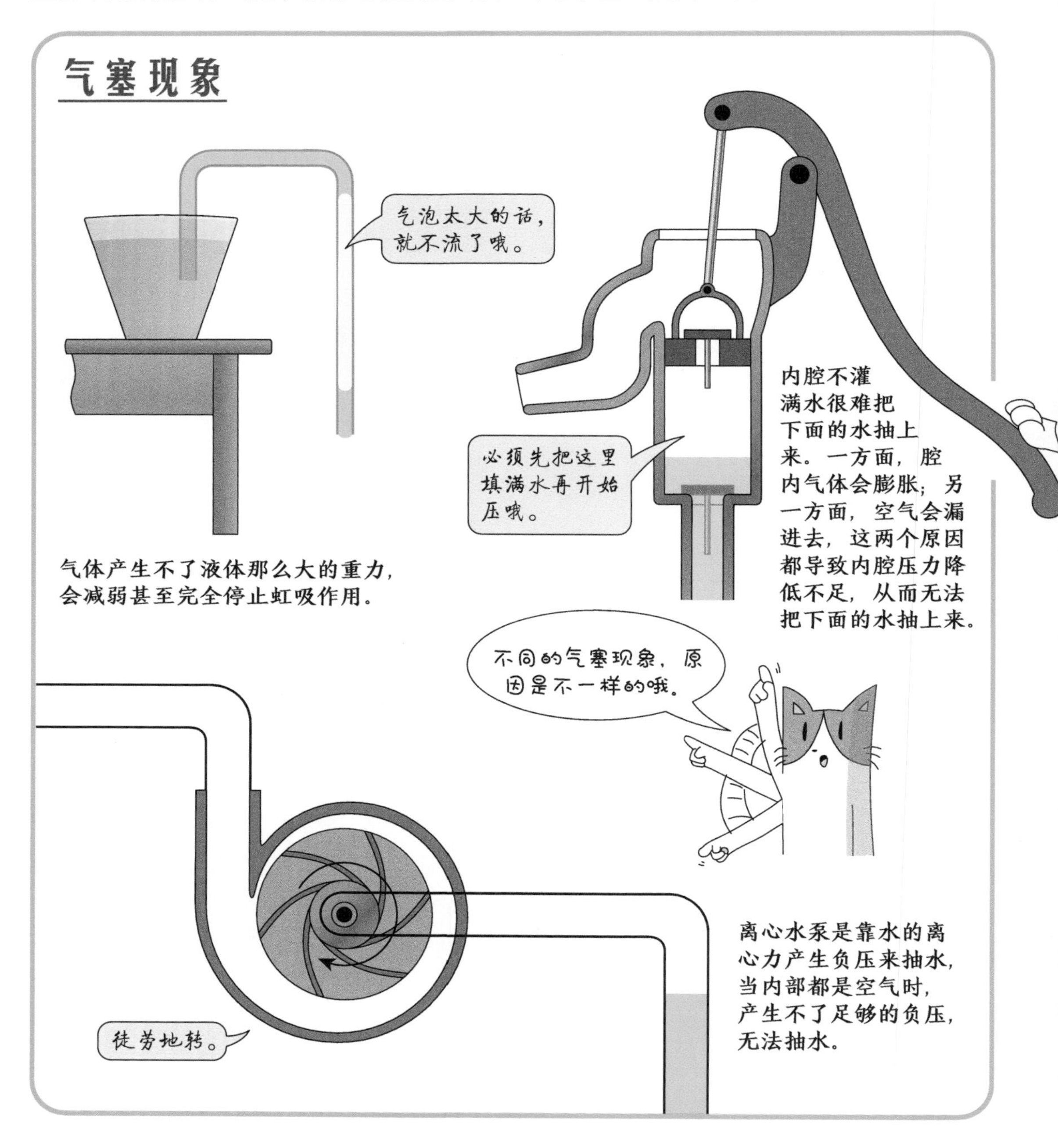

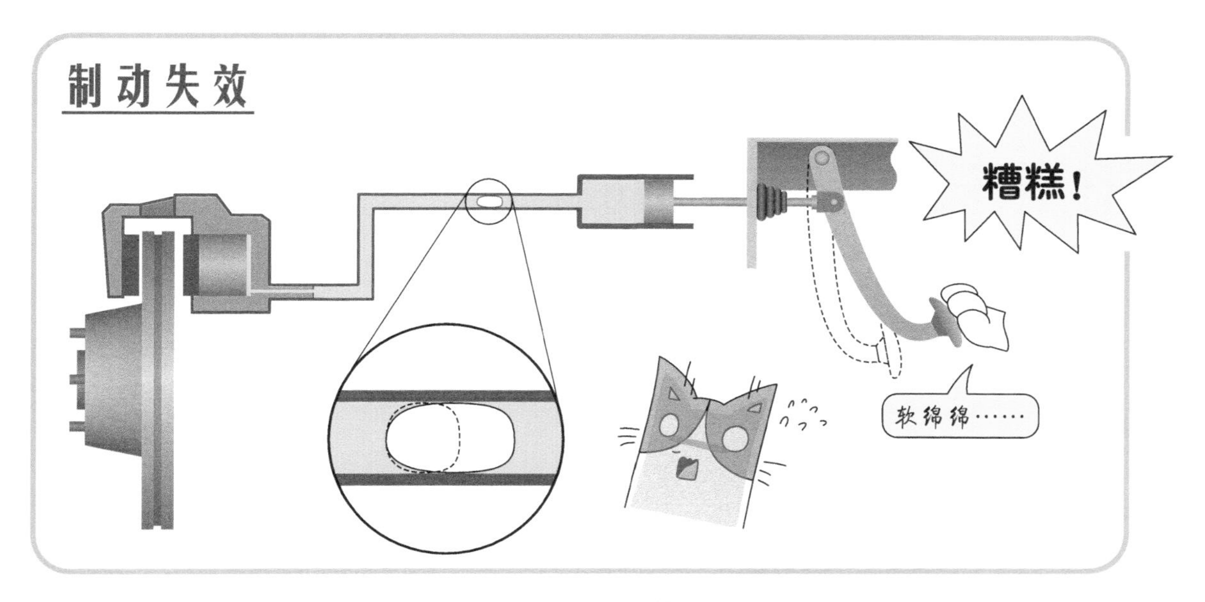

有的书上说，气塞现象是由于管路中间有气体的存在，压力无法传递造成的，这种说法其实不完全正确，因为无论是液体还是气体，都是可以传递压力的。上图所示的汽车制动系统中，如果没有气泡，踩下制动踏板，通过制动油将压力传递到制动钳上，可以对车轮实施制动。当油路中有气泡时，踩下制动踏板，按理来说压力一样可以传递到制动钳上，那为什么会制动失效呢？

与其说制动油管传递的是压力，不如说传递的是位移。制动踏板将制动油推进一段距离，从而使制动钳夹紧制动盘来使汽车制动。当管路中有气泡时，制动踏板也可以将气泡前的制动油推进同样的距离，这时气泡被压缩，其下游制动油的推进距离就小了。这时，同样的制动踏板行程不能提供足够的制动钳行程，就会出现制动失效现象。这时踩制动踏板，感觉绵软无力，原因是气体被压缩所产生的压力增加有限。所以说制动油管内存在气泡时导致压力不能传递也是有一定道理的，原因是气体的易压缩性导致压力建立不起来。

因此，气泡是否会产生阻塞与动力端的加压形式有关，如果动力端的位移是个有限值（如制动踏板和心室收缩），那么气泡确实会导致流动受阻。但如果动力端是个恒压的条件，则气泡并不一定会阻碍流动。例如，自来水管道中虽然含有大量空气，却很少导致堵塞，供暖管道中的水流也是如此。

有些输液管道中用到了液体重力的虹吸作用，当气泡运行到相应位置时，不能产生足够的重力，就会阻碍流动，甚至使流动完全停止。用水泵抽水时，会有两种情况产生气塞现象：一种情况是水管经过一个高坎，而气泡位于下坡段，气体不能提供足够的重力；另一种情况是泵的内部都被气体占据，叶轮驱动气体不能产生足够的离心力。

压水井要灌满水再开始压，一方面是活塞的位移无法让腔内气体建立足够的低压，另一方面是活塞和内壁的密封性通常很不好，井内全是水时，压的速度足够抵消漏水的速度。若活塞上部全是气的话，压的时候空气会高速漏进去，导致内腔建立不起来足够的低压。也有些压水井不用灌水也可以，是因为地下水位较高，活塞密封性也好，只要一开始飞快地压就能把水抽上来。

第 2 章

流动中的力与能量

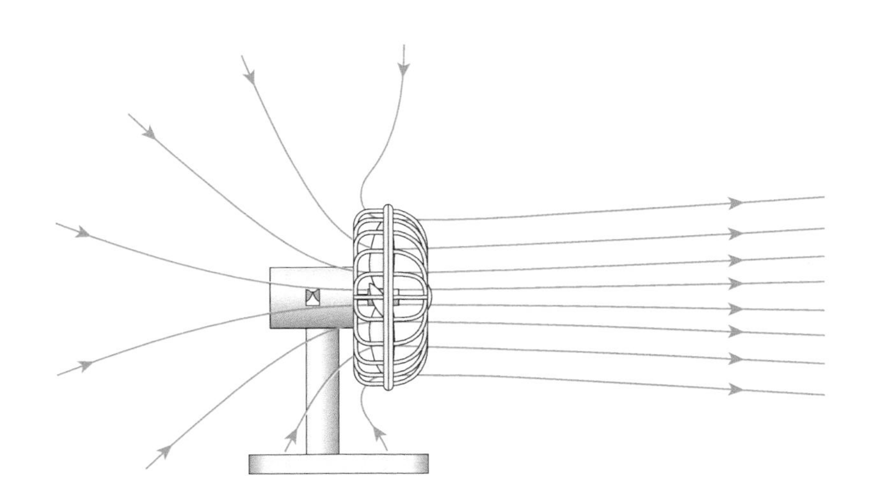

8. 开车兜风

坐车的时候，打开侧面的一扇车窗，可以感受到风呼呼地吹在脸上。那你有没有想过，空气是在源源不断地流进来吗？再来看这样一个问题，一辆封闭性良好的汽车，有一块玻璃破了一个大洞，当这个洞分别在前风窗玻璃，后风窗玻璃和侧窗玻璃上时，气流是流进来还是流出去？

我们可能会本能地想到，风吹在前风窗玻璃上形成较高的压力，如果玻璃有个洞，气流一定是会流入车内的。可是，车其他部分是密封的，这些流入车内的空气都去哪里了呢？显然车内的空气密度不会一直增加，所以空气是不会源源不断地流入车内的。相应地，空气也不会源源不断地从后风窗玻璃或侧窗玻璃上的洞流入或流出。或者说，当一个容器只开一个口的时候，总会达到某种平衡状态，洞口处并不会有持续的进出流动。

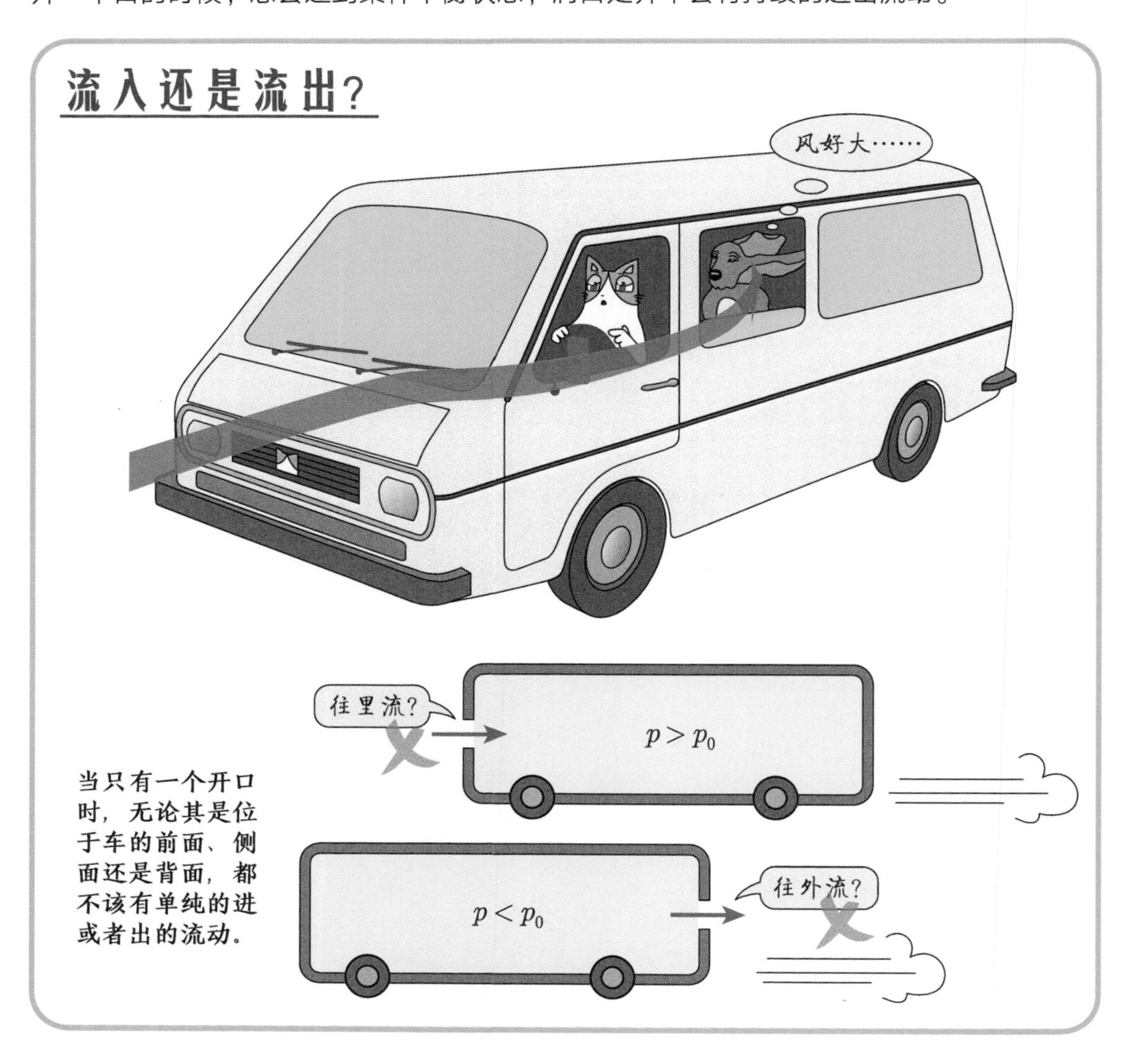

开口处的流动

虽然总体上没有流体进出，但开口处的流动很复杂，某一时刻还是会有流体进出的。一般来说，朝后的开口处的流动较温柔，而朝前和侧面的开口处的流动较激烈。

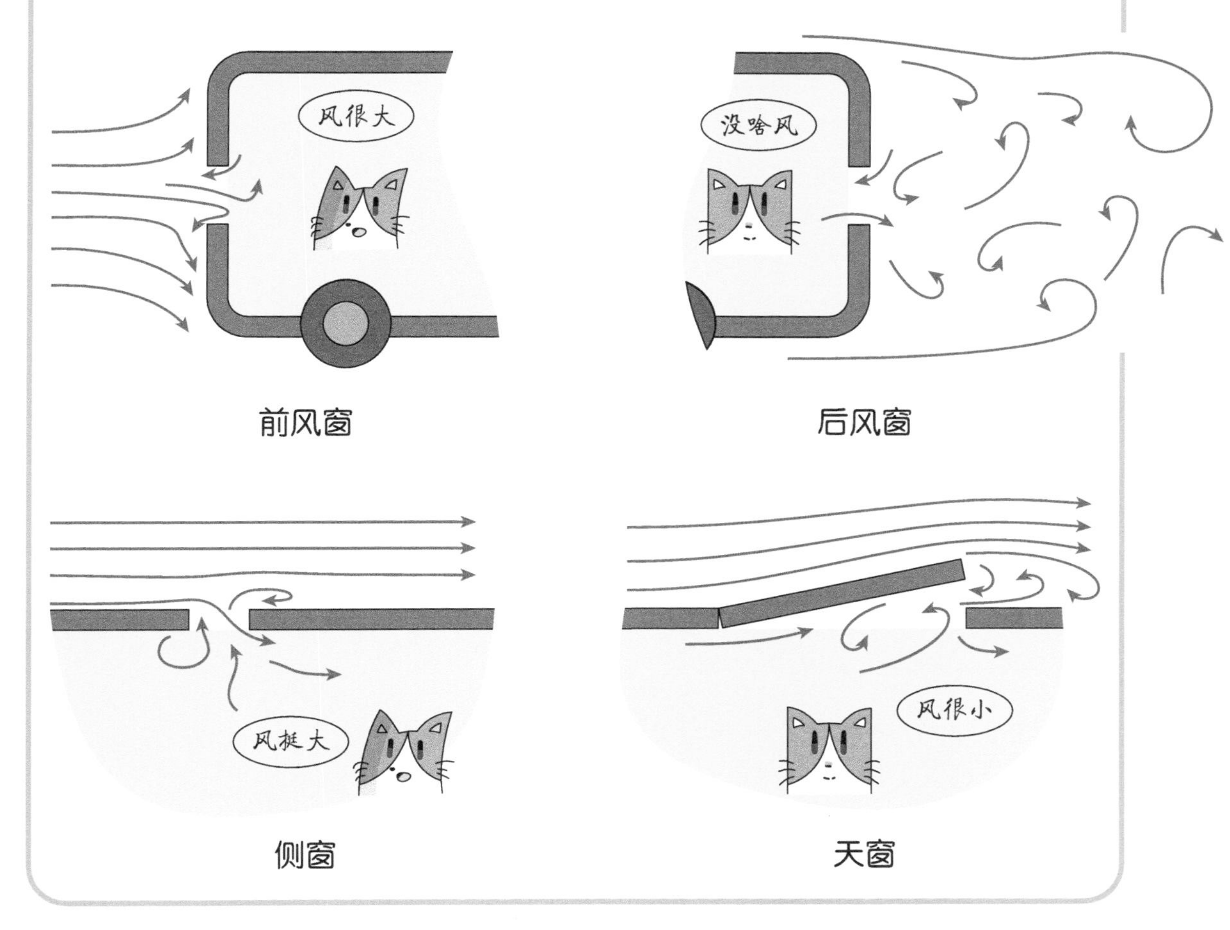

既然空气在洞口处不进不出，说明内外空气压力相同。洞在前风窗时，车内的压力高于外界大气压；洞在后风窗时，车内的压力低于外界大气压。当汽车从静止开始加速行驶时，洞口会有空气进出，来建立压力平衡，当汽车匀速行驶时，就不再有空气进出了。

不过这和我们的感觉好像不一样，开车兜风时明明是感觉风呼呼地吹在脸上嘛。这个现象确实有，但这和前面的结论并不矛盾。把车窗看成一个整体的入口的话，空气确实是没有净流入的，但气流可以从一半车窗进，另一半车窗出，或者也可能在某一时刻是进气，在下一时刻是出气。

普通轿车的天窗可以朝后开一个缝，有人说这样可以形成负压，在车内抽烟的话，烟可以被吸出车外。这也有一定道理，因为汽车不是真正的密闭空间，空气会从某些缝隙流入，从天窗流出。不过这种流动没有大家想的那么强，毕竟从各处缝隙流入的空气流量是很有限的。

流动中的质量守恒

远低于光速运动的物体遵守质量守恒定律。在流动问题中的质量守恒定律又称为流量连续方程，表示通过管内任何一个截面的流量相等。

应用流量连续方程能得到很多有用的结论。例如，前一节中行驶中的汽车开一个车窗的问题，完全不需要分析受力和运动，就可以知道气流一定不会持续流入或者流出。再例如，当我们发现一条河流的某处的河面并没有变宽，但水流速度明显比上游慢，我们就可以判断出这里的水应该很深。

流体力学中的流量是指单位时间内流经管道某截面（截面积为A）流体（密度为ρ）的量。若流体的量以体积表示就称为体积流量，国际标准单位是$\mathrm{m^3/s}$；若流体的量以质量表示就称为质量流量，国际标准单位是$\mathrm{kg/s}$。流量是一个生活中常遇到的物理量。例如，我们家里的自来水表和天然气表的转速就表示了流量的大小。

当管道中的流体不随时间堆积时（称为定常流动），进出口的流量相等。

质量流量的表达式：$\dot{m}=\rho Av$

质量流量连续方程的表达式：$\rho_1A_1v_1=\rho_2A_2v_2$

当流体可以认为是不可压缩时，流体密度为常数，体积流量连续：

体积流量的表达式：$Q=Av$

体积流量连续方程的表达式：$A_1v_1=A_2v_2$

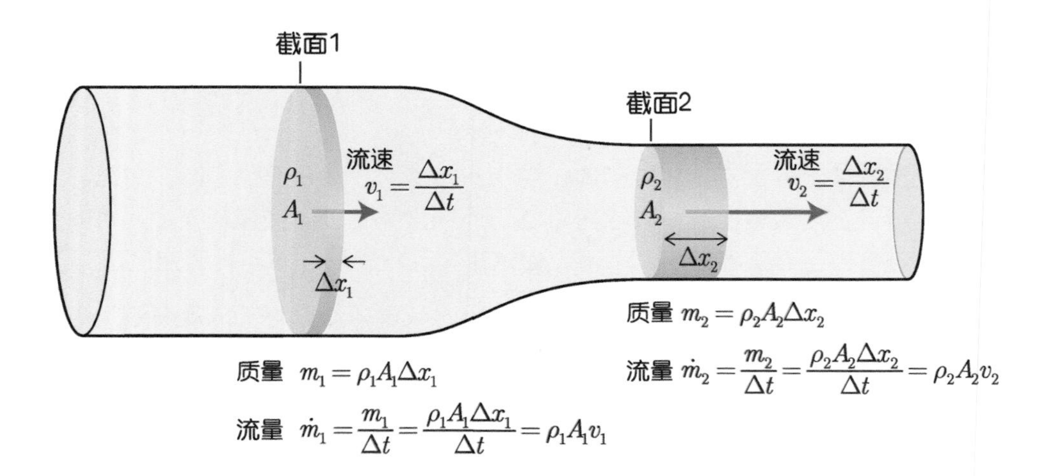

在Δt时间内，截面1（截面积为A_1）处的流体（密度为ρ_1）行进了Δx_1的距离，截面2（截面积为A_2）处的流体（密度为ρ_2）行进了Δx_2的距离。

9. 喷气推进

说到喷气推进，我们首先想到的可能是火箭和飞机。最简单的演示火箭推进原理的方法是吹起一个气球，当放开手后，气球内部的气体在压力作用下喷出，气球就朝与喷气相反的方向飞去。我们都知道气球是靠反作用力飞行的，即遵循牛顿第三定律。牛顿第三定律涉及两个物体之间力的作用，一个物体是气球，另一个物体是喷出的气体。还有一种解释推力的方法是用动量定理，一开始气球和内部的空气都处于静止状态，当气体以高速喷出时，气球就朝相反方向运动，排出气体的动量与气球运动的动量大小相等方向相反。

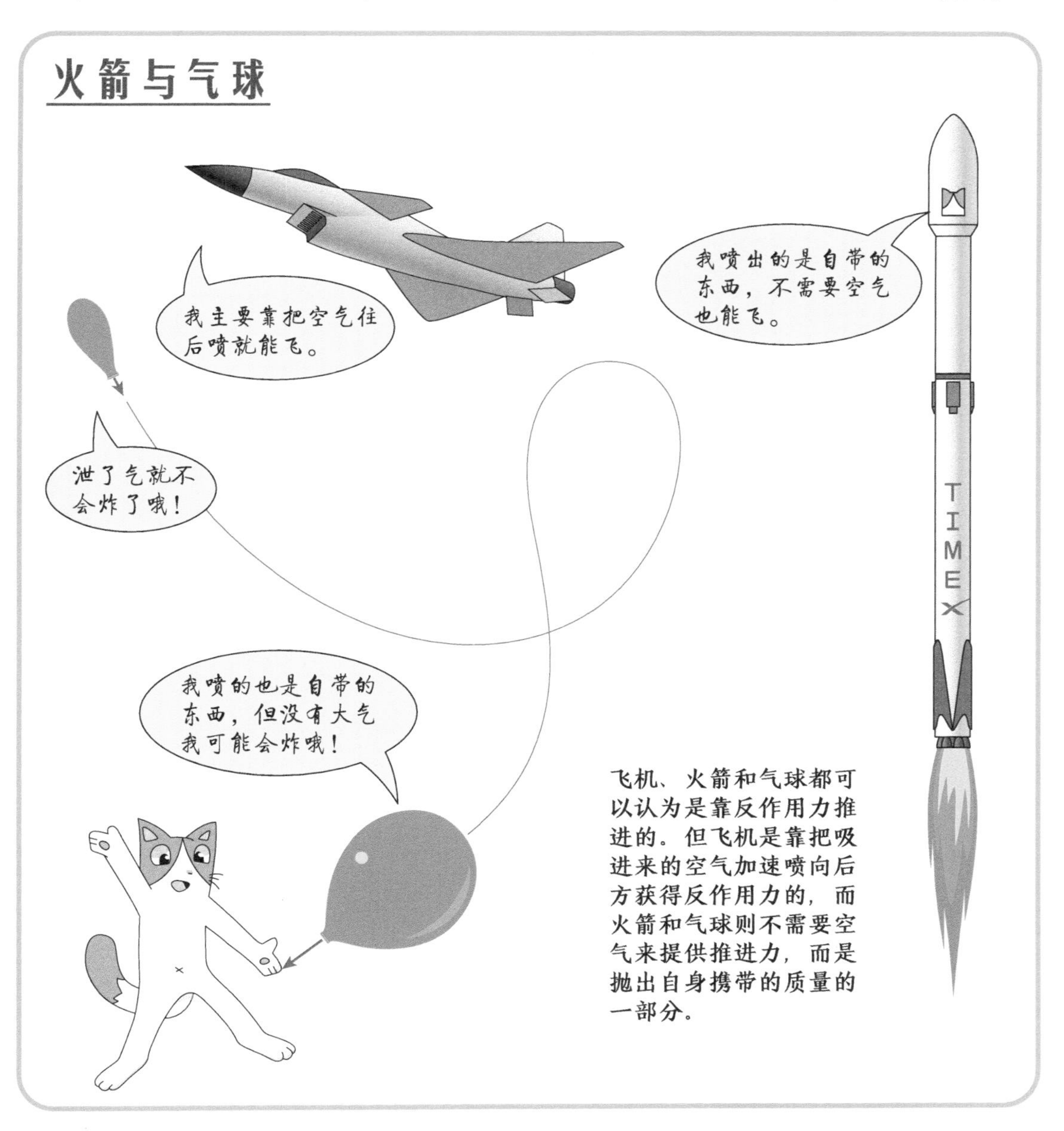

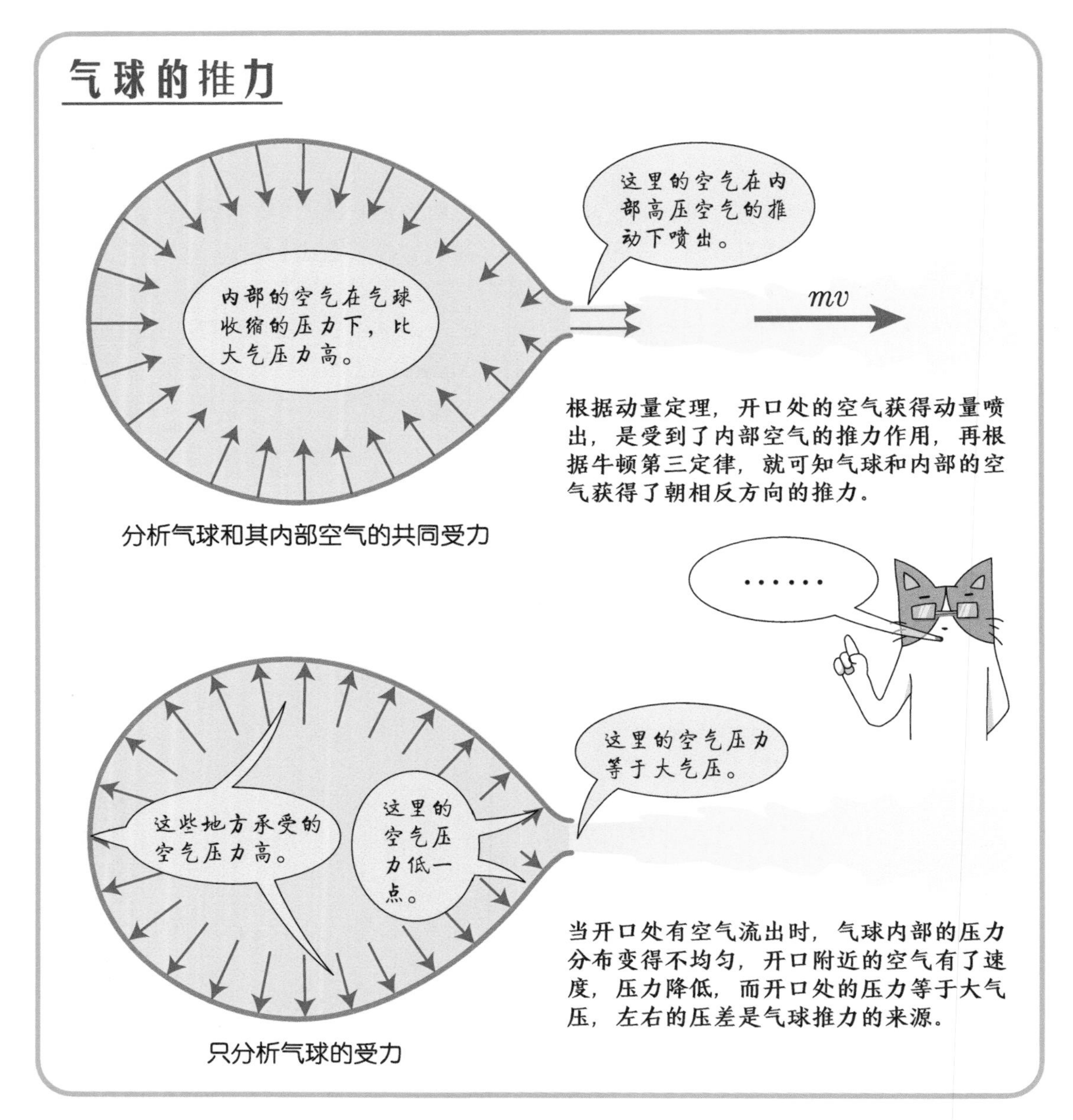

用动量定理解释气球的推力是比较简单的，前提是你对动量定理要认同并理解。把气球和内部的空气看成一个整体，它们一起把开口处的气体推出去，再根据牛顿第三定律，气球和内部的气体获得一个反向的力，这就是气球推力的来源。也可以直接分析气球本身的受力，而不包含内部的空气。气球内的气体压力是高于外界压力的，而开口处的压力为大气压，并且接近出口处的空气压力也因为有流速而有所降低，于是有一部分朝前的压力没有抵消掉，这就是气球获得的推力。

气球在飞行时还受到空气阻力的作用，这个阻力如果与气球喷气产生的推力相等，气球就做匀速运动。如果阻力小于推力，气球就做加速运动。另外，由于气球远不是流线型，空气会在其后部产生很混乱的流动，对气流施加忽左忽右的横向力，所以放开手后气球都不会走直线，行进路径很难预测。

10. 靠空气"悬浮"

利用空气实现悬浮有三种方式：一种是氦气球那样的比空气轻或者和空气一样重的物体，靠空气的浮力悬浮；另一种是灰尘和花粉等微小颗粒，靠的是缓慢下落中空气的阻力来悬浮的，严格来说不能算悬浮；还有一种是比空气重的物体，如昆虫，鸟类和人制造的飞行器，这些物体靠的是把空气排向下方来悬浮的。最后这种悬浮是我们人类可以利用的，各种各样的飞行器全都要把空气排向下方，飞行器重量越大，就需要越快地向下排出越多的空气来获得升力。

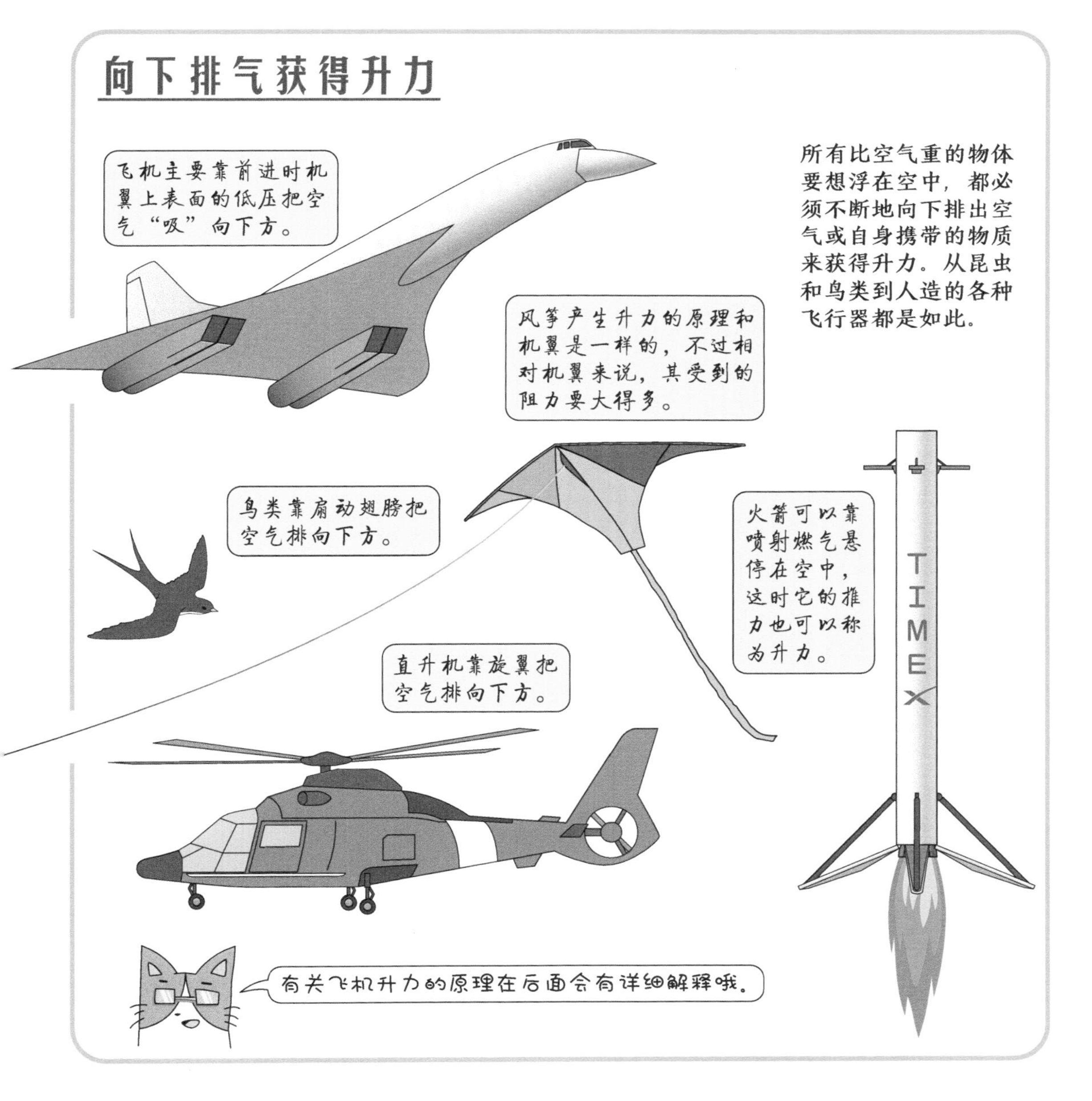

流动中的动量定理

这里说的动量定理就是牛顿第二定律，即：物体的质量乘以加速度等于它所受的合外力，如果考虑到动量定理也适用于质量不守恒的情况（例如接近光速的运动），则更一般形式的动量定理表示为动量随时间的变化。

$$F = ma \longrightarrow \vec{F} = \frac{\mathrm{d}(m\vec{v})}{\mathrm{d}t}$$

后面这个是微分表达式，为了避免引起某些读者的恐慌，我们也可以把这个式子写成下面这个类似高中物理书中的样子，但这个式子就只适用于物体所受的力恒定不变的情况了。

$$\vec{F}(t_2 - t_1) = (m\vec{v})_2 - (m\vec{v})_1$$

下标 1 和 2 表示了两个不同时刻。这种形式的动量定理在流体力学中并不是很好用。因为一团流体在流动中各部分的速度和加速度通常都是不同的，所以，除非使用微积分，上面的动量定理中的质量 m 是不好确定的。

流体力学中习惯采用另一种方法，这种方法不是研究流体的受力，而是研究流体对某一个它流过的空间的作用力。例如，研究机翼升力和火箭推力时，我们研究的都是固体受到流体的作用力，而没有研究不同的流体微团之间的受力。这种方法是大数学家欧拉倡导的，所以称为欧拉法。

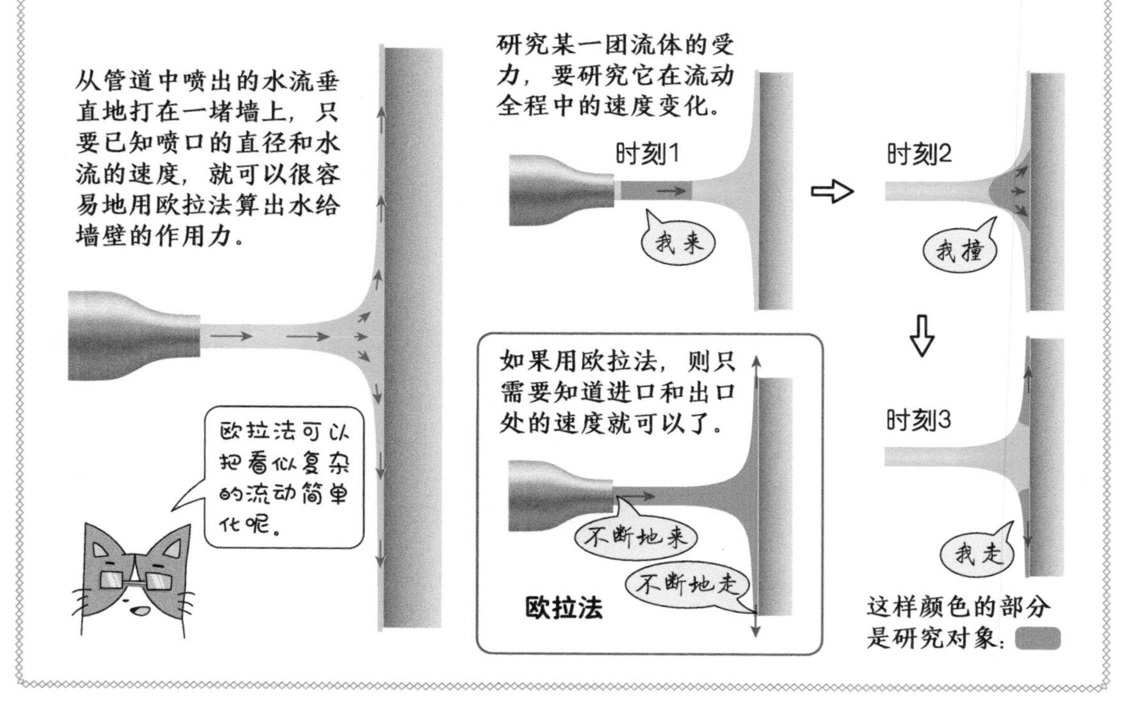

用欧拉法表示的动量方程为：

$$\sum \vec{F} = (\dot{m}\vec{v})_2 - (\dot{m}\vec{v})_1 = \rho_2 A_2 v_2 \cdot \vec{v}_2 - \rho_1 A_1 v_1 \cdot \vec{v}_1$$

这个式子中的下标 1 和 2 和前页的意义不同，表示的是同一时刻不同位置处的流体速度，一般 1 表示进口，2 表示出口。

用这个动量方程既可以求出前页的水流对壁面的冲力问题，又可以解决很多实用的问题，如飞行器的升力和阻力问题，还可以定性地评估某些设计的合理性。例如，某飞行汽车拟采用四旋翼结构，满载质量为 900 kg，单个旋翼直径为 1.5 m，可以简单地通过动量方程估算出它悬浮起来时需向下排出空气的速度为：

$$v = \sqrt{\frac{mg}{\rho A}} = \sqrt{\frac{900 \times 9.8}{1.2 \times 4 \times \pi \times (1.5/2)^2}} \approx 32 \text{ m/s}$$

这大概相当于十二级风的速度，显然这个汽车是不能在闹市区起飞的。

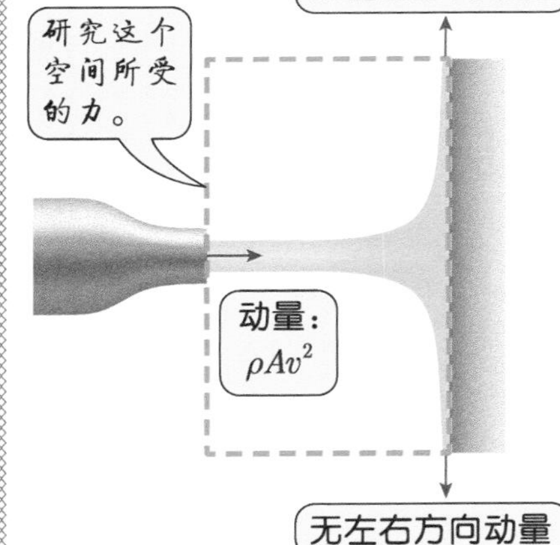

沿水平方向列动量方程：

$$\sum F = \rho_2 A_2 {v_2}^2 - \rho_1 A_1 {v_1}^2$$

左侧进入的水流的密度，截面积和速度都为已知，而水打在墙壁上后沿垂直方向散开，失去了所有水平方向的动量。所以合力为：

$$\sum F = -\rho A v^2$$

这个空间各处空气和水的压力都是大气压（关于射流压力等于大气压，后面会有专门分析），四周的压力相互抵消，水的减速只由墙壁对水的阻力造成，因此合力也就是墙壁给予水的作用力。

水给墙壁的力是墙壁给水的力的反作用力，即：

$$F = \rho A v^2$$

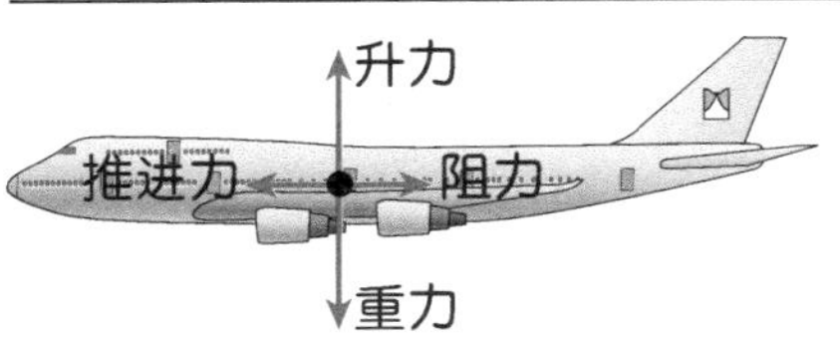

飞机匀速飞行时，水平方向与空气的作用力为零，垂直方向受到空气力的大小等于飞机的重量。

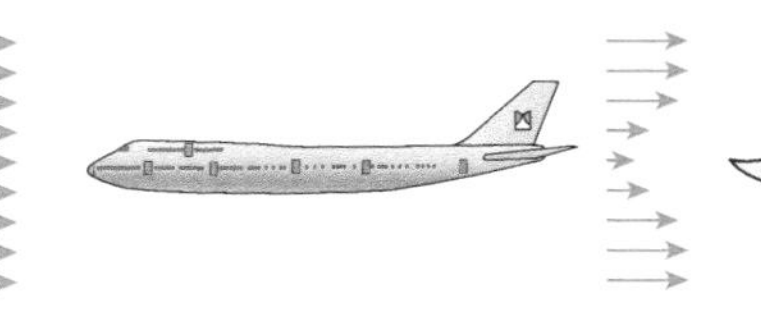

没有发动机和机翼的机身基本上只产生阻力，空气流过它后速度会变慢。

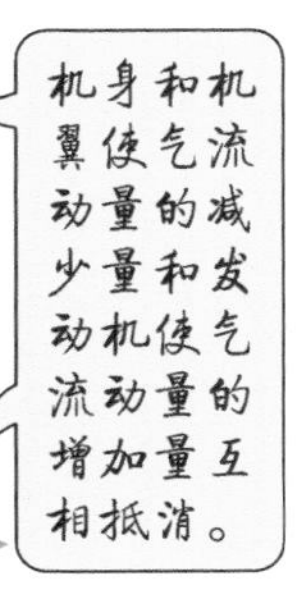

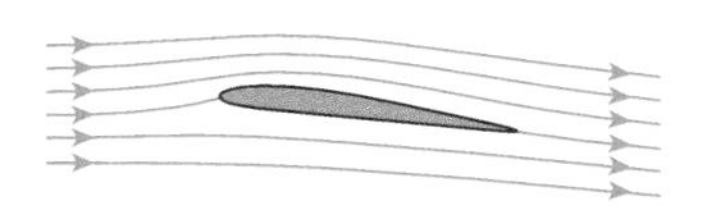

机翼给空气向下的力，把空气排向下方，空气给机翼向上的升力。

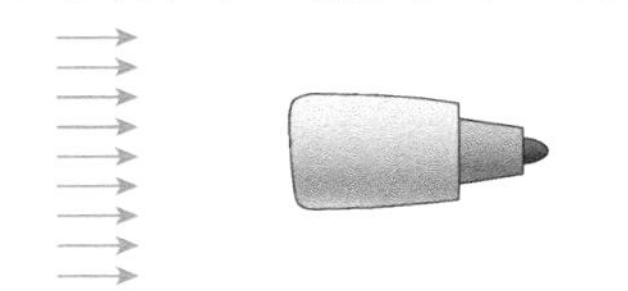

发动机吸入空气，燃烧后以更快的速度向后喷出，产生推力。

11. 非常重要的附壁效应

附壁效应指的是流体会倾向于沿着壁面流动，从而偏离原来运动方向的一种流动现象。用勺子背面靠近自由下落的水流，水流会偏向勺子一侧并贴着勺背流动，不再竖直下落。气流也有类似的现象，当沿着弯曲的表面流动时，会偏向壁面一侧，不再保持直线流动。这两种现象虽然都称为附壁效应，但原理是不一样的，空气中的水流偏向固体壁面的原因是水与固体之间的附着力及水的表面张力的作用，是被固体吸过去的。而空气偏向壁面的原因则是被环境空气压过去的。

由于水与固体之间的附着力和水的表面张力都不算小，所以水流的附壁效应很明显，水可以绕壁面转过很大的角度。而空气绕弯曲壁面的流动要完全靠壁面附近的负压来产生压差力，这个负压通常都很小，所以空气的附壁效应不太明显，气流通常只沿壁面流一小段距离，然后就离开了。

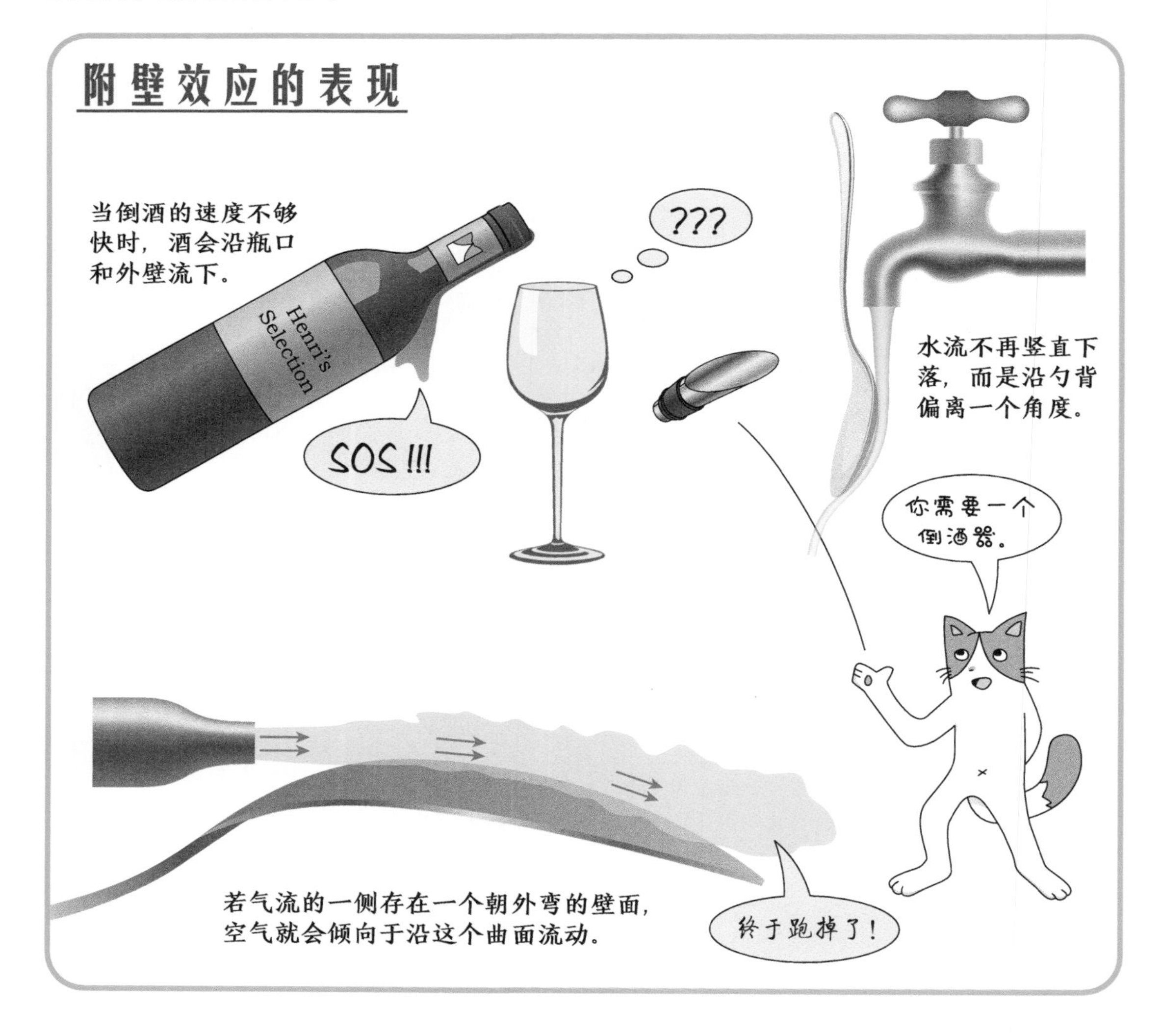

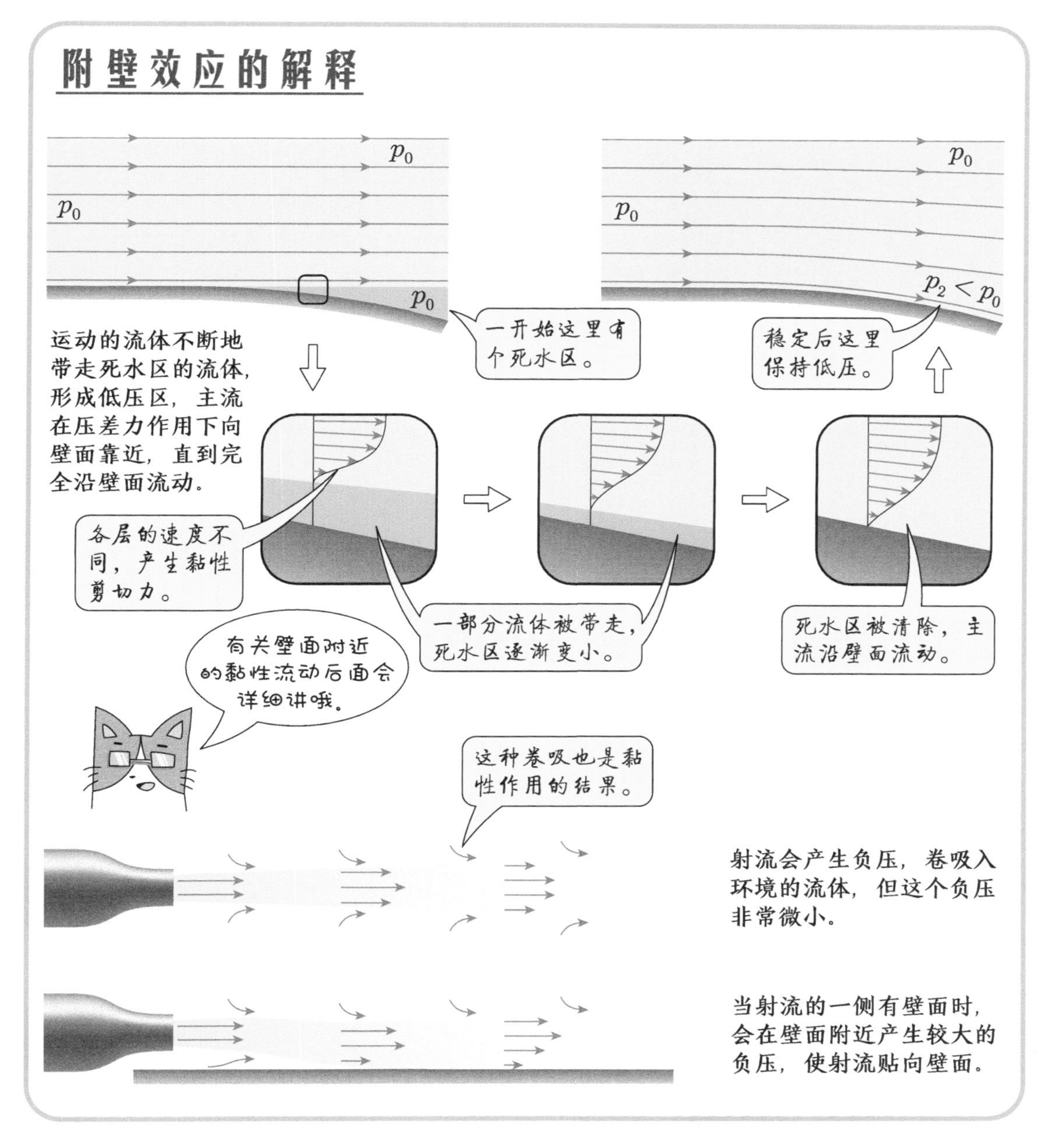

气流中的附壁效应与黏性有关。本来做直线运动的空气，当一侧有壁面时，会通过黏性作用带走壁面附近的空气，使这里的压力降低。气流则由于两侧的压力不均衡而被压向壁面。基于同样的原理，当壁面向外弯曲时气流也会沿着曲面流动。如果壁面外弯程度较大，压差力不能产生足够的转弯，气流就会在下游某处离开壁面。

射流的压力并不精确等于大气压，而是比大气压小一点点，这是射流不断地通过黏性带走附近的空气产生的。一个空旷环境中的射流会在这个负压作用下不断地卷吸入周围的流体。我们一般说射流的压力等于大气压，是在忽略黏性的情况下得出的结论。这个负压是很小的，可以忽略。例如，速度为 30 m/s 的空气射流压力只比环境低约 0.5 Pa。不过，一旦有壁面存在，这个负压就会成倍地增加，产生显著的附壁效应。

12. 可疑的附壁效应飞行器

附壁效应是机翼或直升机旋翼的上表面产生负压的关键原因，所以理论上几乎所有飞行器都是靠附壁效应飞行的（悬停的火箭不是）。不过这里所说的附壁效应飞行器是专指一类飞行器，其特点是用曲面把射流导向下方来产生升力，射流可以是由风扇产生的，也可以是由发动机产生的。

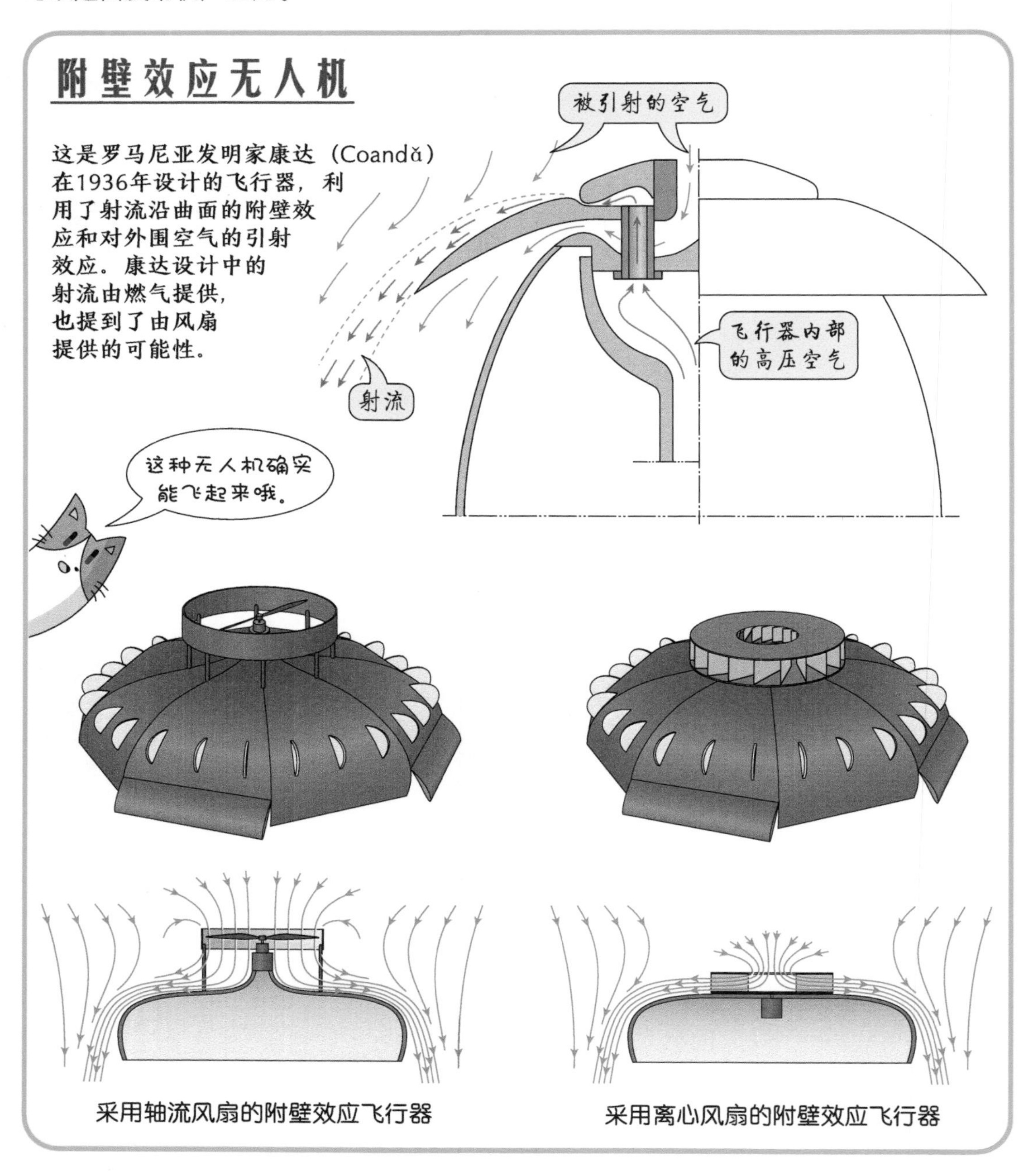

采用轴流风扇的附壁效应飞行器

采用离心风扇的附壁效应飞行器

不太实用

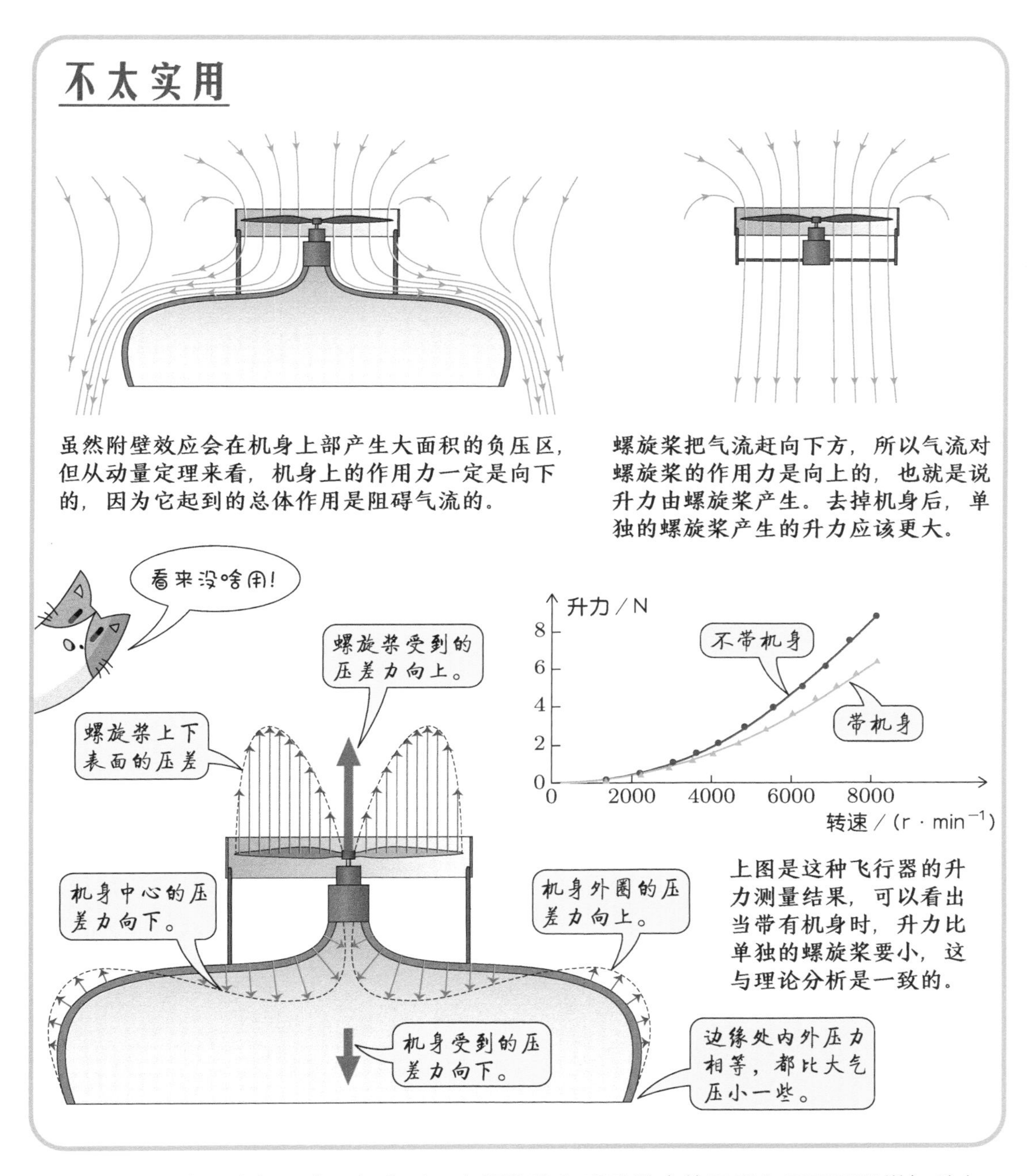

有些设计者号称加了曲面机身后，在螺旋桨和附壁效应的双重作用下可以增加升力，这是没有道理的。实际上加了机身后，升力只会减小，因为总体来说这个机身会阻碍螺旋桨产生的向下气流，起到的是阻力作用。从动量定理看，螺旋桨把空气排向下方，是升力的唯一来源，机身的存在只会使向下排出的动量减小。采用离心风扇的附壁效应飞行器确实是完全靠附壁效应产生升力的，不过相对于螺旋桨来说并没有优势。

总的来说，附壁效应飞行器的优点不多，缺点不少，这是它不太实用的原因。它的缺点主要是没有直接用螺旋桨悬停的飞行器效率高；它的优点可能主要就是旋转部件不露在外部，抗摔性好，不过一般的四轴飞行器也可以在外面加保护罩。

13. 流动中的功与热

焦耳在 1843—1850 年期间进行了一系列实验，证明了热与功的等价性。而在此之前，热量和做功是被分开看待的。焦耳的工作产生了“能量”的定义，并且直接促进了热力学第一定律的发现。把热力学第一定律的公式写出如下：

$$\Delta U = Q + W$$

式中，U 表示物体的内能；Q 表示物体从外界获得的热量；W 表示外界对物体做的功。广义的内能包含了物体的所有能量，如热能、化学能、核能等。我们这里只关注热能，对于某些物质来说热能只与温度有关。

对物体加热表示热量从高温物体向低温物体转移，对物体做功需要使物体在力的作用下通过一定距离。加热可以理解为高温物体的分子通过碰撞低温物体的分子而做功，把动能传递给了低温物体。因此，在微观层次上，做功和加热二者可以看作是一码事。热量和温度是宏观的概念，是微观分子运动的统计平均。

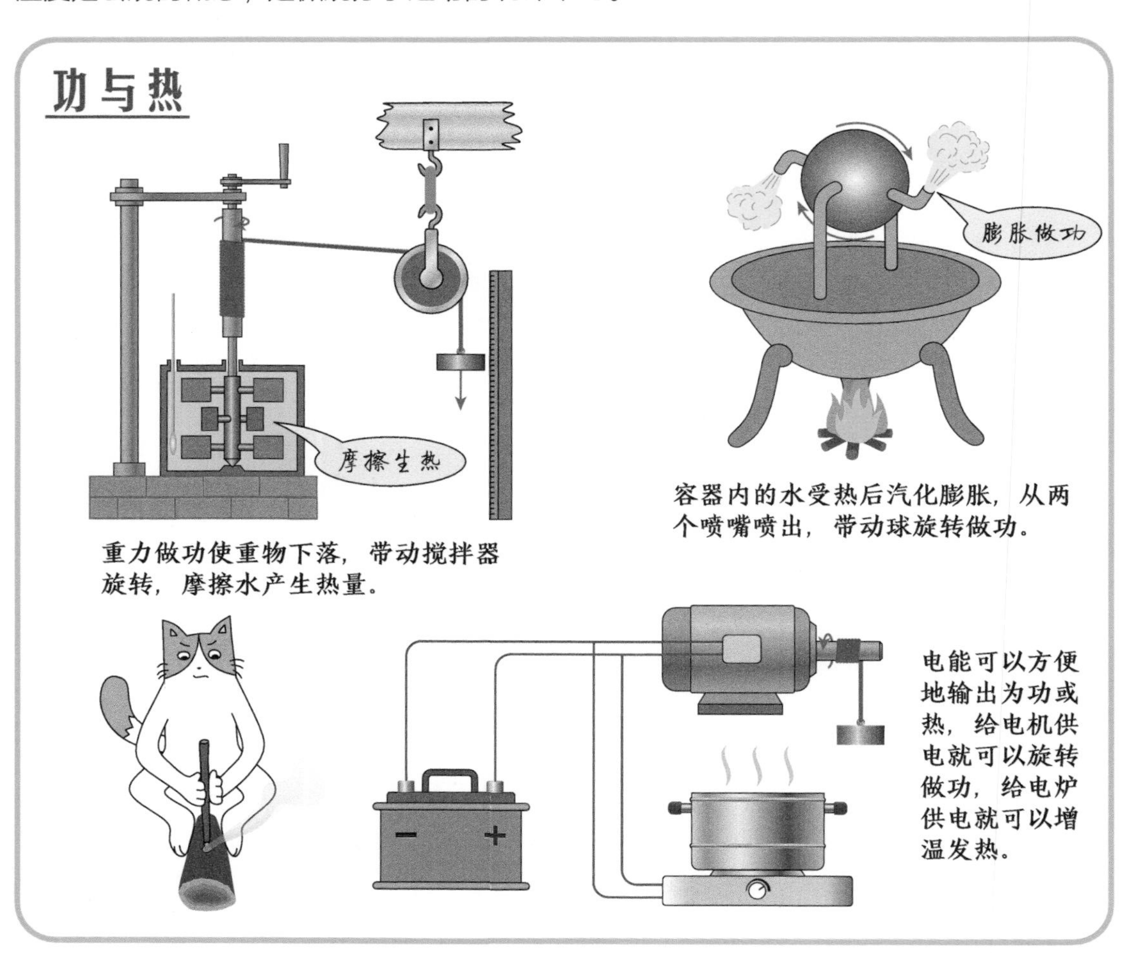

摩擦生热与压缩生热

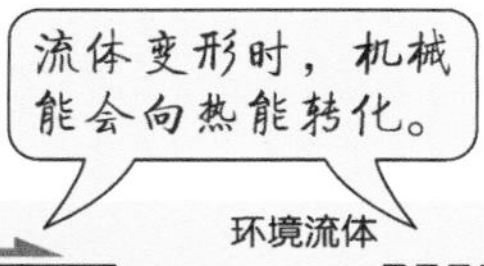

流体变形时，机械能会向热能转化。

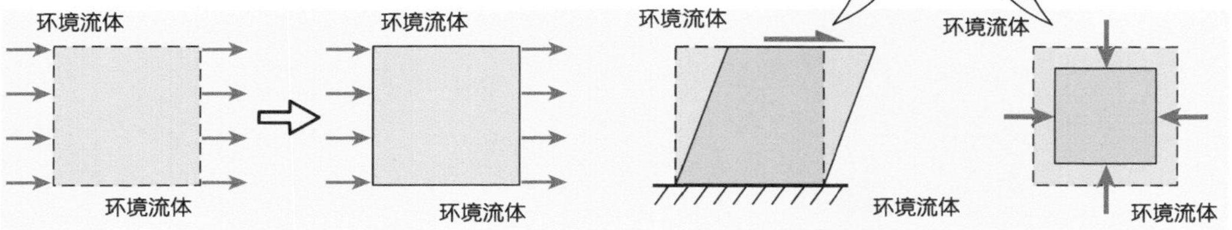

环境流体
环境流体
环境流体
环境流体
环境流体
环境流体
环境流体

平动，与外界无净功的交换，不发热

正压力使流体发生平动。在左侧，外界对该部分流体做功；在右侧，该流体对外界做功，如果两侧的力和移动距离都相同，则该部分流体与环境流体没有净功的交换。

摩擦生热

黏性力使流体发生剪切变形。一侧的流体在外力作用下移动了一段距离，因此环境流体对该部分流体做正功。

压缩生热

正压力使流体发生压缩变形。流体的四面都在外力作用下向中心移动了，因此环境流体对该部分流体做正功。

$v=0$

气体分子碰撞静止并且不导热的壁面后，弹回的速度大小不变。

v　压缩

气体分子碰撞向内运动的壁面后，以更大速度弹回。产生升温。

v　膨胀

气体分子碰撞向外运动的壁面后，以更小速度弹回。产生降温。

压缩引起的气体分子速度增加就像是用球拍迎击乒乓球也可以让其加速哦。

焦耳实验是通过搅拌带来的摩擦生热使水升温。对气体来说，除了摩擦之外，压缩也可以生热。用打气筒打气的时候，打气筒会发热，部分原因是活塞和气筒摩擦，还有部分原因是气体被压缩而温度升高。陨石高速进入大气层会烧毁，也是大气的摩擦和压缩双重作用的结果，实际上这类情况中压缩通常比摩擦的升温作用要大。

压缩和摩擦生热分别对应于正压力做功和黏性力做功。如果流体被压缩了，就相当于外界通过正压力对它做功，流体的热能就会增加；如果它膨胀了，就相当于它通过正压力对外界做功，它的热能就会减小。这种正压力产生体积变化的功是可逆的，压缩引起压力和温度同步上升，之后流体还可以膨胀对外做功释放压力，温度也同步降为和原来没压缩时一样。

黏性力是平行于作用面的剪切力，剪切力拖动一团流体运动时会不可避免地产生变形，造成温度升高。这种温度升高并不伴随着压力升高，所以当做功结束时流体就停在那里了，并没有积蓄起可以让它复位的势能，所以这种功是不可逆的。也就是说，黏性力使动能单向地转化为内能，没办法再自发地还原成动能。

14. 气体的吸热与放热

各种物质在吸热和放热时的表现不同，其中两个最主要的表现是吸热时的温升程度和体积增大程度。人们定义比热容来表示物质吸热后的温升程度，温度升高时，比热容大的物质需要吸收更多的热能。热膨胀系数被定义来表示物质吸热后的膨胀程度，温度升高时，热膨胀系数大的物质胀大更多。

液体和固体的比热容和热膨胀系数都差不多，气体的比热容也和它们差不多，但热膨胀系数则要大得多。这是因为气体本来就没有一定的体积，其体积取决于所受外部压力的大小。保持气体压力不变对其加热时的体积与温度之间的关系叫盖·吕萨克定律，而保持气体体积不变对其加热时的压力与温度之间的关系叫查理定律，这些定律最后一起总结成了理想气体的状态方程。

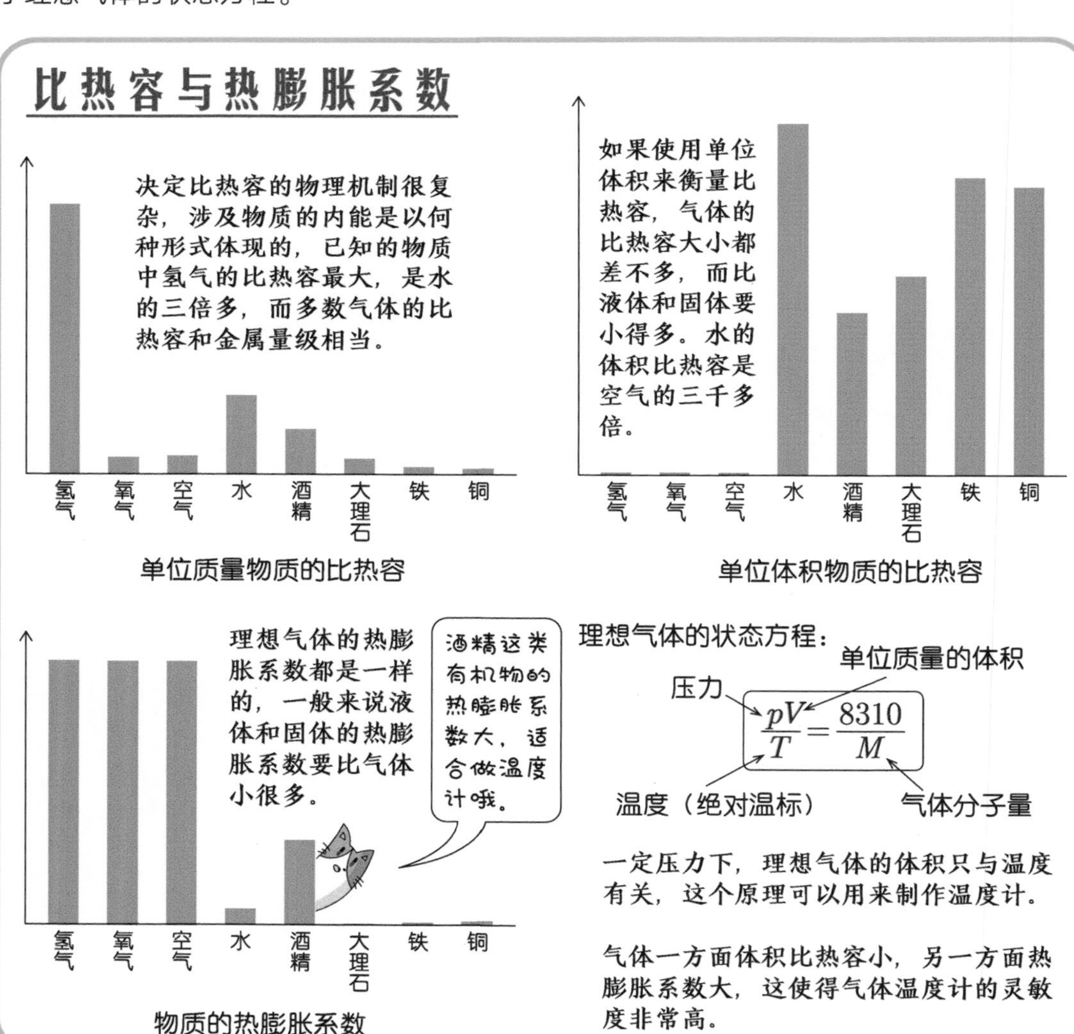

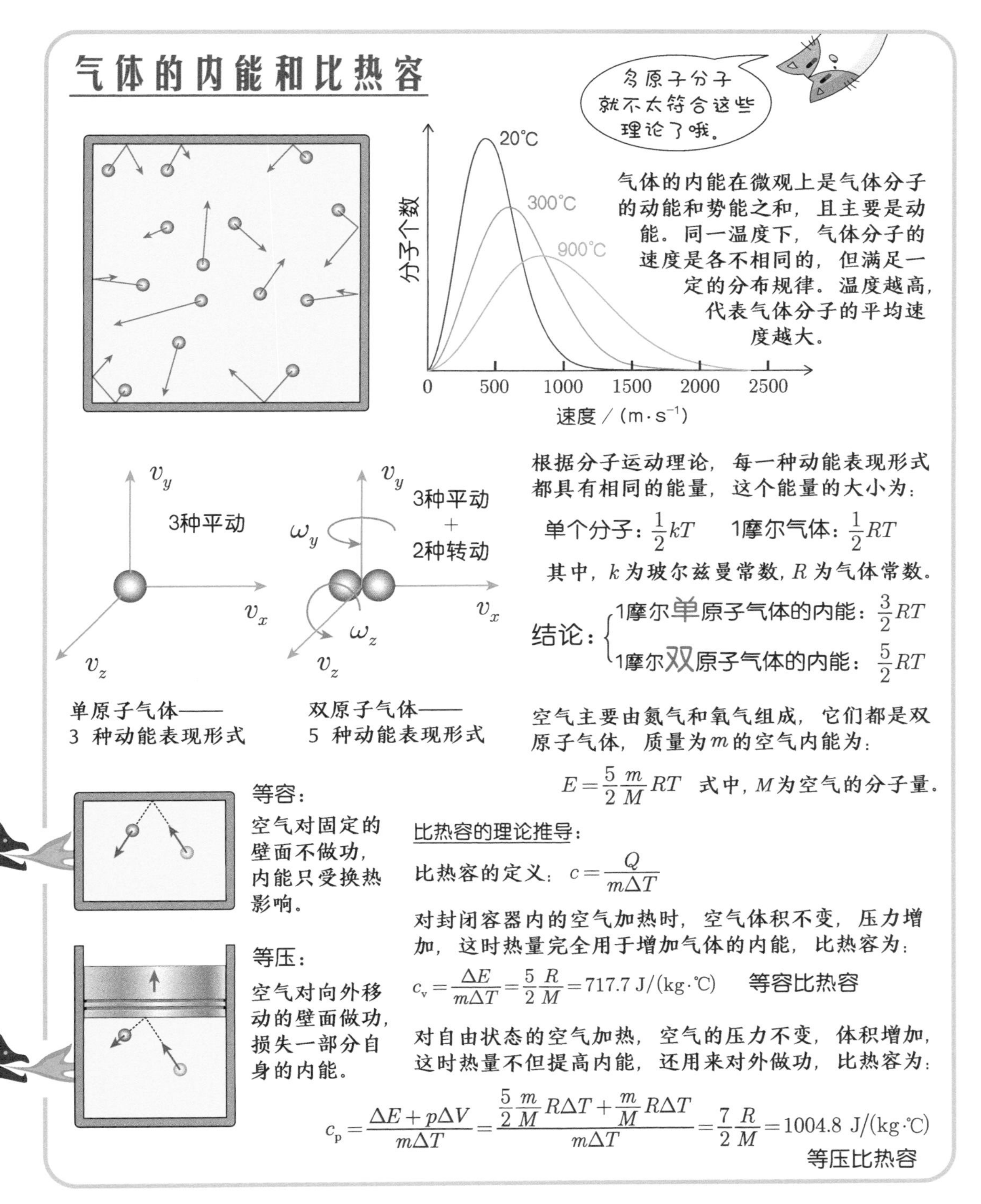

由于气体受热后的膨胀很明显，因而其对外做功就不可忽略。对外做的功是从吸收的热量中转化的，这部分热量没有引起气体升温。增加相同温度时，如果允许气体膨胀，就需要给予更多的热量，这样它体现出的比热容就大一些。如果不允许气体膨胀，它体现出的比热容就小一些。所以气体的比热容不像固体和液体那样基本是个定值，而是与加热过程有很大的关系。

流动中的能量方程

流体力学中的能量方程就是热力学第一定律在流动中的应用，用针对空间的欧拉法写出来如下：

$$\dot{Q}+\dot{W}=\dot{m}\left[\left(e_2+\frac{1}{2}v_2^{\ 2}\right)-\left(e_1+\frac{1}{2}v_1^{\ 2}\right)\right]$$

下标 1 表示进口，下标 2 表示出口。流体的总能量除了热能e外，还包含宏观的动能。外界对流体所做的功分为体积力做的功和表面力做的功。体积力这里只考虑重力，表面力分为正压力和黏性力，只要和所研究的流体接触的表面都有可能对流体做功。这些表面包括进出口处外界流体和该部分流体的接触面、不动的固体壁面以及运动的固体壁面（如风扇叶片）。把所有的做功、换热和能量变化代入到上面的式子，可以得到能量方程如下：

$$q+w_s=\left(e_2+\frac{1}{2}v_2^{\ 2}+gz_2+\frac{p_2}{\rho_2}\right)-\left(e_1+\frac{1}{2}v_1^{\ 2}+gz_1+\frac{p_1}{\rho_1}\right)$$

式中左侧分别为外界对单位流量流体的加热和做功，右侧为出口能量与进口能量之差。这些能量包含了：内能、动能、重力势能、压力势能。

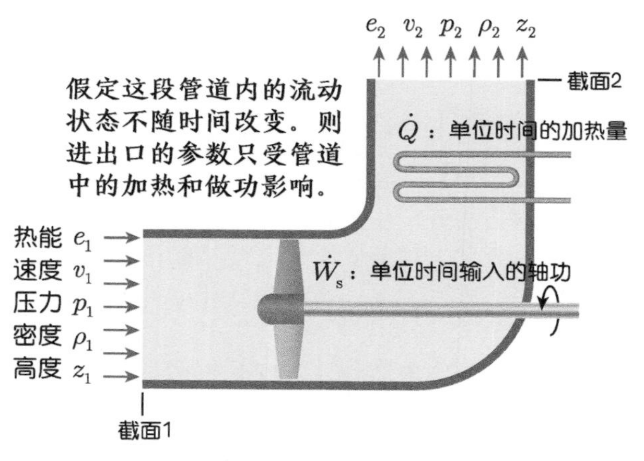

① 重力做功：
$\dot{m}g(z_1-z_2)$

② 进口处外界对流体做功：
$p_1A_1v_1=A_1v_1\rho_1\cdot\frac{p_1}{\rho_1}=\dot{m}\frac{p_1}{\rho_1}$

③ 出口处外界对流体做功：
$-p_2A_2v_2=-A_2v_2\rho_2\cdot\frac{p_2}{\rho_2}=-\dot{m}\frac{p_2}{\rho_2}$

④ 管道壁面对流体做功：
管壁不动，所以不对流体做功。

⑤ 移动壁面（叶轮）做功：
这个功较复杂，工程上将其称为轴功，用 $\dot{W}_s=\dot{m}w_s$ 表示。

外界对流体做的总功：

①+②+③+④+⑤：$\dot{W}=\dot{m}g(z_1-z_2)+\dot{m}\left(\frac{p_1}{\rho_1}-\frac{p_2}{\rho_2}\right)+\dot{m}w_s$

$\dot{Q}=\dot{m}q$ ⇨ $\dot{Q}+\dot{W}=\dot{m}\left[\left(e_2+\frac{1}{2}v_2^{\ 2}\right)-\left(e_1+\frac{1}{2}v_1^{\ 2}\right)\right]$

$$q+w_s=\left(e_2+\frac{1}{2}v_2^{\ 2}+gz_2+\frac{p_2}{\rho_2}\right)-\left(e_1+\frac{1}{2}v_1^{\ 2}+gz_1+\frac{p_1}{\rho_1}\right)$$

重力做功可以体现为重力势能，压力做功可以体现为压力势能。能量方程中的四种能量分别为：热能、宏观动能、重力势能和压力势能。

15. 容易误用的伯努利定理

伯努利定理可能是流体力学中最有名的一个定理，它描述了流体在流动过程中速度与压力的关系。本质上伯努利定理就是流体中的机械能守恒定律，但这个定律是伯努利在1726年提出的，比能量守恒定律的发现早了一个多世纪。再加上伯努利定理确实可以解决很多问题，所以几乎成了流体力学的代言者。然而，现实情况是，伯努利定理并不是一个普遍适用的定理，它的适用条件其实非常苛刻。

伯努利定理的表达式为：

$$gz_1+\frac{p_1}{\rho}+\frac{1}{2}{v_1}^2=gz_2+\frac{p_2}{\rho}+\frac{1}{2}{v_2}^2$$

式中，gz 表示重力势能；p/ρ 表示压力势能；$v^2/2$ 表示动能。以上均为单位质量流体的能量，这三者之和在流动中保持不变，也就是机械能守恒。

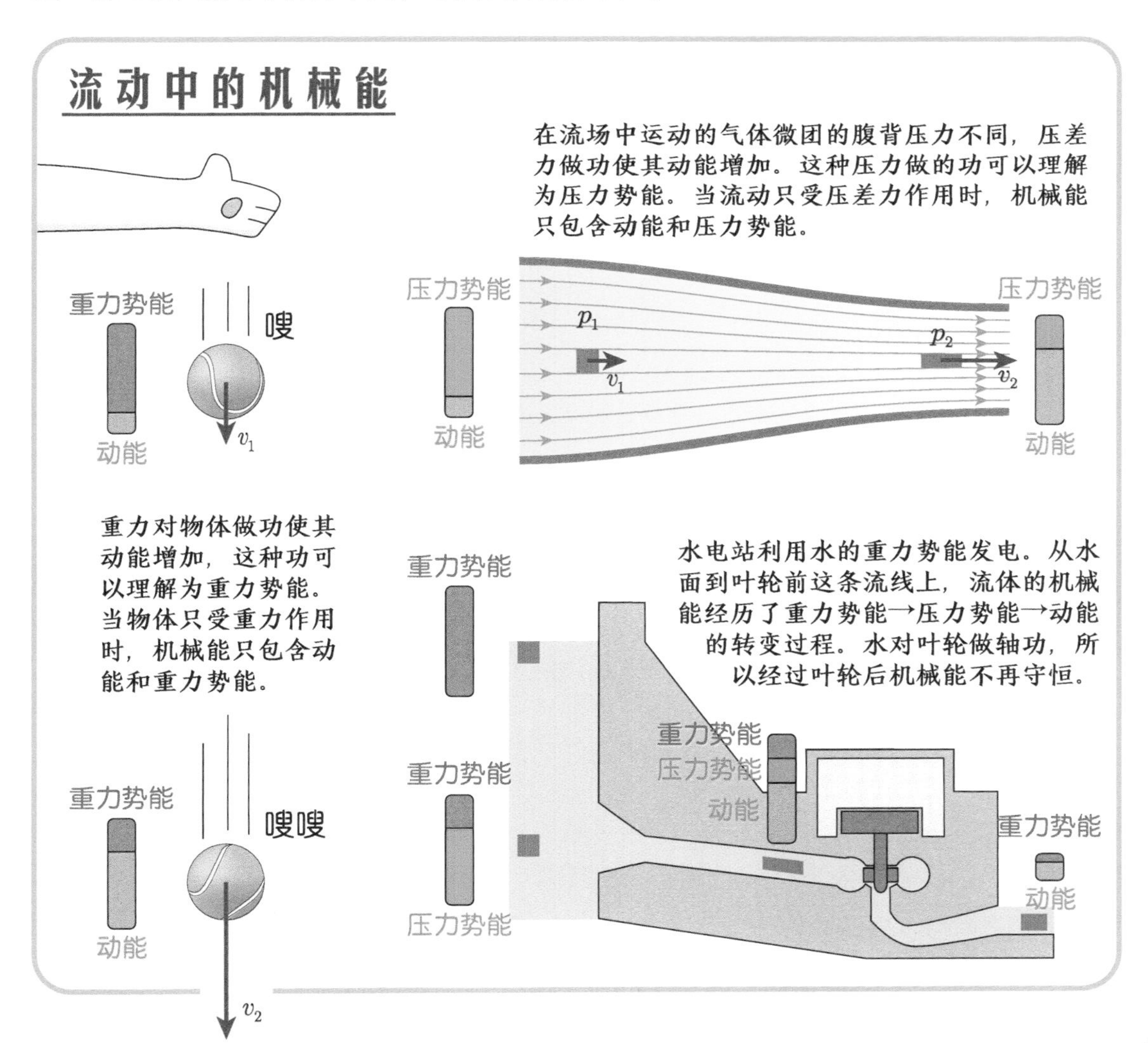

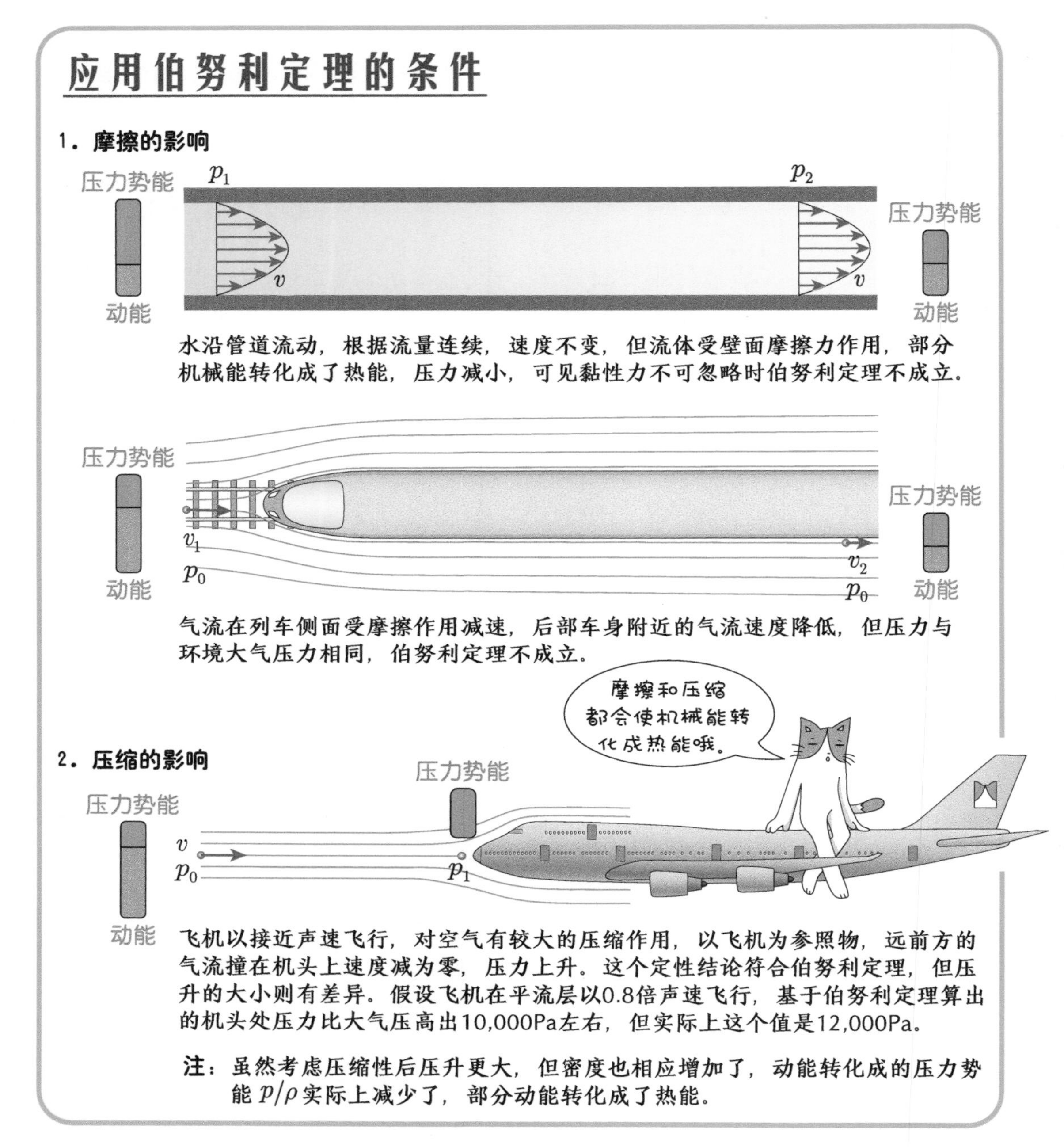

显然机械能并不总是守恒，凡是导致机械能不守恒的因素都会使伯努利定理不成立。根据前一节的功和热的关系，我们知道摩擦和压缩是两种机械能转化为热能的方式。所以无摩擦和不可压缩就是伯努利定理的使用条件。另外，流场中如果有叶轮之类的做功，机械能就会增加，所以不能有轴功输入输出也是一个限定条件。还有，伯努利定理中的下标 1 和 2 代表了一条流线的两端。也就是说流体沿一条流线机械能守恒，而不同流线上的流体可以有不同的机械能，所以不同流线之间不能应用伯努利定理。综合起来，伯努利定理必须在如下的几个条件下才能应用：

无黏性力、不可压、无轴功、沿一条流线。

应用伯努利定理的条件

3．不同流线之间不能用伯努利定理

无叶电风扇其实有叶片，风扇装在下部，空气被加速后从上面的环形缝隙喷出，能比一般的电风扇带动更多的环境空气，形成更大的风量。

被射流带动的环境空气。

被射流带动的环境空气。

被风扇加速并从缝隙喷出的空气。

在这一段空气靠压差力加速，符合伯努利定理。

在这一段空气被射流的黏性力带动加速，不符合伯努利定理。

从缝隙喷出的空气比环境空气有更多的机械能。

位置①和②两处的压力相等，但①处的气流速度大。可见①和②之间不符合伯努利定理。

①

②

动能

压力势能

动能

压力势能

4．不能有轴功

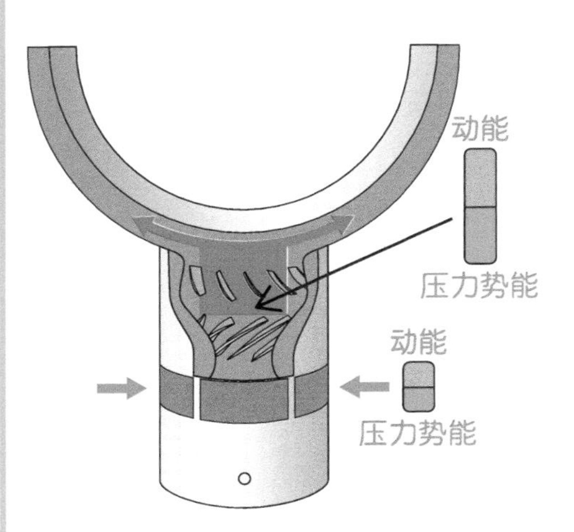

位于下部的风扇吸入周围的大气，排入上面的环形腔中。气流经过转动的扇叶后，通常压力和速度都会增加。

轴功是非定常的力对流体做的功。非定常是指不同时刻的流动状态是不同的。叶轮转动就是一种典型的对流体施加非定常的压力和黏性力的方式。

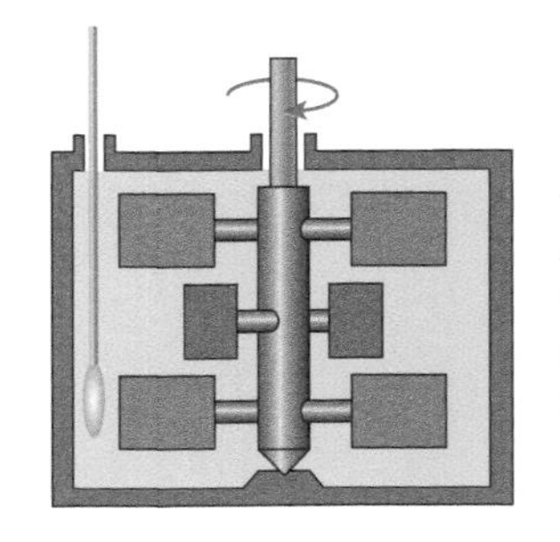

在焦耳实验中，输入的轴功最终都转化成了水的热能，水的机械能基本没有变化。

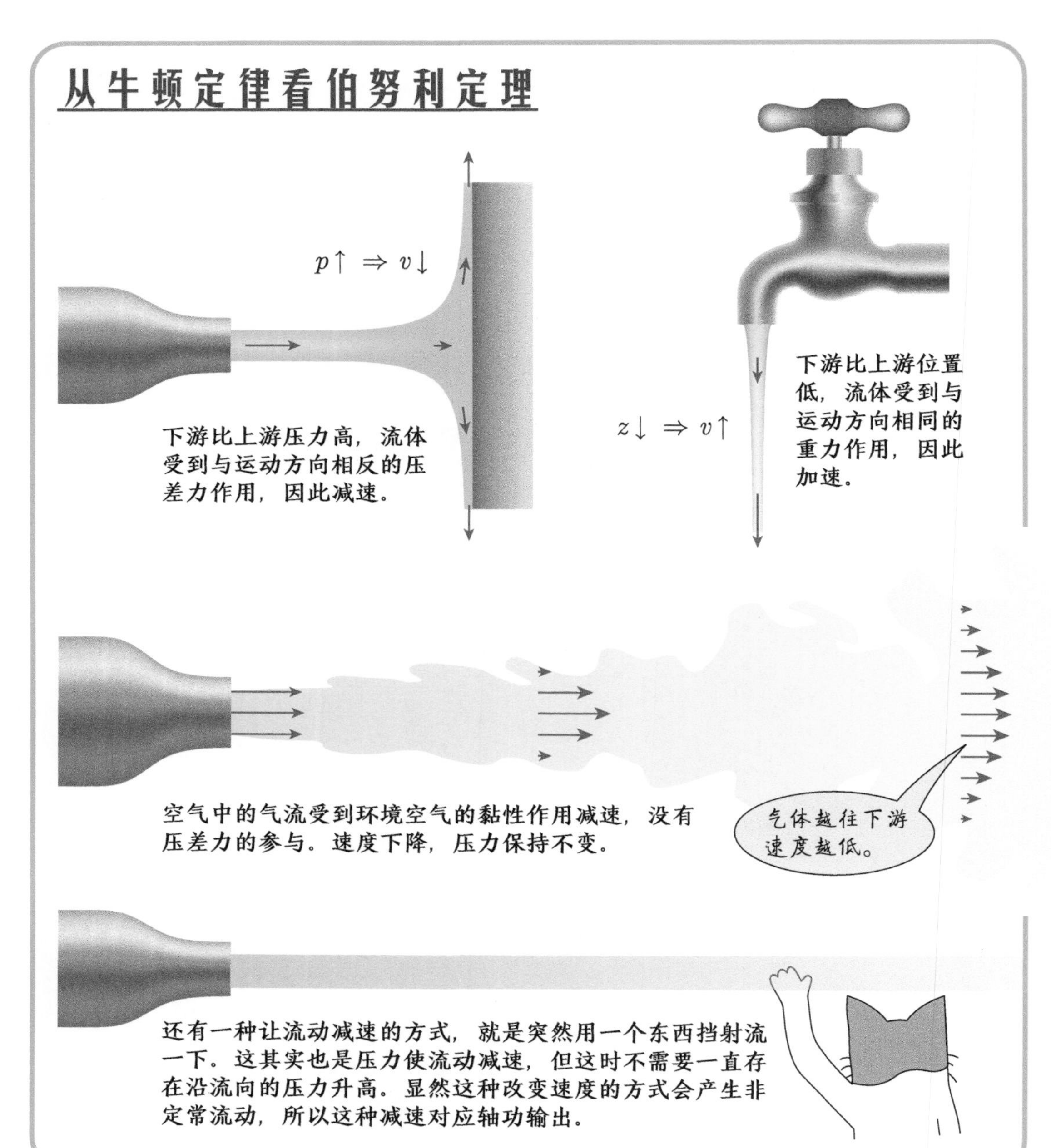

动能和势能的转化必然有做功过程，因此也就涉及力与运动的问题。流体中压力与速度的变化关系也可以用牛顿定律来解释，把伯努利定理稍微变一下形：

$$g(z_1 - z_2) + \frac{1}{\rho}(p_1 - p_2) = \frac{1}{2}\left(v_2{}^2 - v_1{}^2\right)$$

上式中左边第一项是重力作用，第二项是压差力作用，右边是速度变化。流体速度发生改变是因为受到了外力，在伯努利定理中这个外力可以是重力或压差力。也就是说，当流体的加减速是由重力或压差力造成的时候，就符合伯努利定理。如果还存在黏性力或叶轮之类的物体推动流体，就不符合伯努利定理了。

16. 射流的压力与环境相同

这里只讨论亚声速流动，亚声速射流的压力与其进入的空间内的环境压力相同，这是射流的一个基本特点。忽略黏性，分别按照射流压力等于、大于和小于环境压力来分析，可以发现只有当射流压力等于环境压力时流动才会稳定。当考虑黏性和湍流时，射流压力会比环境压力小一点点，大概可以按下式估算射流的负压值的大小：

$$\Delta p=\frac{1}{2}\rho(0.03v)^2$$

式中，ρ 是流体密度；v 是射流速度。按此式估算，当空气射流速度为 30 m/s 时，压力只比环境压力低 0.5 Pa 左右。可见，一般问题中完全可以忽略这个负压，认为射流的压力就等于环境压力。

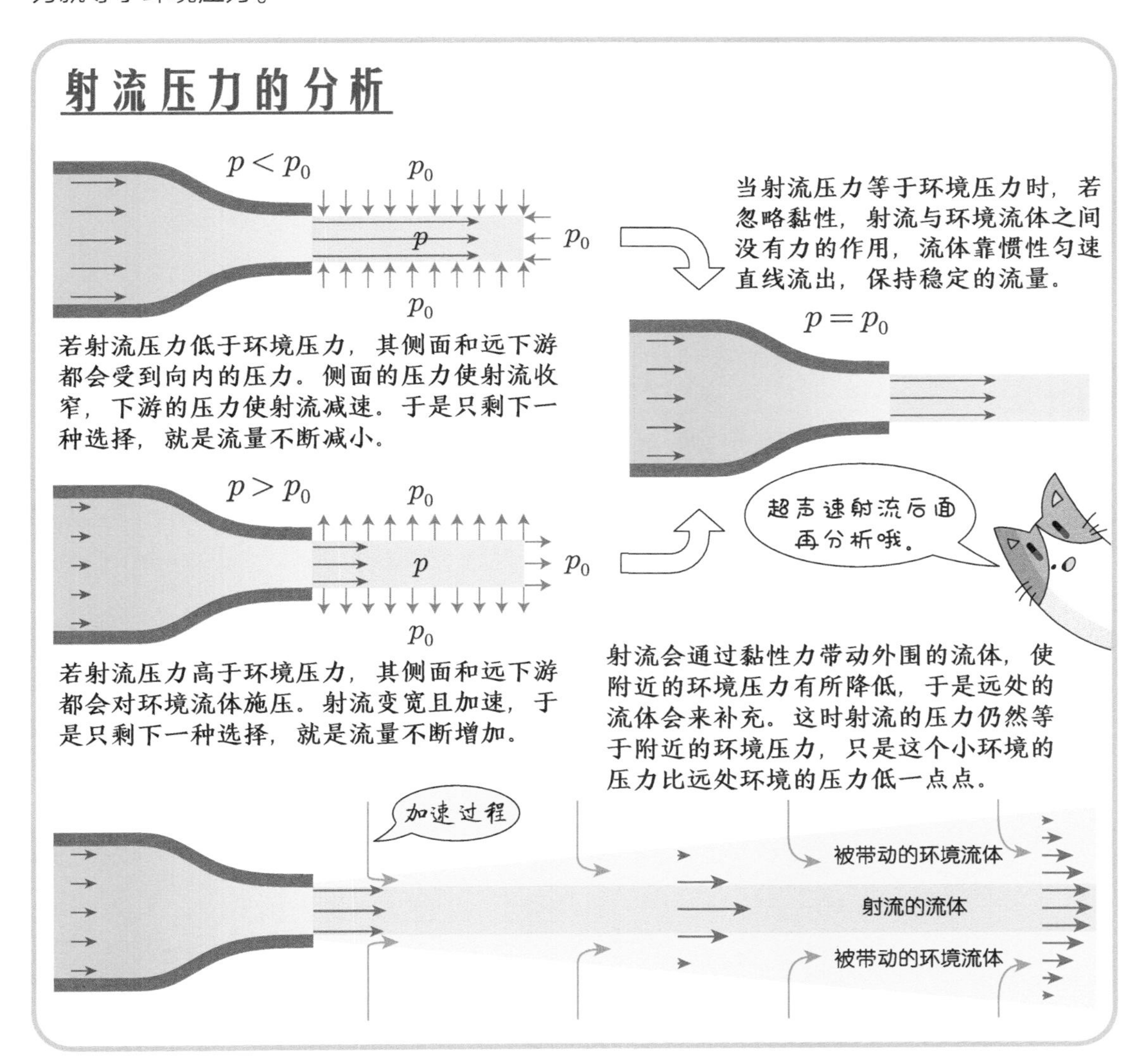

17. 吹吸大不同

生活经验告诉我们，吸气和吹气的效果是完全不同的。你可以轻松地吹灭几十厘米远的蜡烛，但如果你想吸灭蜡烛，恐怕离得很近甚至烧了舌头都是做不到的。站在电风扇前面可以感受到很大的风，但你要是站在风扇后面却几乎一丝风也感受不到。为什么吹和吸有这么大的差别呢，难道它们不是相反的运动吗？这要看具体情况了。如果是用一根管子吹气和吸气，只考察管内的流动，吹和吸确实是相反的运动，差别只是流动方向不同。但如果看的是管口外面的流动，就会发现吹和吸是完全不同的。吹气时气体集中一股出去，横截面积小，速度大；吸气时气流从四面八方汇集，横截面积大，速度小。这就解释了为什么电风扇正面的风大，而背面的风小。

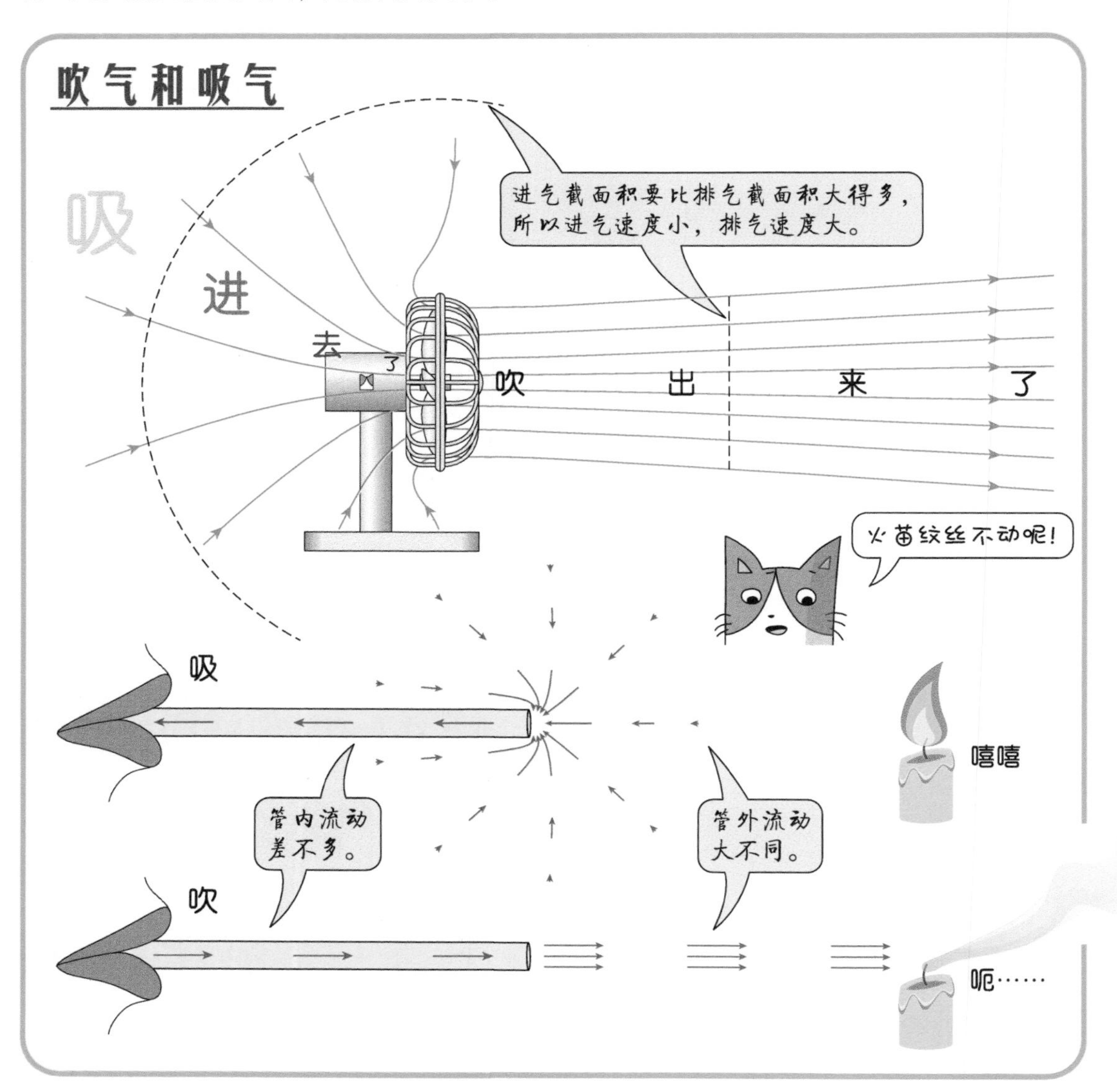

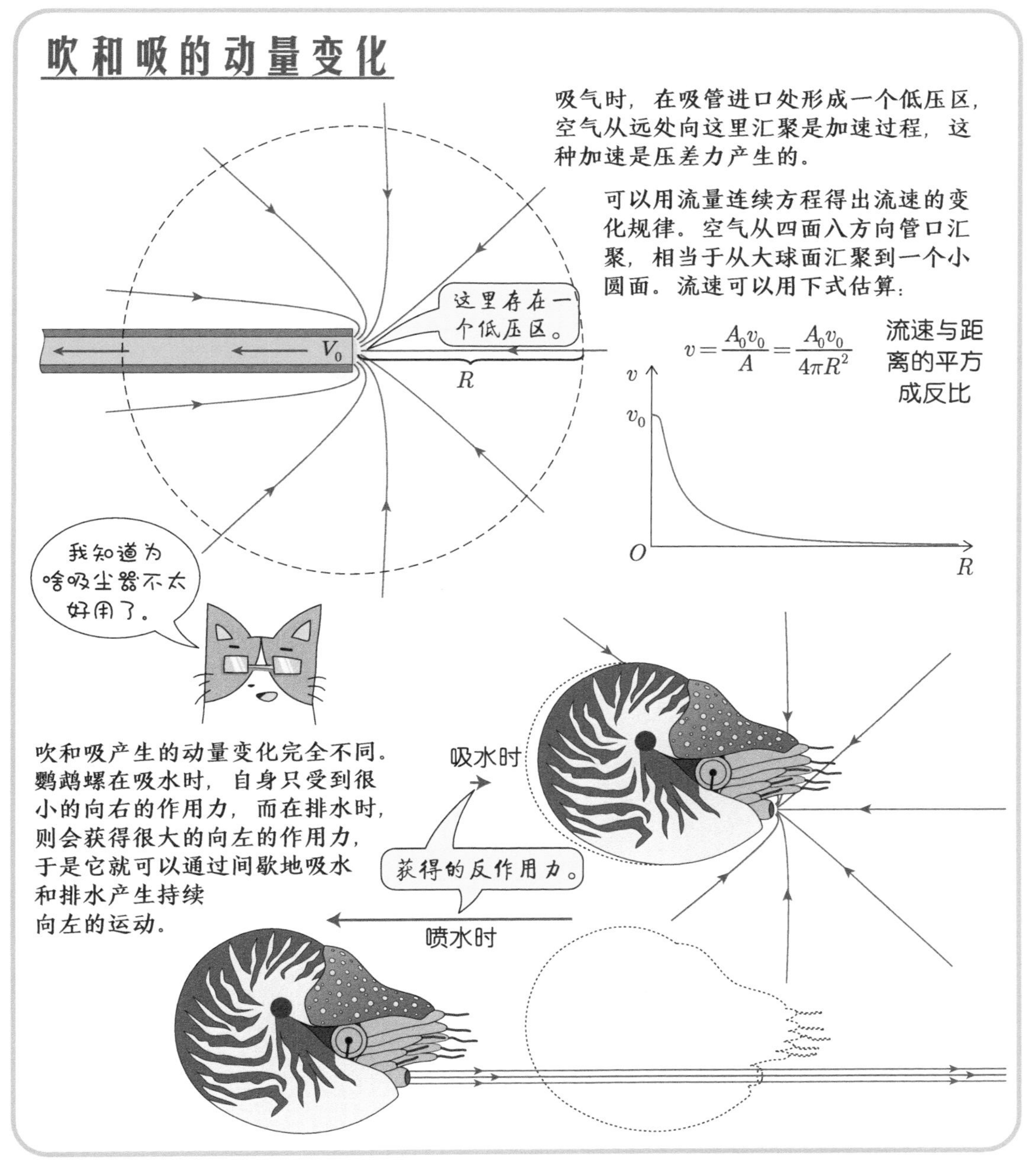

吹气就是射流，气流依靠惯性沿直线运动，压力与环境压力相等。射流在侧面受环境静止空气的黏性摩擦而减速，在下游远处停下来，这是个等压减速过程，完全不符合伯努利定理。吸气时，空气从远处流到进口的过程中，一定是加速的。因为远处的空气速度是零，而吸管的进口处有一个低压区，环境的流体在压差力的作用下向此处加速流动，这个过程符合伯努利定理。

在相同流量的条件下，喷气可以产生较大的推力，吸气则只能产生很小的“吸力”。有一些生物利用了这个原理，如海洋里面的鹦鹉螺。它只有一个开口，通过间歇地吸入和喷出海水，就可获得推力，“倒退着”游动。

18. 发动机“吸鸟”吗

鸟撞飞机是威胁航空安全的重要因素之一。全世界每年发生 1 万多起鸟撞飞机事件，其中半数以上都是中大型客机。飞机的高速运动使得鸟击的破坏力很大，随着航空技术的提高，鸟撞飞机产生的重大事故在减少，但依然是一个问题。

因为飞机比鸟的速度快很多，所以严格说来不是“鸟撞飞机”，而是“飞机撞鸟”。根据对 2008—2015 年间全世界撞鸟事件的统计，机头是撞鸟最多的位置，占比 42%，其次是发动机和机翼，各占 16% 左右。这种比例基本上对应着相应部位的正面投影面积，机头的投影面积大于两个或四个发动机之和，所以多数鸟撞在机头上。

发动机“吸鸟”的说法并不严谨，因为正常飞行中发动机正前方的气流并不加速流向发动机。鸟并不是被发动机吸进去的，而是被发动机撞上的。只有当飞机在起飞过程中，飞机速度很低，而发动机转速很高，飞过进口附近的小鸟才有可能被吸入发动机。

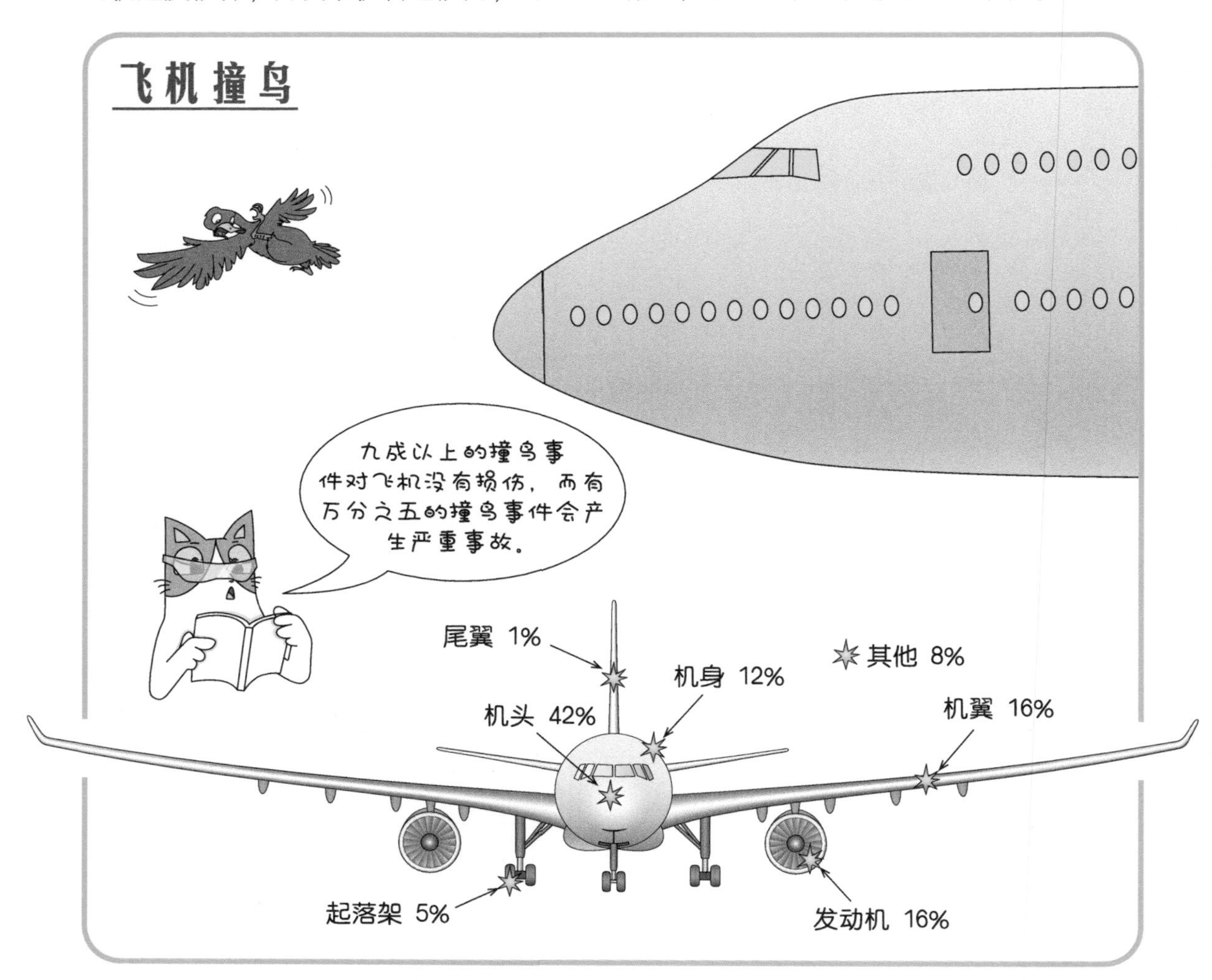

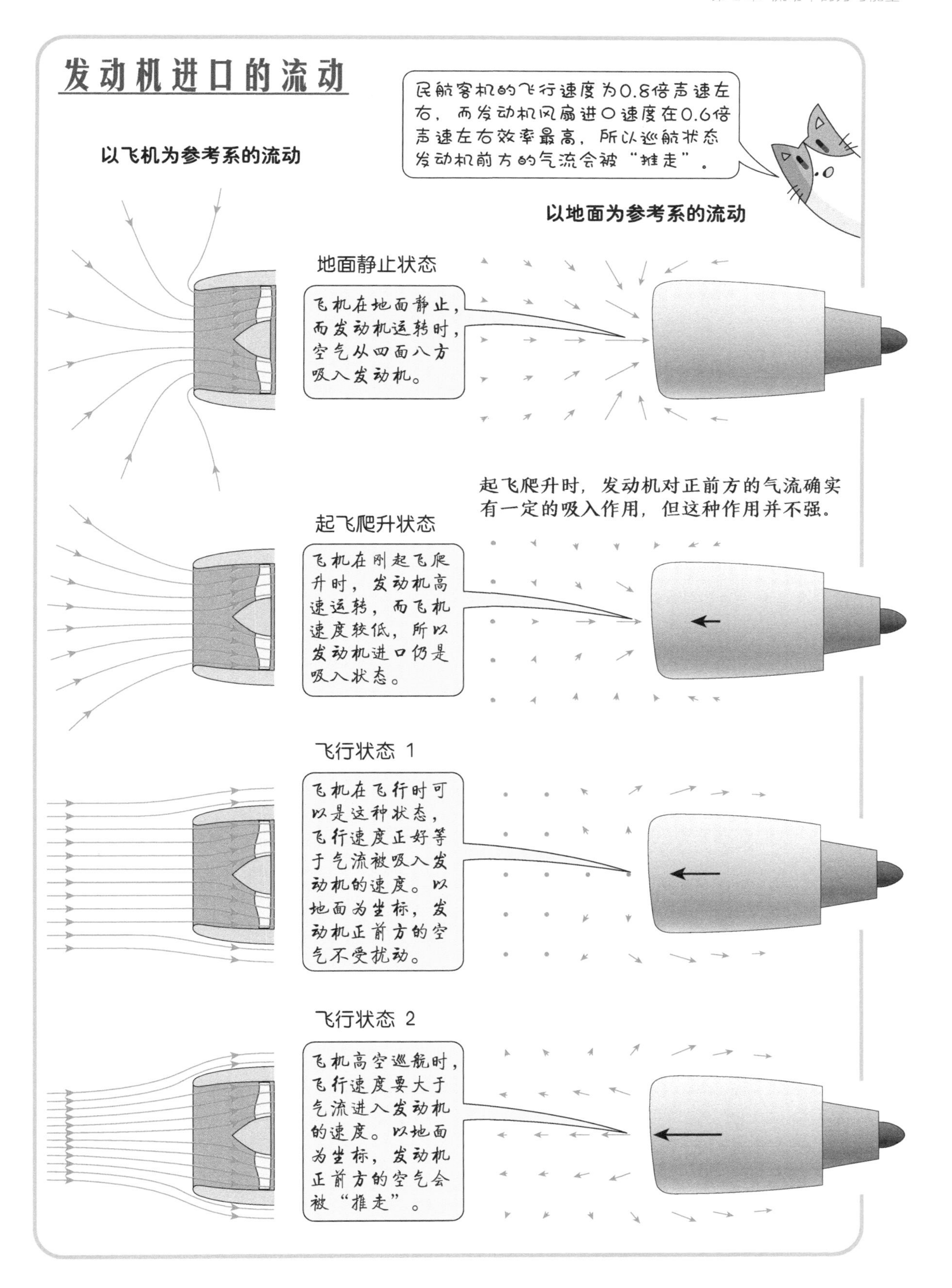
发动机进口的流动
民航客机的飞行速度为0.8倍声速左右，而发动机风扇进口速度在0.6倍声速左右效率最高，所以巡航状态发动机前方的气流会被“推走”。
以飞机为参考系的流动
以地面为参考系的流动
地面静止状态
飞机在地面静止，而发动机运转时，空气从四面八方吸入发动机。
起飞爬升时，发动机对正前方的气流确实有一定的吸入作用，但这种作用并不强。
起飞爬升状态
飞机在刚起飞爬升时，发动机高速运转，而飞机速度较低，所以发动机进口仍是吸入状态。
飞行状态 1
飞机在飞行时可以是这种状态，飞行速度正好等于气流被吸入发动机的速度。以地面为坐标，发动机正前方的空气不受扰动。
飞行状态 2
飞机高空巡航时，飞行速度要大于气流进入发动机的速度。以地面为坐标，发动机正前方的空气会被“推走”。

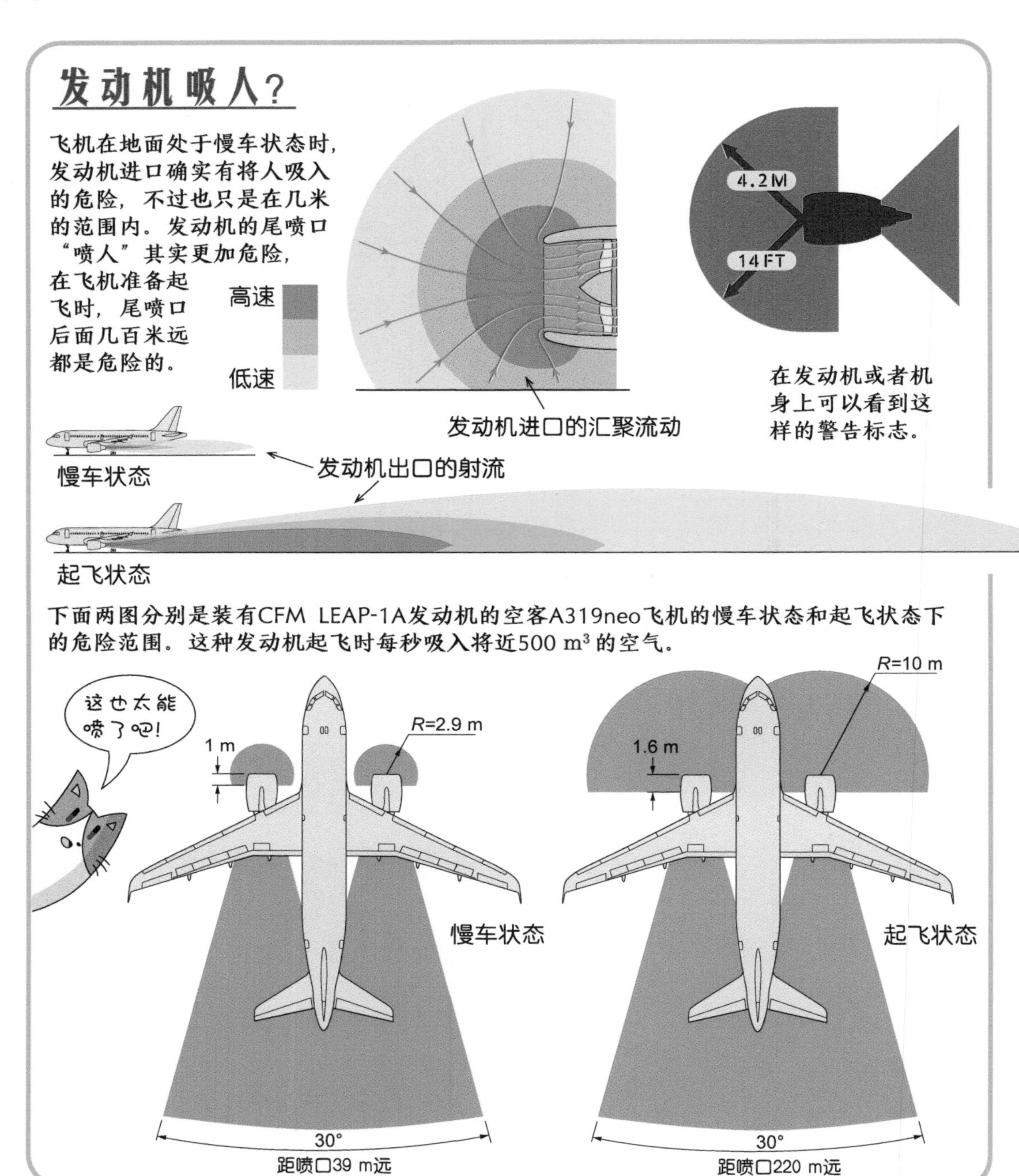

航空发动机确实具有强大的“吸力”。最大的民航发动机风扇直径超过 3 m，每秒可吸入的空气量超过 1000 m^3，小一点的发动机虽然流量小，但发动机进口处的速度都可以超过 100 m/s。为了防止吸入危险，民航飞机的发动机进口都设有警告标志，并严格规定距离。由于空气是从四面八方汇聚向进口的，吸气引起的风速随着与发动机进口的距离增大而迅速衰减，一般距进口几米远的地方，风速就已经降低到每秒十几米的水平，相当于五六级风，足够安全了。但出口不一样，气流在发动机的出口以射流形式喷出，危险范围会持续到上百米远的地方。

19. 小学数学题——水池进排水

来看一道经典的小学数学应用题和解答：

一个水池有一个进水管和一个排水管。只开进水管，2 小时可以把水池放满，之后关闭进水管，只开排水管，需 6 小时可以把水池排空。问：从空水池开始，同时打开进排水管，多长时间可以把水池放满？

解：设水池的体积是“1”，则进水时速是 1/2（1 小时进 1/2 池子的水），排水时速是 1/6（1 小时排 1/6 池子的水）。

时间 = 体积 /（进水速度 – 排水速度）=1/(1/2–1/6)=3 小时

答：需要 3 小时可以放满。

其实这个解答并不符合实际情况，因为排水速度并不是恒定的，而是和水的深度有关，具体关系式可以用伯努利定理得出。如果把这个题干中的“排水”改成“抽水”，由于水泵的抽水速度和水池深度关系不大，这个解答就比较合理了。

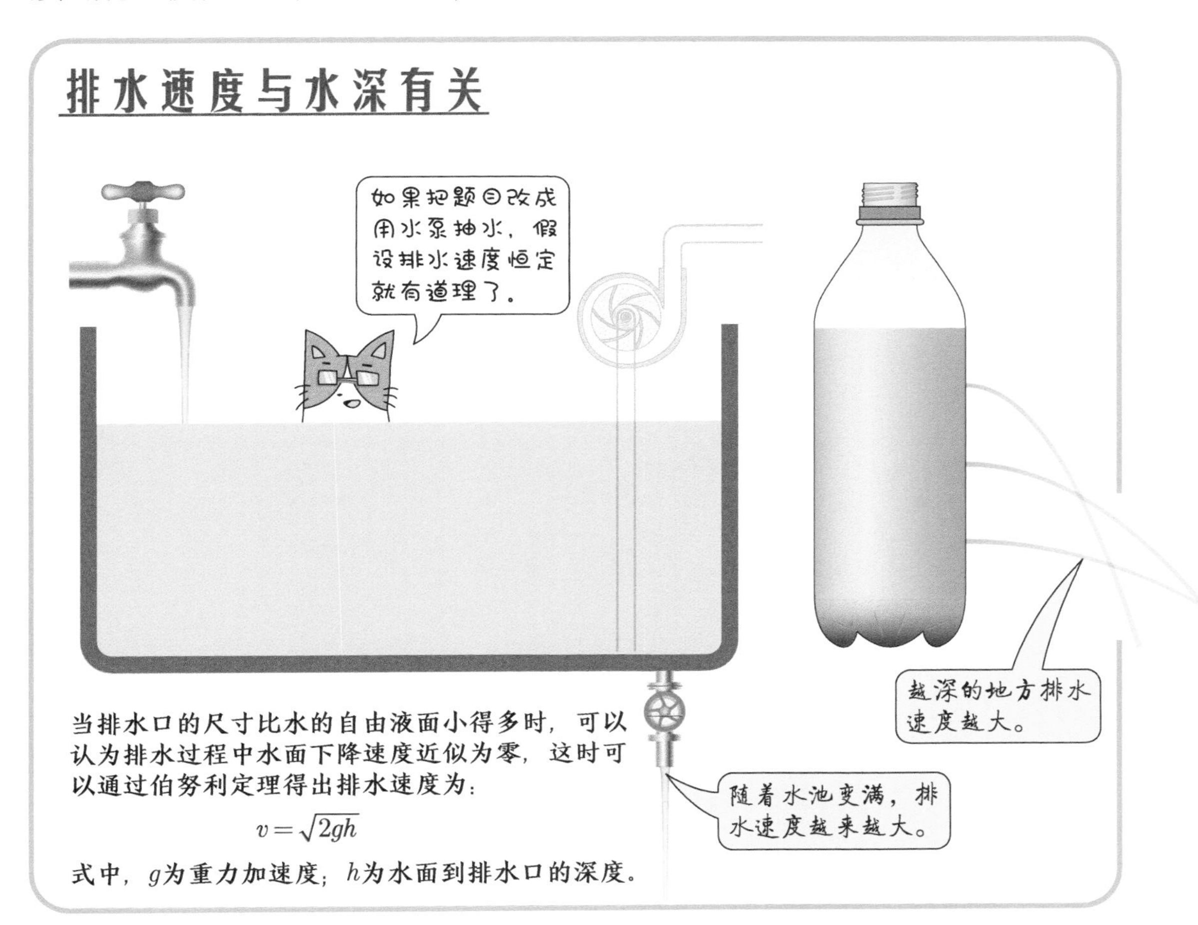

进排水问题的求解

已知：

只开进水，放满的时间为 t_1；

只开排水，排空的时间为 t_2。

求：

同时开，放满的时间 t_3。

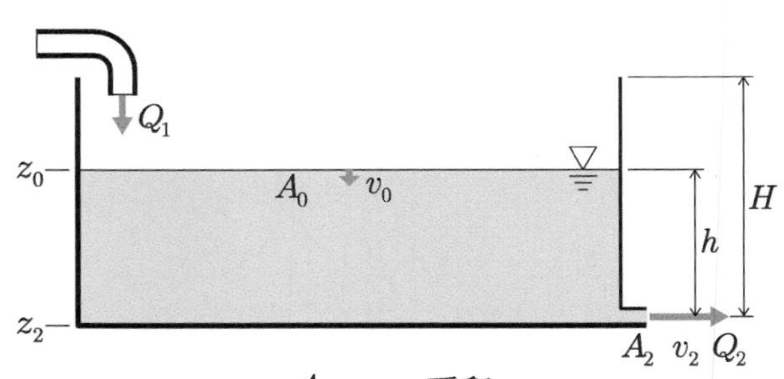

A —— 面积；

Q —— 体积流量；

v —— 流速。

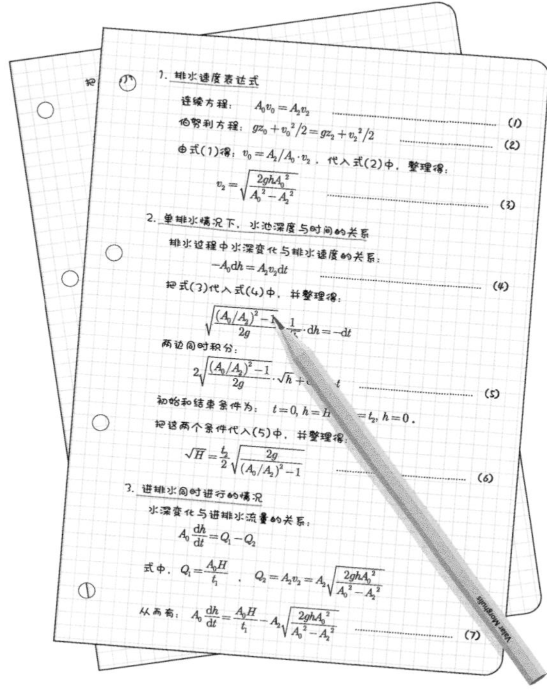

（上面这些具体的推导和求解过程在接下去的两页里。）

解决这个问题要用到流体力学中的连续方程和伯努利方程，要得到最后的解还需要求解微分方程，整个过程大概需要用两页纸，这里先给出结果。

$$t_3=\frac{t_2^{\,2}}{2t_1}\ln\left(\frac{t_2}{t_2-2t_1}\right)-t_2$$

把 $t_1=2, t_2=6$ 代入，就可以得到：

$$t_3=9\times\ln(3)-6\approx3.9 \text{ 小时}$$

可见放满水池的时间不是3小时，而是将近4小时。

当 $t_2\leqslant 2t_1$ 时，上面的式子在数学上不成立，这是怎么回事呢？原因是当排水较快时，水池还没有放满，排水的速度就已经追上了进水的速度，这时水面就会稳定在一定高度，不再增加了。这个高度是可以求出来的。

对下面两页中的式(8)使用 $\mathrm{d}h/\mathrm{d}t=0$ 的条件，可以得到：

$$h=\left(\frac{t_2}{2t_1}\right)^2H$$

例如，现在已知单进水和单排水所需的时间一样，即 $t_1=t_2$，如果按小学数学题的做法，这时水池中是不会积攒水的，但实际上池水会稳定在 $H/4$ 的高度。

要解答这道“小学”数学题，除了要用到流体力学的伯努利定理和连续方程外，要得到最终解还需要用到微积分方法。这里给出一种求解的过程，供读者参考。

1. 排水速度表达式

连续方程： $A_0v_0=A_2v_2$ ………… (1)

伯努利方程： $gz_0+v_0^2/2=gz_2+v_2^2/2$ ………… (2)

由式(1)得： $v_0=A_2/A_0\cdot v_2$ ，代入式(2)中，整理得：

$$v_2=\sqrt{\frac{2ghA_0^2}{A_0^2-A_2^2}} \quad \text{…………} \quad (3)$$

2. 单排水情况下，水池深度与时间的关系

排水过程中水深变化与排水速度的关系：

$$-A_0\mathrm{d}h=A_2v_2\mathrm{d}t \quad \text{…………} \quad (4)$$

把式(3)代入式(4)中，并整理得：

$$\sqrt{\frac{(A_0/A_2)^2-1}{2g}}\cdot\frac{1}{\sqrt{h}}\cdot\mathrm{d}h=-\mathrm{d}t$$

两边同时积分：

$$2\sqrt{\frac{(A_0/A_2)^2-1}{2g}}\cdot\sqrt{h}+C=-t \quad \text{…………} \quad (5)$$

初始和结束条件为： $t=0,\ h=H$ ； $t=t_2,\ h=0$ 。

把这两个条件代入(5)中，并整理得：

$$\sqrt{H}=\frac{t_2}{2}\sqrt{\frac{2g}{(A_0/A_2)^2-1}} \quad \text{…………} \quad (6)$$

3. 进排水同时进行的情况

水深变化与进排水流量的关系：

$$A_0\frac{\mathrm{d}h}{\mathrm{d}t}=Q_1-Q_2$$

式中， $Q_1=\dfrac{A_0H}{t_1}$ ， $Q_2=A_2v_2=A_2\sqrt{\dfrac{2ghA_0^2}{A_0^2-A_2^2}}$

从而有： $$A_0\frac{\mathrm{d}h}{\mathrm{d}t}=\frac{A_0H}{t_1}-A_2\sqrt{\frac{2ghA_0^2}{A_0^2-A_2^2}} \quad \text{…………} \quad (7)$$

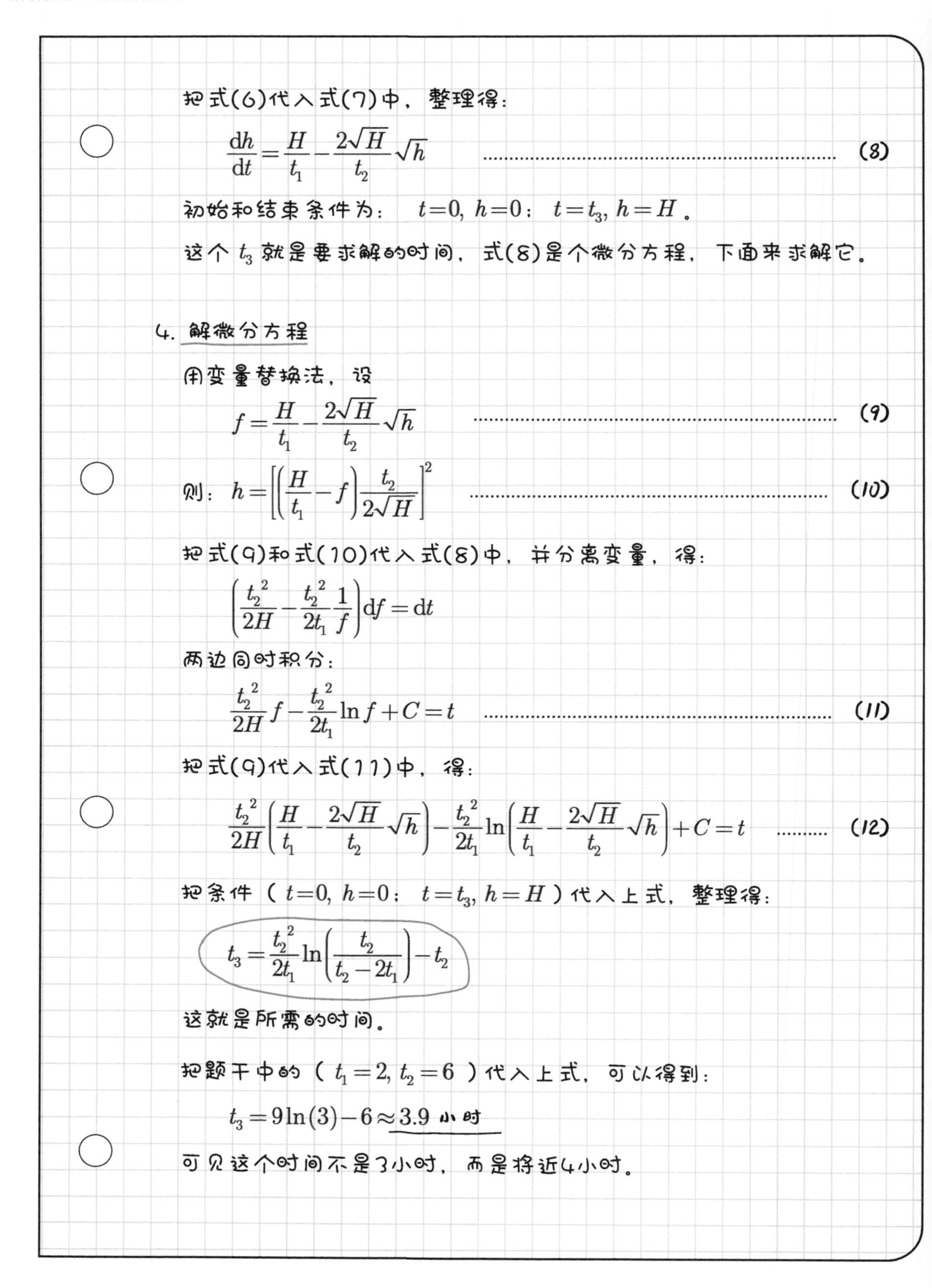

把式(6)代入式(7)中，整理得：

$$\frac{\mathrm{d}h}{\mathrm{d}t}=\frac{H}{t_1}-\frac{2\sqrt{H}}{t_2}\sqrt{h} \quad \cdots\cdots \quad (8)$$

初始和结束条件为： $t=0,\ h=0$； $t=t_3,\ h=H$。

这个 t_3 就是要求解的时间，式(8)是个微分方程，下面来求解它。

4. 解微分方程

用变量替换法，设

$$f=\frac{H}{t_1}-\frac{2\sqrt{H}}{t_2}\sqrt{h} \quad \cdots\cdots \quad (9)$$

则：$h=\left[\left(\frac{H}{t_1}-f\right)\frac{t_2}{2\sqrt{H}}\right]^2 \quad \cdots\cdots \quad (10)$

把式(9)和式(10)代入式(8)中，并分离变量，得：

$$\left(\frac{t_2^{\ 2}}{2H}-\frac{t_2^{\ 2}}{2t_1}\frac{1}{f}\right)\mathrm{d}f=\mathrm{d}t$$

两边同时积分：

$$\frac{t_2^{\ 2}}{2H}f-\frac{t_2^{\ 2}}{2t_1}\ln f+C=t \quad \cdots\cdots \quad (11)$$

把式(9)代入式(11)中，得：

$$\frac{t_2^{\ 2}}{2H}\left(\frac{H}{t_1}-\frac{2\sqrt{H}}{t_2}\sqrt{h}\right)-\frac{t_2^{\ 2}}{2t_1}\ln\left(\frac{H}{t_1}-\frac{2\sqrt{H}}{t_2}\sqrt{h}\right)+C=t \quad \cdots\cdots \quad (12)$$

把条件（$t=0,\ h=0$； $t=t_3,\ h=H$）代入上式，整理得：

$$t_3=\frac{t_2^{\ 2}}{2t_1}\ln\left(\frac{t_2}{t_2-2t_1}\right)-t_2$$

这就是所需的时间。

把题干中的（$t_1=2,\ t_2=6$）代入上式，可以得到：

$$t_3=9\ln(3)-6\approx 3.9\ \text{小时}$$

可见这个时间不是3小时，而是将近4小时。

20. 通风专家土拨鼠

如果说土拨鼠是流体力学专家当然是夸张了些，不过土拨鼠确实有一项应用流体力学原理的技能，就是它的洞穴应用了附壁效应和伯努利定理。下图为土拨鼠的洞穴示意图，这样的洞穴一般长十多米，深几米。按理来说，洞穴内应该会有缺氧的现象，但土拨鼠却可以在其中生活得很好。也就是说这种洞穴具有一定的通风性。通风的要诀就是这个洞穴有两个洞口，并且两个洞口的外部形状不一样。其中一个洞口在一个土堆上，而另一个洞口外面则没有土堆。当有微风沿地表吹过的时候，气流绕土堆流动，由于附壁效应，在洞口产生负压，另一侧没有土堆的洞口则保持大气压力。于是洞穴两端形成压力差，空气会源源不断地从压力高的洞口流入，从压力低的洞口流出。

我们不知道漫长的进化过程是如何让土拨鼠选择了这种洞穴形式。也许土拨鼠是从一个洞穴开始挖，把土都运出堆在这一侧，等挖通到另一侧时，洞口自然就没有土堆，碰巧形成了可以通风的洞穴。也可能是漫长的自然选择过程让这种洞穴中的土拨鼠更容易生存下来。总之这种洞穴可以保证内部空气新鲜，是流体力学原理完美的应用。

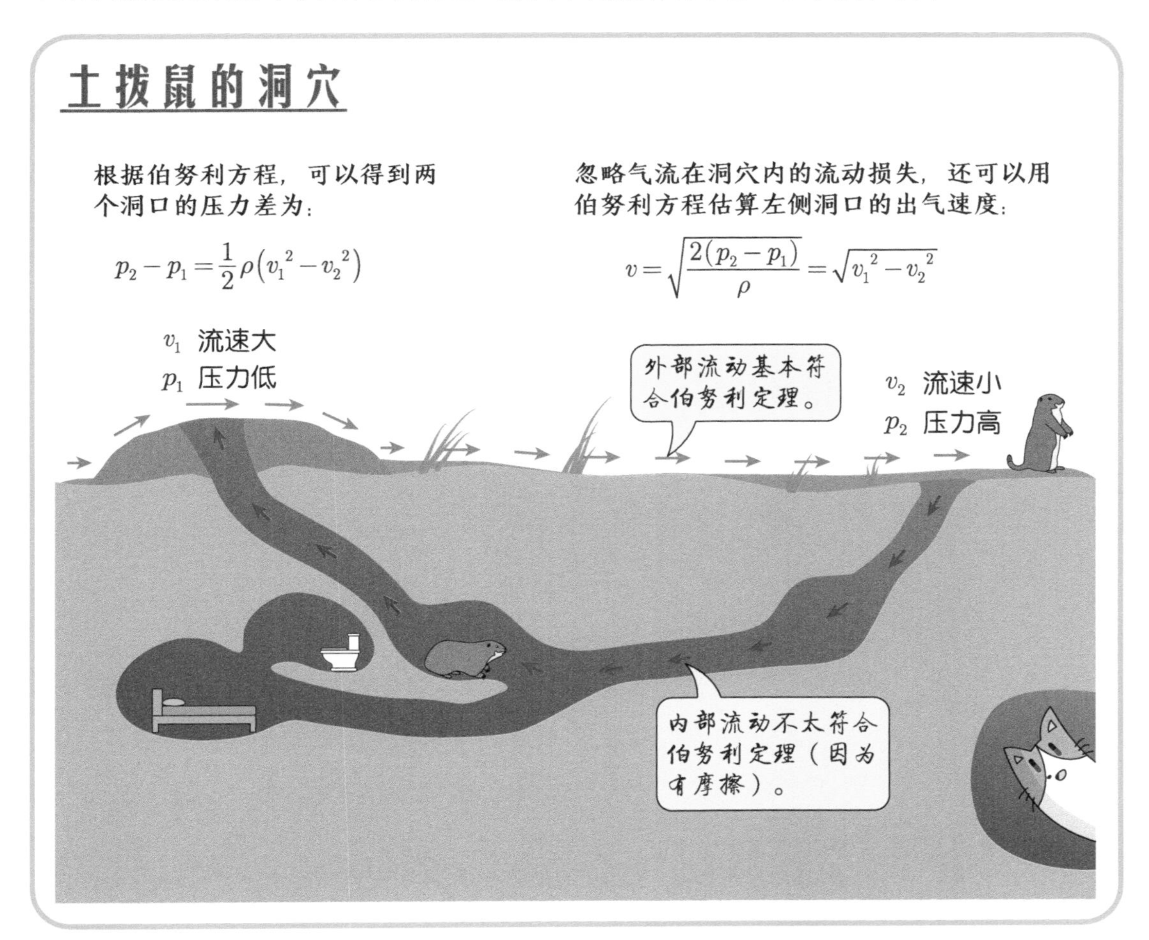

21. 飞行的奥秘

飞机升力的原理可能是最热门的科普问题之一了。有一种流传很广的解释是：机翼上表面弯，下表面平，流过上下表面的空气必然在相同时间内到达尾缘，因此上面的气流速度比下面的快。再根据伯努利定理可知，机翼上表面的空气压力低，下表面的空气压力高，就产生了升力。这种说法是不正确的，因为实际上，流经机翼上下表面的气流根本就不同时到达尾缘。

还有一种解释是基于流量连续的。认为机翼处于一个通道中，机翼上表面凸，使上方的流通面积变小，因此流体加速并产生低压。这种解释不能说不对，但如果定量地看，这种收缩产生的压降微乎其微，而真实机翼上表面的低压要大得多。

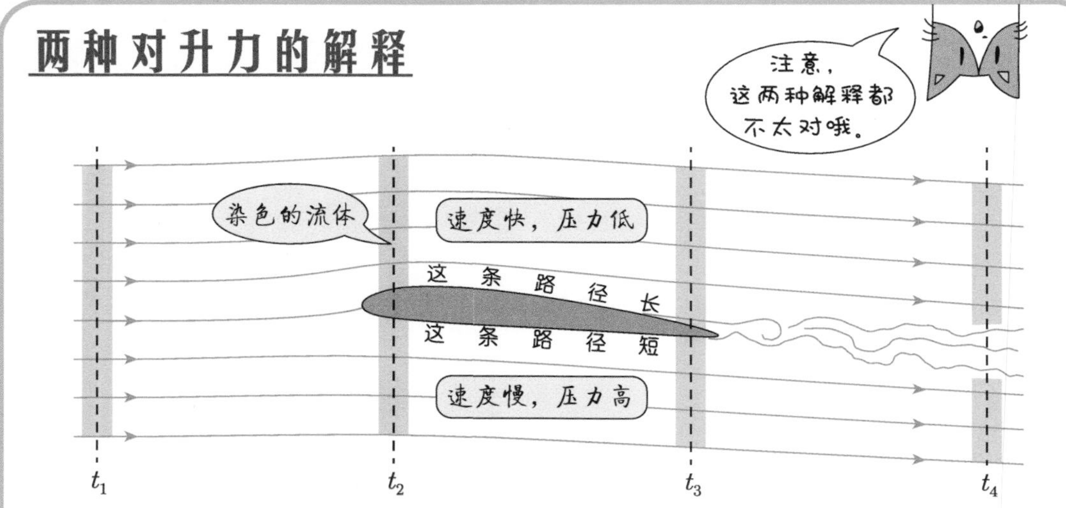

“同时到达论” 如果被机翼分成的上下两部分的流体同时到达尾缘，确实可以推出机翼上方流体的速度快压力低，但这种解释是不符合事实的。

“收缩通道论” 如果在机翼上下方加上壁面，则机翼上方形成收缩通道，流体在这里加速降压。但实际情况是流体都向上偏离，基本不产生收缩。

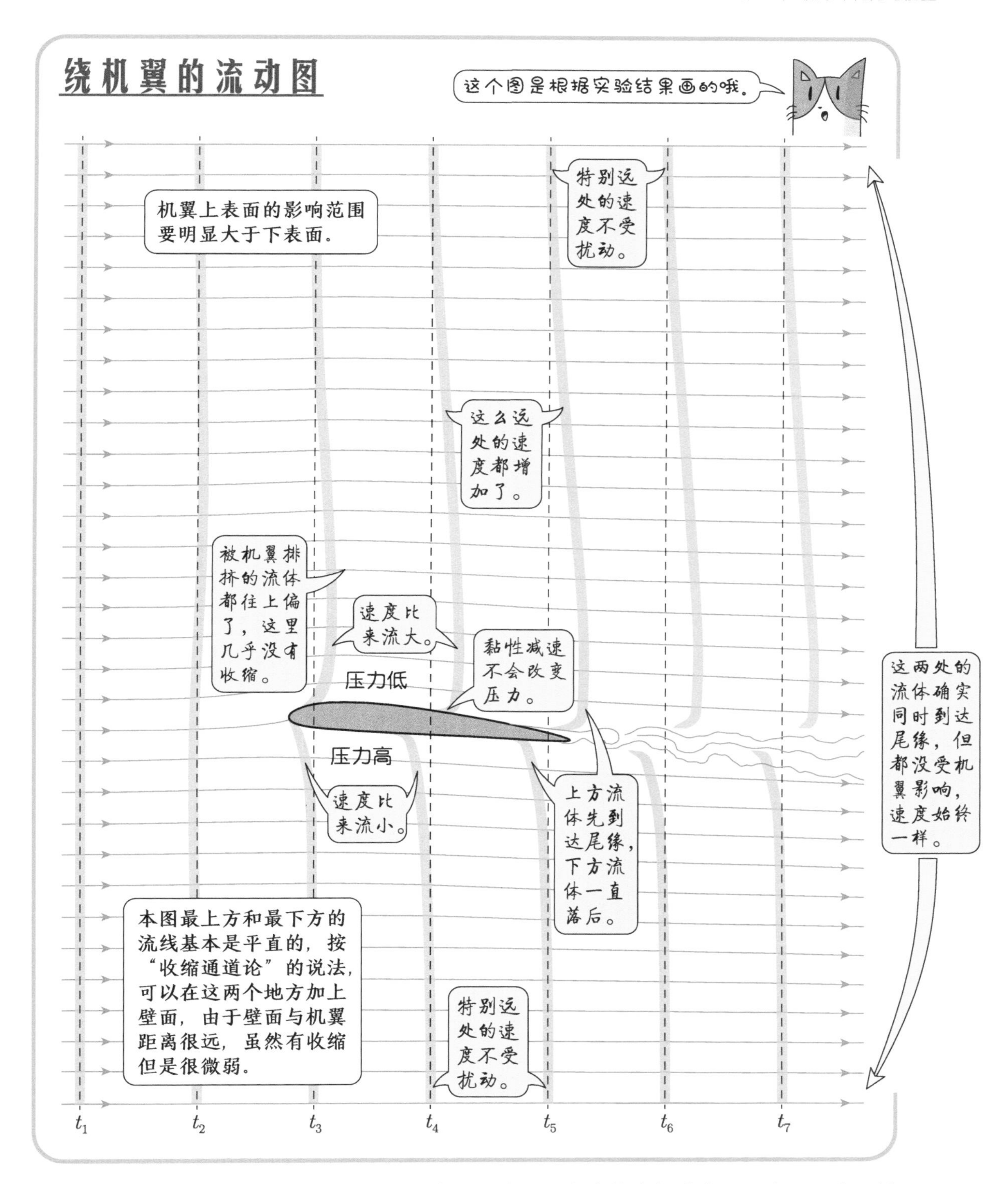

通过风洞吹风实验，我们可以看到，在机翼附近，上方的空气速度明显大于下方，并且一直持续到尾缘。上方的空气率先离开机翼尾缘，下方的空气根本没有机会追上，所以“同时到达说”是不成立的。另外，从这个流动图画也可以看出，机翼对上方的扰动范围非常大，前缘附近上方的气流都向上偏移了，收缩效应很微弱。

机翼升力的原理

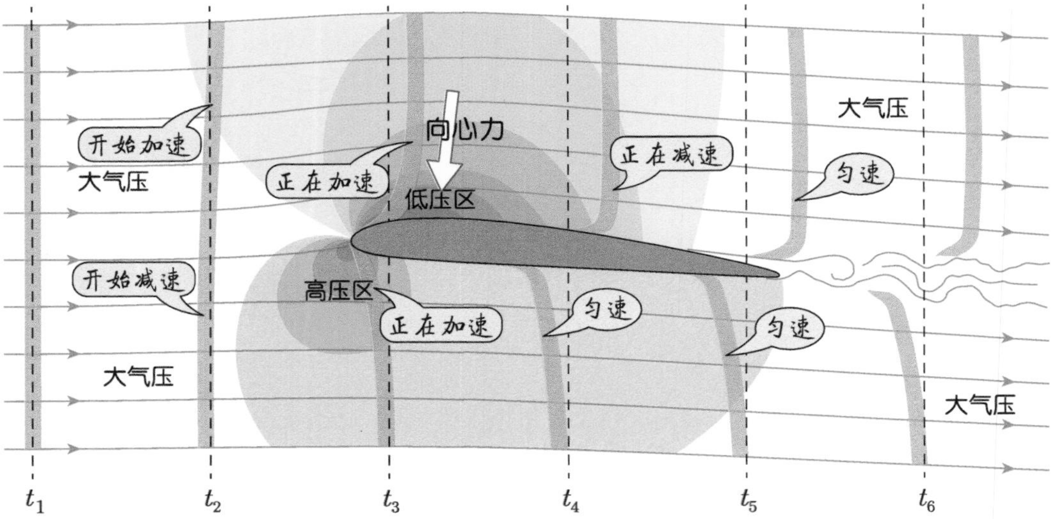

受附壁效应的影响，气流沿机翼上表面的曲面流动，并在离心力作用下产生了低压区，从而在机翼上产生了升力。

一般机翼的升力主要是由上表面的低压产生的，下表面并没有明显的高压。这是因为处于气流中的物体表面多数区域都是低于大气压的，比如下面这个流体绕圆柱流动。机翼也是一样，利用流动造成的负压产生升力比较合理。

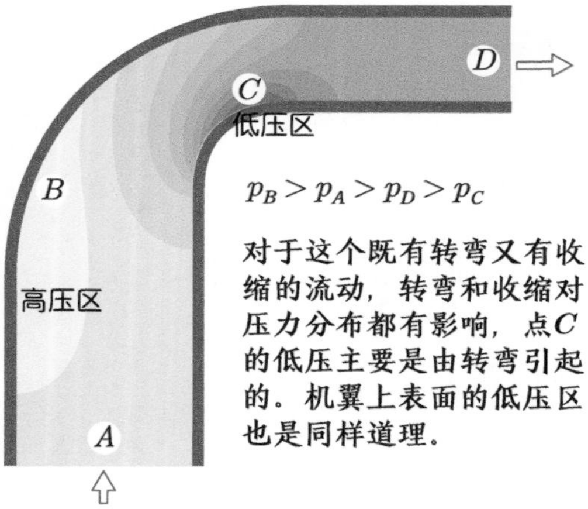

$p_B > p_A > p_D > p_C$

对于这个既有转弯又有收缩的流动，转弯和收缩对压力分布都有影响，点C的低压主要是由转弯引起的。机翼上表面的低压区也是同样道理。

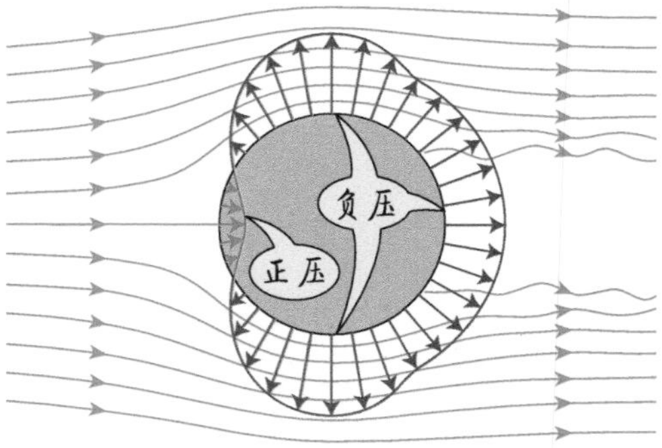

用伯努利定理来解释机翼的升力是可以的，但伯努利定理虽然描述了流速和压力变化的关系，却并没指出谁是原因谁是结果。按照牛顿定律来理解，力是速度变化的原因，是压力下降引起了流速增加。所以我们可以认为是机翼上表面先有了低压区，然后才产生了来流的加速。那上表面的低压区是怎么产生的呢？是因为气流沿弯曲的表面流动，需要向心力，这个向心力是压差力提供的。远离机翼没受扰动的空气压力是大气压，则机翼表面的压力必然要低于大气压。而气流为什么不走直线，而是贴着弯曲的机翼上表面流动呢？这就要归因于附壁效应了。

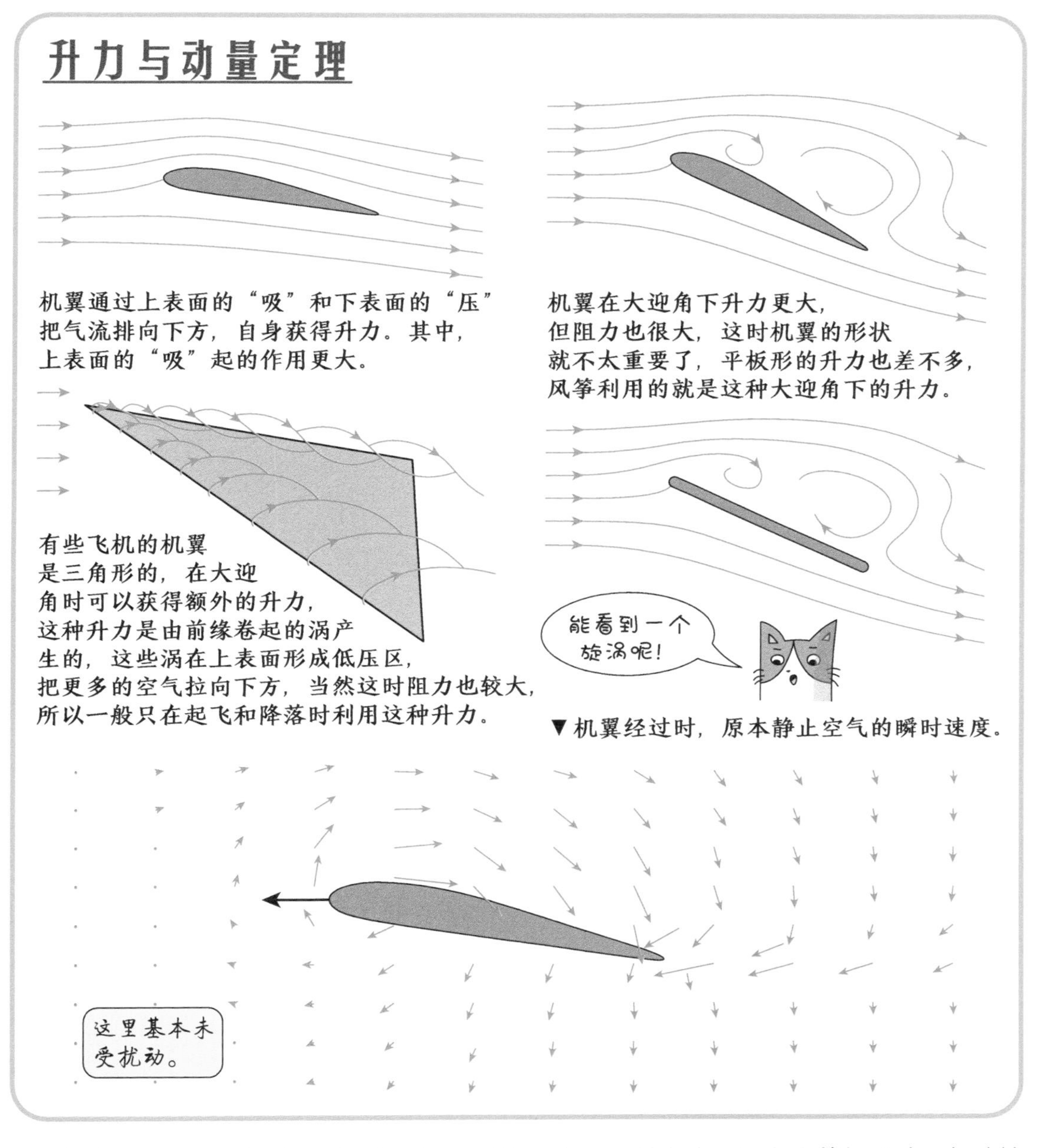

机翼并不是产生的升力越大越好，还需要阻力小，升力大而阻力小的机翼才是气动性能好的机翼。如果不在乎阻力而只想要升力，其实是很容易实现的。例如，风筝的形状就不怎么重要，只要让它保持与风有一定的迎角就能产生足够的升力。这时风筝的阻力也很大，但是风筝有线牵着，不需要动力，阻力大一点无所谓。

在前面的“10. 靠空气‘悬浮’”中用的是动量定理来解释机翼的升力，机翼把空气排向下方来获得升力，这和本节的解释是一致的。机翼向下排空气的途径，或是靠上表面“吸”（对应上表面的低压区），或是靠下表面“压”（对应下表面的高压区），或二者都有。站在地面上看，飞机飞过后，被机翼带动的空气是朝下并朝前运动的，朝下的气流对应机翼的升力，朝前的气流对应机翼的阻力。

观察机翼对流体的扰动

要观察空气绕过机翼的流动，我们不必有飞机，也不需要风洞，甚至不用有翼型，用手边的东西就可以实现。

所需物品和材料：

大盆 1 个，不锈钢勺 1 个，示踪粉末（胡椒粉、生姜粉、欧芹碎等能漂在水面上的粉末），水。

步骤：

1. 在大盆中装大半盆水，在表面撒一层示踪粉末；
2. 手持不锈钢勺，勺把竖直向上，把勺子头部浸入水中一半，按图顺着勺子前缘，从右向左滑动勺子，观察水面粉末的运动；
3. 可以看到勺子启动的位置出现了一个逆时针旋转的旋涡，当勺子停下后则从勺子上脱落下来一个顺时针旋转的旋涡，这两个旋涡都朝图中的下方运动直到撞上盆边。差不多整个表面的水都朝下方运动了。

小贴士：

1. 示踪粉末的颗粒大一点比较好，能看清流动，碎干菜叶比细胡椒粉更好。
2. 先要等水静止后，再缓慢插入勺子，勺子滑动时尽量保持匀速直线运动。

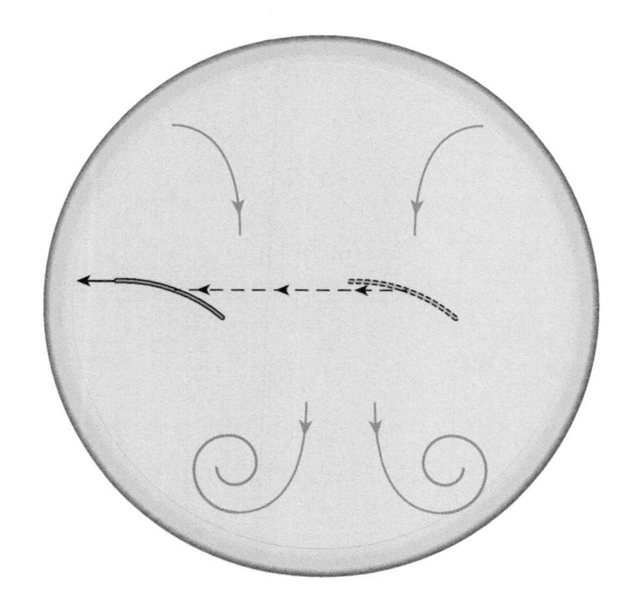

22. 飘动的纸条

把一个纸条放在嘴边，在上方顺着纸条吹气，纸条就会飘起来，这个现象经常被用来演示伯努利定理。具体解释是吹出的气流速度大因而压力低，纸条在上下方压差力的作用下就飘起来了。这个解释是有问题的，我们前面已经论证过，吹气是射流，压力只比环境压力低一点儿。按照“16. 射流的压力与环境相同”中的式子来估算射流的负压值：

$$\Delta p=\frac{1}{2}\rho(0.03v)^2$$

人吹气的速度在 10 m/s 左右，射流产生的负压大概为 0.05 Pa。假设用的是纵向撕开的半张 A4 纸来做这个演示，这个负压作用在纸上的力大概是 0.16 g 纸的重量，而半张 70 g 的 A4 纸重约 2.2 g，显然靠这点儿负压是无法支撑纸的重量的。

纸条的上方是吹出的气，下方是环境的空气，这二者不在一条流线上，不能用伯努利定理。对吹出的气正确应用伯努利定理的范围应该是从肺开始到空气被吹出体外之间。肺内的空气基本静止，压力高于大气压，经气管和口腔加速吹出后，压力等于大气压，并具有一定速度。

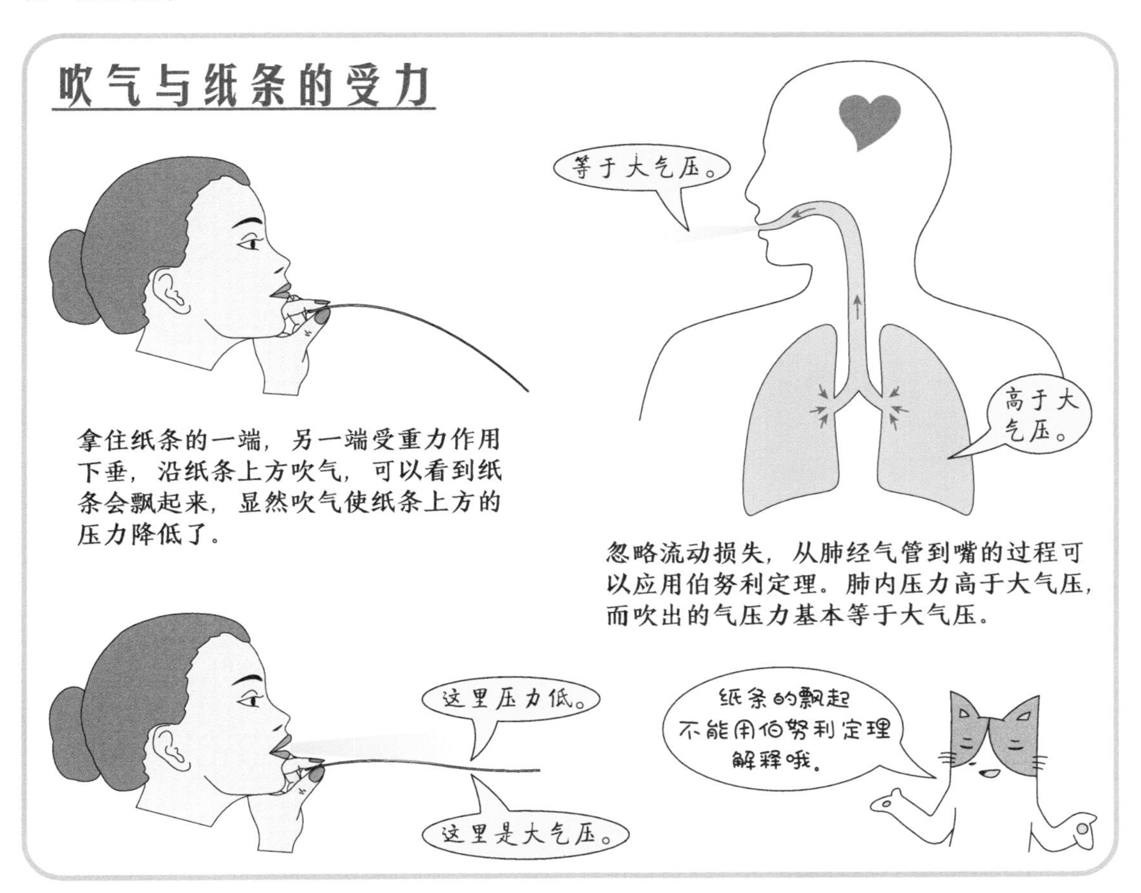

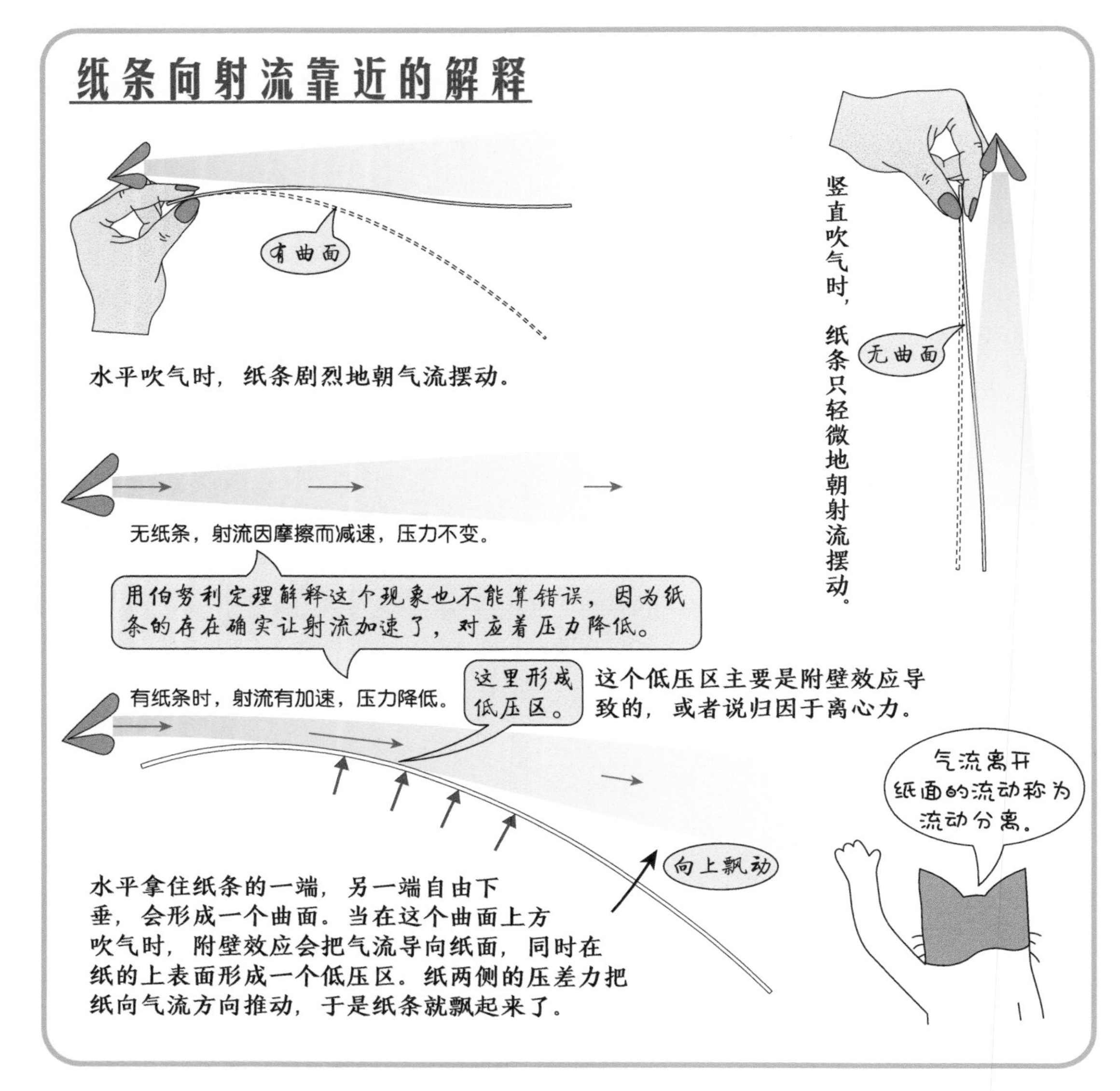

纸条上飘一定是压差力造成的，而下方空气压力是大气压，所以纸条上方气流的压力一定明显小于大气压。同时，我们也知道在没有纸条的时候吹气的压力只比大气压小一丁点儿，不能支撑纸的重量。因此结论就是，气流压力的减小正是纸条造成的。如果我们让纸条自然下垂，竖直向下吹气，会发现纸条虽然也向气流方向摆动，但远不如水平吹气的力道大。仔细观察水平吹气时纸条的拿法，可以发现纸条一端下垂形成了一个曲面。因此答案就很明显了，这个纸条上表面的曲面才是负压产生的主要原因，是附壁效应产生的负压，这和机翼的升力原理是类似的。用伯努利定理来解释这个现象也不能说不对，因为当有纸条存在时，其上方的流速确实比没有纸条时明显加快了，这个加速对应压力的降低。但简单地说“吹出的气速度高，所以压力低于大气压”是完全不对的。

垂直拿纸条时，靠的仅仅是射流本身那一丁点儿负压，不过让垂直的纸条摆动所需要的力比纸条的重量要小得多，所以吹气也能让纸条朝气流摆动。另外，纸条实际上对射流有干扰，会加大射流的负压，我们将用两张纸的情况来分析这个现象。

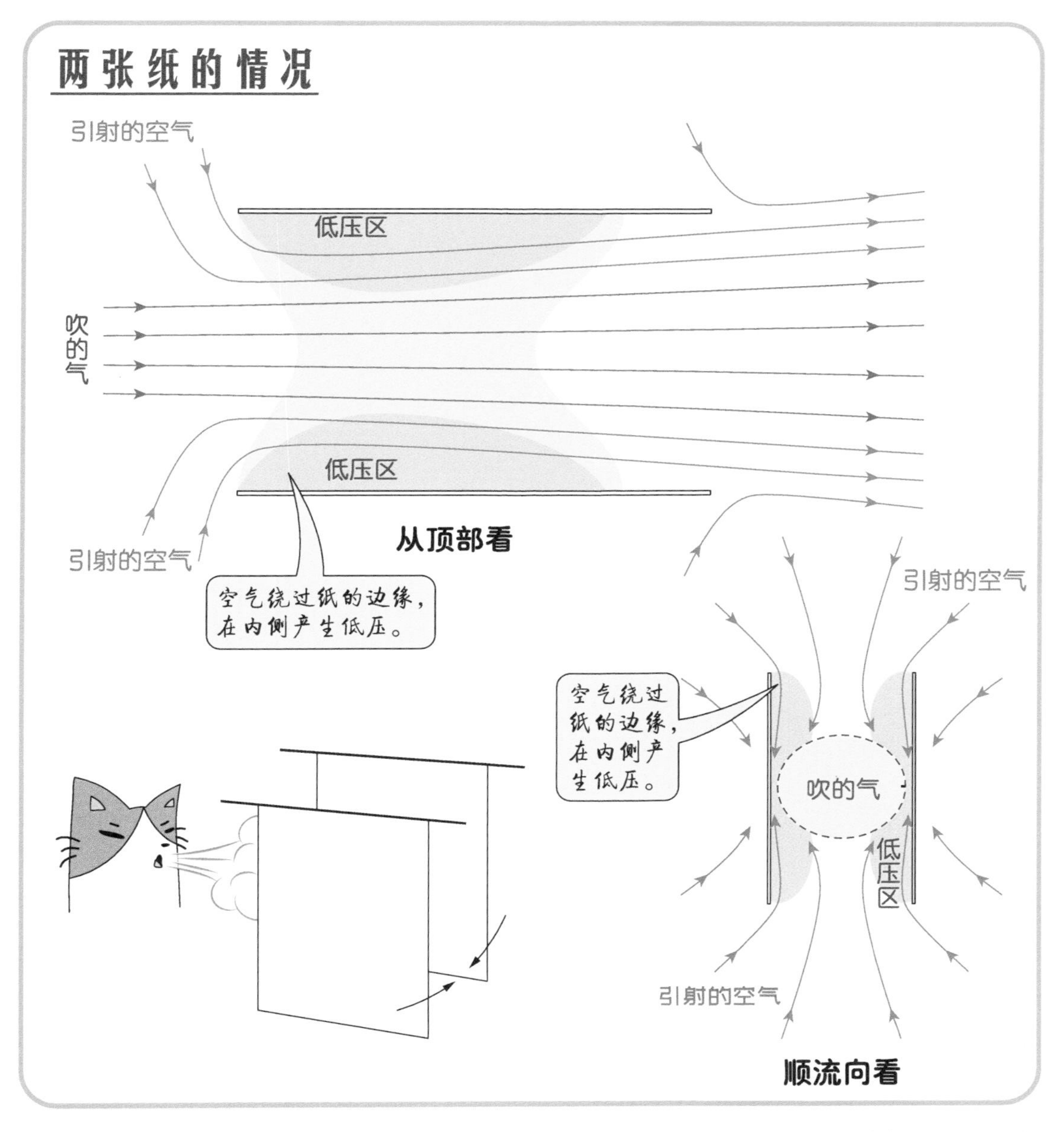

当朝悬挂的两张纸的中间吹气时，两张纸确实会明显地朝射流靠拢，这首先是因为射流的压力比环境压力小一点（参见“16. 射流的压力与环境相同”）。我们按照嘴吹气的速度 10 m/s 来评估的话，射流压力比环境压力低 0.05 Pa 左右，作用在 A4 纸上这个力大概是 0.003 N。这个力相当于 A4 纸重量的 5%~10%，是可以让纸摆动的。

所以说这个实验证实了射流压力比大气压低是有一定道理的。只不过，实际原因是射流的卷吸作用产生的负压（参见“43. 裹挟环境流体的湍动射流”），而不是因为射流速度快所以压力低。如果依照射流本身的速度 10 m/s，用伯努利定理算出的压差将是 60 Pa左右，比实际情况大了1000多倍！另一方面，做这个实验时，纸对环境空气有阻挡作用，改变了射流的自然状态，这时绕过纸流向射流的环境空气会在纸的内外两面形成额外的压差，进一步把纸压向中间。所以，严格说来这个实验是不能用来定量评估射流压力的。

23. 射流中的乒乓球

用乒乓球可以做一些有趣的流体力学演示实验。把两个乒乓球用细线吊起来，相距 5 cm 左右，朝两球中间吹气，会发现两个球朝中间靠拢。用一个吹风机朝上吹气，在气流中放一个乒乓球，球会浮在气流中，左右倾斜吹风机，乒乓球也不会掉下来。还有更神奇的现象，把一个漏斗朝下，乒乓球放在漏斗中，从细嘴吹气，球会在漏斗中跳动和转动，但却不会掉下去。

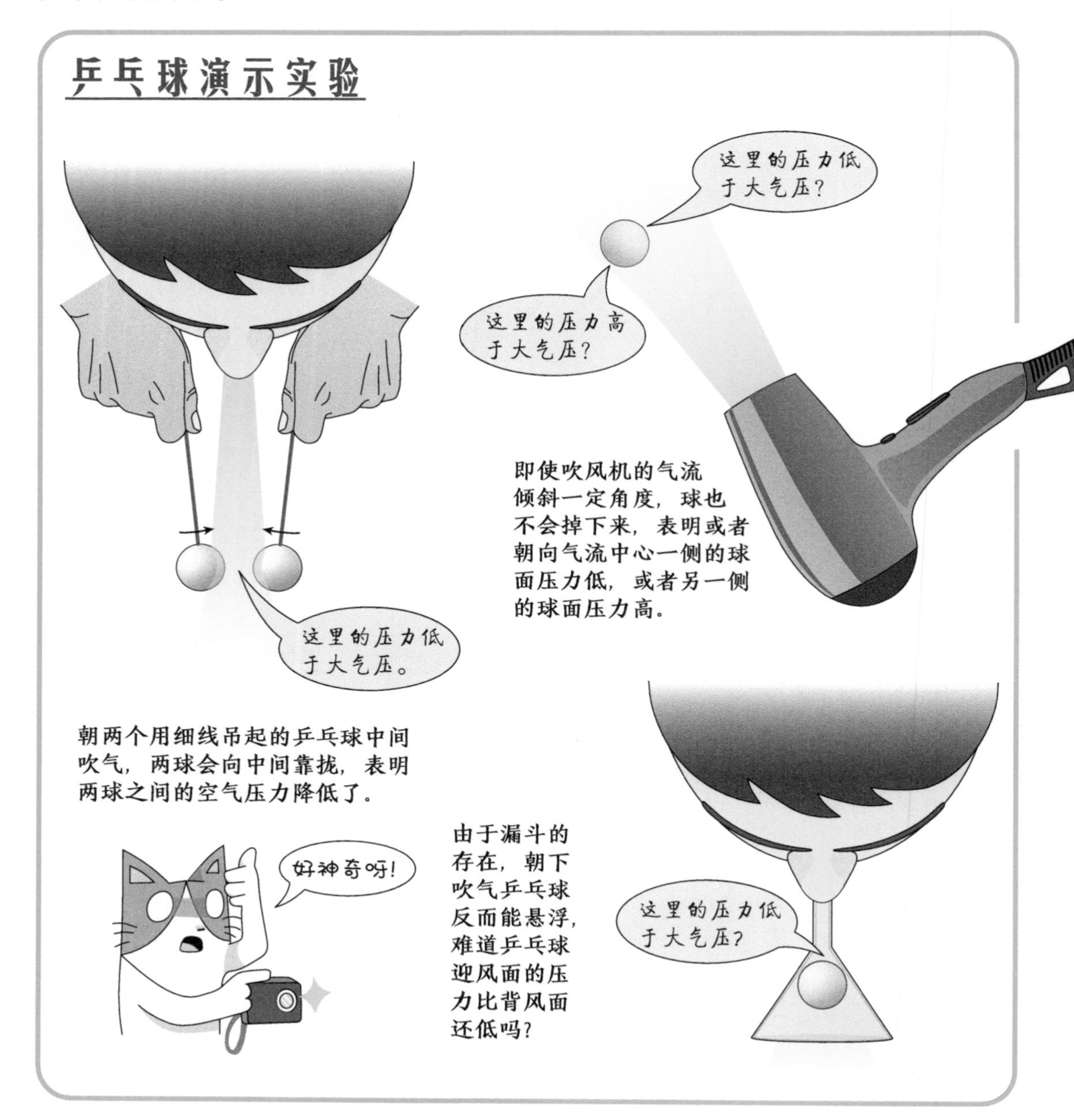

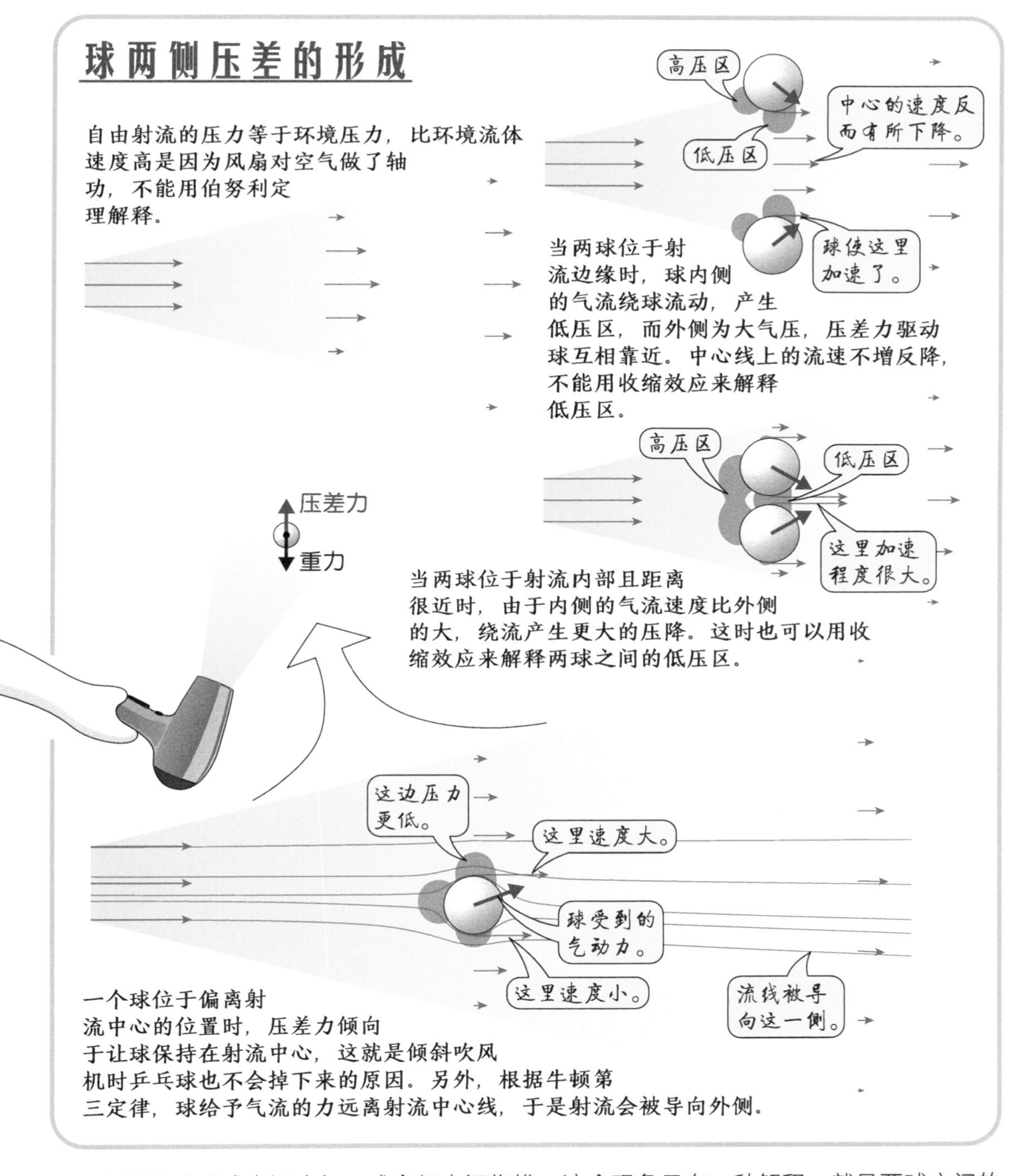

朝两个乒乓球中间吹气，球会朝中间靠拢，这个现象只有一种解释，就是两球之间的空气压力变小了。但这个压力减小的主要原因不是通道收缩，而是附壁效应→气流绕球流动→离心力的效果。和前面的气流绕机翼流动一样，大空间中的球并不使气流产生明显的收缩效果。处于吹风机气流中的乒乓球两侧的气流速度不同，但当没有球时射流的压力本来都是相同的，球的存在使气流从两侧绕球流动的形式不同，高速一侧的加速更大，压力下降更多，从而使球两侧产生了压力差。另外，乒乓球会在射流中不断旋转，从而进一步加大球朝向射流中心的力，具体解释详见“63. 奇妙的弧线球”。

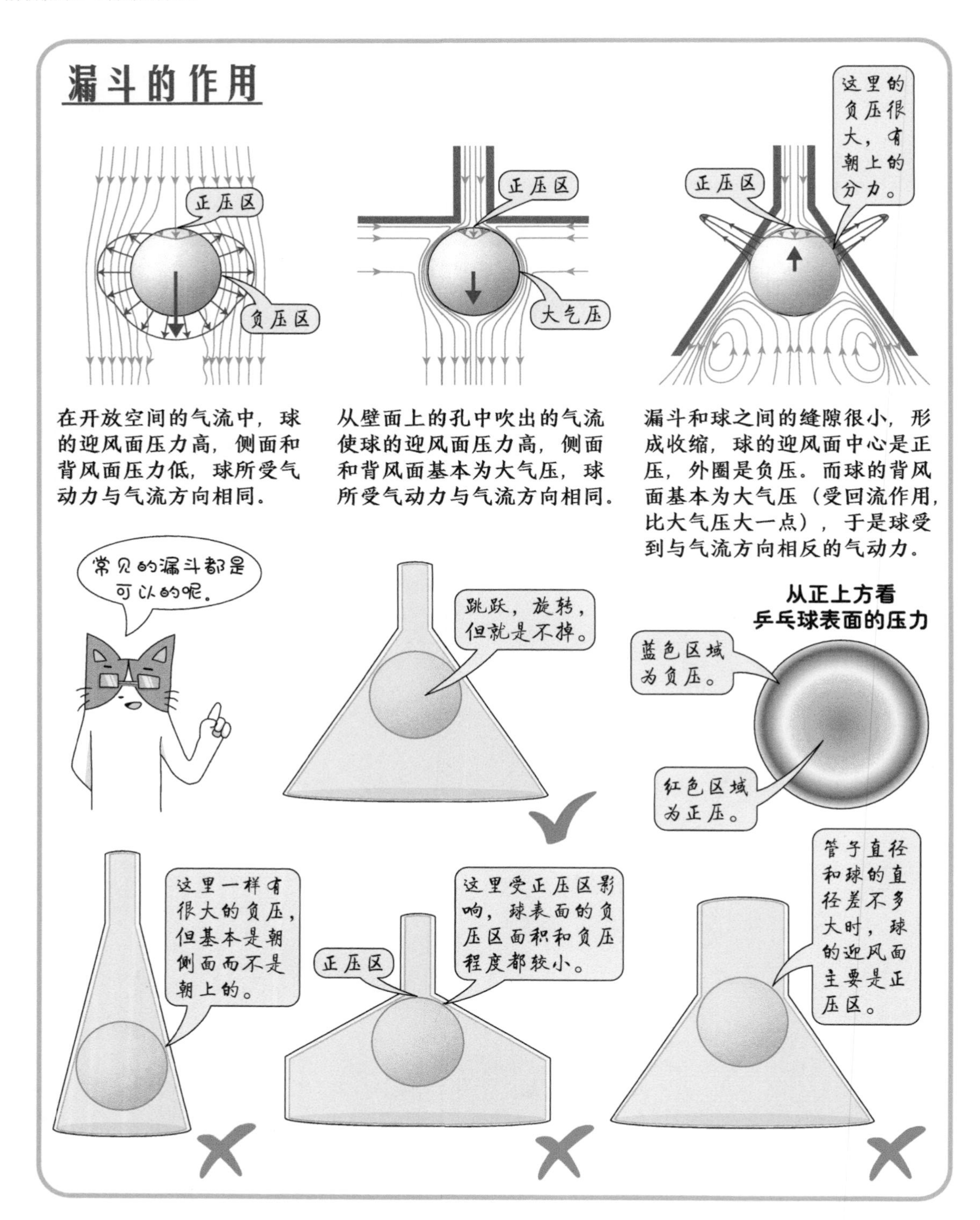

如果没有漏斗，直接朝下吹乒乓球，球会受到重力和气动力的双重作用，是一定会掉下去的。显然，有漏斗时，球的迎风面平均压力比背风面还要低，而正对气流的地方压力一定比大气压大，只能是两侧朝上的部分压力低造成的。多找几种漏斗做实验，就会发现乒乓球并不都是不掉的，漏斗的锥角和漏斗管的粗细都是很重要的。显然漏斗的锥角必须在一定范围内才行，大了或者小了都不行，而漏斗管的直径则要明显小于球的直径。

24. 危险的站台

列车高速经过站台时，如果人距离过近，有可能会被“吸”向列车而发生危险。常见的解释是：紧挨着车身的空气被列车带动而具有较快的流速，根据伯努利定理，这部分空气就比正常大气的压力小，这个压差力就会产生把人推向火车的作用。

这个解释并不正确。伯努利定理的“速度越大压力越低”必须在满足三个条件时才成立：无黏性力、无轴功、沿一条流线。在这个问题中，这三条都不满足，所以这种说法是一种典型的对伯努利定理的误用。

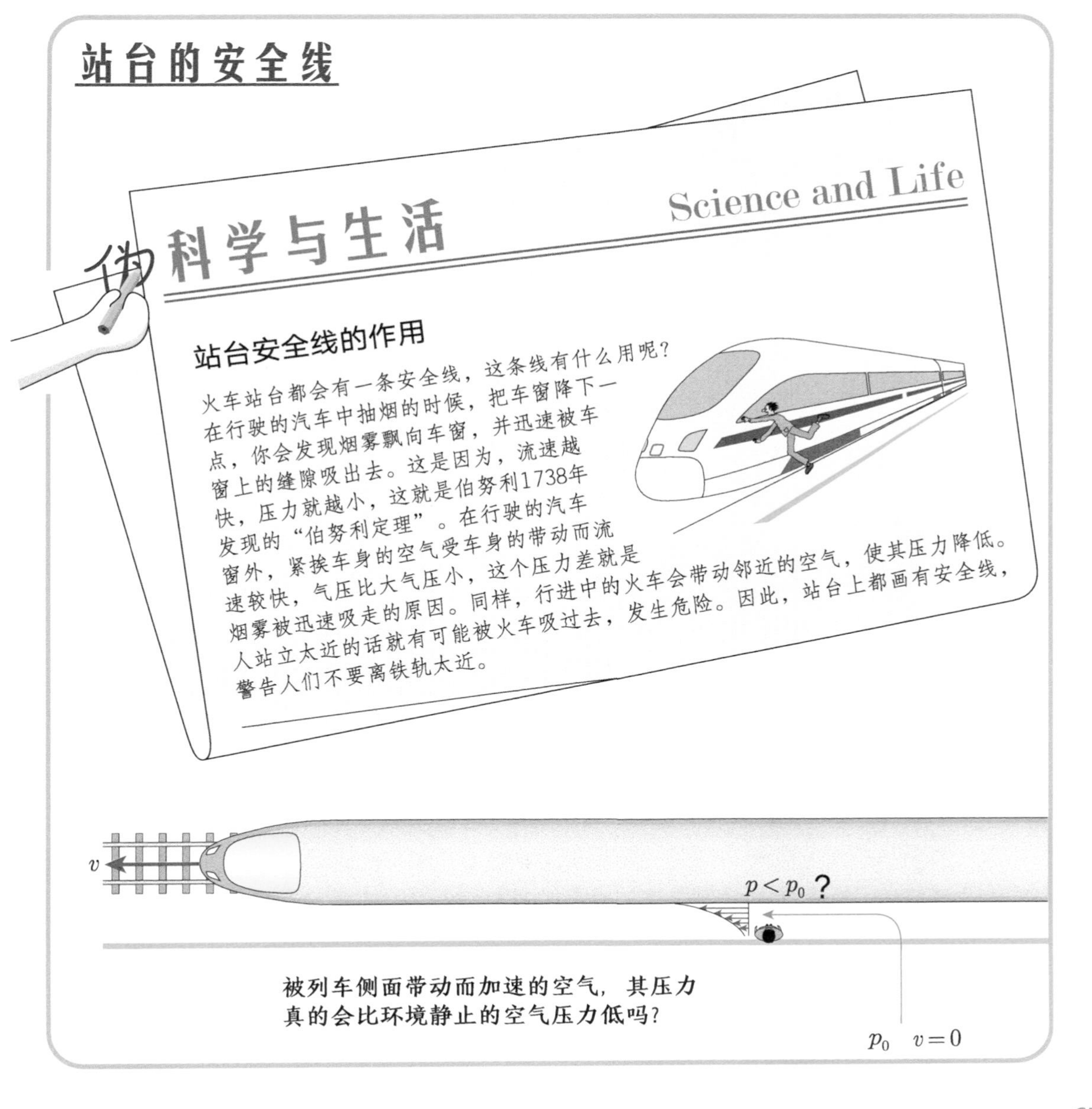

站台的安全线

伪科学与生活　Science and Life

站台安全线的作用

火车站台都会有一条安全线，这条线有什么用呢？在行驶的汽车中抽烟的时候，把车窗降下一点，你会发现烟雾飘向车窗，并迅速被车窗上的缝隙吸出去。这是因为，流速越快，压力就越小，这就是伯努利1738年发现的“伯努利定理”。在行驶的汽车窗外，紧挨车身的空气受车身的带动而流速较快，气压比大气压小，这个压力差就是烟雾被迅速吸走的原因。同样，行进中的火车会带动邻近的空气，使其压力降低。人站立太近的话就有可能被火车吸过去，发生危险。因此，站台上都画有安全线，警告人们不要离铁轨太近。

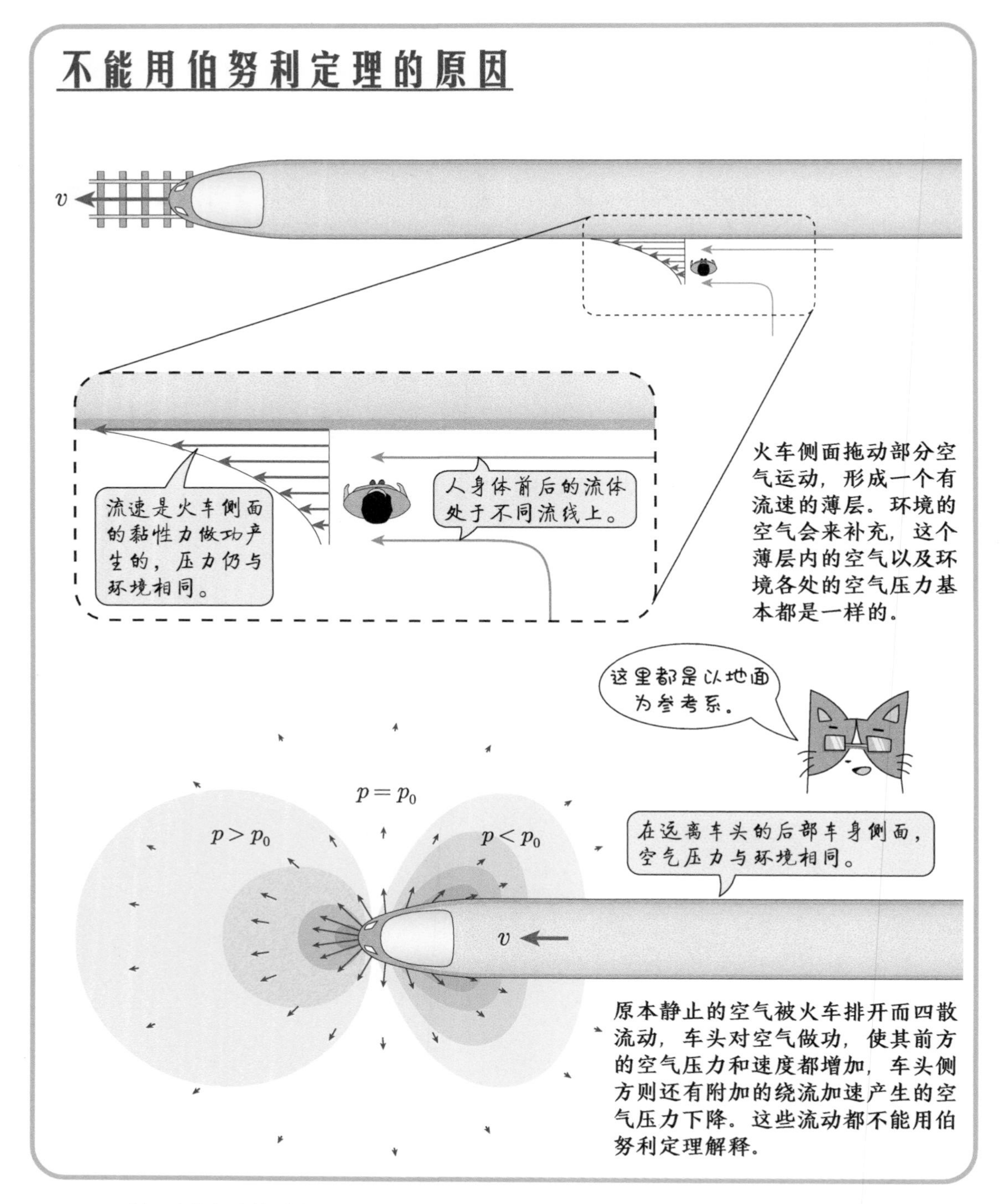

回顾前面讨论过的伯努利定理，如果用牛顿力学来解释的话，只有压差力导致的加速才符合“速度越大压力越低”的规律。火车侧面拖动空气靠的完全是黏性力的作用，因此空气的压力并不下降，所以说火车附近空气压力低是没有道理的。而且，人身前和身后的流体并不在一条流线上，比较这两点的压力显然不能用伯努利定理。要说火车经过时气流对人有作用力，主要发生在车头经过的时候。车头对空气的扰动是对空气做功，这种功属于轴功，所以车头附近的压力变化也是不符合伯努利定理的。

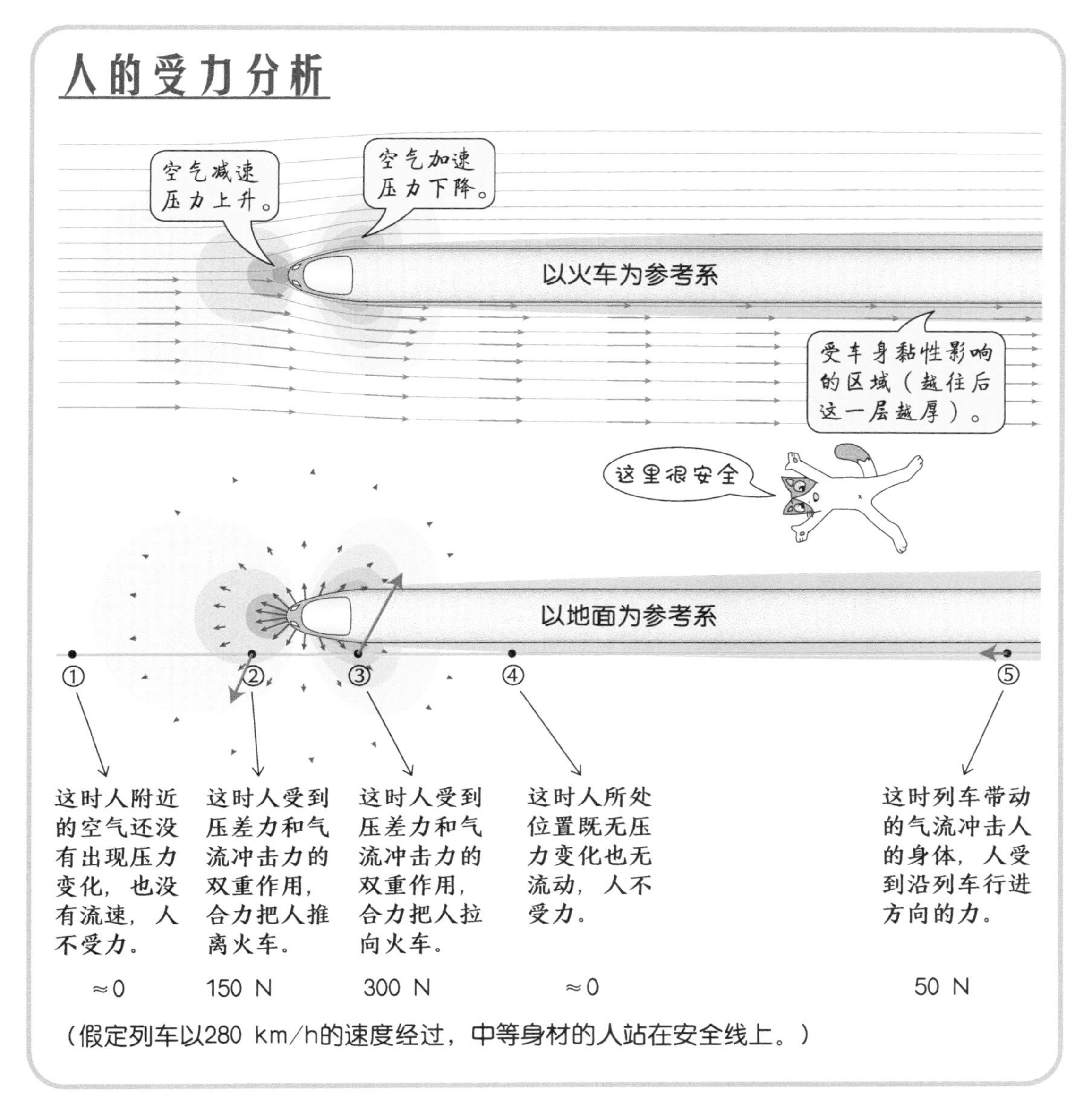

如果以火车为参考系，空气迎面吹来，则火车不再对气流做功，绕车头的流动就基本符合伯努利定理了。气流绕车头流动时，在车头正前方气流速度降低，压力比大气压大，在车头两侧空气绕过弯曲的表面流动，产生比大气压还低的负压区，而后面车身附近的压力则与大气压差不多。这个问题用简单的流体力学理论是无法得出定量结果的，必须借助复杂一点的分析和计算机模拟的帮助，通过计算机模拟得到整个空间的气流速度和压力分布，再根据正常人的体型估算得出人所受的气动力。

综合来说，当人距离站台边缘过近，火车高速通过时，人会先被突然推离紧接着再被突然拉向火车，然后车身经过时人不受力，到了车身后半段经过时人又受到沿火车行进方向的推力。这其中最大的力是车头刚刚经过时，侧面的负压区对人产生的拉力，当火车速度为 280 km/h 时，这个力可达 300 N 左右，还是有一定危险的。但只要车头过去了，车身侧面就基本没什么危险了（但是不要轻易尝试哦）。

25. 越阻拦越加速

流体的运动有一个看似违背常识的特点，就是当流动受到阻碍时，经常产生大面积的流速高于来流速度的区域。然而，一个固体质点并不会发生这个现象，当它遇到壁面减速后，如果再弹开，速度顶多与入射速度相同，而不会大于原速度。

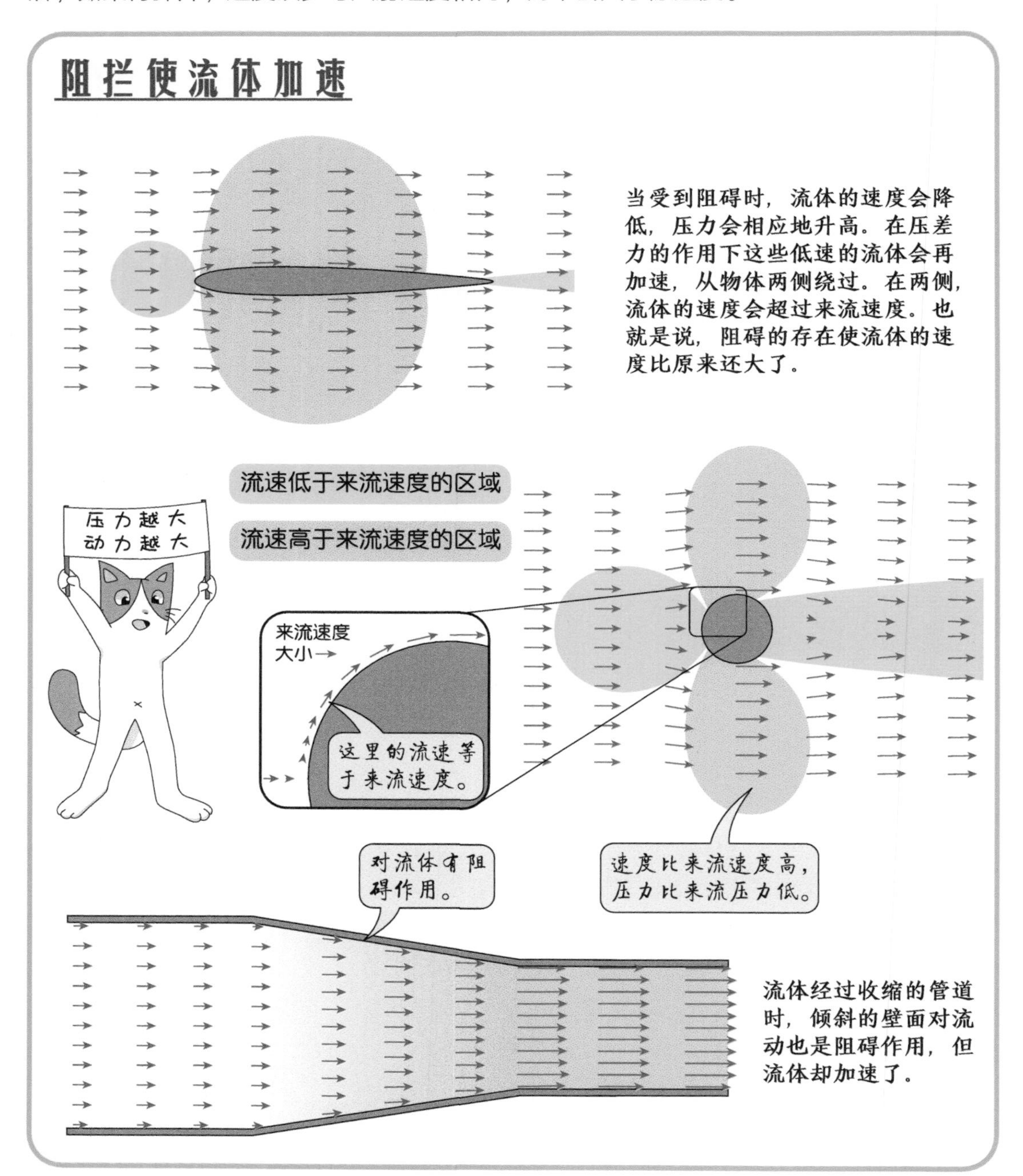

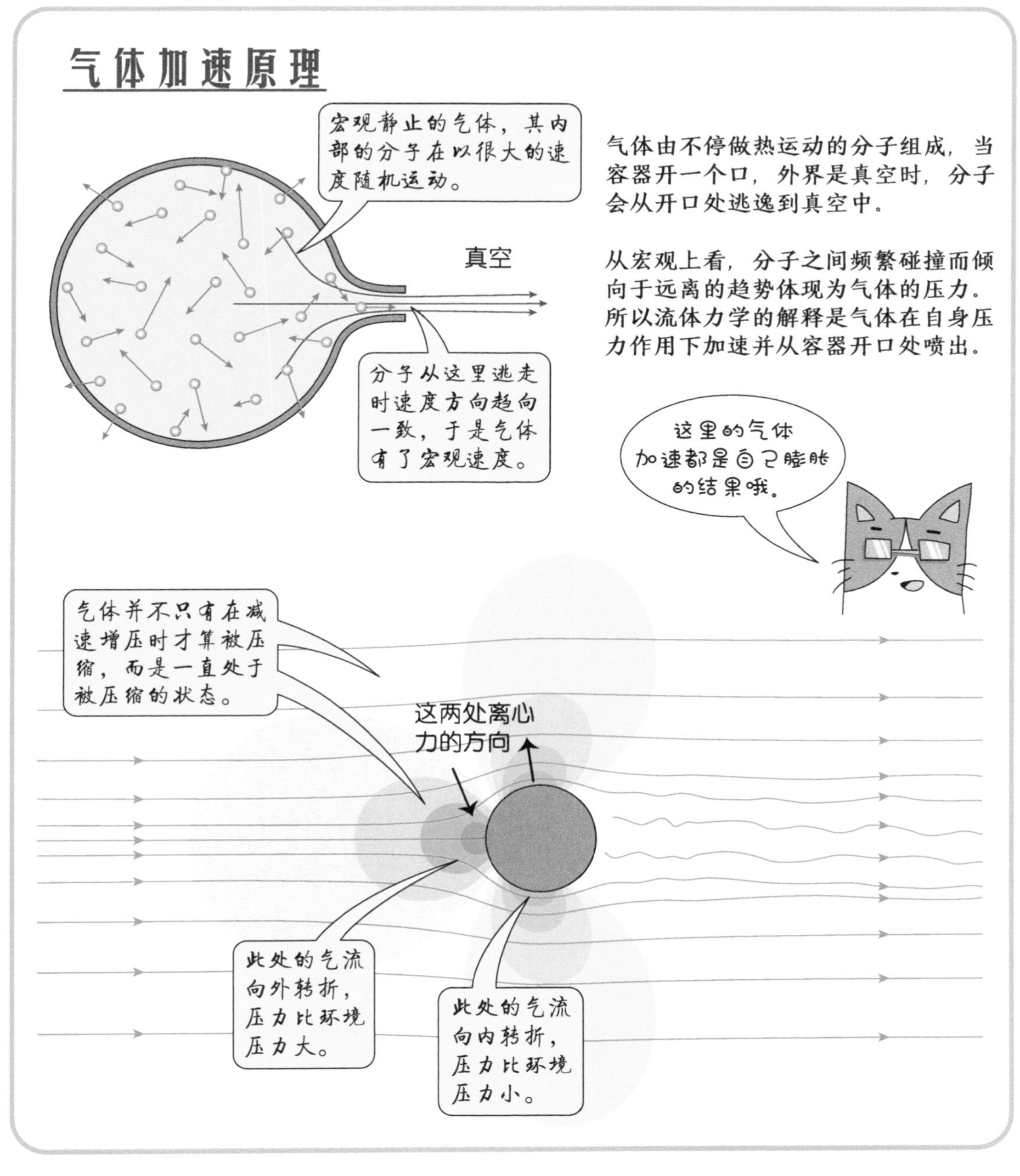

人群受到物体阻碍而从其侧面经过狭窄的地方时都会加快脚步，才能不阻碍后面的人。但人是有意识的，会主动加速，难道流体也有自己的意识吗？显然不是。不过流体虽然没有自主的意识，却拥有自主的能量，这就是压力势能。以气体为例，任何流动情况下的气体都具有压力，只要有机会，就会在自身压力的作用下膨胀加速。

任何有体积的物体放在气流中，气流在接近并绕过物体的时候，流线都会先向外转折再向内转折。向外转折是因为物体壁面对气流有阻碍作用，所以压力会增大；向内转折是因为物体的弯曲壁面产生的附壁效应，因此气流的压力会减小。当然这种压力的增大和减小也可以用流线弯曲产生的离心力来解释。

26. 塑料瓶空调靠谱吗

有一段时间流传一个新闻，说是有人发明了一种用塑料瓶做的空调，不用电就能让室温降低 5℃。这个新闻当然是假的，我们用热力学第二定律就可以判断，这里我们只是借这个例子来进一步理解流体运动的规律。

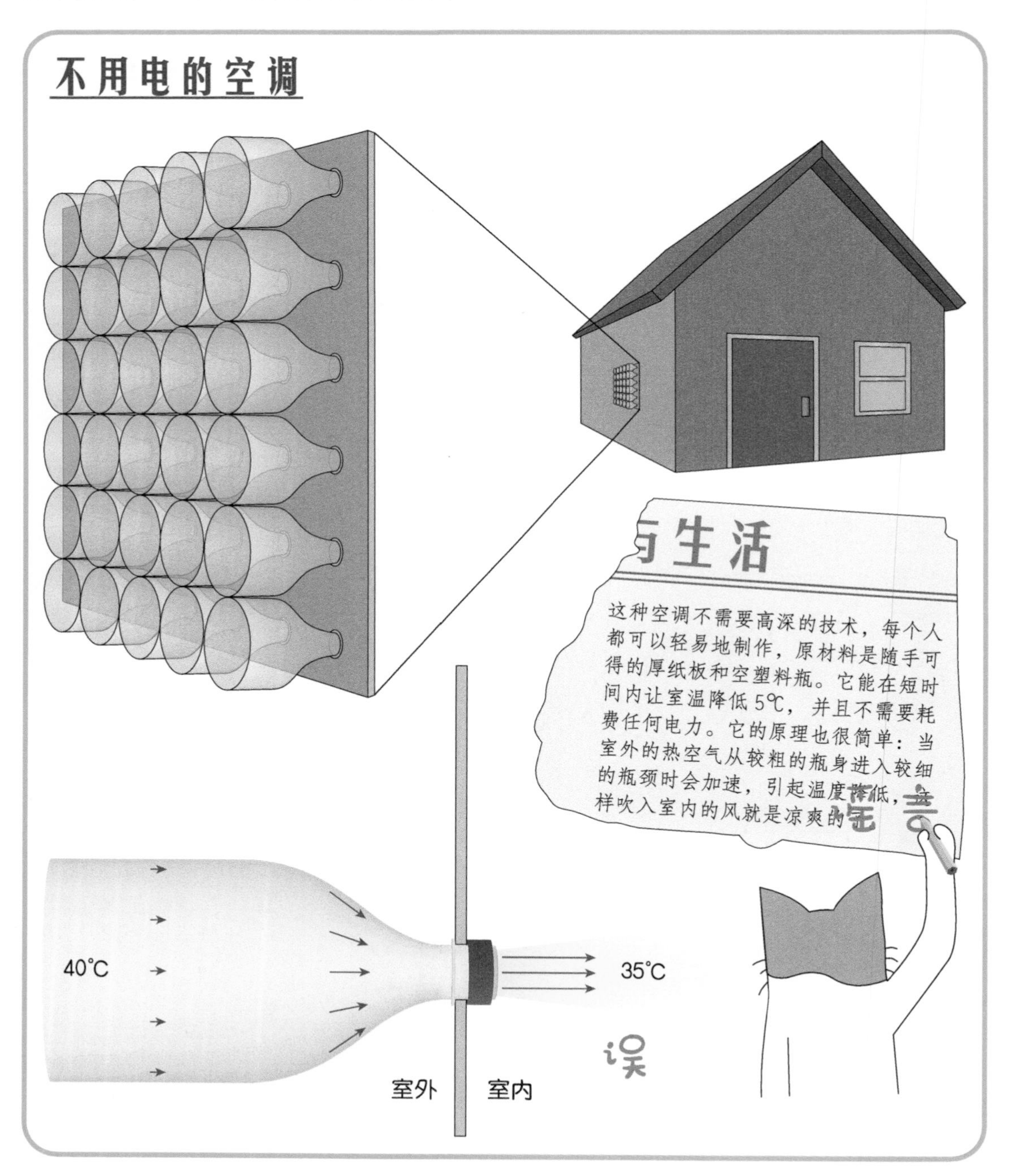

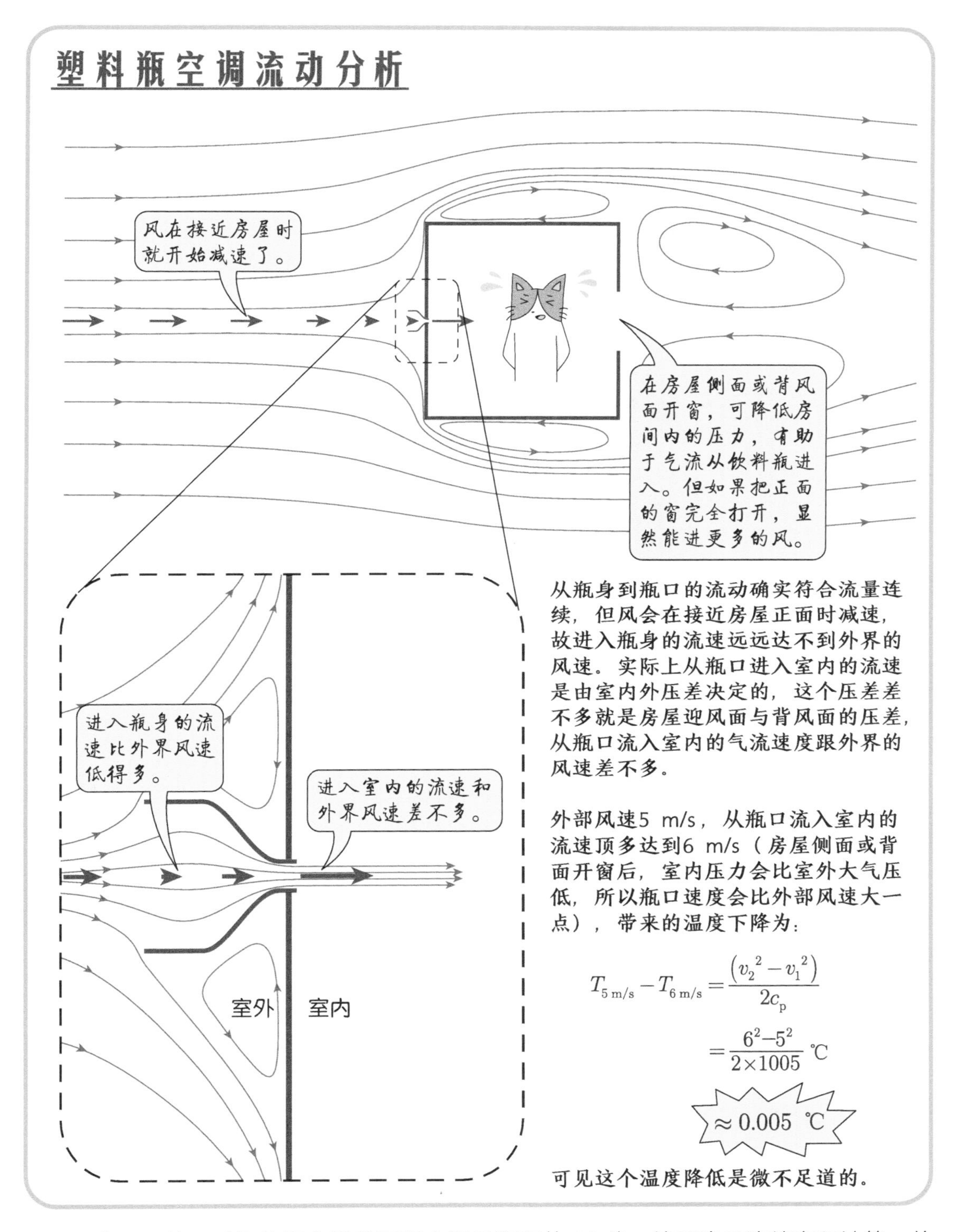

一个 2 L 的可乐瓶的瓶身横截面积大概是瓶颈的 20 倍，按照流量连续方程计算，从瓶口流出的气流速度就是瓶身内气流速度的 20 倍。如果外部风速为 5 m/s（相当于三级风），瓶口出气速度就是 100 m/s！如果真实流动是这样，进入室内的气流温度确实会比室外低 5 ℃左右，但实际的流动不是这样的。

27. 飞吧“水火箭”

“水火箭”是一种利用压缩空气压出水流来发射“火箭”的玩具，经常出现在中学生的课外科技制作和比赛中。具体方法是在空的容器中灌入一定量的水，再充入压缩空气，达到一定压力后，水冲开瓶盖，从瓶口向下高速喷出，“火箭”就在水的反作用力作用下向上飞起，其推进原理和喷火的火箭是一样的。经验证明，装水量太多和太少都不好，大概是容器的 1/3 时，“水火箭”的飞行高度最高，我们来分析一下原因。

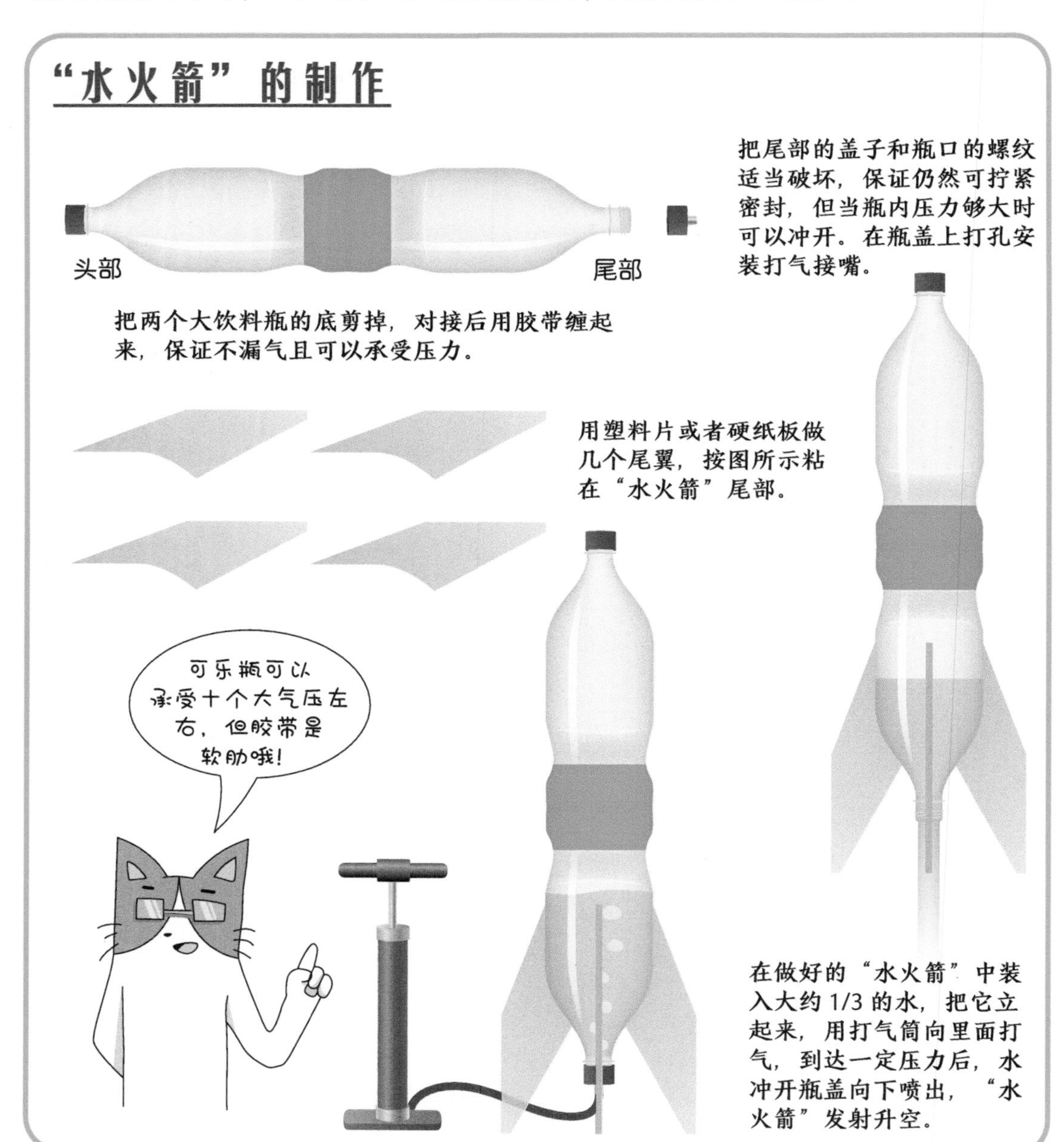

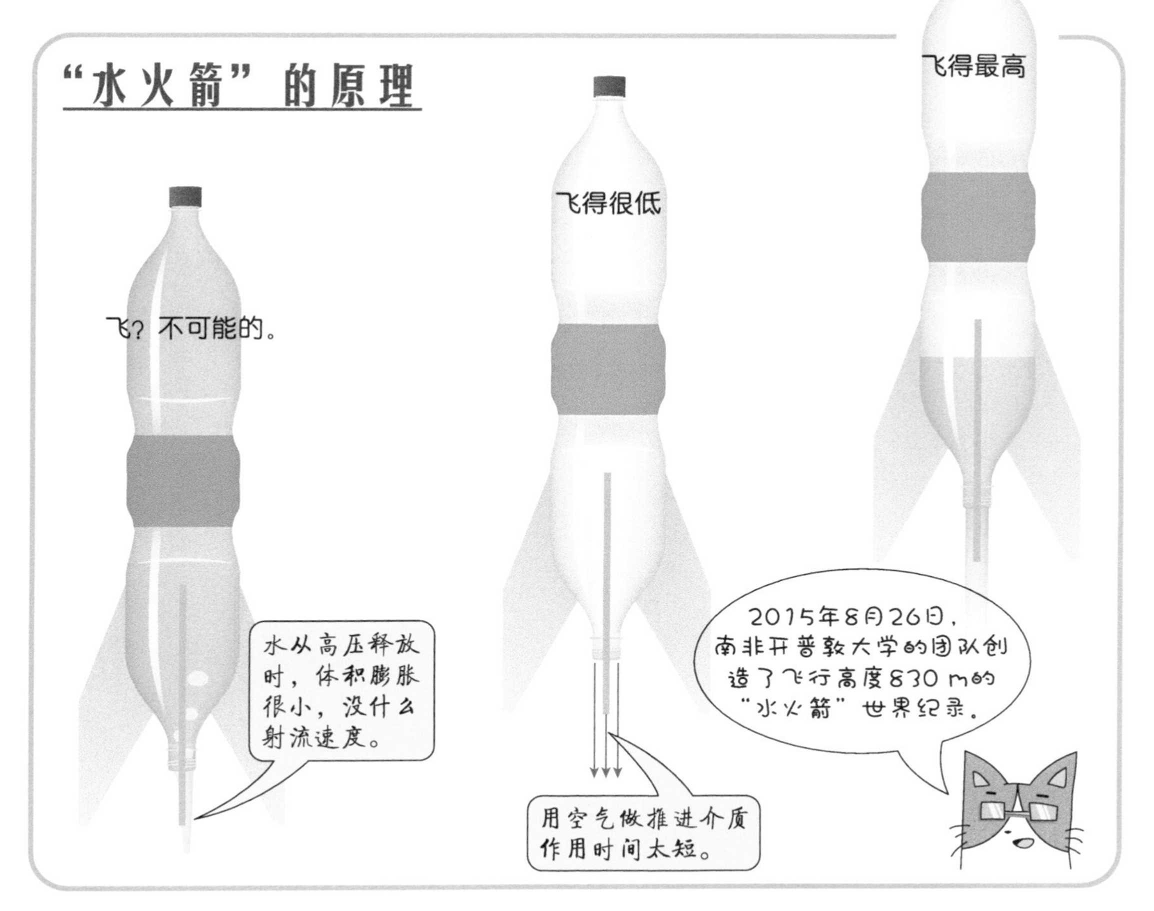

如果瓶内全部充满水显然是不行的，因为水的压缩率太低，加压后放开，几乎不会有水喷出，“火箭”也就不会飞。如果瓶内全部充满空气行不行呢？应该是可行的，这就类似于气球放气飞行的原理，但经验证明这种情况“火箭”飞不高。有一种解释是：水的密度大，在喷口射流速度相同的情况下，密度大的水产生的反作用力要比空气大得多。这个解释看似有道理，但却是完全错误的。因为用水或气做介质，相同的不是射流速度，而是瓶内的压力，相同的压力下，气流的速度要比水流快得多。

根据伯努利定理和动量定理，可以得出喷口处的流速 v 和“水火箭”的推力 F 分别为：

$$v=\sqrt{\frac{2(p_1-p_0)}{\rho}}=\sqrt{\frac{2p_{1g}}{\rho}},\quad F=\dot{m}v=\rho Av^2=2p_{1g}A$$

式中，p_{1g} 是瓶内压力（p_1）比大气压（p_0）高的部分，称为表压；A 是瓶口横截面积；ρ 是水或空气的密度。可见，同样压力下，水流的速度要远低于气流的速度，但二者推力大小是相同的。

既然水流和气流的推力一样，为什么用水的“火箭”飞得更高呢？这是因为水流只用了较小的速度就能提供相同的推力，同样体积的水可以作用更长的时间。而用空气的话，一下子就喷完了，作用时间太短。总结一下，“水火箭”是依靠空气的压缩性持续地将水喷出来提供推力的，空气和水缺一不可，二者的体积比存在一个最佳值。

第 3 章

声速与超声速

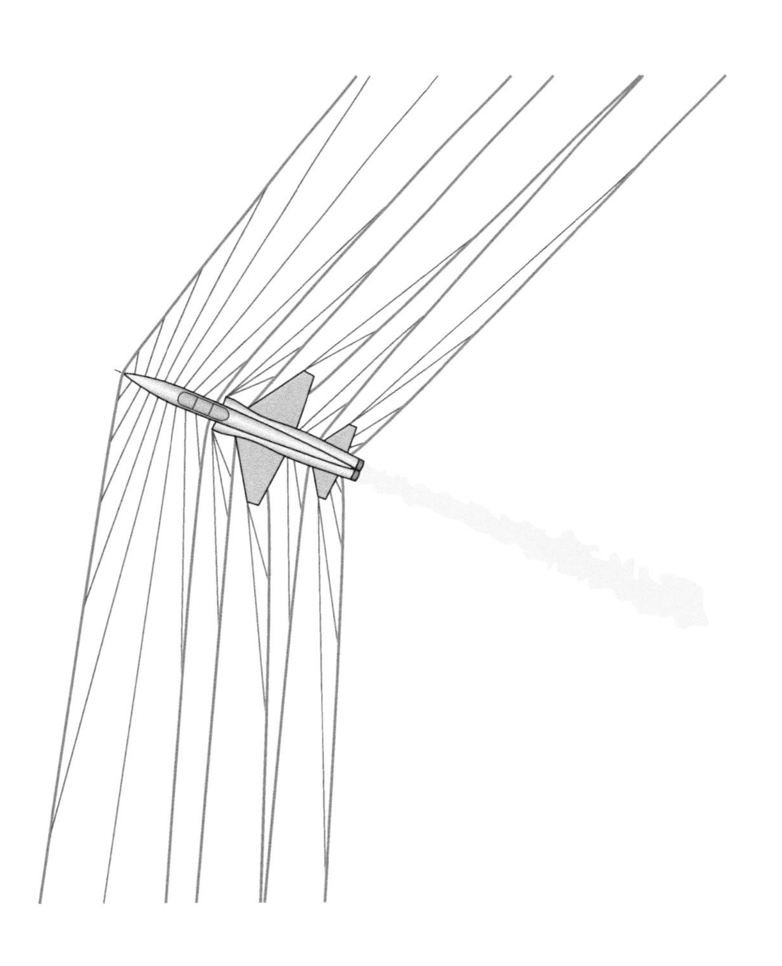

28. 追赶声音

声音在空气里传播的速度不算很快。例如，你在百米终点线上要经过 0.3 s 才能听到发令枪的声音，所以手动计时员要看枪的白烟而不是听枪声来计时。当然跑得最快的人也要九秒多才能到达终点，人类想超越声速还是不容易的。

提到超声速，可能人们想到最多的就是飞机和火箭，其实更早的时候，子弹和炮弹就已经超越了声速。爆炸时，部分气体和碎片是超声速的，我们听到的爆炸声对应着空气超声速运动产生的压力波，称为激波，比声速要快。所以理论上爆炸声应该比一般的声音更早被我们听到，不过当距离较远时这个差别很小，按声速计算即可。

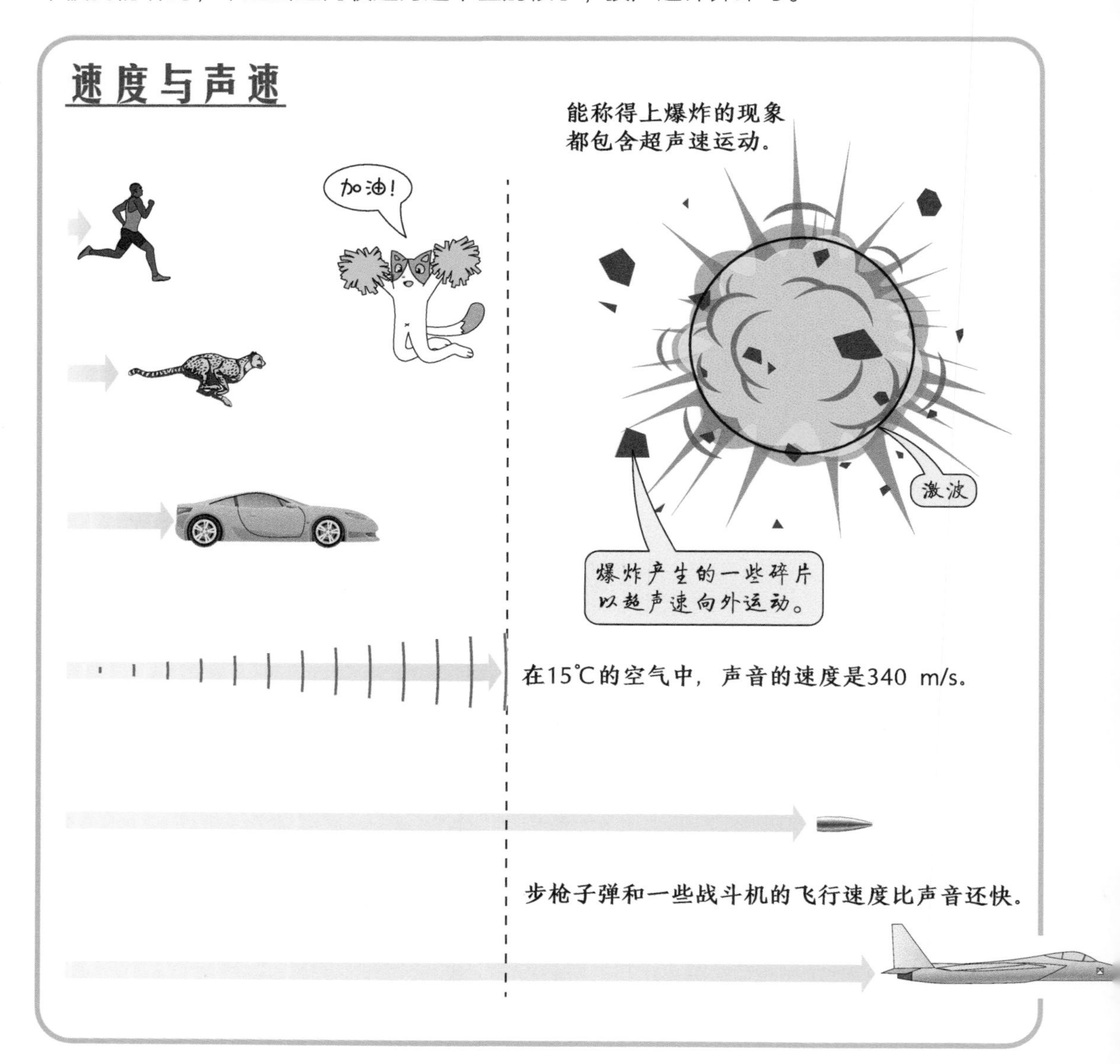

超越声速

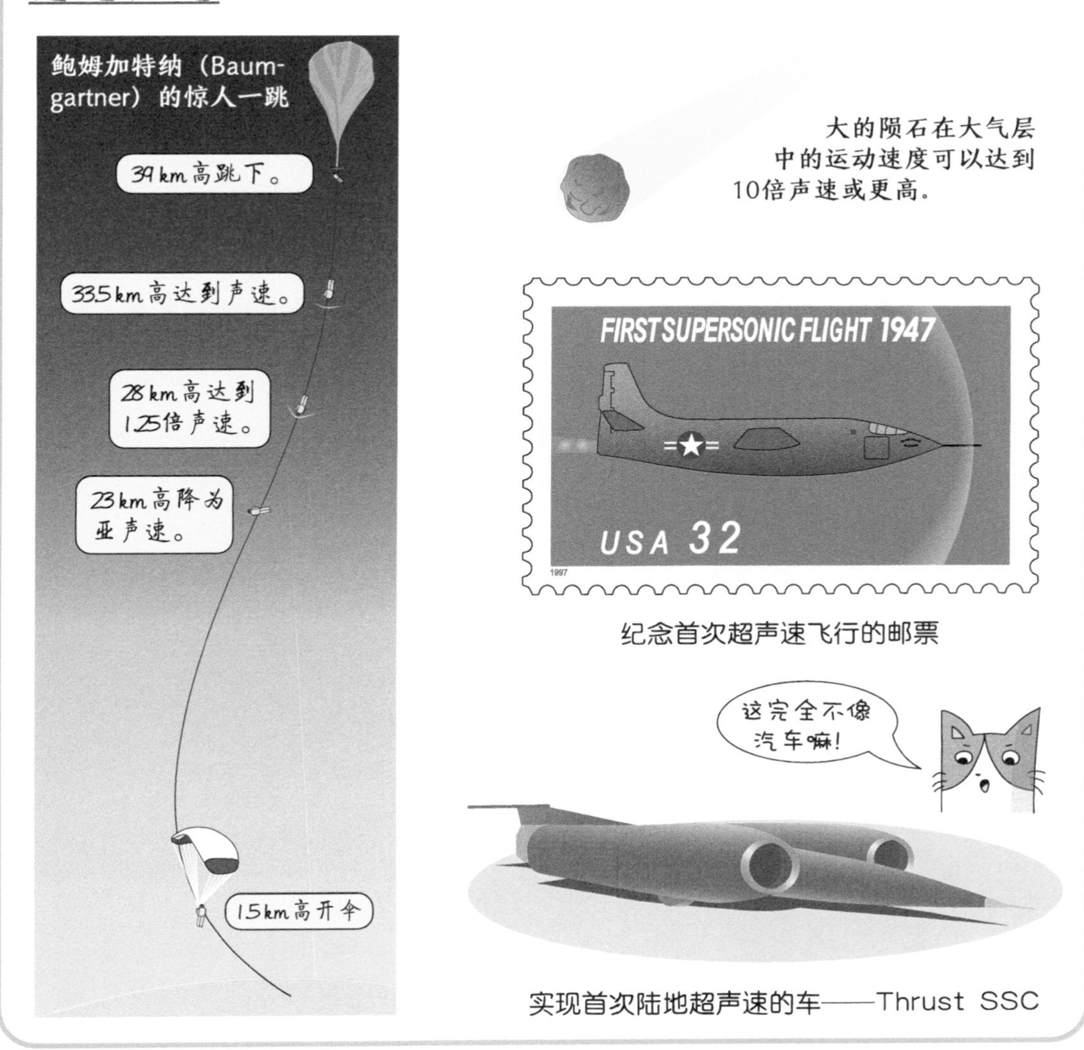

纪念首次超声速飞行的邮票

实现首次陆地超声速的车——Thrust SSC

第一次载人超声速飞行是查克 · 叶格（Chuck Yeager）在 1947 年 10 月 14 日驾驶采用火箭发动机的 Bell X-1 型飞机实现的，飞机仪表显示飞行速度比声音快了 6%。他是公认的第一个把声音抛在身后的人。之所以超声速这么难，是因为一旦飞行速度接近或超过声速，空气阻力就会大大增加，而且飞机还可能会因为与气流发生耦合作用而抖动，这个现象叫作“声障”。随着对超声速阻力的深入理解和推进技术的发展，超声速已经不是什么难题了，“声障”问题也已经成了历史。1997 年 10 月 16 日，安迪 · 格林（Andy Green）驾驶一辆装备了两台喷气发动机的名为 Thrust SSC 的车在美国内华达州的沙漠上跑出了 1228 km/h 的速度，比声音快了 2%，这是地面车辆第一次实现超声速行驶。

重力是现成的强大外力，陨石下落的速度可以达到声速的十几倍或者更高。2012 年 10 月 14 日，鲍姆加特纳（Baumgartner）从距离地面 39 km 的高空氦气球上跳下，34 s 后速度达到了声速，50 s 后速度达到了声速的 1.25 倍，首次实现了肉体超声速。

29. 声速史话

早期的声速测量其实都是在比较光速和声速，几乎都是用枪炮来同时发出光和声音，通过在较远的距离测量闪光和爆炸声的间隔时间来计算声速。鉴于光的传播时间完全可以忽略，这种方法是没有问题的。在克服了计时装置的简陋、风以及空气的温度和湿度等的不确定性影响后，在 18 世纪后半叶，声速测量值的误差已经缩小到了 0.5 m/s 以内。

要消除大气环境中的风速以及空气不纯净等影响，更精确的测量必须在实验室内进行。测量方法则更多地利用了声波的特性，用波长和频率等来计算声速。1942 年，美国宾夕法尼亚州立大学的研究者使用声波干涉仪得出了在一个大气压、0℃下的干空气中的声速为 331.45 m/s，这是目前广泛使用的声速标准值。1984 年，有人发现了其中的一个数学错误，并把该数值修正为 331.29 m/s。采用现代声速公式计算出的同等条件下的声速为 331.60 m/s，与实验值有千分之一的误差。实际上，声速的理论公式和实验结果都不是完全精确的，很难说哪个更接近真实值。

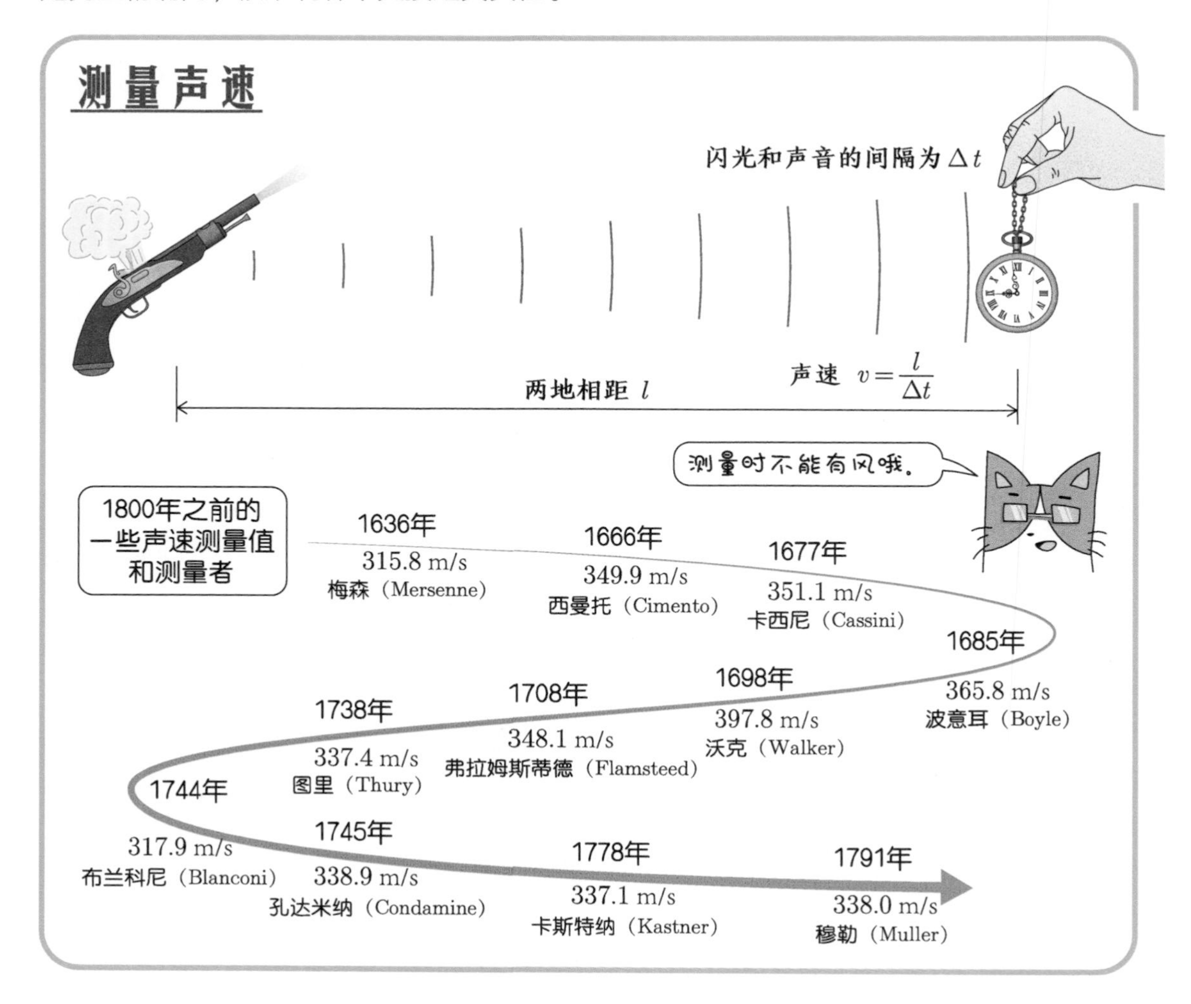

计算声速

牛顿，1687

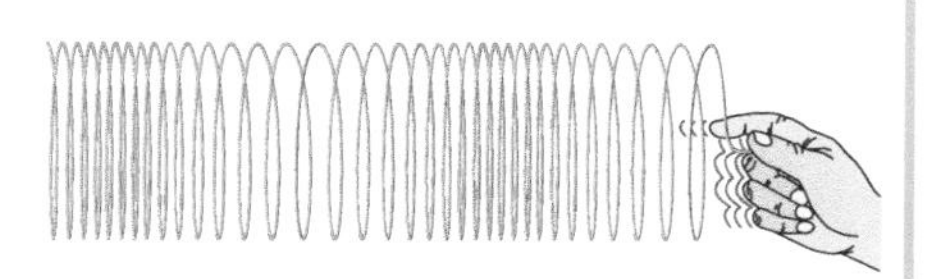

声波是纵波，和沿弹簧传递的波类似。

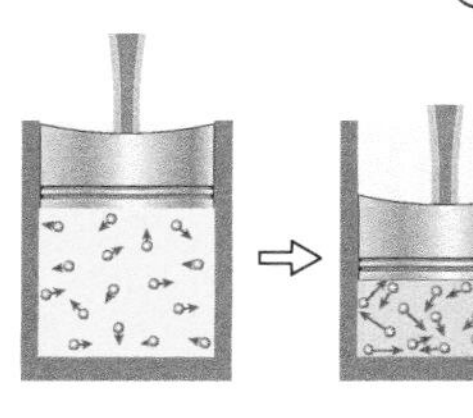

拉普拉斯，1823

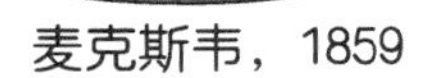

麦克斯韦，1859

玻尔兹曼，1877

麦克斯韦和玻尔兹曼是对的，现在我们知道，声速确实和分子热运动速度相关，对于常温的空气，声速是分子热运动平均速度的68.3%。

第一个从理论上推导出声速公式的人是牛顿。他在 1687 年出版的《自然哲学的数学原理》中指出，声速取决于空气压力随密度的变化。牛顿应用等温条件得出了声速的数值为 295 m/s，这比当时的测量值低了 20%。数学家欧拉和拉格朗日都曾经进行过声速的推导，得出了和牛顿差不多的结果。1802 年，拉普拉斯指出，声音的传播过程中伴随着气体的轻微压缩和膨胀，温度会变化，并不是一个等温过程，而接近于绝热过程。1823 年，拉普拉斯采用当时空气热特性的测量数据，计算出声速为 337.15 m/s，与当时的测量值 340.89 m/s 非常接近，因此拉普拉斯是公认的第一个正确推导出声速的科学家。

然而科学界对此的争议并没有消失，因为当时气体分子运动理论还没有建立，热量和温度等性质也没有完备的理论。1857 年，克劳修斯把牛顿的气体分子质点模型修改为弹性球模型，初步描绘了气体分子的碰撞规律。1859 年，麦克斯韦发展了这一理论，提出气体分子的热运动速率满足某一分布规律。1866 年，玻尔兹曼在他的博士论文中进一步发展了气体分子运动论，并在后来提出了统计力学方法，使这一理论得以完善。然而，直到 20 世纪初，气体运动论才被广泛接受，声速的理论公式也终于完全被科学界接受。

声速公式的推导

我们现在来推导声速公式，为了简化问题，这里只推导声音在管内直线传播时的速度，可以证明管内的声速和开放空间的声速是相同的。

如下图所示的管道，其内部空气原本的流速、密度和压力是 v_0, ρ_0, p_0，如果现在左侧的空气被轻微压缩，性质变为 v_1, ρ_1, p_1，这就会在中间形成一个有压差的交界面，空气通过这个交界面的质量连续方程和动量方程如下：

$$\begin{cases}\rho_1 v_1 A = \rho_0 v_0 A \\ (p_1 - p_0)A = \rho_0 v_0 A(v_1 - v_0)\end{cases}$$

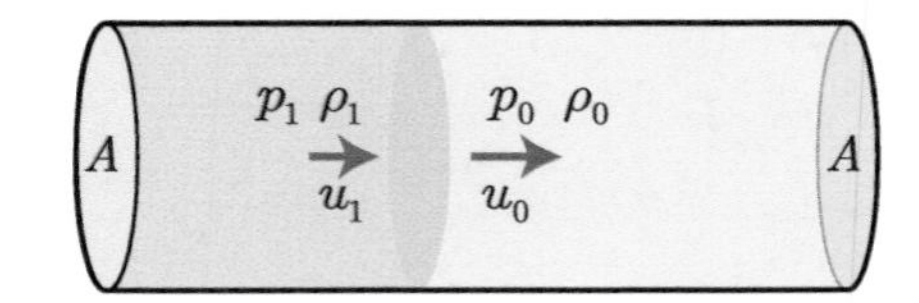

由上面两式整理可以得到：

$$v_0^2 = \frac{\rho_1}{\rho_0}\left(\frac{p_1 - p_0}{\rho_1 - \rho_0}\right)$$

由于声音对空气的压缩是非常微弱的，密度变化很小，所以密度的比值接近于1，即 $\rho_1/\rho_0 \approx 1$，于是可以得到：

$$v_0 = \sqrt{\frac{p_1 - p_0}{\rho_1 - \rho_0}}$$

由于声音产生的压力和密度变化非常小，状态 1 是无限趋近于状态 0 的，故应该使用微积分来描述。上面的式子中根号内的表达式就表示了微小压力增量与微小密度增量之比，这就是微分的定义，所以声速可以表示为：

$$v_0 = \sqrt{\frac{\mathrm{d}p}{\mathrm{d}\rho}}$$

这就是牛顿得到的声速公式，这个结果是完全正确的。牛顿的困境在于当时并不知道空气的密度是如何随压力变化的，他错误地使用了玻意耳的等温实验结果，得到声速 $v = \sqrt{RT}$，其中的 R 是气体常数，对于空气，$R = 287.06$。而现在我们已经知道这一过程正如拉普拉斯断定的那样是一个绝热过程，这时 $\mathrm{d}p/\mathrm{d}\rho = \gamma RT$。其中，$\gamma$ 称为绝热指数。所以声速的公式应该是：

$$v = \sqrt{\gamma RT}$$

绝热指数在常温下基本是常数，$\gamma=7/5$，所以声速只与温度有关。而气体的温度就是分子平均热运动速度的表征，可见声速直接由分子热运动速度决定。

30. 声波和声爆

最初的声音概念显然是用人的耳朵定义的，能听见的就叫声音，空气的振动通过耳朵转化成生物电信号并传递给大脑，我们就听到了声音。人耳只对一定频率范围内的声波敏感，超出这个范围的声波被定义为次声波和超声波，其实所有声波都是同种性质的波。在固体中声波既有纵波也有横波，在流体中则只以纵波传递。这是因为传递横波需要剪切力的参与，而流体中的剪切力很小。

我们的耳朵处于空气中，所以一般听到的都是在空气中传播的声音。空气中的声波是在声源激励下产生的一系列纵向压缩和膨胀交互的波动。在微观上看是靠分子热运动传递的，在宏观上看是靠空气的弹性传递的。

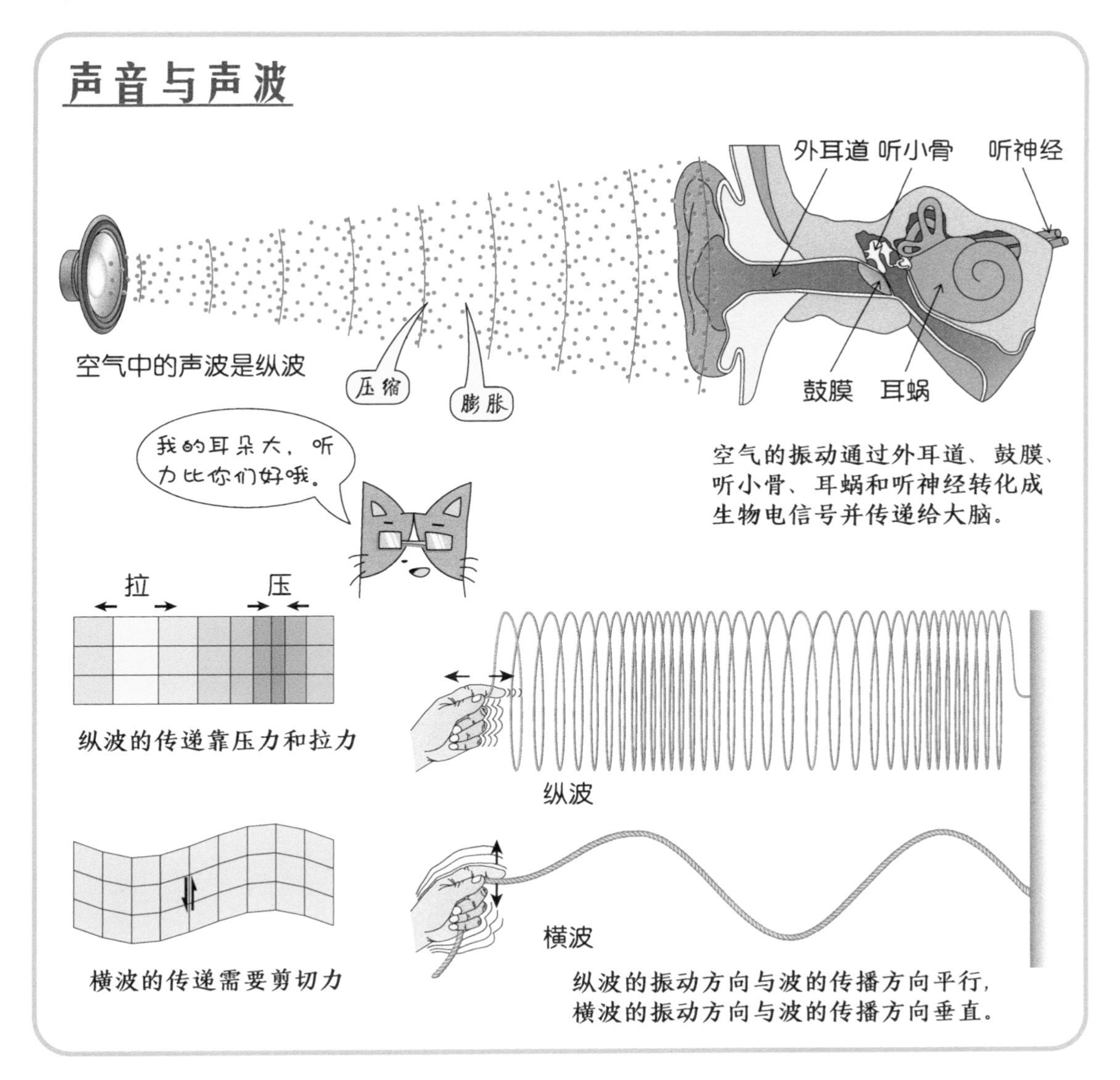

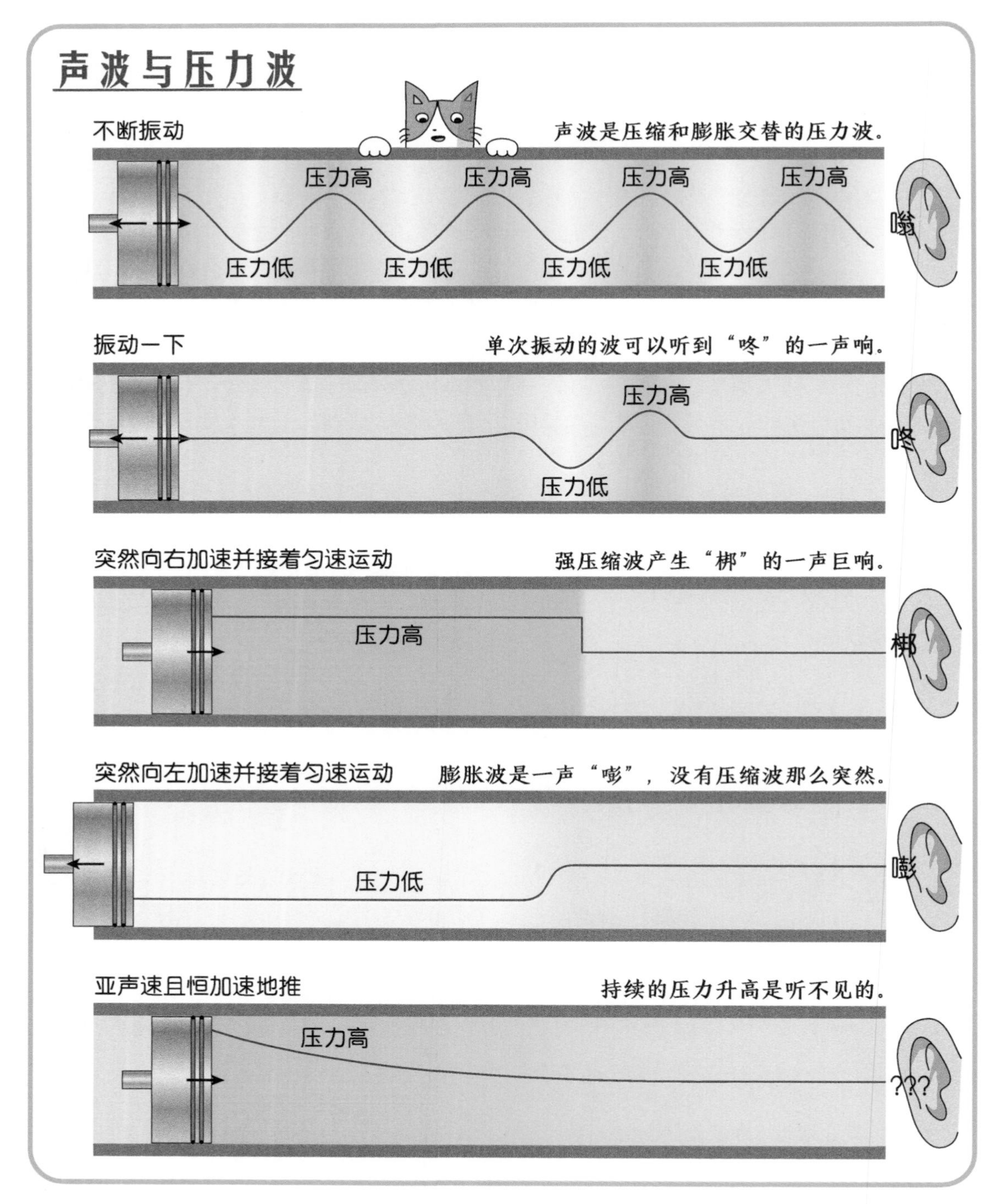

在空气中传播的声波是压缩和膨胀交替的压力脉动，或者叫压力波。人的耳朵能感受到的是振动，如果压力是一直上升或者一直下降的，人是听不到声音的。如图所示的直管道，左侧活塞振动频率够快时，在右侧可以听到声音。如果活塞以比声音还快的速度突然向右运动一下，则会发出一道激波，人会听到很响的一声。如果活塞以比声音还快的速度突然向左运动一下，则会发出一道膨胀波，这个膨胀波在向右传播的过程中会散开，到人的耳朵时不像压缩波那么强。

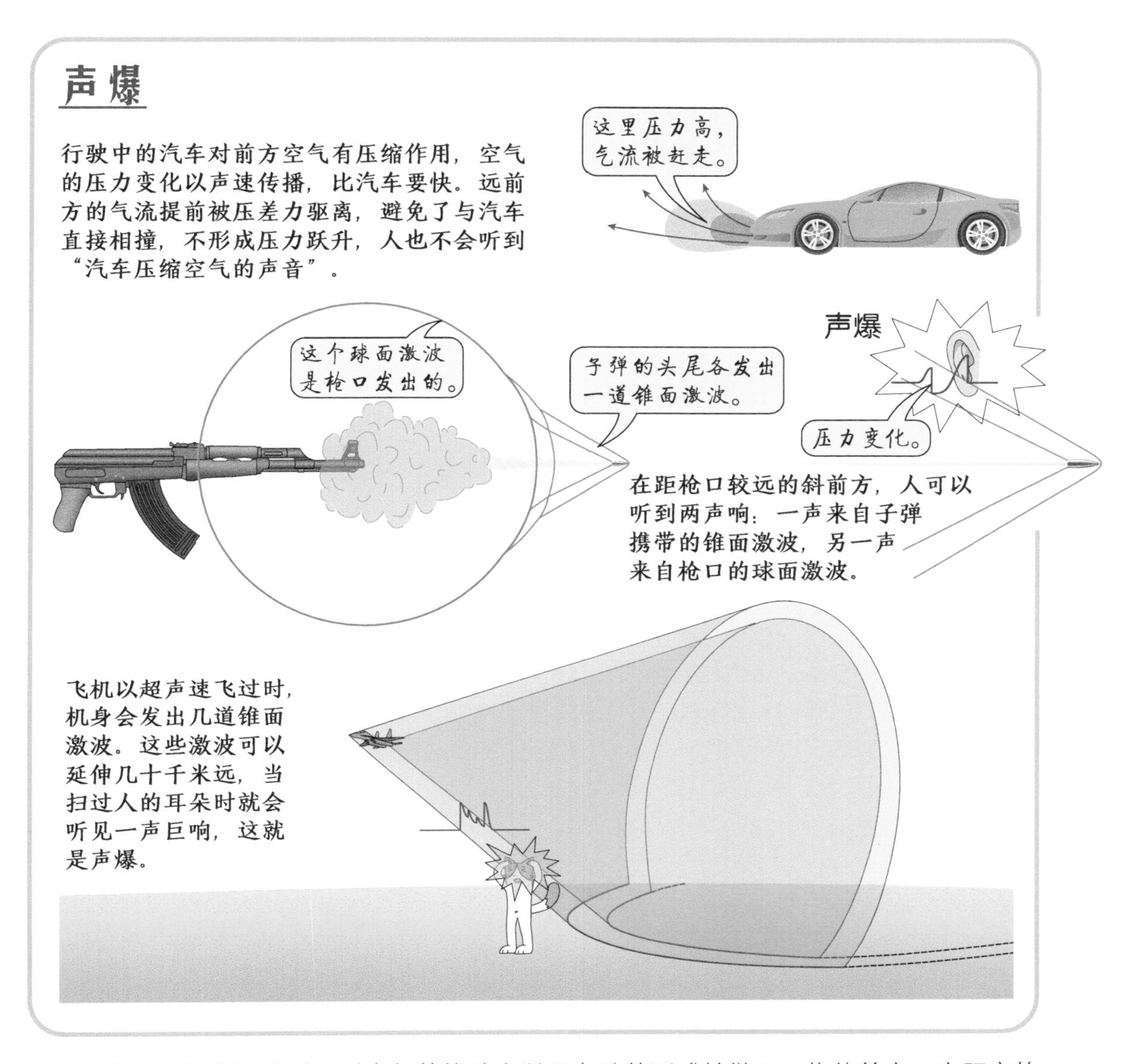

物体在空气中运动时，对空气的扰动会以压力波的形式扩散开。物体前方一定距离的空气压力都上升了，在压差力的作用下空气四外散开。当物体以超声速运动时，压力波被落在后面，前方的空气得不到通知而直接被物体撞上，叠加成一层密度较大的空气，这就是激波。激波与物体一起以超声速运动，当波面扫过人的耳朵时，人会听见一声巨响，这就是声爆，也叫音爆。

较强的激波可以延伸几十千米远，战斗机以超声速飞过几千米的高空，地面的人也会听到一声巨响，如果是贴近地面以超声速飞行，声爆就非常可怕了，不但会对人的耳朵产生巨大伤害，激波产生的压力突变还可能毁坏地面的建筑物等。现代步枪的子弹都是超声速的，当子弹从身边飞过时，人应该听到“梆”的一声。一些手枪的子弹是亚声速的，这时人听到手枪的响声主要是枪膛内燃气冲出枪口时的声爆。甩鞭子时，鞭梢也会在瞬时超声速，产生声爆。气球爆炸声和爆竹声都是激波产生的，也都是声爆，可以说，爆破音基本都是声爆，声爆在我们的生活中随处可见。

31. 压力波和激波

声波、激波和膨胀波都是压力波。声波是压缩和膨胀交替的压力波，压缩波是只压缩的压力波，膨胀波是只膨胀的压力波。在前面的“声速公式的推导”中，我们已经给出压力波的传播速度与气体的密度和压力的关系为：

$$v_0^2=\frac{\rho_1}{\rho_0}\left(\frac{p_1-p_0}{\rho_1-\rho_0}\right)$$

这里的下标“0”代表未受扰动的状态，下标“1”代表经过压缩或膨胀后的状态。普通声音的压缩和膨胀很微弱，$\rho_1/\rho_0\approx 1$，于是推导出波速只和气体的温度有关，也就是说较弱的压力扰动，无论是压缩波还是膨胀波，传播速度都是声速。但严格来说，气体一旦被压缩，密度就会增加，于是 $\rho_1/\rho_0>1$，并且括号中的项也会因为压缩引起的温升而增加。所以压缩后气体内的波速更大，反之，膨胀后气体内的波速更小。

对于传播过程中的压缩波来说，后面的波处于压缩后的气体中，波速更快，会逐渐追上前面的波并堆积成一道强压缩波，也就是激波。对于传播过程中的膨胀波来说，后面的波处于膨胀后的气体中，波速更慢，会被前面的波越落越远，所以不会演变成强膨胀波，反而是强膨胀波会迅速衰减为一片连续的弱膨胀波。

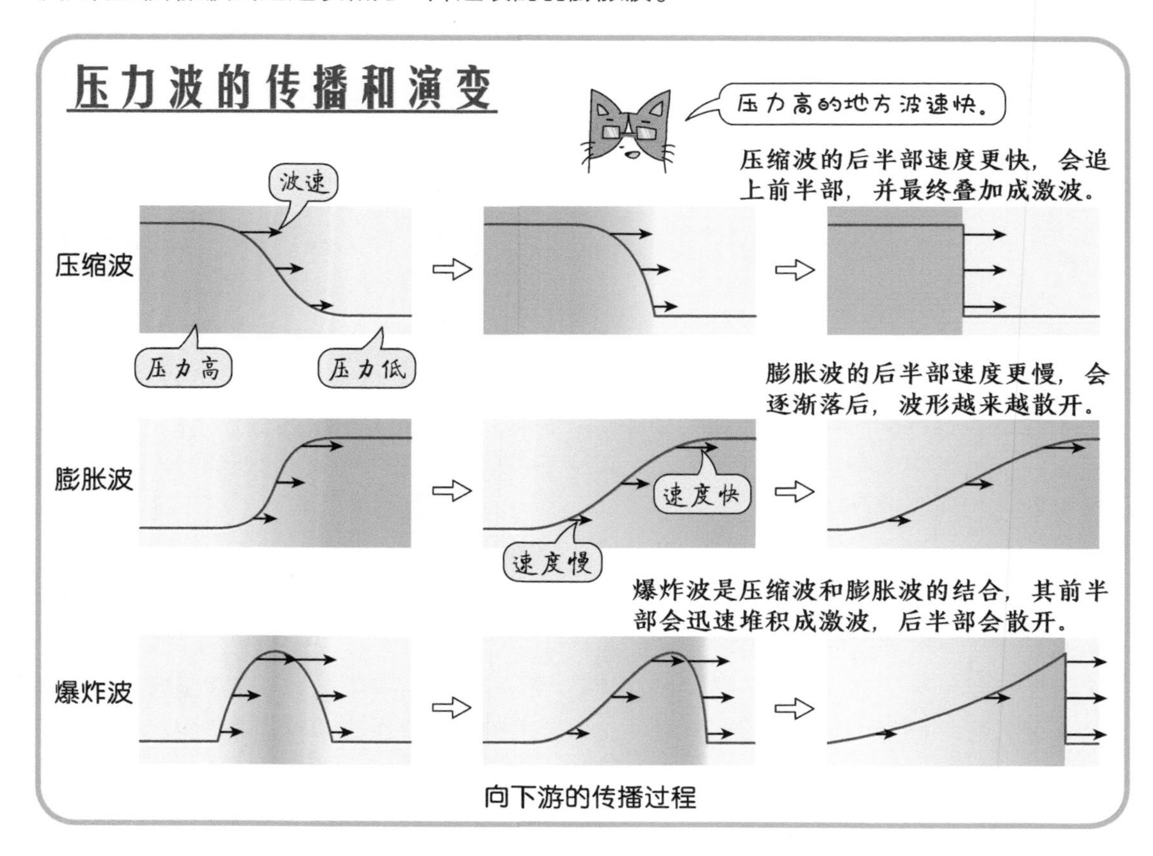

向下游的传播过程

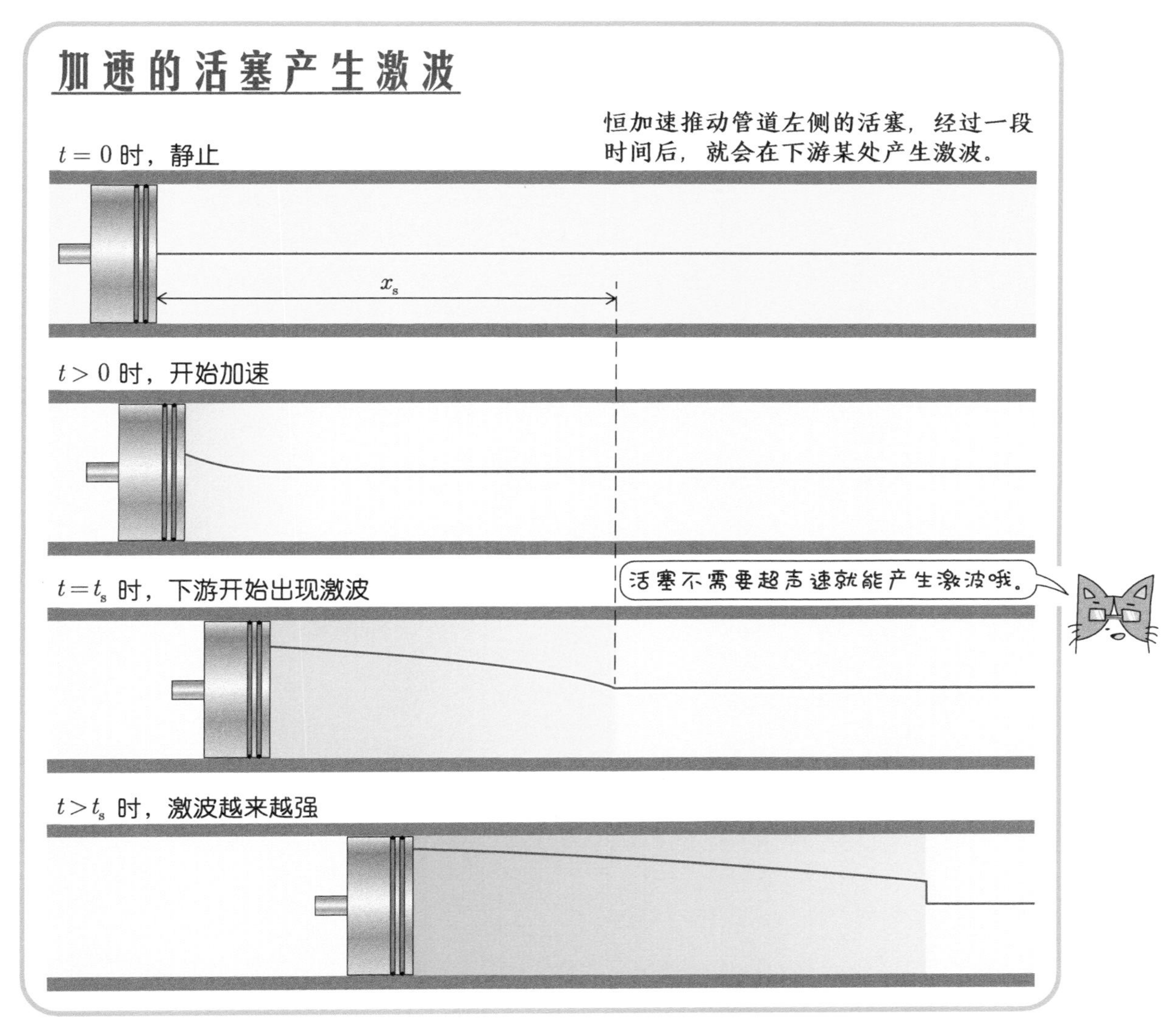

既然压缩波可以自动演化成激波，我们就可以在一根足够长的直管中推动活塞来产生激波。不需要超声速推动活塞，只需要从静止开始加速推一小段时间，就会在下游某处产生激波。假设管中气体初始压力为 p_0，相应的声速为 c_0，气体的绝热指数为 γ，活塞的加速度为 a。则从活塞开始运动到激波出现需要的时间和当时激波的位置分别是：

$$t_s=\frac{2c_0}{(\gamma+1)a};\ x_s=t_sc_0=\frac{2c_0^2}{(\gamma+1)a}$$

如果管中是常温常压的空气，$\gamma=1.4$，$p_0=101{,}325\ \mathrm{Pa}$，$c_0=340\ \mathrm{m/s}$，活塞的加速度是重力加速度的 100 倍，即 $a=980\ \mathrm{m/s^2}$，则出现激波的时间和激波位置分别为：

$$t_s=0.29\ \mathrm{s};\ x_s=98\ \mathrm{m}$$

可见做这个实验需要较大的活塞加速度和较长的管道，长管道的实验环境不但很难实现，而且管道中的气体黏性影响也将不可忽略，这里的分析都将失效。所以这个实验基本上属于思想实验，实际上不易实现。

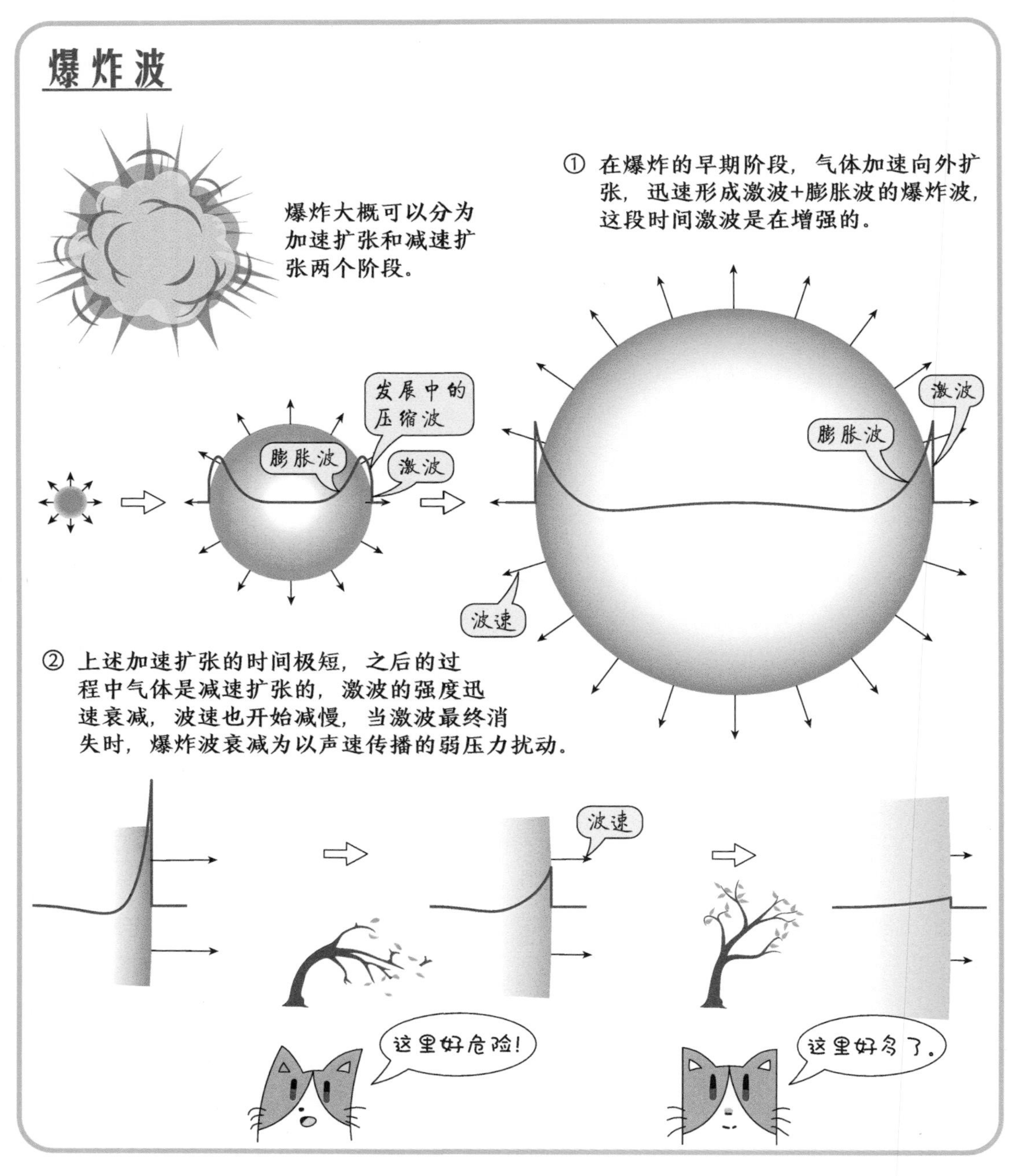

爆炸波是一种加速运动引起的压力波。无论是化学反应爆炸、核爆炸、高压气罐爆炸还是闪电爆炸等，其共同特征都是在极短时间内使气体高速向四周扩散，并发出巨响。爆炸中心的气体从静止向外扩散的初始过程是一个加速过程，一开始会产生一层像气泡一样的压力波，波的前锋是压缩波，后部是膨胀波。这一层压力波在外扩的过程中，前锋迅速发展为激波，后部的膨胀波则拉长并形成负压区。在经过了开始的加速阶段后，所有压力波都已经追上最外层的激波并叠加在一起，这时激波强度达到最大。之后爆炸中心的气体不再有向外膨胀的趋势，爆炸波在外扩过程中强度迅速减弱，波速也逐渐减慢。在距爆炸中心足够远的地方，爆炸波的强度已经很弱，没有什么破坏力了。

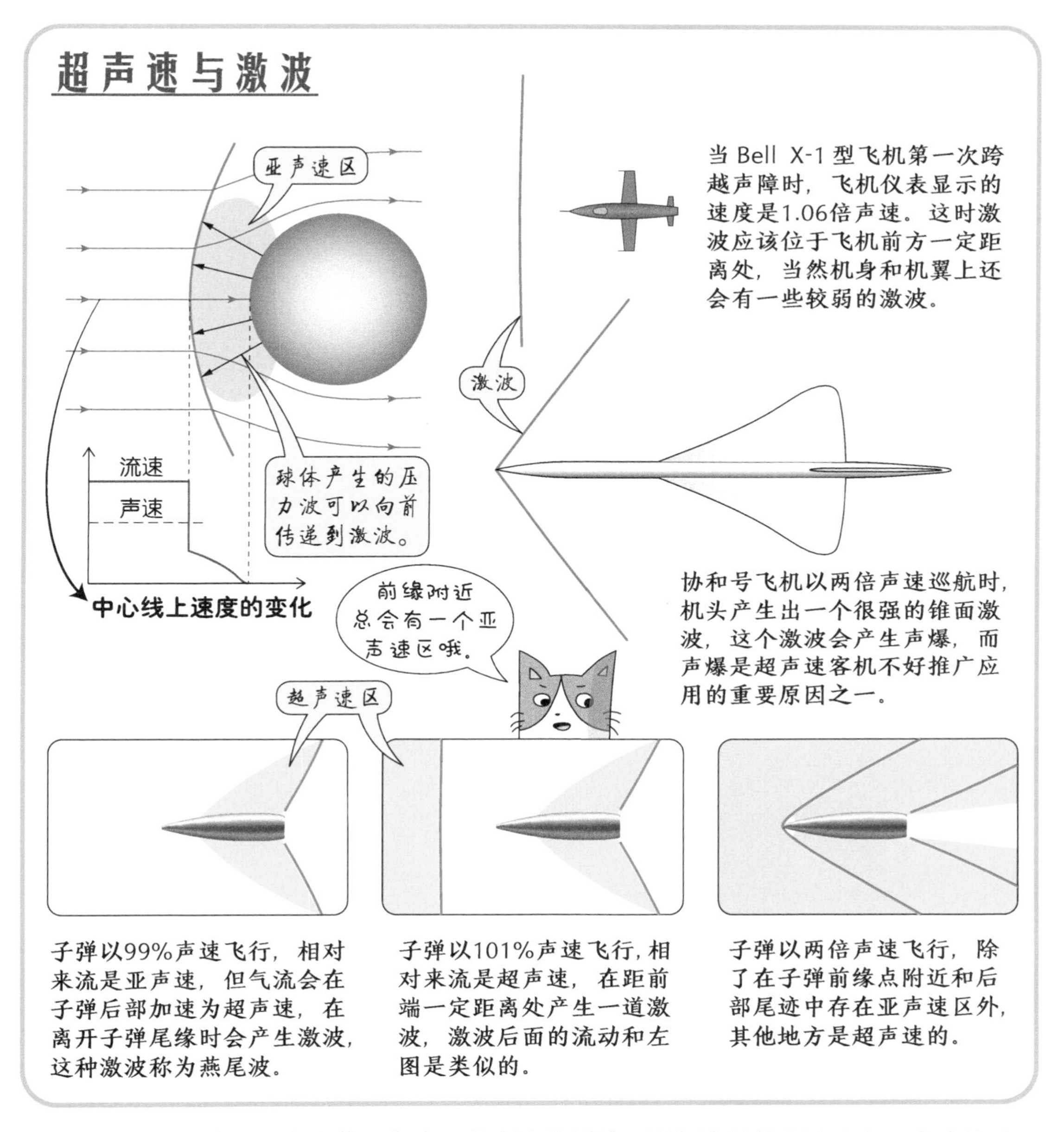

处于气流中的物体产生的压力波是以声速传播的，当气流以超声速吹向一个球体时，来流的空气得不到通知，会直接撞上来，就形成了激波。一旦形成这种与来流垂直的激波，气体经过激波后速度会突降，温度会跃升并使当地的声速提高，这样激波后的气流相对物体是亚声速的，物体表面产生的压力波不断地在这个亚声速区向上游传播，并叠加在激波上，形成一个相对物体静止的激波。

当物体相对来流的速度接近声速时，其侧方和后方就有可能出现激波，这是因为亚声速的来流绕过物体时会加速成超声速。当物体的速度刚大于声速时，在物体前方一定距离处出现一道与来流垂直的激波，随着物体速度的增大，这道激波向物体靠近，波面也开始后倾。对于钝头的物体，其前部存在一个亚声速区，形成的是不挨着前端的弓形激波。对于前端尖锐的物体，激波会附着在前端，形成的激波接近于一个锥面。

32. 遇到障碍物的超声速流动

超声速流动和亚声速流动有很大的不同，核心原因是：流动无非就是牛顿定律描述的力与运动的关系，而气体中的力主要是气体自身的压力。流场中的压力分布是靠压力波的传递来建立的，而压力波里面只有激波可以超声速。于是，亚声速流动中，任何一点处的压力变化都可以影响全场，而超声速流动中某点的压力变化则无法影响上游。这样，放在超声速流动中的物体就没有办法像在亚声速中那样让来流提前减速，突然减速而堆积的气体会形成激波，在激波之前的流动丝毫不受物体的影响。同样道理，既然让来流突然减速会形成激波，那么让来流突然加速就会形成膨胀波，壁面向外转折时就是这样，膨胀波之前的流动也丝毫不受转折的影响。

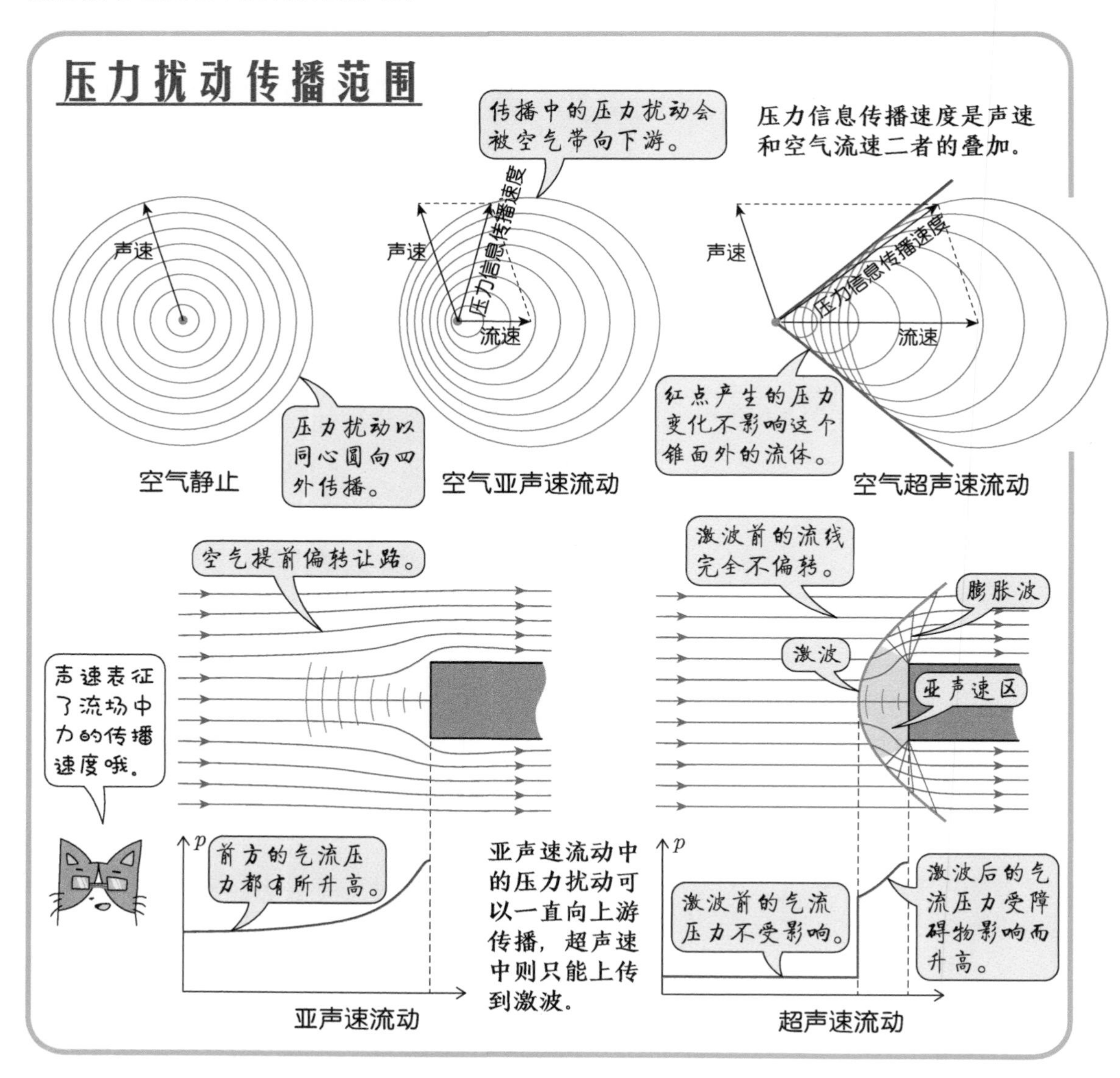

沿壁面的超声速流动

壁面朝向流体的折角会发出一道斜激波，气流经过这道激波后突然转折一个角度后沿下游壁面流动，流速有所减小。

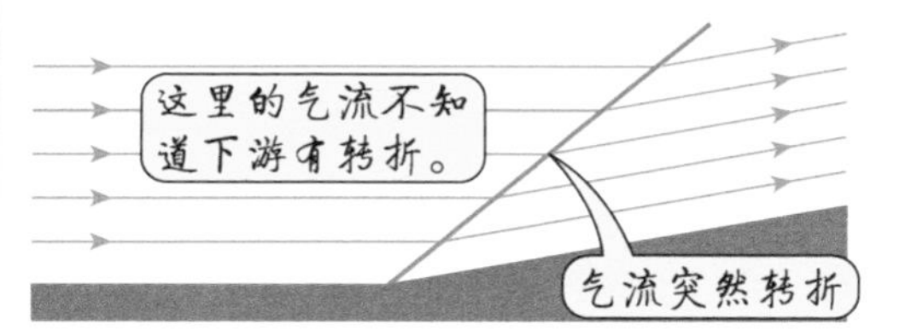

壁面远离流体的折角会发出一束膨胀波，气流经过这些膨胀波后逐渐转折到与下游壁面平行，流速有所增大。

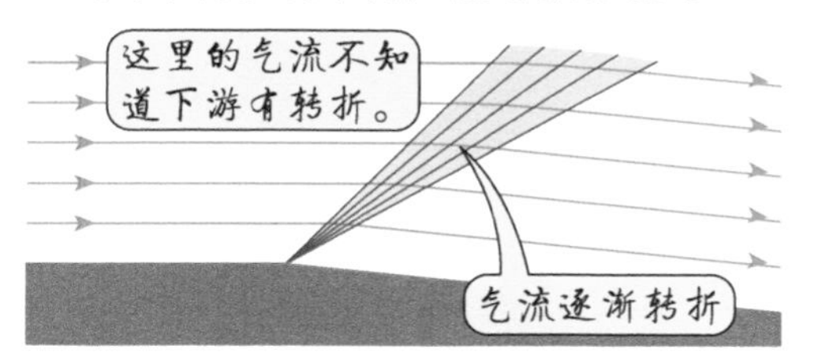

如果壁面是凹形的连续曲面，则会产生一束压缩波，这束压缩波会合成一道激波。

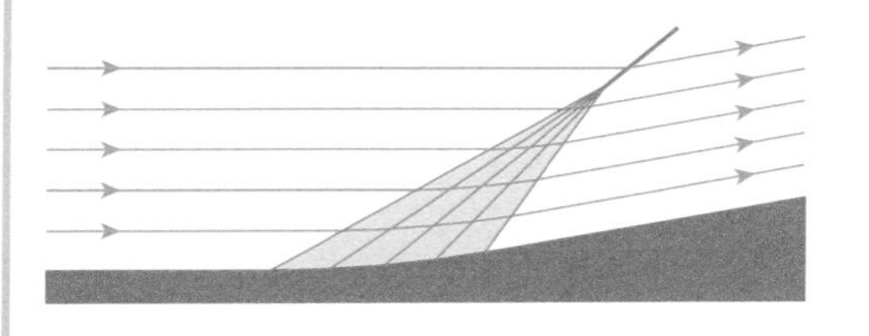

如果壁面是凸形的连续曲面，则会产生一大片膨胀波。

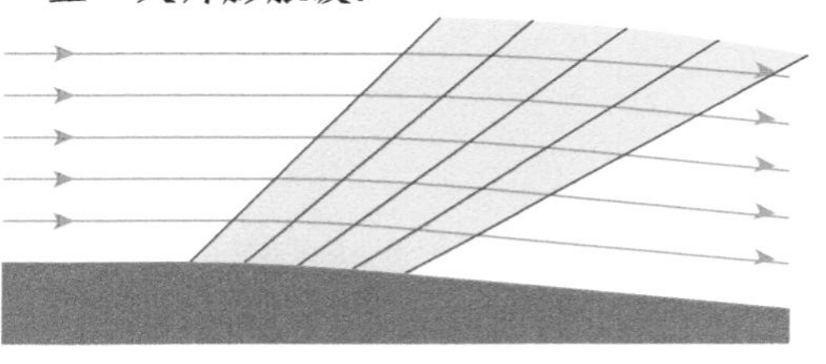

如果壁面先凹再凸，就会先产生一片压缩波，再产生一片膨胀波，气流经历先压缩后膨胀的过程。

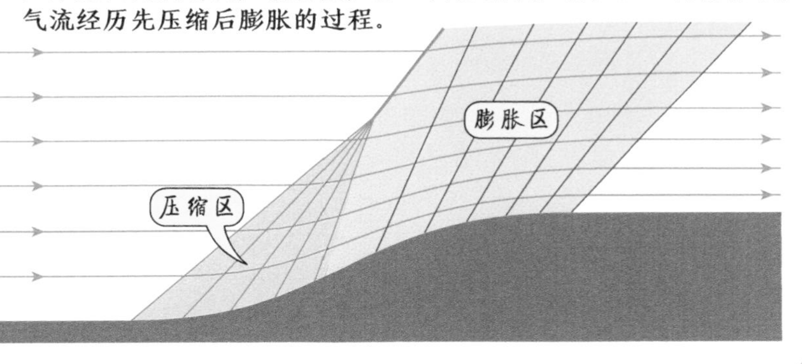

气流沿顺流向的平直壁面流动时，壁面会通过黏性剪切力阻碍流动。对于很多实际流动来说，黏性力比压差力要小得多，所以这里我们暂时不考虑黏性力的影响，这时无论是亚声速还是超声速流动，壁面都对流动没有任何影响。

如果在某处壁面朝向流体转折一个角度，就会阻碍流动，此处流体速度降低，压力升高。在超声速流动中，这个压力升高产生的压缩波并不能传到上游，而是堆积在一起形成一道激波。如果在某处壁面朝远离流体方向转折一个角度，由于附壁效应，下游流体压力降低。这个压力降低产生的膨胀波一样不能传到上游，但不会堆积在一起形成一道强膨胀波，而是形成一个连续扩张的扇区。这个扇区也可以理解为是由无数道膨胀波组成的。实际的物体经常是曲面的，曲面可以看作是由无数个连续的转折组成的，凸形的壁面产生无数道膨胀波，凹形的壁面产生无数道压缩波，并有可能汇聚到一起形成一道激波。

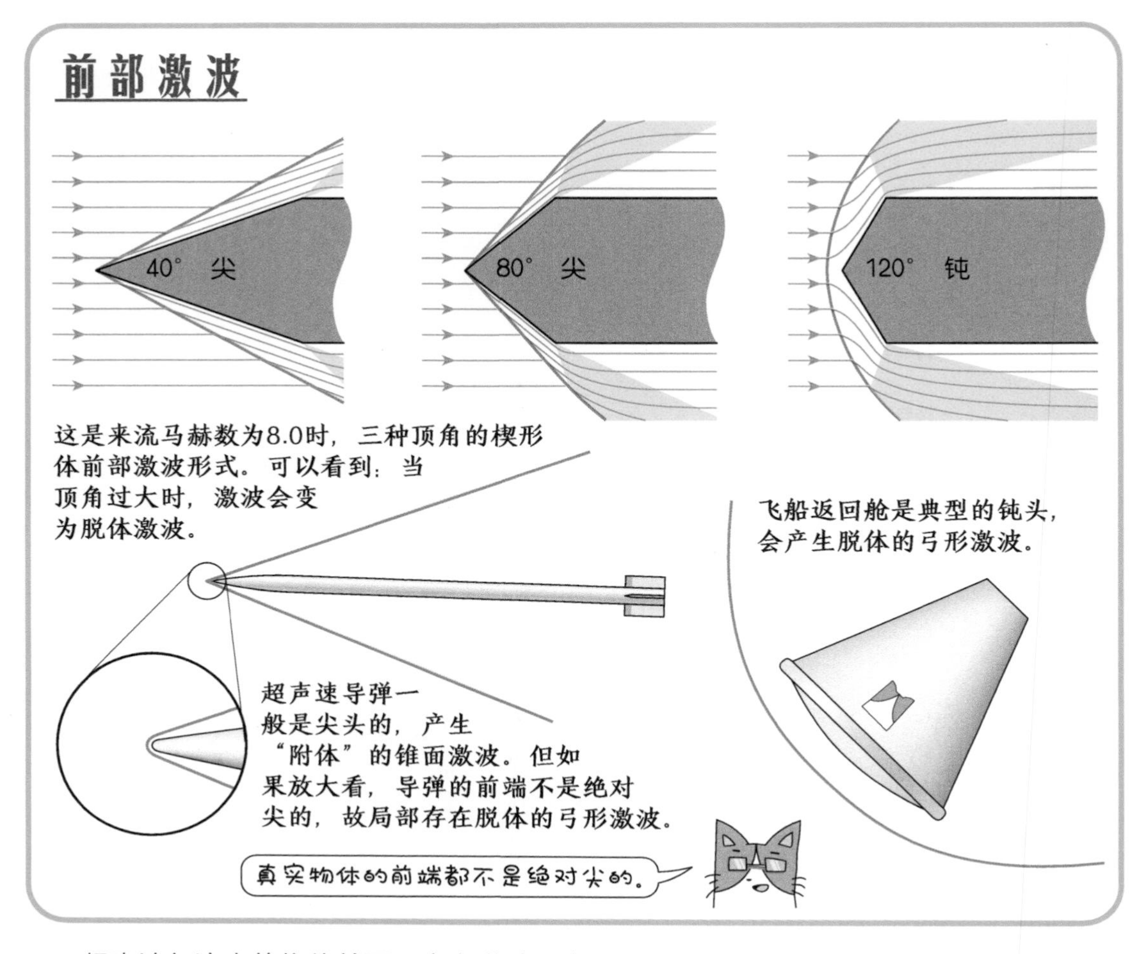

超声速气流中的物体前面一定有激波，在激波之前的气流感知不到物体，也不会提前减速或转折，一切变化都发生在激波之后。当物体前端是钝头时，气流必然要在前端减速到零，这时物体前方形成一道脱体的弓形激波。正对物体的气流经过激波后减为亚声速，再逐渐减速为零。物体两侧的气流则经过有倾角的激波，方向转折为与下游物体平行。这样超声速气流就实现了绕物体流动。如果物体前端是尖的，气流就不需要减速到零，而只需要改变方向。这时产生的是挨着前端的斜激波，气流经过激波后转折一个角度，顺物体表面流动，速度也不需要降为亚声速。

然而，尖和钝并没有明确的定义，如果顶角 15 ° 算尖的话，顶角 150 ° 还算尖吗？对于这个问题气流有它自己的看法：凡是能让激波附体的就属于尖的，而使激波脱体的就叫作钝的。理论分析和实验都已经证明，这个“ 尖 ”的定义和来流马赫数有关，顶角的大小随来流马赫数的升高而增大。当一个楔形体的顶角大于 91.2 ° 时，无论多高的来流马赫数都不能使激波附体了。可以说，大于这个角度的前端就是绝对的钝体。

实际物体的前端几乎不可能是完全尖的，所以总是有一小段脱体的弓形激波，但只要激波与前端的距离足够小，我们就可以认为激波是附体的。例如，超声速飞机或导弹形成的一般是附体的锥形激波。而运载火箭或者返回大气层的宇宙飞船的前端是典型的钝体，就形成脱体激波。

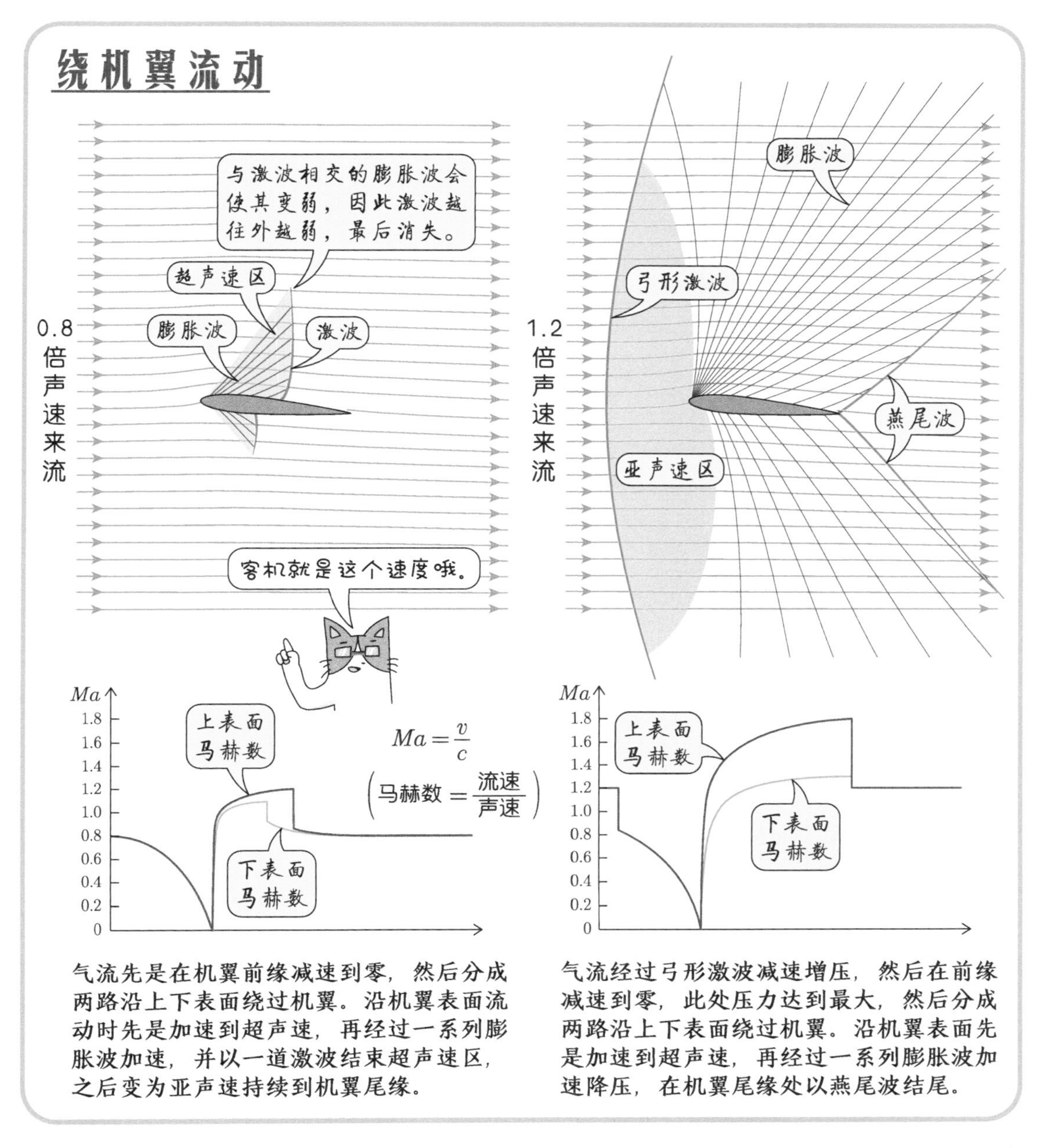

超声速气流绕机翼流动的主要特征是流场中存在激波。实际上即使来流是亚声速，当流速接近声速时，由于气流绕过机翼时会加速，机翼表面就会出现超声速区，进而产生激波。一般用马赫数表示速度与声速的关系，马赫数等于速度与声速之比，马赫数小于 1 是亚声速，大于 1 就是超声速。

对于图中的翼型，当来流马赫数为 1.2 时属于典型的超声速绕流。当来流马赫数为 0.8 时，机翼表面的流动先是亚声速，再加速到超声速，并以一道激波结尾。目前的大型客机飞行马赫数基本是 0.8~0.85，机翼表面存在类似图中的那种激波。由于激波使空气密度剧烈变化，会引起光的折射率变化，当条件合适时，是可以看到机翼表面激波的。下次坐飞机的时候你也可以碰碰运气，试着观察一下。

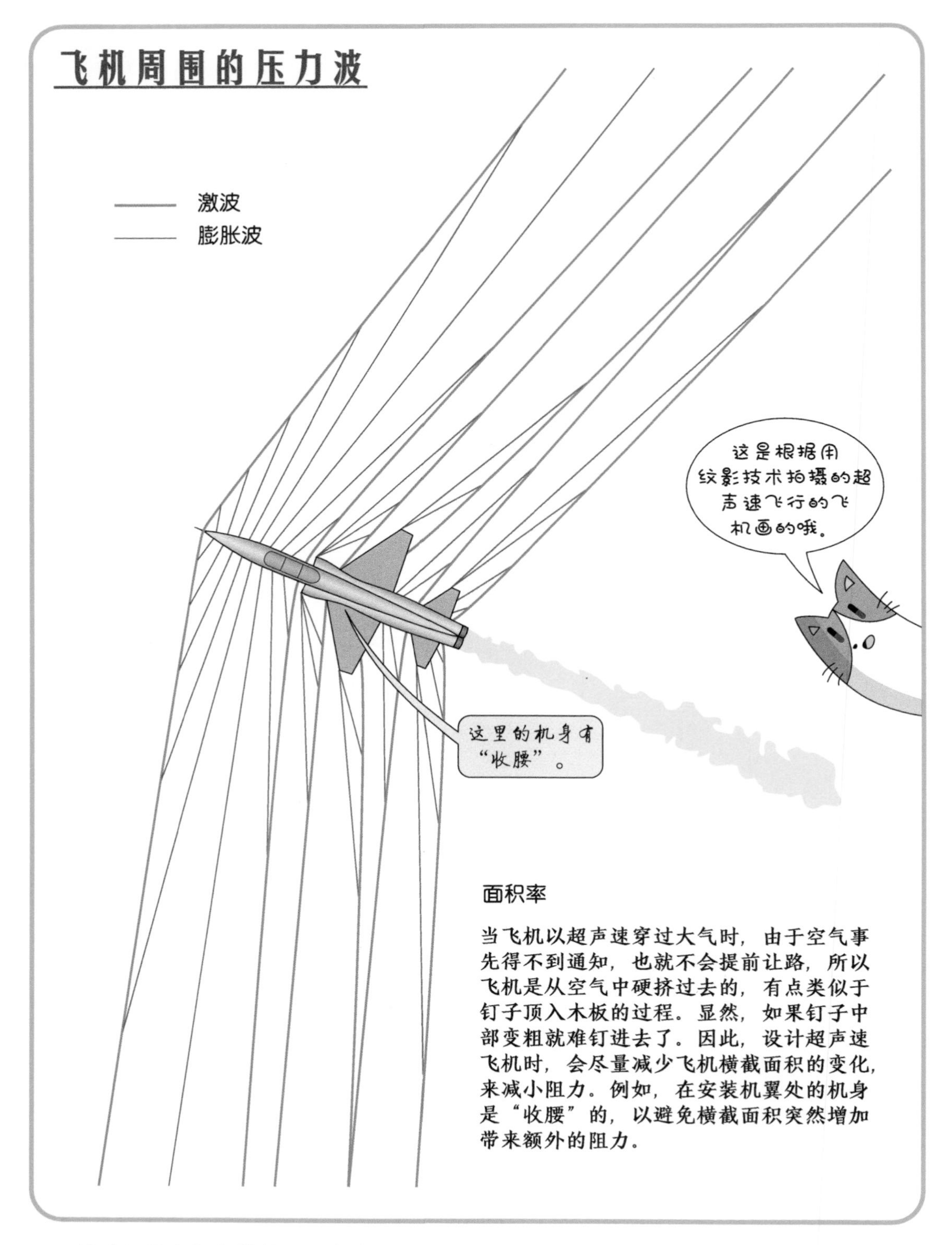

战斗机具有复杂的外形，超声速飞行时会产生很多激波和膨胀波。一般来说机头、机翼前缘、进气道和尾部会产生强的激波，而机身和机翼表面则会产生大量的膨胀波。这些激波和膨胀波调整气流的速度大小和方向，使气流绕过飞机。

自制纹影仪

纹影仪是一种利用光的折射率受气体密度变化影响的原理来显示流动的仪器。我们透过暖气或者晒热的地面上方的空气看东西时，感觉东西都在晃动，这就是该处的空气密度不均匀导致的。我们完全可以在家里自制简单的纹影仪，虽然不如专业实验室中的效果好，但大致观察一些流动现象还是可以的。

所需物品和材料：

1. 一块专业的球面凹面镜（镜面直径 10 cm 以上，越大越好，球面半径 1~3 m）。

注：一般的化妆镜不行，其镜面不够精密，中学物理实验用的凹面镜的球面半径则太小。要买专业的凹面镜，现成的可能需要几百块钱，定做则可能需要几千块钱。

2. 带电源或电池的 LED 点光源（普通的发光二极管就行，亮度不需要很高）。
3. 手动变焦的相机或摄像头。
4. 刀片（裁纸刀或削铅笔刀都行）。
5. 三脚架、纸板、双面胶等支撑材料。
6. 蜡烛、冰棍、吹风机等可产生带有温度变化流动的物品。

实现方法：

1. 这个装置的关键是光路调节，相机可以固定在三脚架上，LED 灯和刀片可以粘在相机上或三脚架上，凹面镜需要固定在可调节角度的架子上。
2. 按下页图所示布置光路，刀片在相机镜头前方 1~3cm 处，刀刃位于镜头的中心上，LED 灯和刀片横向排列，相距 5~10cm，它们与凹面镜的距离为凹面镜的球面半径。LED 灯的光线经凹面镜反射回来后的光点有一半被刀片挡住，而另一半进入相机镜头中。
3. 粗调好几样东西的位置后，打开 LED 灯，在刀片处放一张白纸，调整凹面镜，让反射回的 LED 光点打在白纸上。
4. 调整凹面镜角度，让光点在拿开白纸后可以打在刀片上，继续微调刀片和相机，让光点一半位于刀片上，一半进入相机镜头。
5. 调节相机焦距和对焦，使视野中呈现清晰明亮的凹面镜，这样就基本调好了。

流动显示：

在凹面镜前加入某种流动，如蜡烛、冰棍、吹风机等产生的流动。

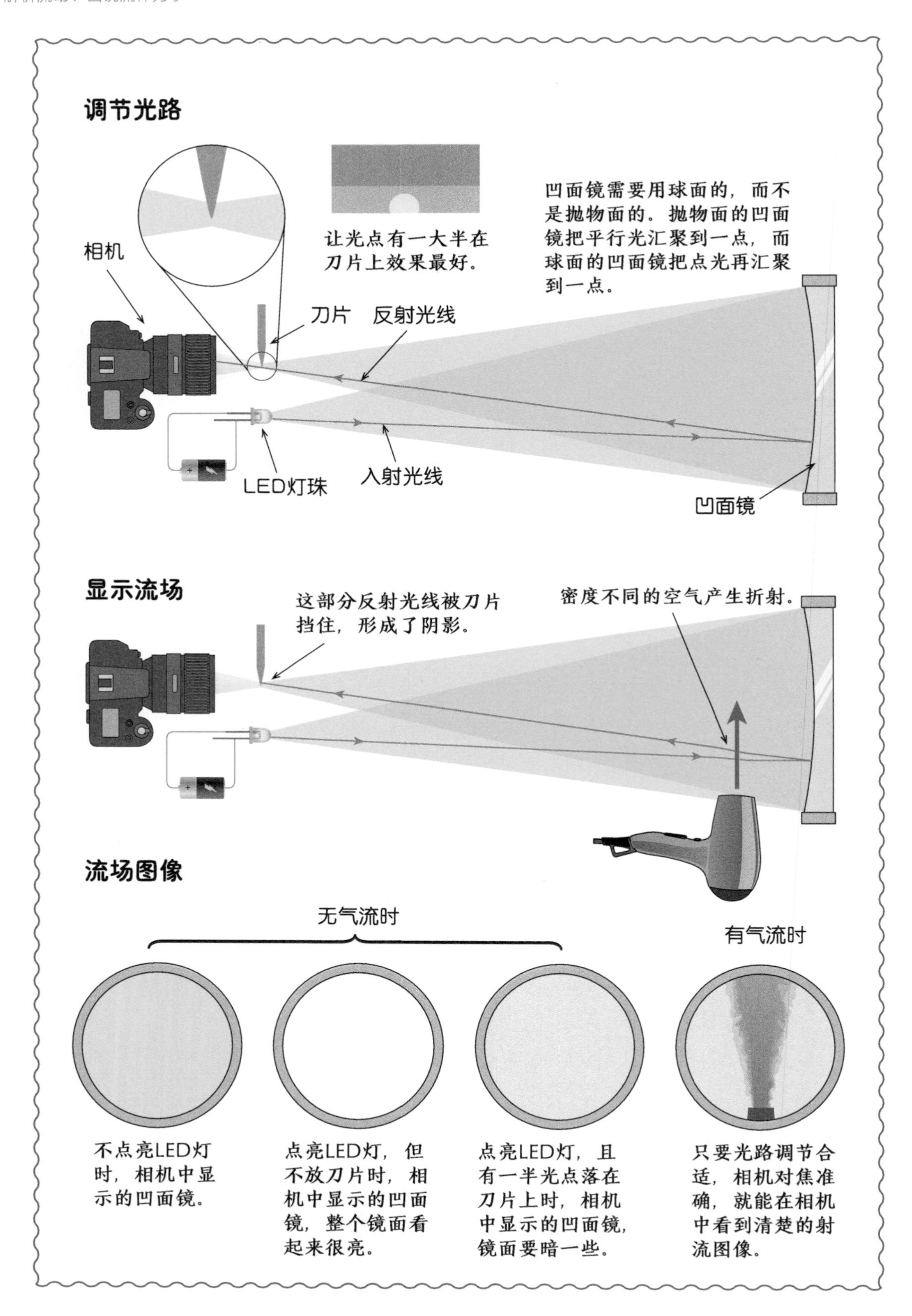
调节光路
让光点有一大半在刀片上效果最好。
凹面镜需要用球面的，而不是抛物面的。抛物面的凹面镜把平行光汇聚到一点，而球面的凹面镜把点光再汇聚到一点。
相机
刀片
反射光线
LED灯珠
入射光线
凹面镜
显示流场
这部分反射光线被刀片挡住，形成了阴影。
密度不同的空气产生折射。
流场图像
无气流时
有气流时
不点亮LED灯时，相机中显示的凹面镜。
点亮LED灯，但不放刀片时，相机中显示的凹面镜，整个镜面看起来很亮。
点亮LED灯，且有一半光点落在刀片上时，相机中显示的凹面镜，镜面要暗一些。
只要光路调节合适，相机对焦准确，就能在相机中看到清楚的射流图像。

33. 管道内的超声速流动

相比于绕物体外部的流动，还有一种流动是气体在管道内部的流动。如果忽略气体的黏性，在等截面直管道中气体可以一直做匀速直线运动，无论气流是亚声速的还是超声速的。而当截面积有变化时，超声速流动和亚声速流动的规律就非常不一样了。要保持流动连续，气体需要满足流量连续方程：

$$\rho_1 v_1 A_1 = \rho_2 v_2 A_2$$

现在假设通道是收缩的，即 $A_2 < A_1$ ，就应该有 $\rho_2 v_2 > \rho_1 v_1$ 。

对于亚声速流动来说，气体流动过程中密度变化不大，速度是导致流量变化的主要因素，所以面积收缩引起速度增加，即 $v_2 > v_1$ 。

对于超声速流动来说，气体流动过程中密度变化非常大，比速度的变化还要大，因此密度变化才是导致流量变化的主要因素，面积收缩引起密度增加，对应的速度是减小的，即 $\rho_2 > \rho_1$ ， $v_2 < v_1$ 。

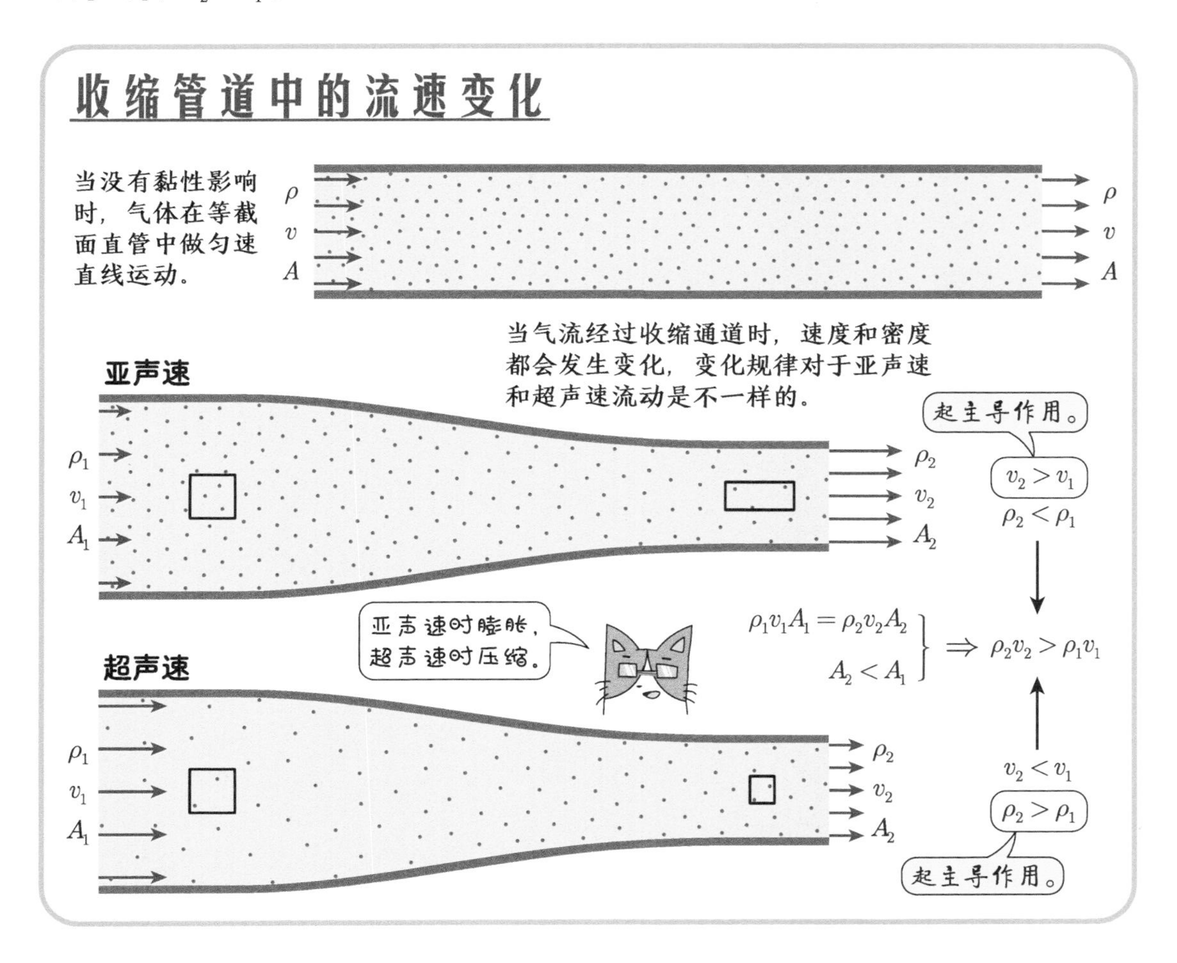

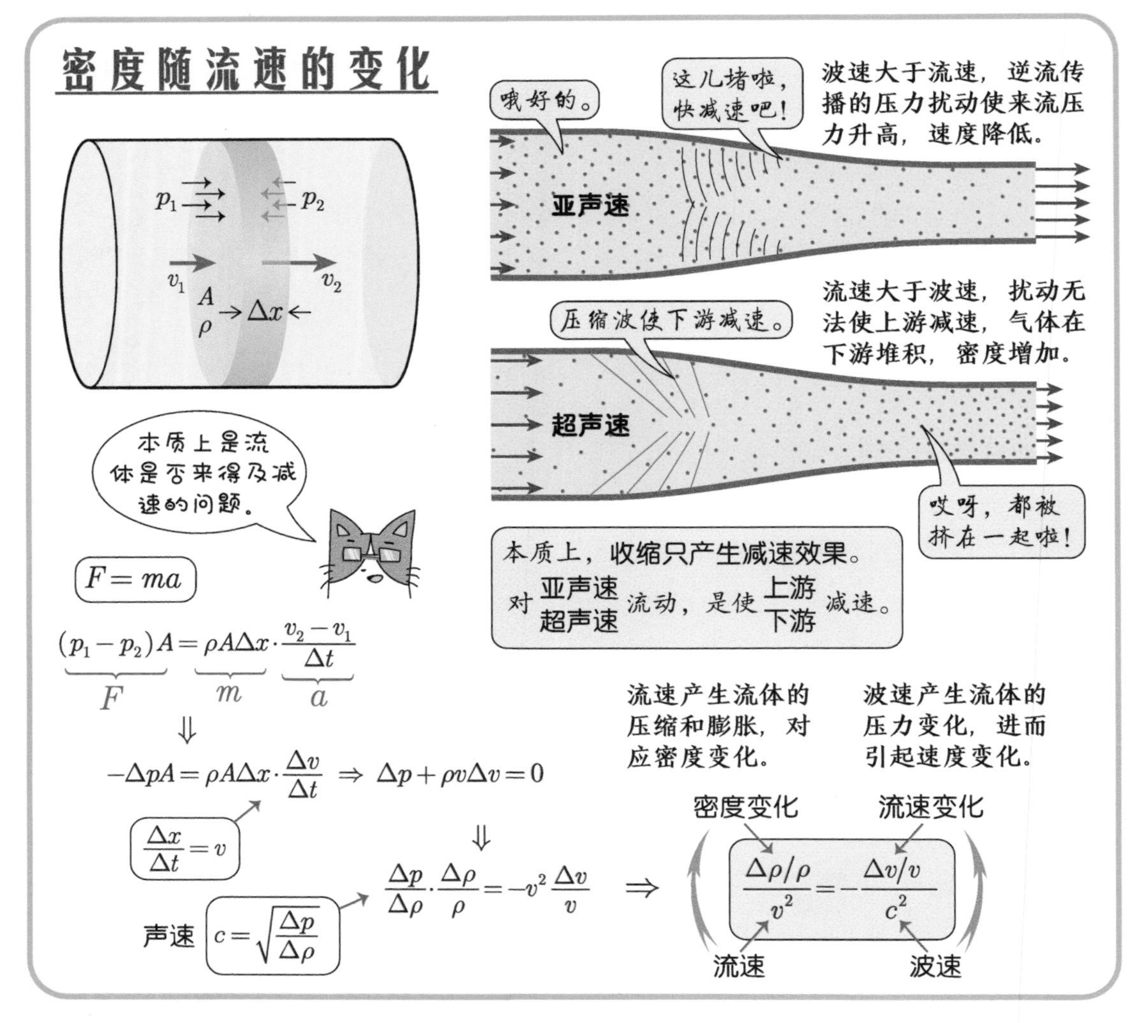

同样是流经收缩通道，亚声速气流是加速的，超声速气流是减速的。这其中的关键就是密度的变化程度。流体在其自身压力作用下膨胀加速，密度会降低。在没有黏性并且和外界没有热交换时，气体的密度和流速之间有固定的关系：

$$\frac{d\rho}{\rho}=-Ma^2\frac{dv}{v}$$

马赫数小于 1 时，密度比速度变化缓慢；马赫数大于 1 时，密度比速度变化剧烈。例如，在马赫数分别为 0.5 和 2.0 的基础上，将速度同样增大 5%，密度分别减小 1.25% 和 20%。可见，超声速流动中密度变化比速度变化对流量的影响更大。

只从数学关系式来分析不一定好理解，实际上也可以用常识来定性判断。声速 c 是压力波的速度，造成压力的变化；流速 v 是流体质点的速度，造成流体的堆积或膨胀，也就是密度的变化。对于收缩通道内的流动，当 v 比 c 小时，压力扰动可以上传，减小来流速度来保证流量连续。当 v 比 c 大时，压力扰动无法影响上游，上游的流体就得不到通知而不断地流过来而在下游产生堆积，这样就通过增加下游的密度来保证了流量连续。总结起来就是：亚声速时收缩减小上游速度，超声速时收缩增加下游密度。

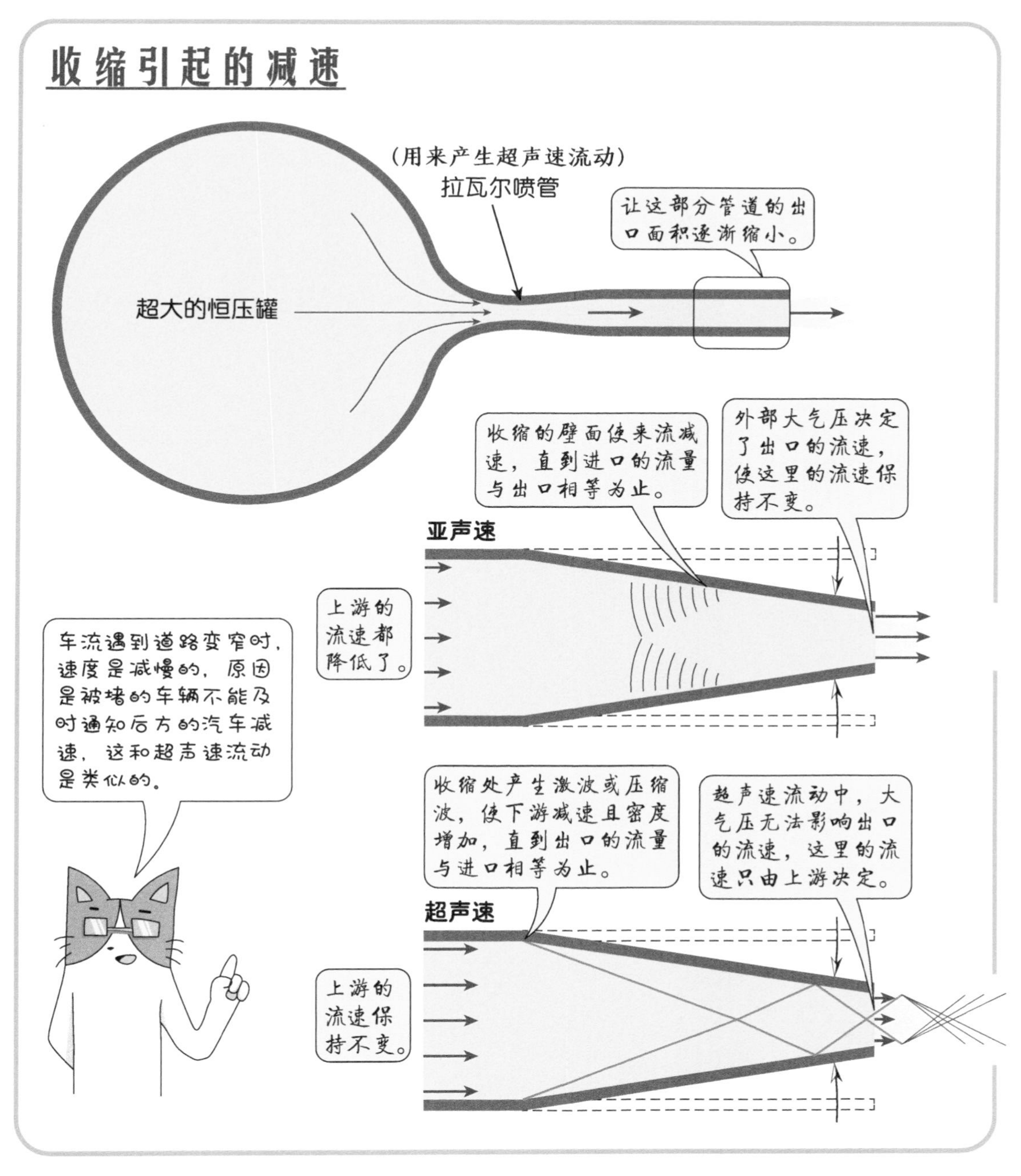

因为收缩管道的内壁面是朝向上游的，对流体的压力也就朝向上游，因此壁面只会对来流产生阻碍作用。也就是说，收缩的壁面对气体只会产生减速效果。为了进一步理解收缩壁面的减速作用，我们来看这样一种情况。假设有一根等截面直管道，进口接装有高压气体的储气罐，出口通大气，气体在管内保持匀速流动。为了让管内的气流可以是超声速的，在储气罐和直管之间接有一个先收缩后扩张的管道，这种管道称为拉瓦尔喷管，可以让气流加速到超声速。现在，让出口逐渐收缩，我们可以看到，对于亚声速流动，出口的流速始终不变，进口的流速减小了，这种减速就是收缩的壁面造成的。对于超声速流动，进口的流速始终不变，出口的流速减小了，这种减速也是壁面造成的。

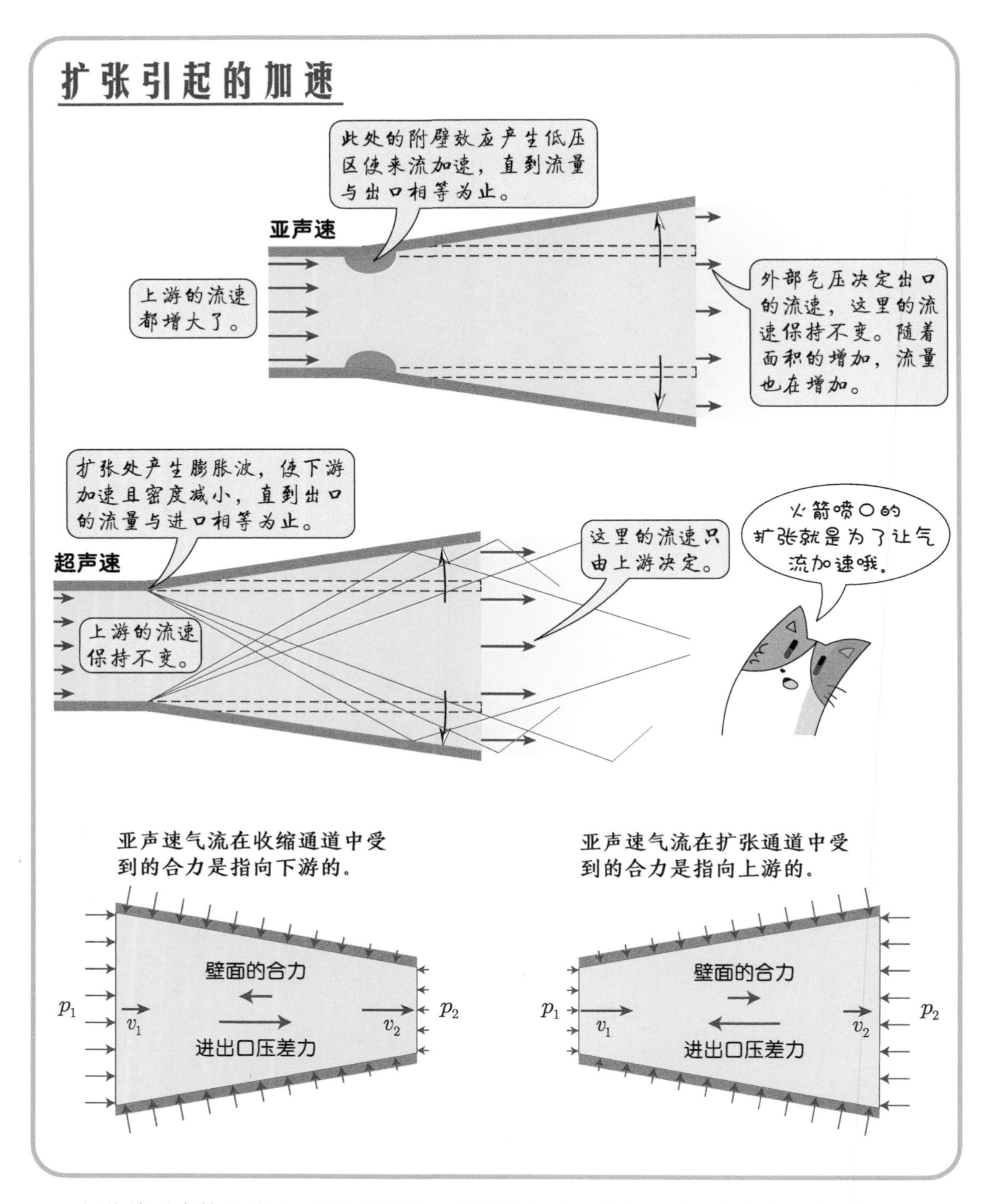

与收缩对应的是扩张，扩张管道的内壁面是朝向下游的，对流体的压力也就朝向下游，因此扩张的壁面应该使流动加速。继续使用前一页的流动模型，只不过这次是让出口逐渐扩张。我们可以看到，对于亚声速流动，出口的流速始终不变，进口的流速增大了。对于超声速流动，进口的流速始终不变，出口的流速增大了。综合前一页的结果，我们现在可以说：无论是亚声速还是超声速，收缩都使流动减速，扩张都使流动加速。只不过亚声速流动中改变的是进口流速，而超声速流动中改变的是出口流速。

34. 先收再扩的拉瓦尔喷管

亚声速气流通过收缩管道是加速的，而超声速气流通过扩张管道才是加速的。如果让亚声速气流先经过收缩通道加速到声速，之后的管道变为扩张通道，是不是就能让气流从亚声速一直加速到超声速了呢？理论上看这是没问题的，而第一个把这个原理应用于实际工程中的人是瑞典工程师拉瓦尔（Gustal de Laval）。拉瓦尔在研制汽轮机时，为了提高冲击叶片的气流速度，采用了先收缩后扩张的管道，成功实现了蒸汽从亚声速到超声速的流动。现在我们把这类管道通称为拉瓦尔喷管，它在各种高速管流、超声速风洞、燃气轮机等领域有着广泛的应用。

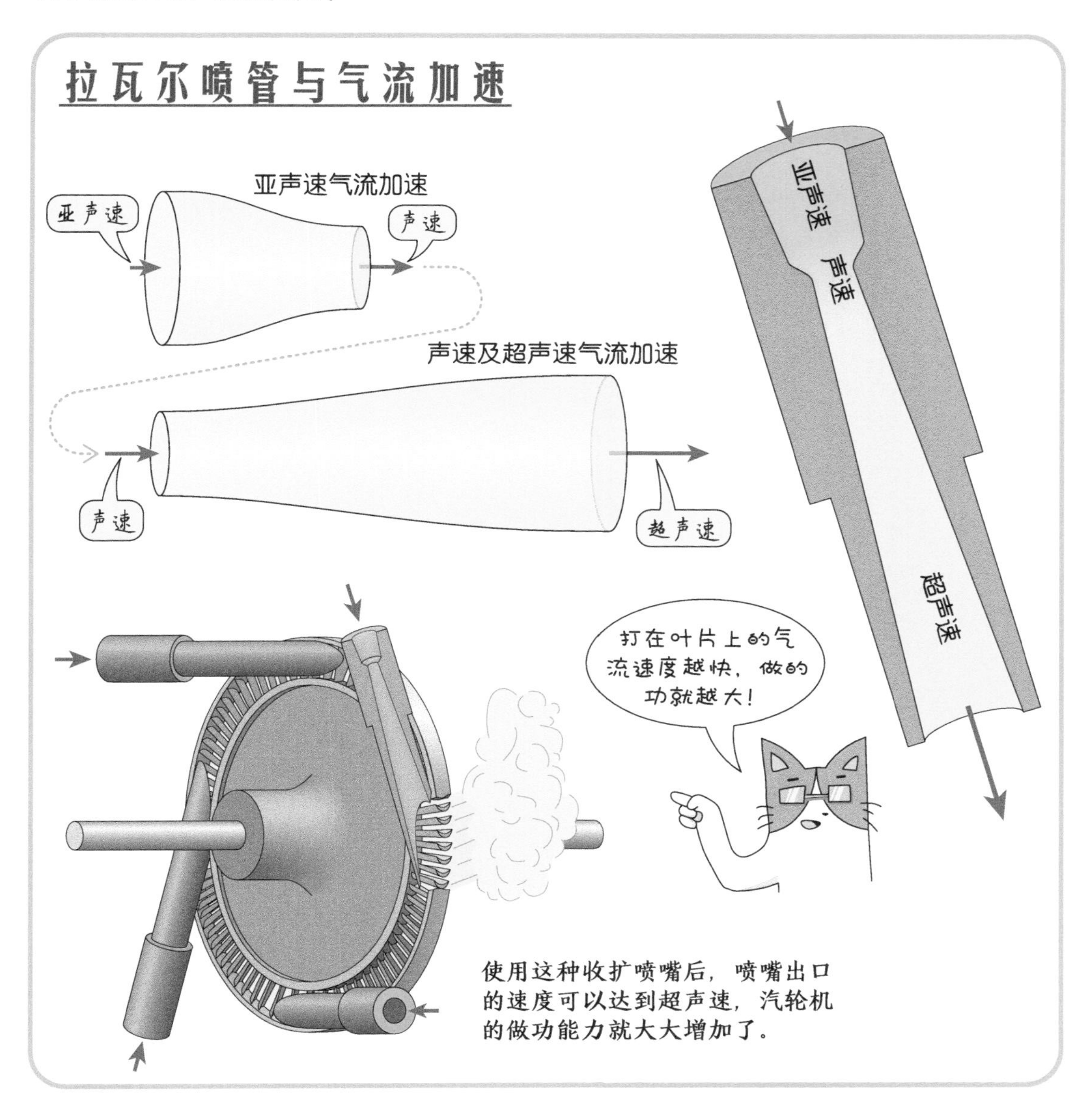

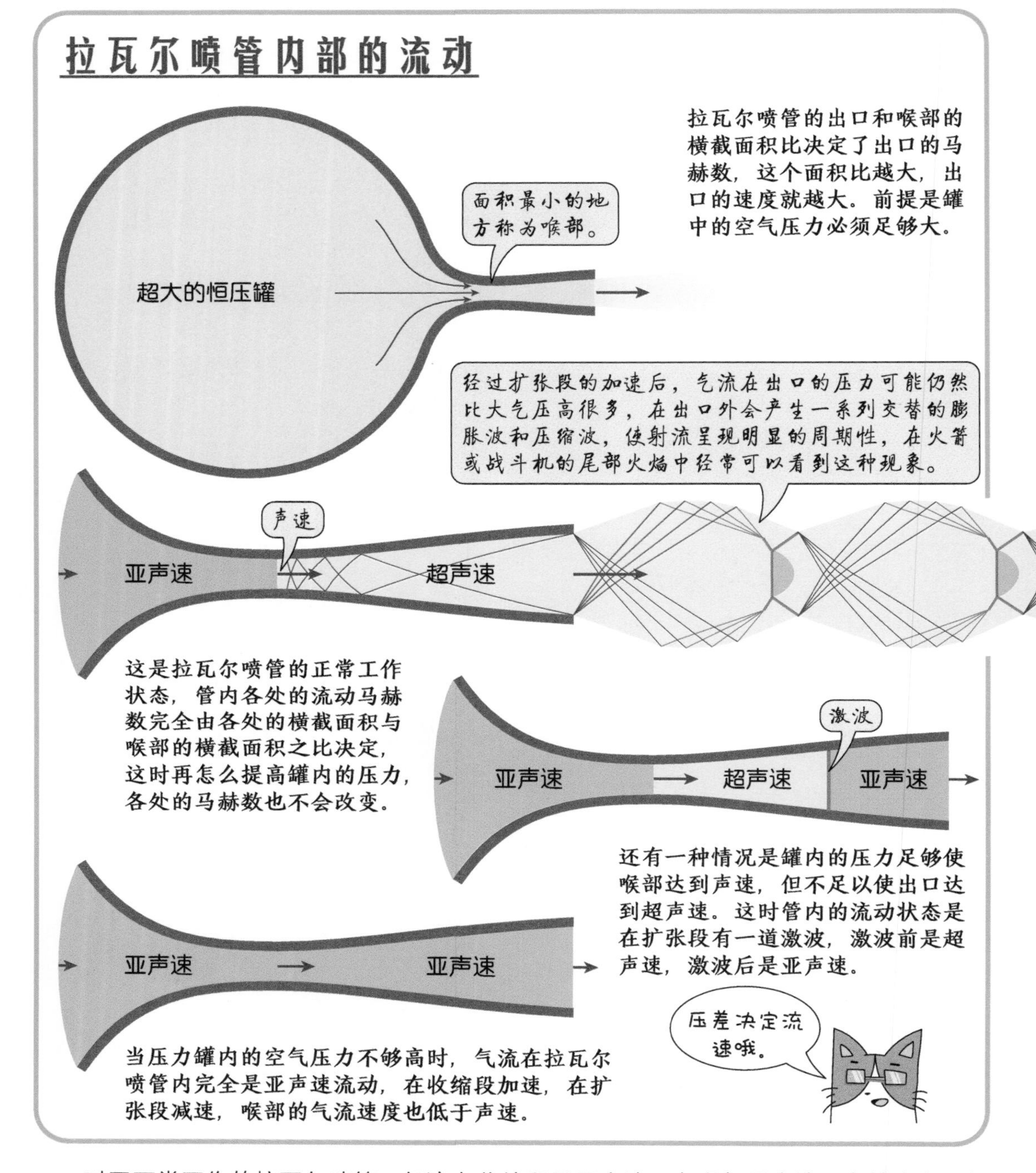

对于正常工作的拉瓦尔喷管，气流在收缩段是亚声速，在喉部是声速，在扩张段是超声速。气体沿流向的加速是压差力造成的，所以出口的压力要比进口低很多才能保持这种流动。如果出口的压力不够低，扩张段就可能无法一直保持超声速，而是会产生激波。当进口压力逐渐减小时，激波会往前移动，当激波到达喉部时就会消失，这时整个管道内的流动都变成亚声速了，而亚声速流动的管道一般不叫拉瓦尔喷管。有一种工作时就全部是亚声速流动的收缩—扩张管道，叫文丘里管，是为了测量流量而发明的，和拉瓦尔喷管的样子虽然相似，但作用却是完全不同的。

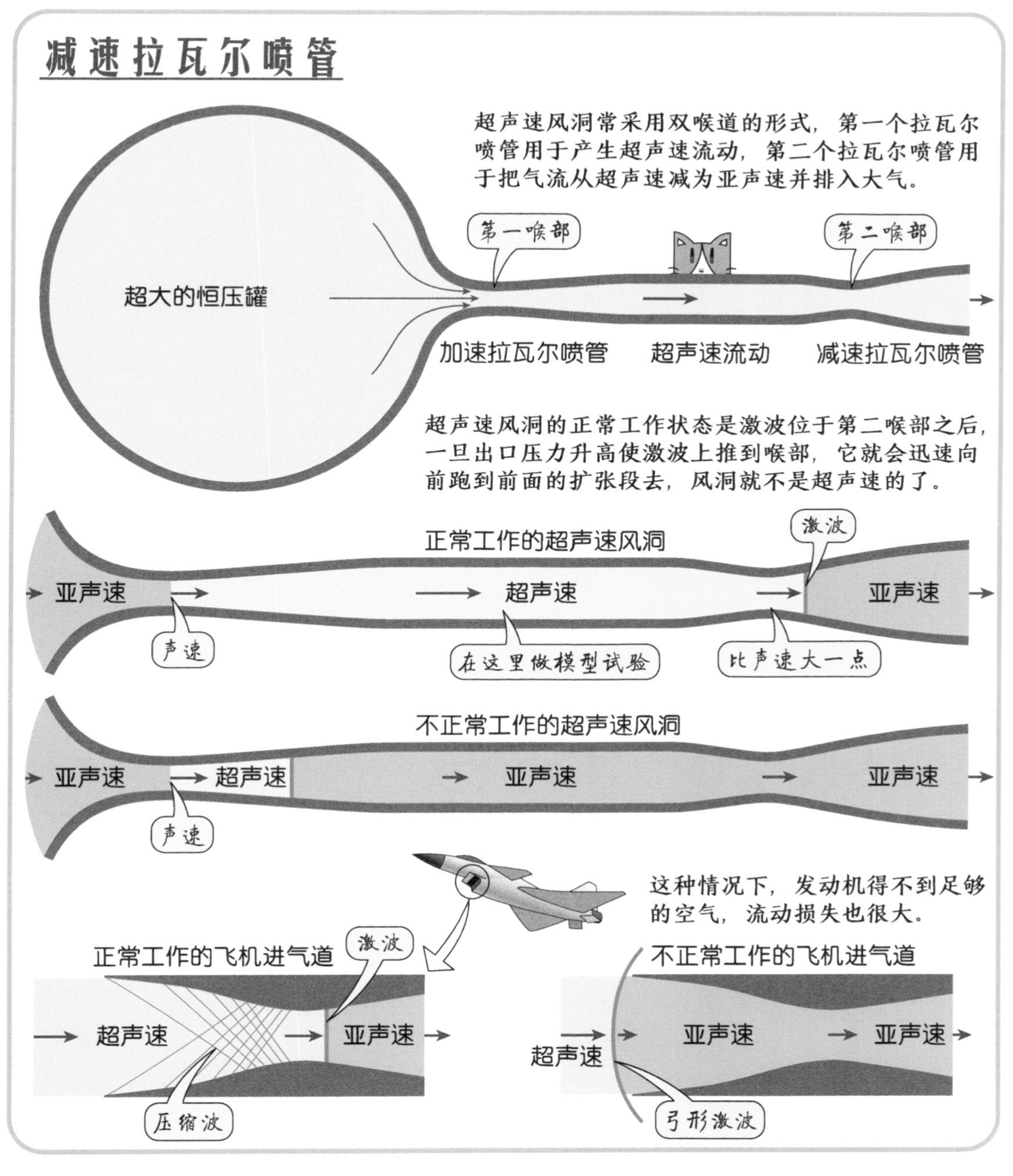

拉瓦尔喷管也可以反过来用，让超声速气流减速为亚声速，我们暂且把这种管道称为减速拉瓦尔喷管。当忽略黏性和与外界的换热后，理论上流动可以完全反过来，也就是其他参数不变，只让速度反方向就可以了，但在实际流动中这是很难实现的。所以，减速拉瓦尔喷管和加速拉瓦尔喷管有所区别，一个主要区别是前者的喉部处气流速度不再设计成声速，而是超声速的，气流经过喉部后在扩张段加速一小段，以一道激波转化成亚声速，再扩张减速。这样设计的目的是让流动抗干扰能力更强，因为如果让喉部处的气流速度是声速，那么稍有扰动就会在收缩段产生激波。激波是无法稳定在收缩段的，会继续向上游推进，直到收缩段全部变为亚声速为止，这样减速拉瓦尔喷管就失去作用了。

第 4 章

黏性主导的流动

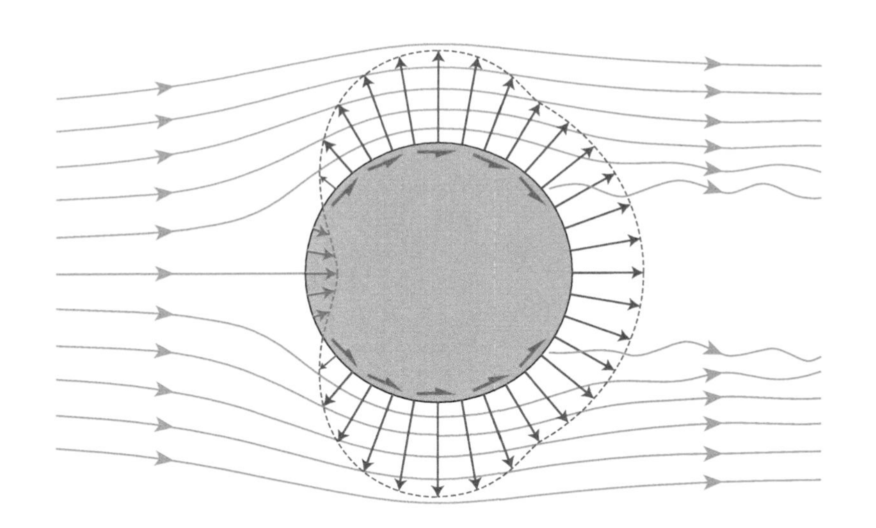

35. 小黏性的大影响

我们最常遇到的流体是水和空气，这两种流体的黏性都非常小，在常见的流动中黏性力连正压力的千分之一都不到。正因为如此，早期的流体力学经常不考虑黏性。例如，大家熟悉的伯努利定理就是忽略了黏性的结果。不过，在伯努利时代的人们其实已经开始怀疑黏性的作用不能忽略了。一个显然的事实是水和空气对运动的物体形成阻力，而理论上可以得出，忽略黏性后的物体完全不受阻力。到 19 世纪中叶，科学家们已经建立起了至今仍在使用的包含黏性力的流体运动方程，可是，黏性力比正压力要复杂得多，一旦考虑了黏性力，这个方程就很难求解了。

黏性力

类似于固体间的摩擦力，流体的黏性力作用在物体的侧面。

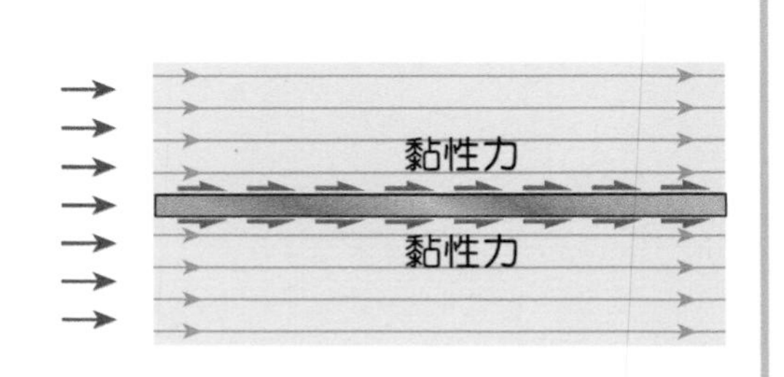

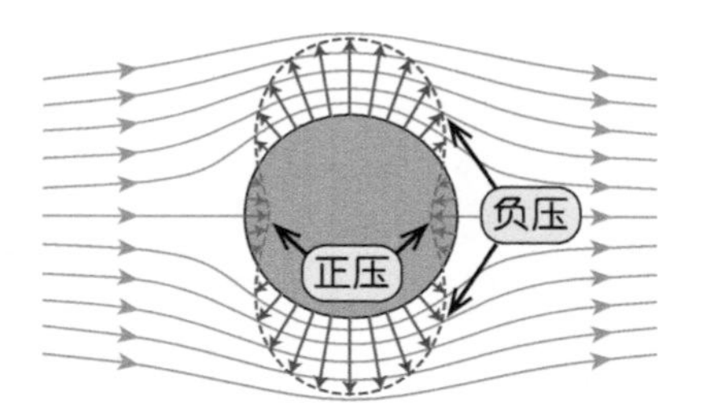

如果没有黏性力，物体所受的压力会互相抵消，流体对物体的阻力为零。

在流体内部取这样一个立方体，在每个表面上有一个正压力和两个黏性剪切力，图中的三个正压力大小相等，而六个黏性力则各不相等，可见黏性力比正压力要复杂得多。

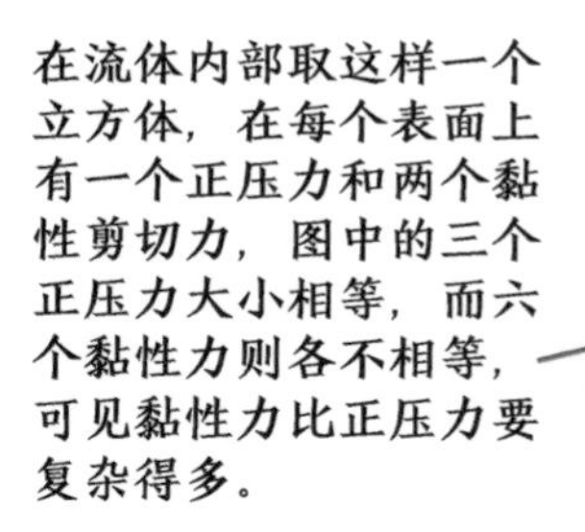

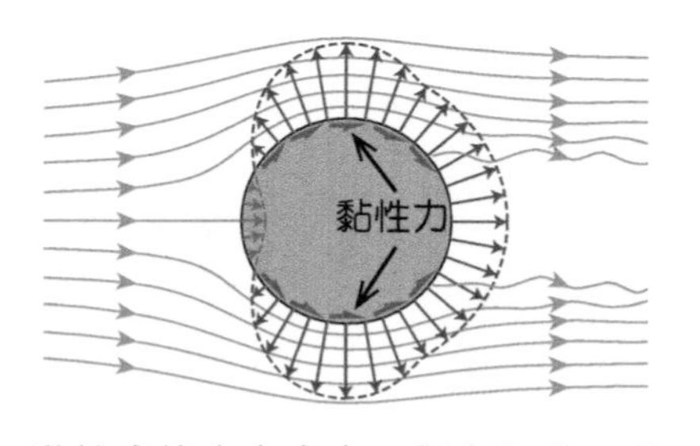

黏性摩擦力会产生一部分阻力，更重要的是黏性改变了流动形式，在物体后部出现低压区，这样物体前后的压力差会产生很大的阻力。

纳维–斯托克斯方程（流体的动量方程）

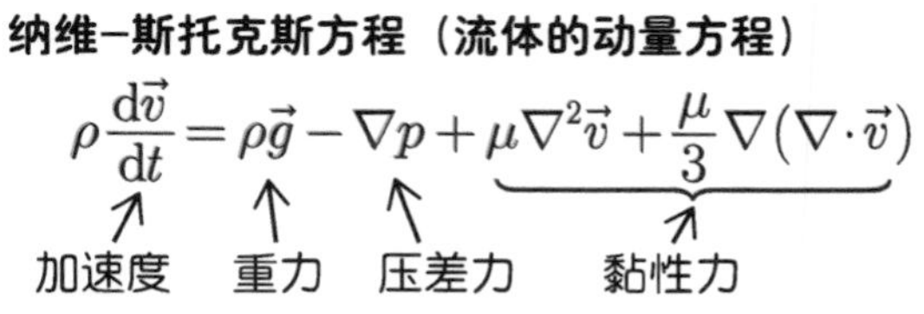

流体在压差力、重力和黏性力作用下运动，变形主要是黏性力引起的。

这个方程看着挺复杂，其实它比看起来更复杂。

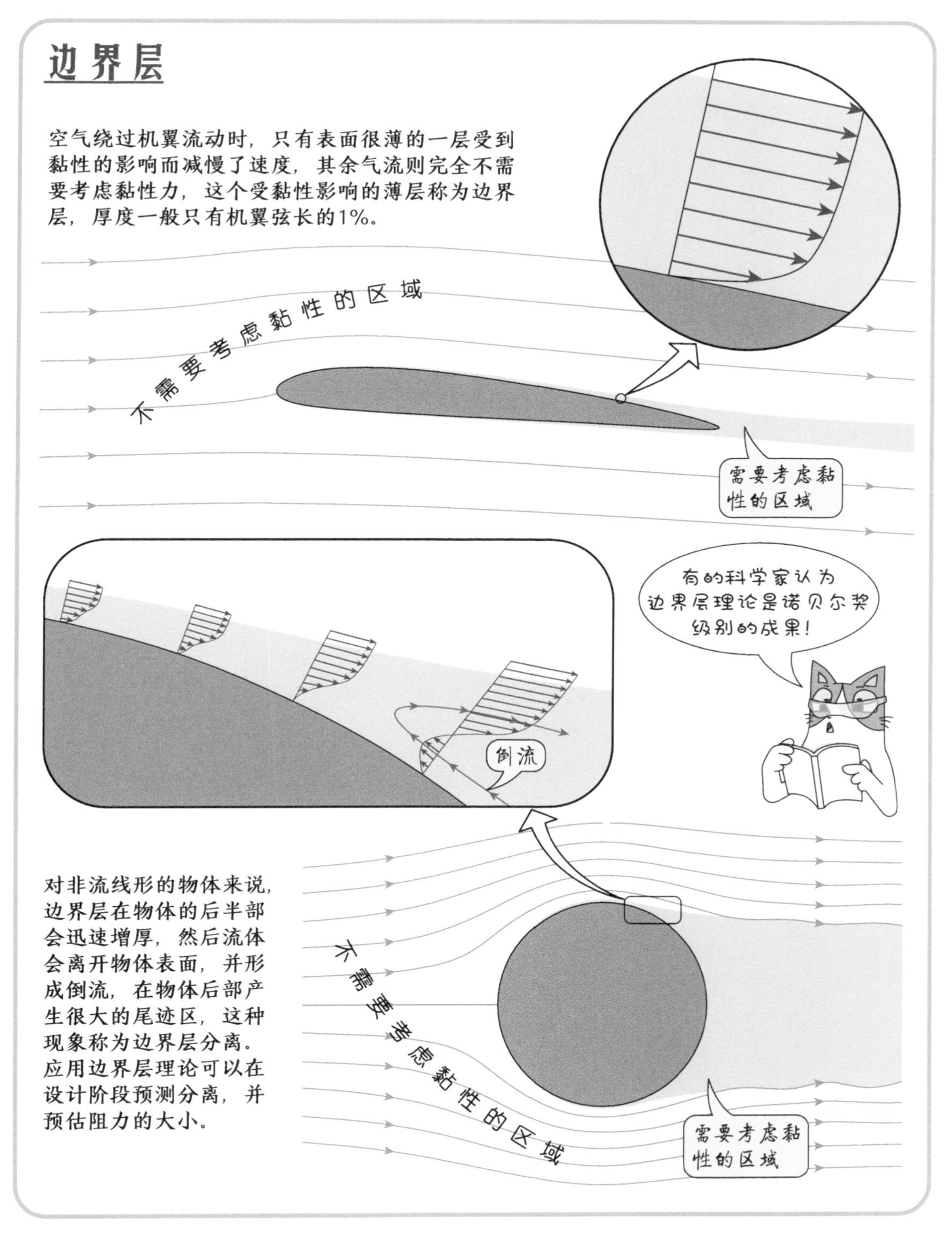

到了 20 世纪初，有“现代流体力学之父”称号的普朗特提出了边界层理论，指出黏性只影响物体表面薄薄的一层，其余的部分仍然可以忽略黏性。在此基础上流动方程得以简化，可以得到流动的理论近似解。有了边界层理论，理论设计可以和实验结合得更紧密，人们在设计阶段就能评估物体的气动阻力和流动损失了。

普朗特的边界层理论

普朗特（Ludwig Prandtl，1875—1953）是德国汉诺威大学教授，他在 1904 年的第三届国际数学家大会上提出了边界层理论。在这之后他被哥廷根大学聘去建立应用力学系并创立了流体力学研究所。他在边界层理论、风洞实验技术、机翼理论、湍流理论等方面都做出了重要的贡献，被称作“空气动力学之父”以及“现代流体力学之父”。他一生从事研究和教学工作，弟子众多，现在的流体力学研究者有很大一部分都可以说是来自他的师承。

普朗特擅长在观察中抓住事物的主要矛盾并发展成理论，边界层理论就是基于观察的理论。但它并不是完全从实践中总结出来的，而是基于数学推导的。概括来说，边界层方程是对一般的流体动量方程进行简化得到的，可以较为精确地描述边界层内流体运动的方程。

这里写出二维的动量方程：

$$\begin{cases} u\dfrac{\partial u}{\partial x}+v\dfrac{\partial u}{\partial y}=-\dfrac{1}{\rho}\dfrac{\partial p}{\partial x}+\dfrac{\mu}{\rho}\left(\dfrac{\partial^2 u}{\partial x^2}+\dfrac{\partial^2 u}{\partial y^2}\right) \\ u\dfrac{\partial v}{\partial x}+v\dfrac{\partial v}{\partial y}=-\dfrac{1}{\rho}\dfrac{\partial p}{\partial y}+\dfrac{\mu}{\rho}\left(\dfrac{\partial^2 v}{\partial x^2}+\dfrac{\partial^2 v}{\partial y^2}\right) \end{cases}$$

没有学过流体力学的读者可能不容易看懂这个方程组，这里我们不需要理会那些微分符号，只需要知道 u 代表沿壁面（ x 向）的流速，v 代表垂直壁面（ y 向）的流速就行了。在边界层内，流体都是顺着壁面流动的，v 相对 u 来说可以忽略，于是就可以简化得到边界层方程如下：

$$u\frac{\partial u}{\partial x}+v\frac{\partial u}{\partial y}=-\frac{1}{\rho}\frac{\mathrm{d}p}{\mathrm{d}x}+\frac{\mu}{\rho}\frac{\partial^2 u}{\partial y^2}$$

可见方程得到了很大的简化，虽然看起来还是挺复杂的。事实上这个方程确实仍然不易求解，所以普朗特和他的弟子们又花费了很多精力来求解它并应用于实际流动。这一段时间是“一战”到“二战”的时代，正是航空大发展的时期，边界层理论起到了关键的作用。工程师们设计出了气动性能相当优异的飞机，那些“二战”时期诞生的飞机有些至今仍然活跃在天空，并在体育竞技中展现着它们出色的性能。

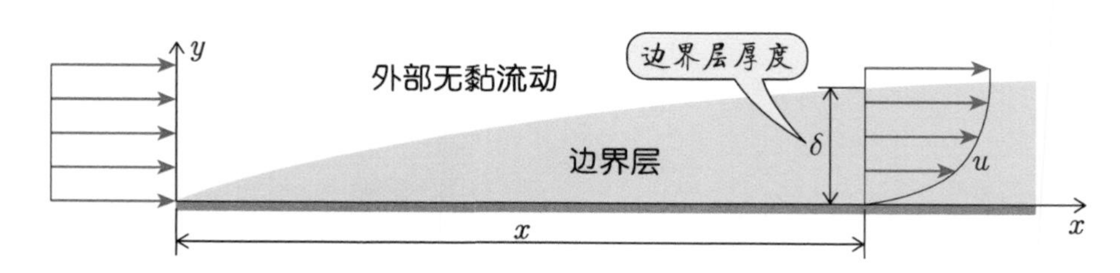

36. 流动中的摩擦力

摩擦力是两个物体接触面上的剪切力，固体之间有动摩擦力和静摩擦力之分，流体的内部则只有动摩擦力，即黏性力。紧挨着固体壁面的流体受到壁面附着力的作用，与壁面之间没有相对运动，二者之间就只可能有静摩擦力。实际上确实可以说流体和固体之间存在静摩擦力，且这个静摩擦力很大，轻易不会产生相对滑动。真正的相对滑动只发生在流体之间，也就是稍微远离壁面一点的地方，即边界层内。流体内部的摩擦力随着与壁面距离的增加而衰减，当足够远离壁面时，就基本没有摩擦力了。

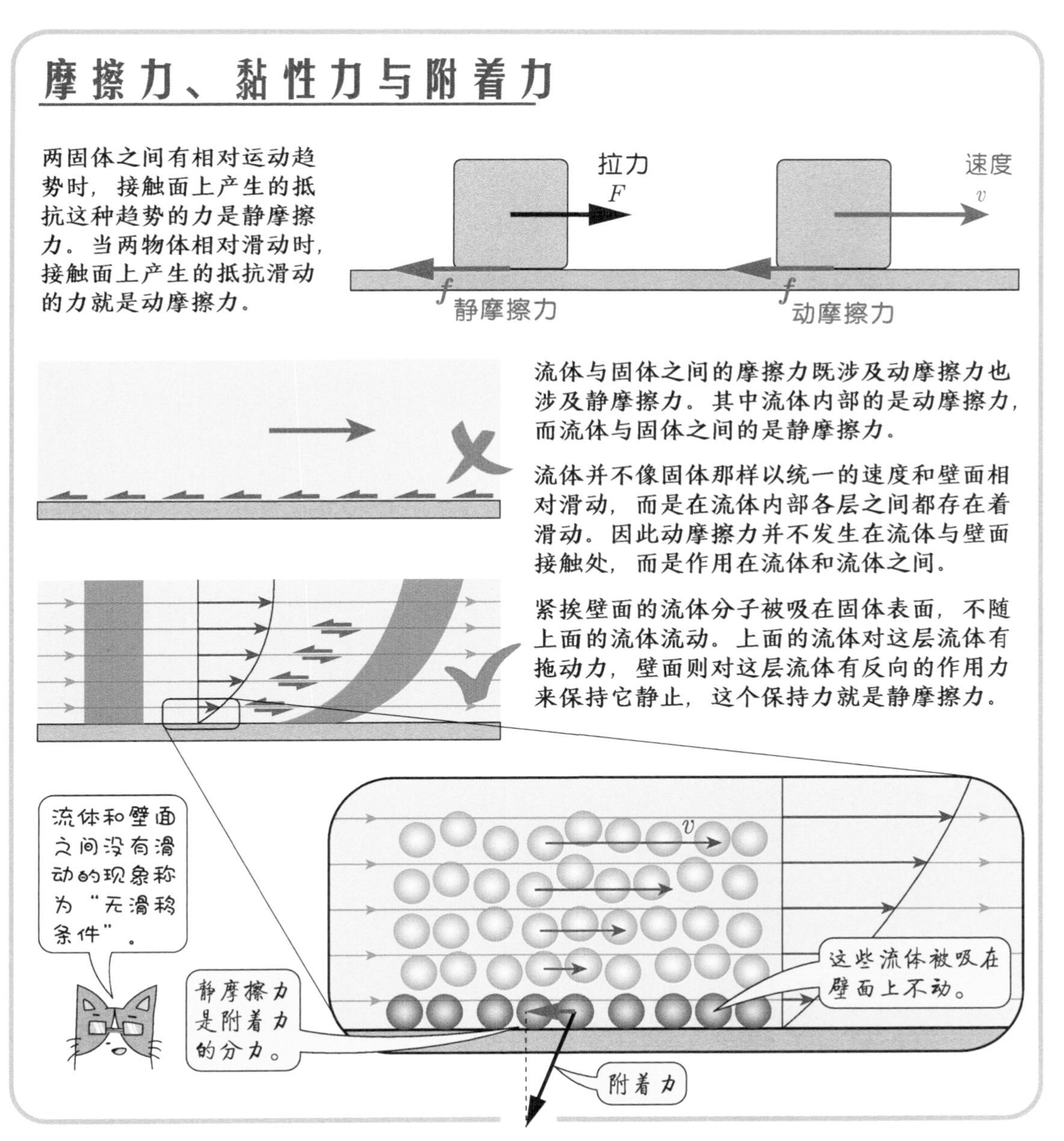

37. 受黏性影响的一层——边界层

最简单的边界层流动是流体经过顺流向放置的平板所产生的，这种流动中的主流是平行于壁面的匀速流动，各处的压力也都是均匀的。边界层内的减速完全是黏性力产生的，并不引起压力的升高，所以整个流场的压力都相等。黏性力由流体的剪切运动产生，壁面附近的剪切运动最强，越往外层剪切运动越小，到边界层外界处降低到零。流体沿壁面流动的过程中，越来越多的流体受到壁面摩擦减速，这些流体产生堆积，所以边界层沿着流动方向是增厚的。

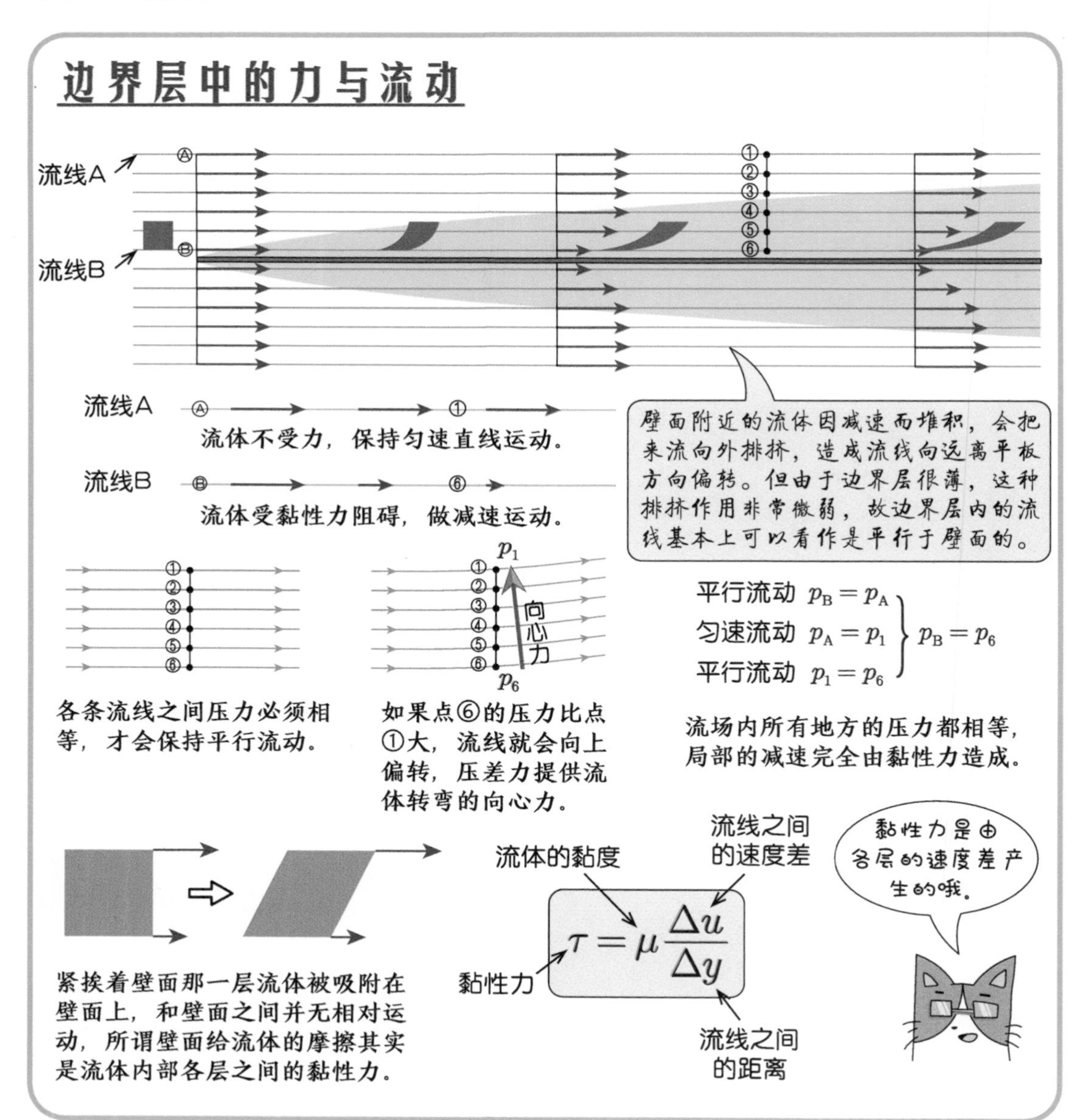

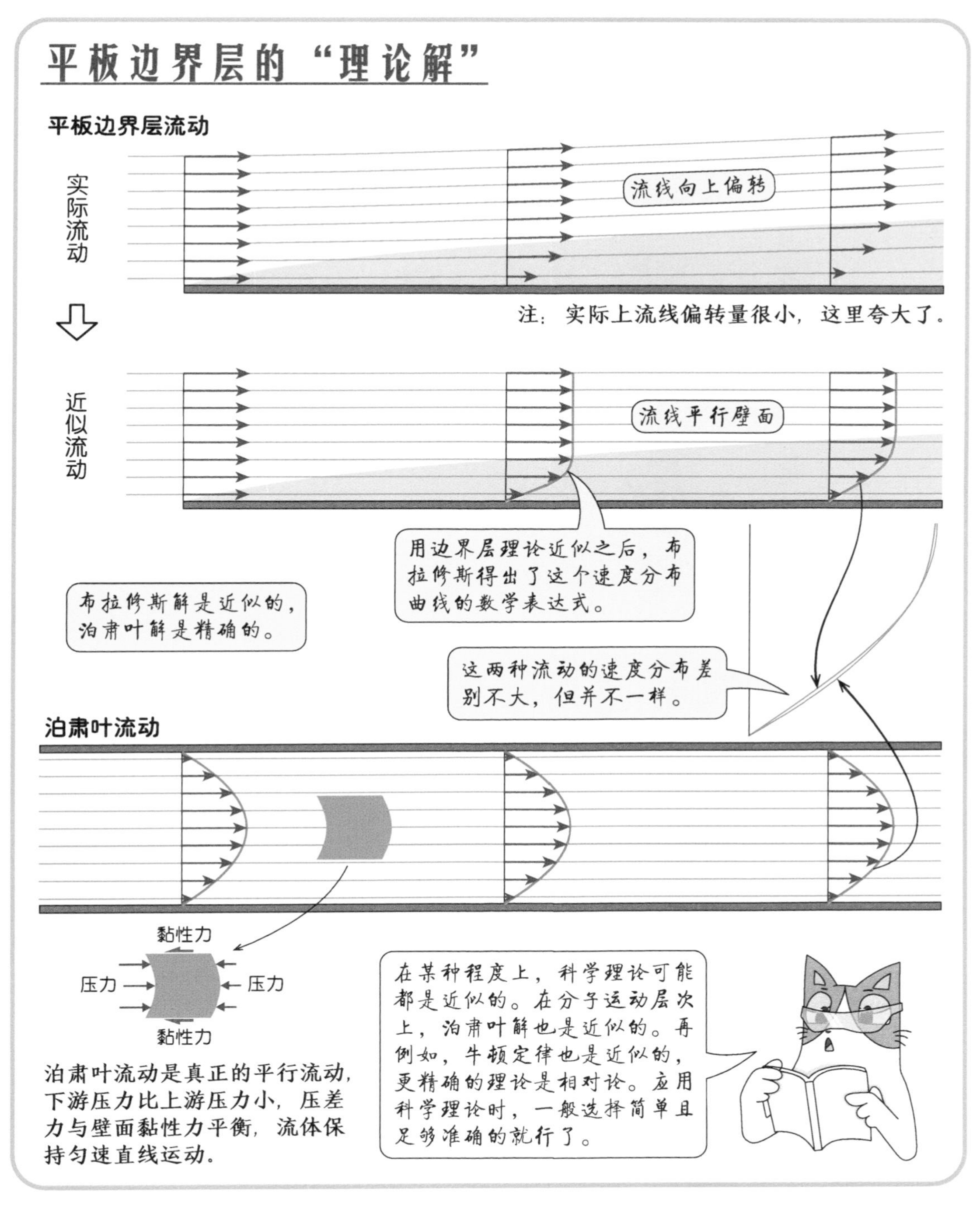

对于沿平板稳定流动的边界层，普朗特的博士生布拉修斯推导出了可以描述其内部任意点速度的数学关系式。已知速度后，就可以求出壁面摩擦力的大小，这对于确定物体的气动阻力是很有意义的。在此之前半个世纪，泊肃叶已经推导出了两个平行的平板之间流动的理论解，现在我们把这种流动称为泊肃叶流动。平板边界层流动和泊肃叶流动的区别在于，泊肃叶流动是真正的平行流动，而平板边界层只是近似的平行流动，所以这两种流动的速度分布也有些差别。

38. 各种物体表面的边界层

对于绕机翼或者圆柱这样的非平板物体的流动来说，即使没有黏性的影响，流动也会在压差力的作用下加速和减速。当主流是在加速时，也会使边界层内的流体倾向于加速，边界层厚度的增长就会放缓，甚至开始减薄。反过来，当主流减速时，也会使边界层内的流体倾向于减速，从而加剧边界层厚度的增长。

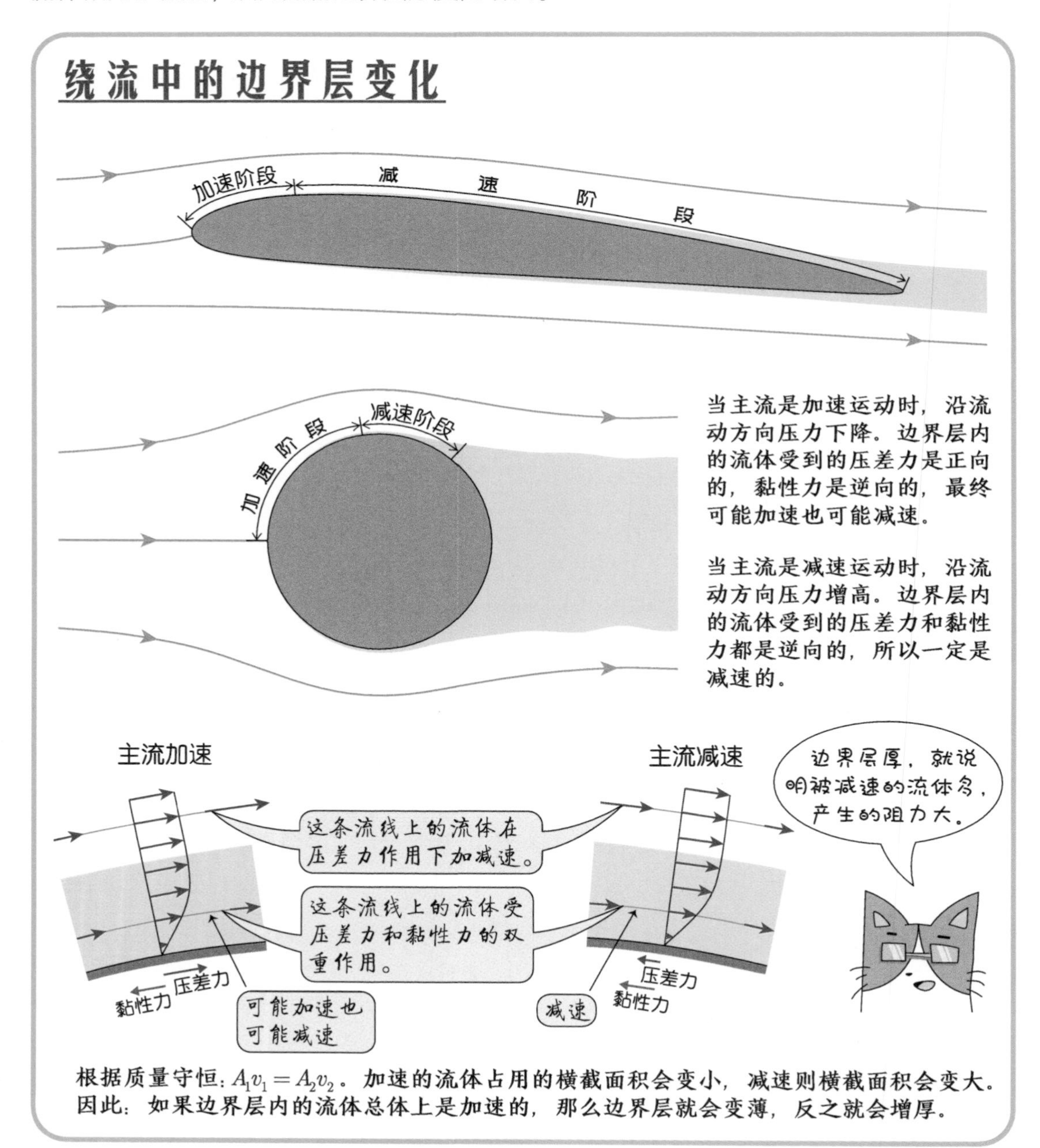

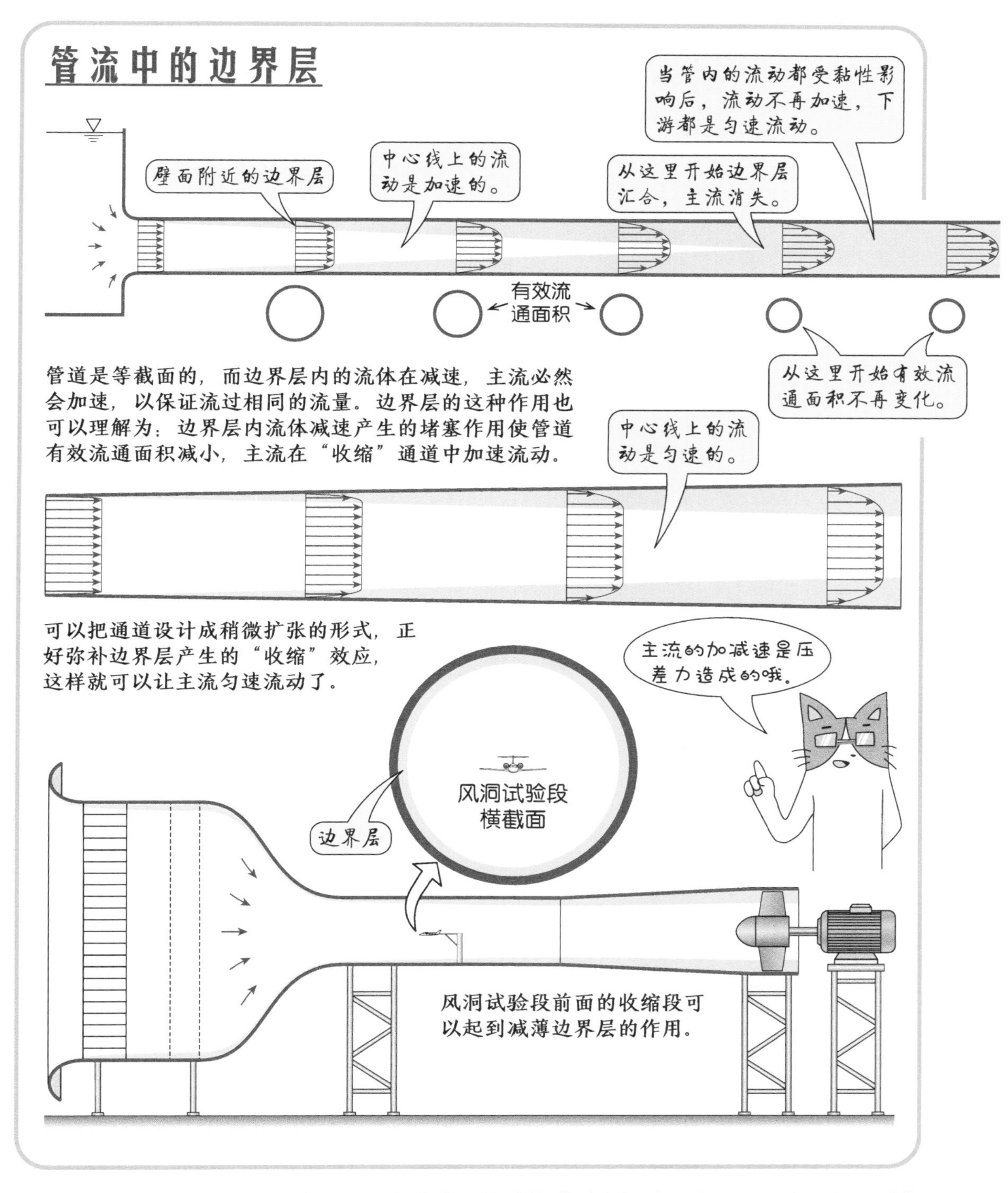

对于管道内的流动，当流体以亚声速流经收缩管道时会加速，边界层厚度可以是减薄的。风洞试验段的前面总是有一个收缩段，一个作用就是可以让试验段的风洞壁面边界层足够薄，不至于影响试验件附近的流动。和外部绕流不同的是，管道经常是很长的，壁面的边界层厚度增加到一定程度后，就会混合起来，管道内就没有不受黏性影响的主流存在了。这样的流动就不再能用边界层理论来解释了，而需要用专门的理论，即管流理论来解释。

39. 边界层全貌

边界层虽然很薄，但却对各类飞行器、舰船、地面车辆、流体机械和热力机械等的性能起着至关重要的作用。所以，有关边界层的研究虽然已经过去了一百多年，但仍然处在发展之中。经典的边界层理论解决了一部分问题，但有更多的问题仍然需要通过实验研究或者利用高速计算机模拟来解决。这里给出了某个机翼上表面从前缘到尾缘的整个边界层的流动图画。

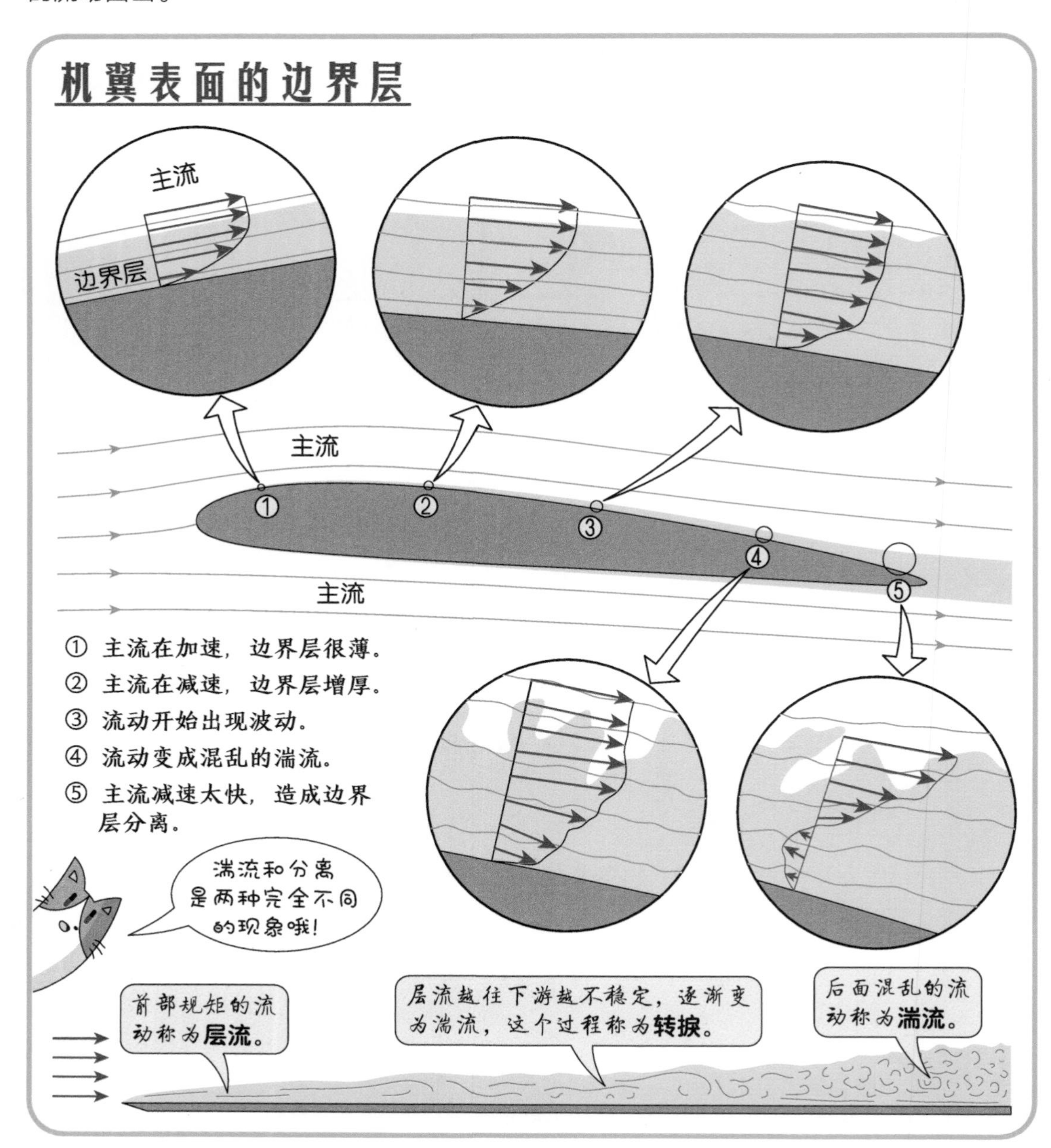

40. 管道中的流动

人类很早就开始研究水在管道中的流动了。现代的城市化生活产生了各式各样的管道流动，各种工厂中也充斥着大量液体和气体管道。对于管道流动，人们最关心的通常是流量和压力损失，对于换热管道则还关心换热量。通过理论推导，这类问题一部分可以得到解决，更多的情况则需要依赖以往实验得到的经验关系式，或通过计算机模拟来解决。

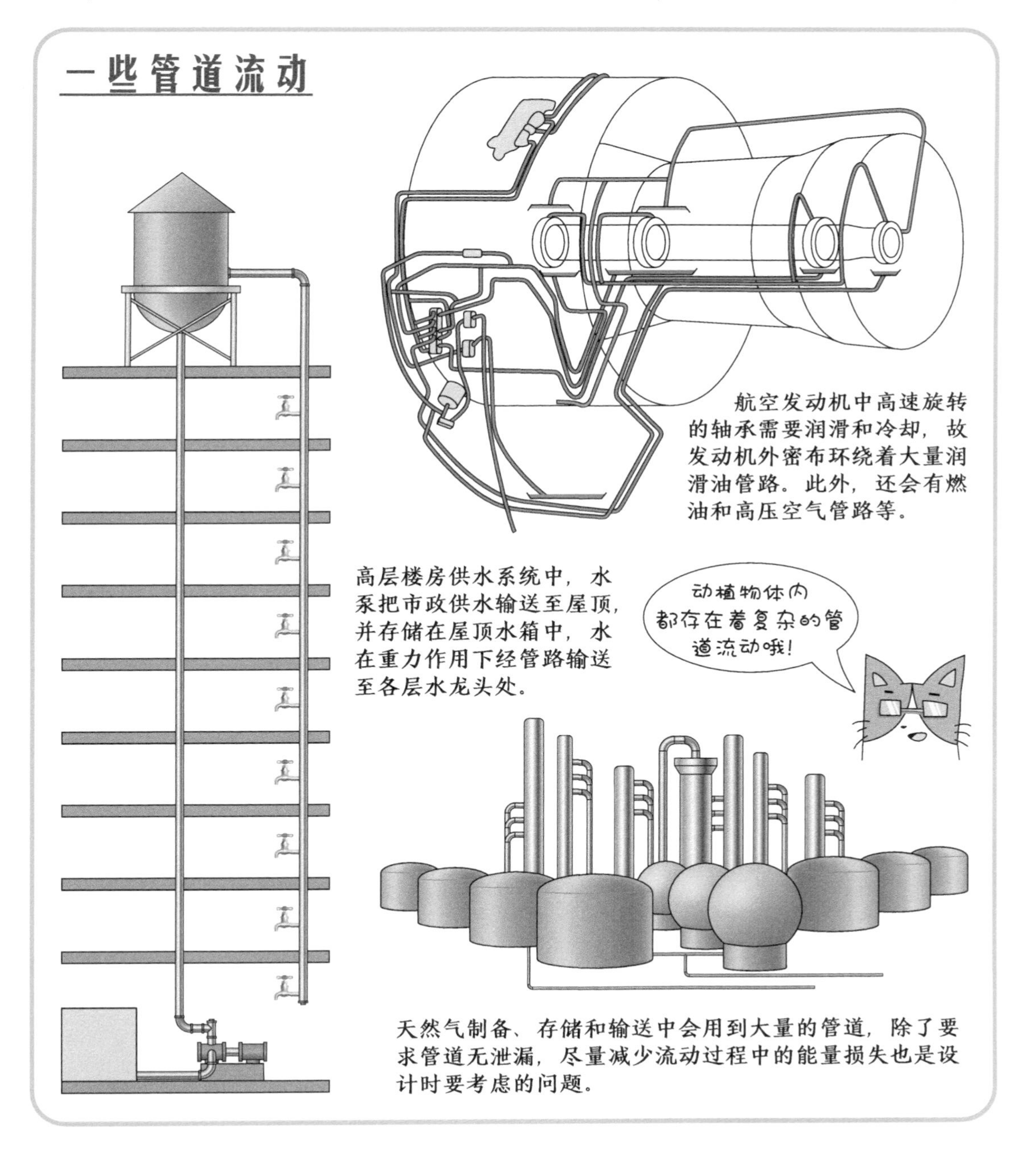

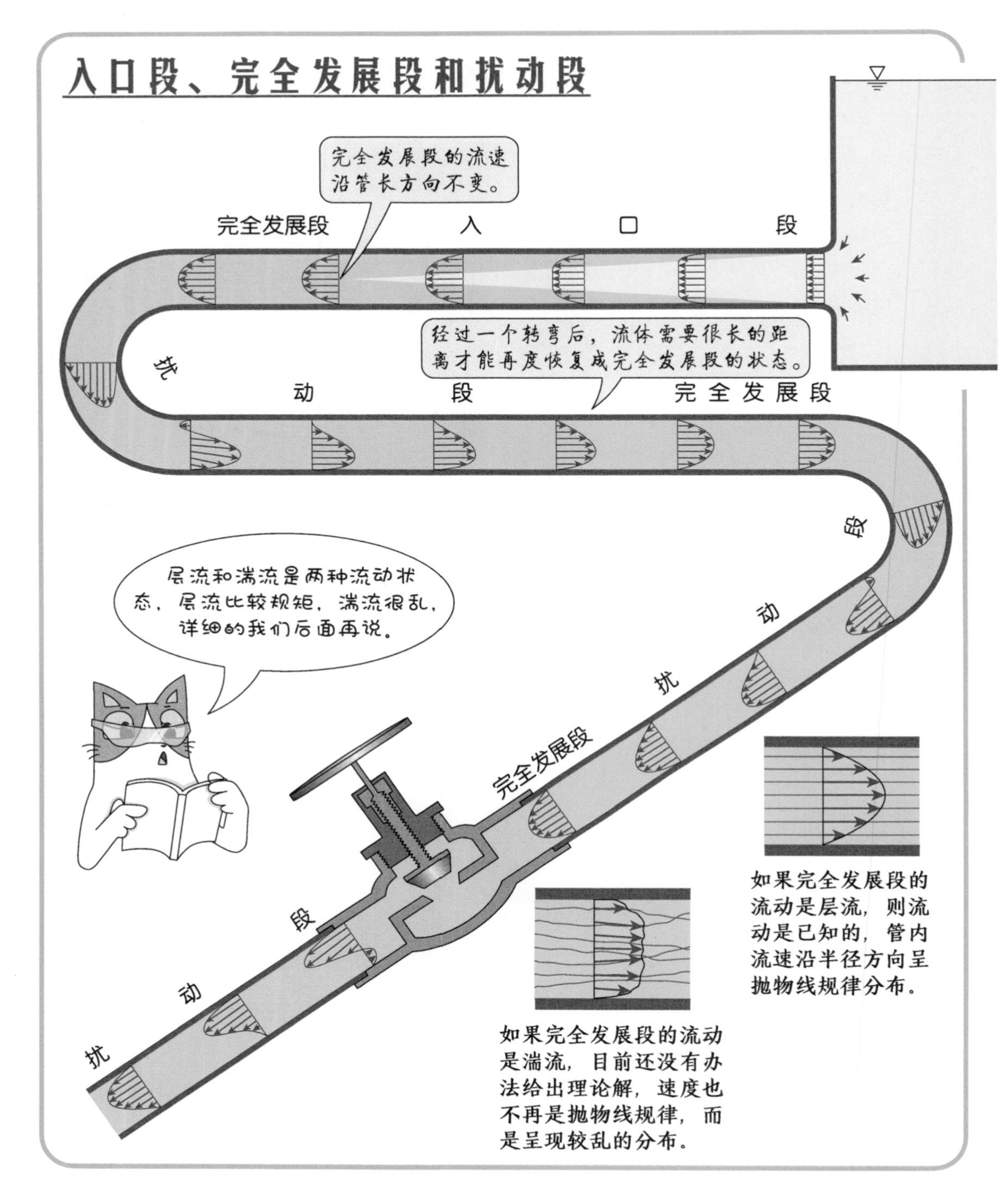

流体从容器进入管道会经历两个阶段，开始的一段称为入口段，后面的称为完全发展段。在入口段，壁面边界层逐渐增厚，中心线上的流动是加速的。到了完全发展段，流体沿流动方向速度不再变化，只是压力有所降低。如果完全发展段是层流的，有完备的理论来描述；当流动是湍流时，目前还没有办法给出公式描述，经常还需要做实验。管道中的转弯、变截面、阀门和泵等部件都会破坏原有的流动，流体经过它们后又需要经过很长一段才会再次达到完全发展段的状态。

第 5 章

混乱的流动——湍流

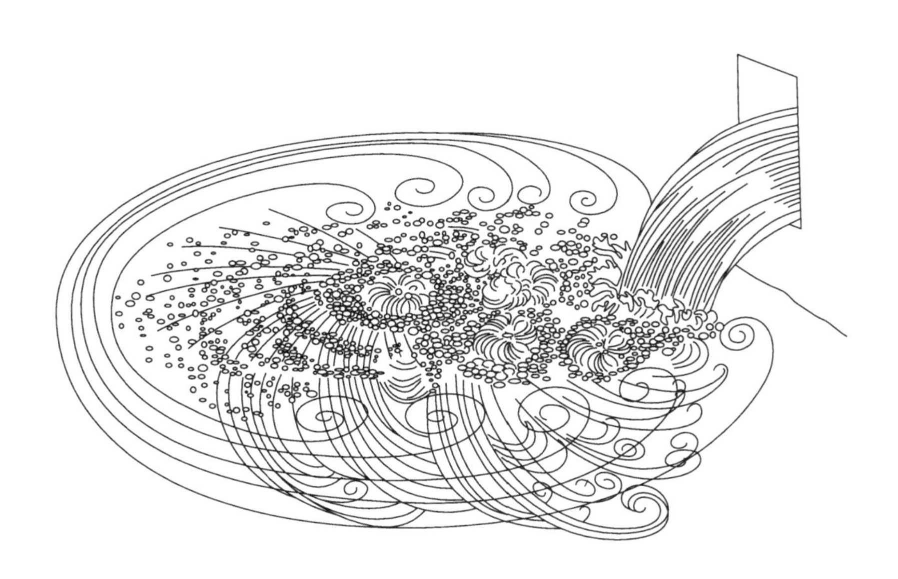

41. 雷诺实验——湍流研究新篇章

有时流体很规矩地分层流动，称为层流；更多时候流体很混乱地流动，称为湍流。打开自来水龙头，水流很小的时候通常是层流，继续开大阀门，水流就变成湍流了。从蚊香升起的烟柱，开始一段是层流，后面就变成了湍流。同样是烟柱，从大烟囱冒出的烟则一开始就是湍流。广场上的喷泉多数是湍流，也有一些晶莹剔透的波光喷泉是层流。显然层流更容易处理，湍流则是一种很难描述和理解的运动，早在文艺复兴时期的达·芬奇（Da Vinci）就对湍流有非常详细的记载和描绘。但是真正详细研究湍流发生条件的是雷诺（Reynolds）在 1883 年进行的著名的雷诺实验。

达·芬奇画的水流

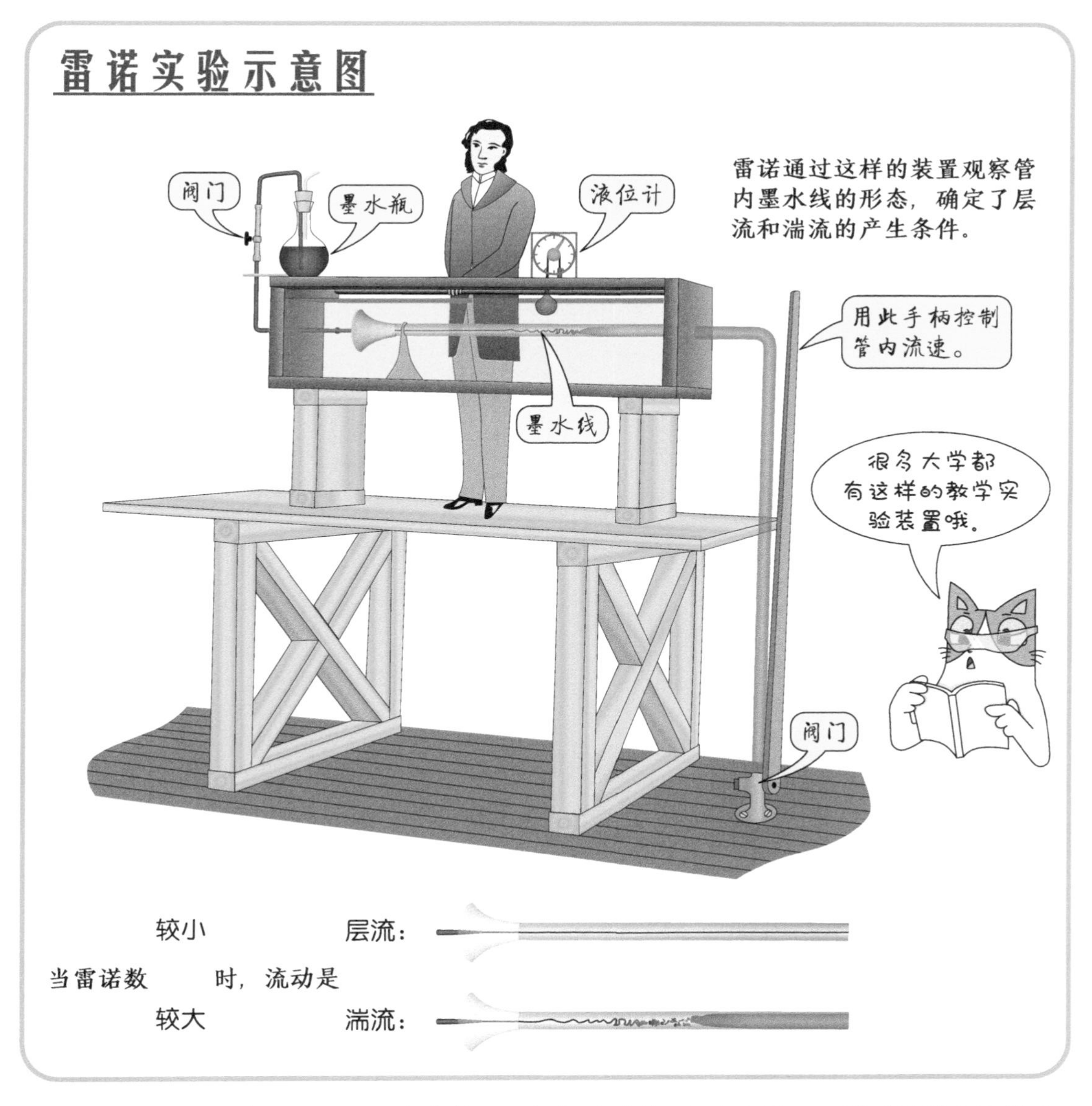

雷诺实验装置的主体是一个大水箱和一根长玻璃管。让水尽量不受扰动地进入圆管中，并用染色剂来显示管内水流的状态。雷诺发现流动是层流还是湍流与水的密度、水的黏性、水流速度和管子直径几个因素相关。当把这几个变量组合成一个变量时，流动状态就只与这个变量相关，这个变量后来被称为雷诺数，用 Re 表示，其表达式为：

$$Re=\frac{\rho vD}{\mu}$$

式中，ρ 为流体的密度；v 为流体的运动速度；D 为圆管内径；μ 是流体的黏度。

一般认为，当雷诺数 Re 小于 2100 时，管内流动是层流，当雷诺数 Re 大于此值时，管内流动是湍流。但实际流动还和环境振动以及管内壁的粗糙度等相关，层流和湍流之间并没有明确的分界线。雷诺实验更重要的意义在于定性的结论：雷诺数小的流动倾向于形成层流，雷诺数大的流动倾向于形成湍流。更多雷诺数的知识请参见“44. 什么是雷诺数”。

42. 生而混乱的湍流

湍流是一种很乱的流动，至今人们也没有办法给湍流下一个严谨的定义，但有经验的流体力学研究者却可以一眼就看出流动是层流还是湍流。一般来说，从观感上湍流会有以下两个特征：

1. 流场中任意点处的流动参数都随时间不断地变化着；

2. 任意时刻流场中看起来都含有各种不同尺寸的旋涡。

有些情况的层流虽然也很乱，但不同时具备上述两个特征，并不是湍流。所以，虽然说湍流一定很乱，但很乱的却未必就是湍流。

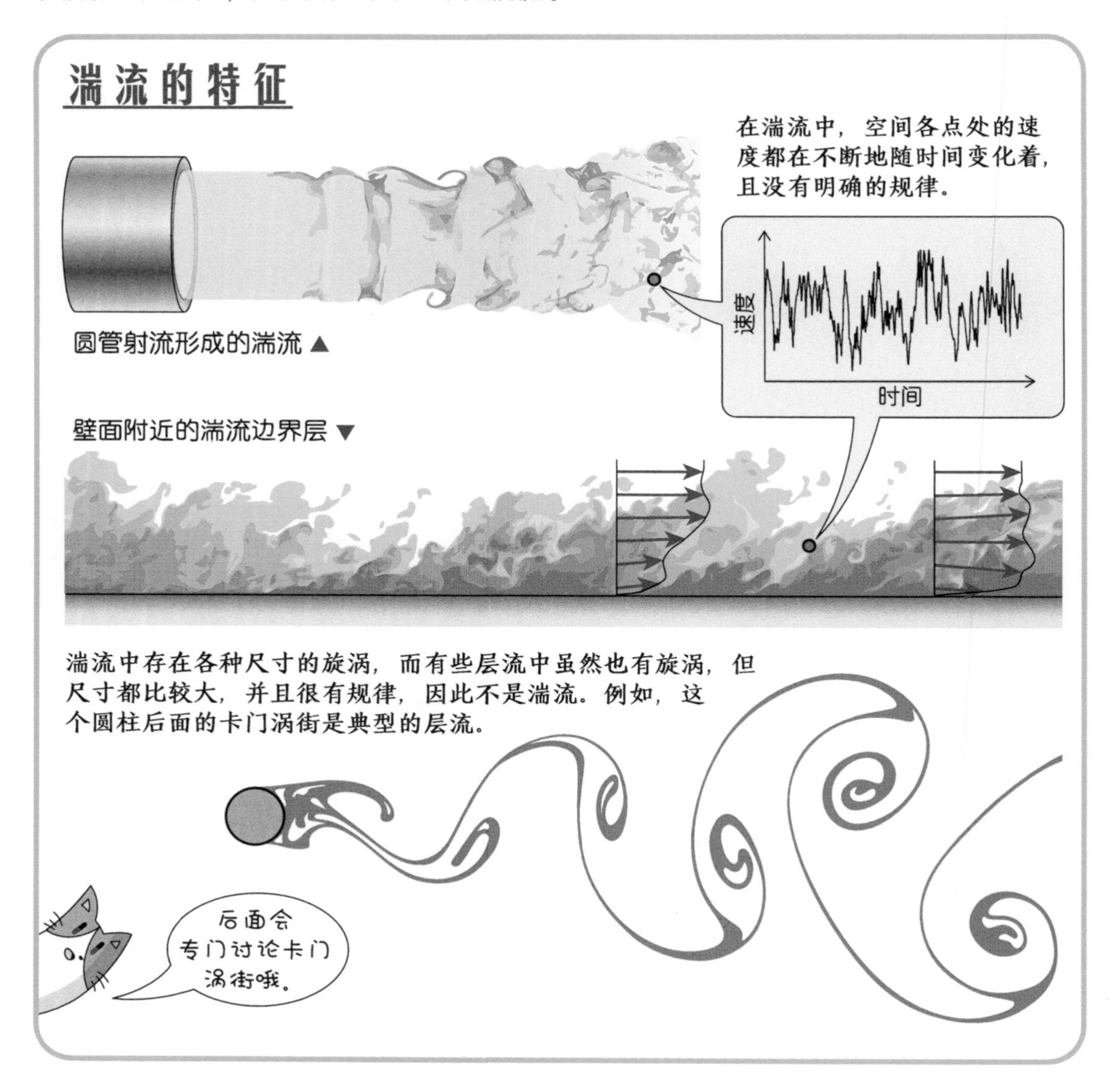

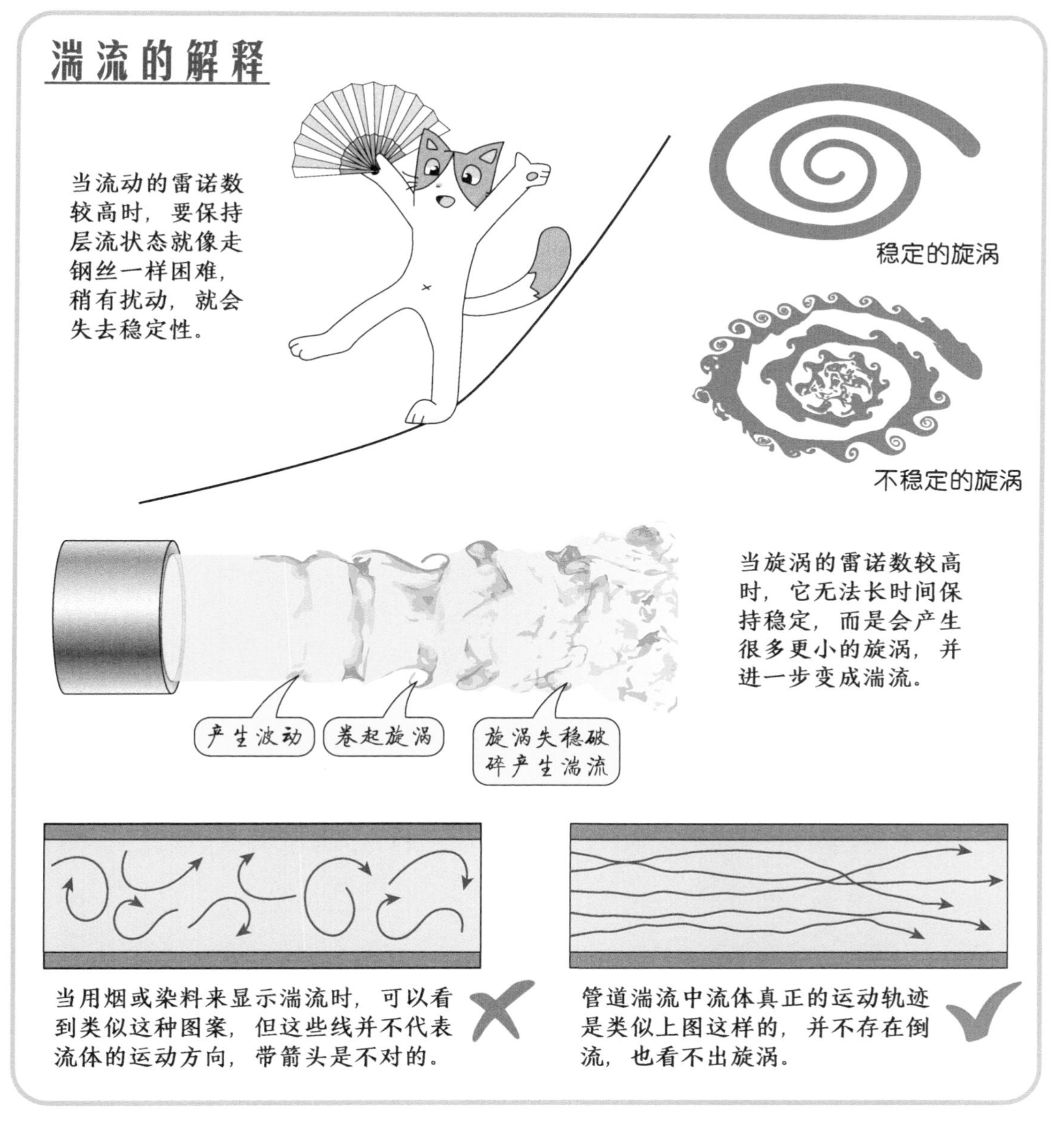

湍流是由流动的不稳定性产生的，从层流变成湍流的过程就是流动失稳的过程。本来平行分层的流动开始波动、卷曲、折叠，形成了大尺度的旋涡。这些大尺度的旋涡如果能稳定存在，流动就是含有旋涡的层流；如果这些大尺度的旋涡不能稳定住，而是继续发生不稳定的波动，就会破碎成小的旋涡，这些小的旋涡会再破碎成更小的旋涡，最后，当旋涡的尺寸很小的时候，流动确实能稳定而不再继续破碎了。但对于这么小的旋涡来说，流体黏性作用很强，起到“制动”的作用，小旋涡很快就转不动了。在这个“制动”过程中，流动的宏观动能转化成了流体的热能，或者说，流体的宏观运动变成了分子热运动。

这种基于旋涡的说法是目前人们解释湍流的主要观点，也有人不同意，因为如果去观察一些实际的湍流就可以发现，流场中通常看不到明显的旋涡。例如，管道内的湍流，流体基本还是沿着管道流动的，只不过有时快有时慢，有时偏向壁面有时偏向中心而已。

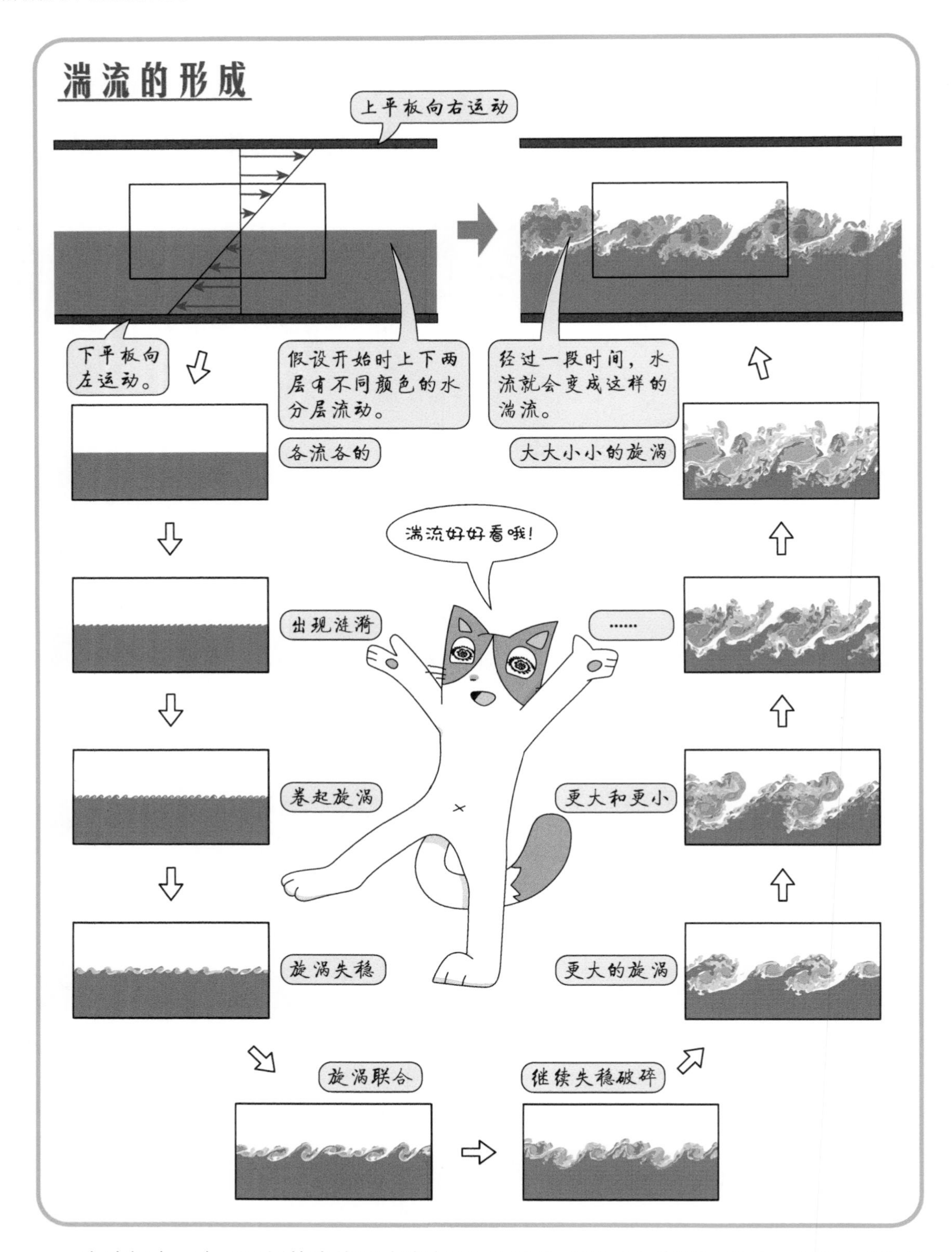

在流场中，由于两侧的流体运动速度不同而产生连续不断的剪切变形，这种剪切变形发生失稳而生成很多旋涡，这些旋涡经过破碎和重组生成各种尺寸的旋涡，最后形成一种可以自保持的流动结构，这就是湍流。

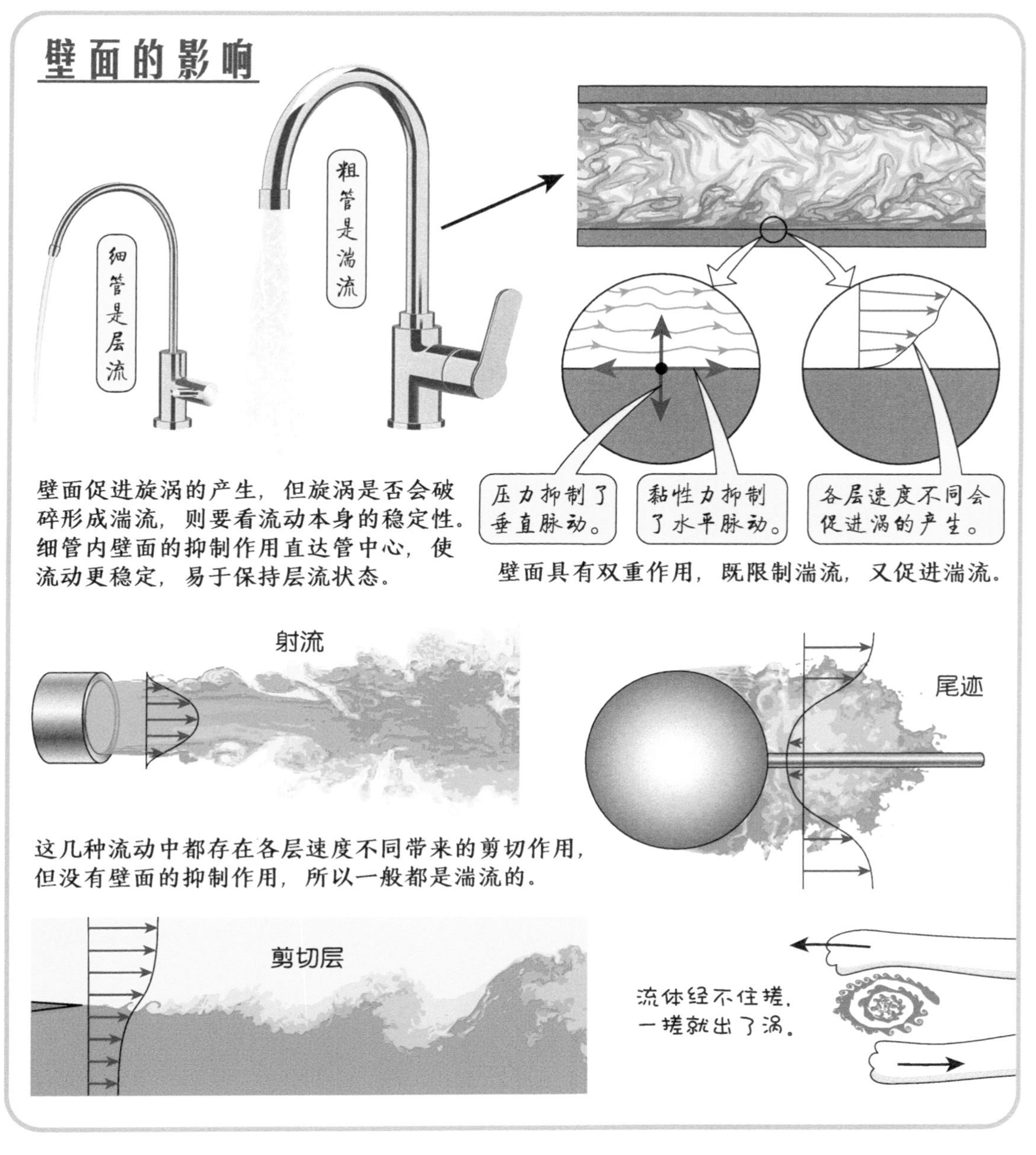

雷诺在实验中发现，同样流速的水，在细管中是层流，在粗管中就是湍流。这个现象我们在生活中也可以发现，较粗的水龙头全打开时，出来的水流是湍流，但较细的水龙头出来的水流就是层流。然而，在边界层中，壁面又是湍流产生的主要源头。因此，壁面的作用是双重的，一方面壁面限制流体乱动，对湍流起到抑制作用；另一方面壁面造成流体的剪切变形，对湍流起到促进作用。当雷诺数较小时，抑制作用更强，流动一般是层流；而雷诺数较大时，促进作用较强，流动一般是湍流。

有一些不用依靠壁面就可以存在的剪切流动，例如从喷口进入大气的射流、物体阻挡气流产生的尾迹或者不同速度流体的掺混。因为缺少壁面的抑制作用，这些地方最容易产生湍流，即使雷诺数很小，流动也是不稳定的，倾向于变成湍流。

43. 裹挟环境流体的湍动射流

当一股流体射流进入原本静止的流体时，会带动静止流体的一部分随射流运动，这就是卷吸作用。如果流动是层流，卷吸作用完全是靠接触面上的黏性力产生的，带动能力有限。当流动为湍流时，接触面上会卷起各种旋涡，两部分流体发生强烈的动量交换，卷吸作用很强。

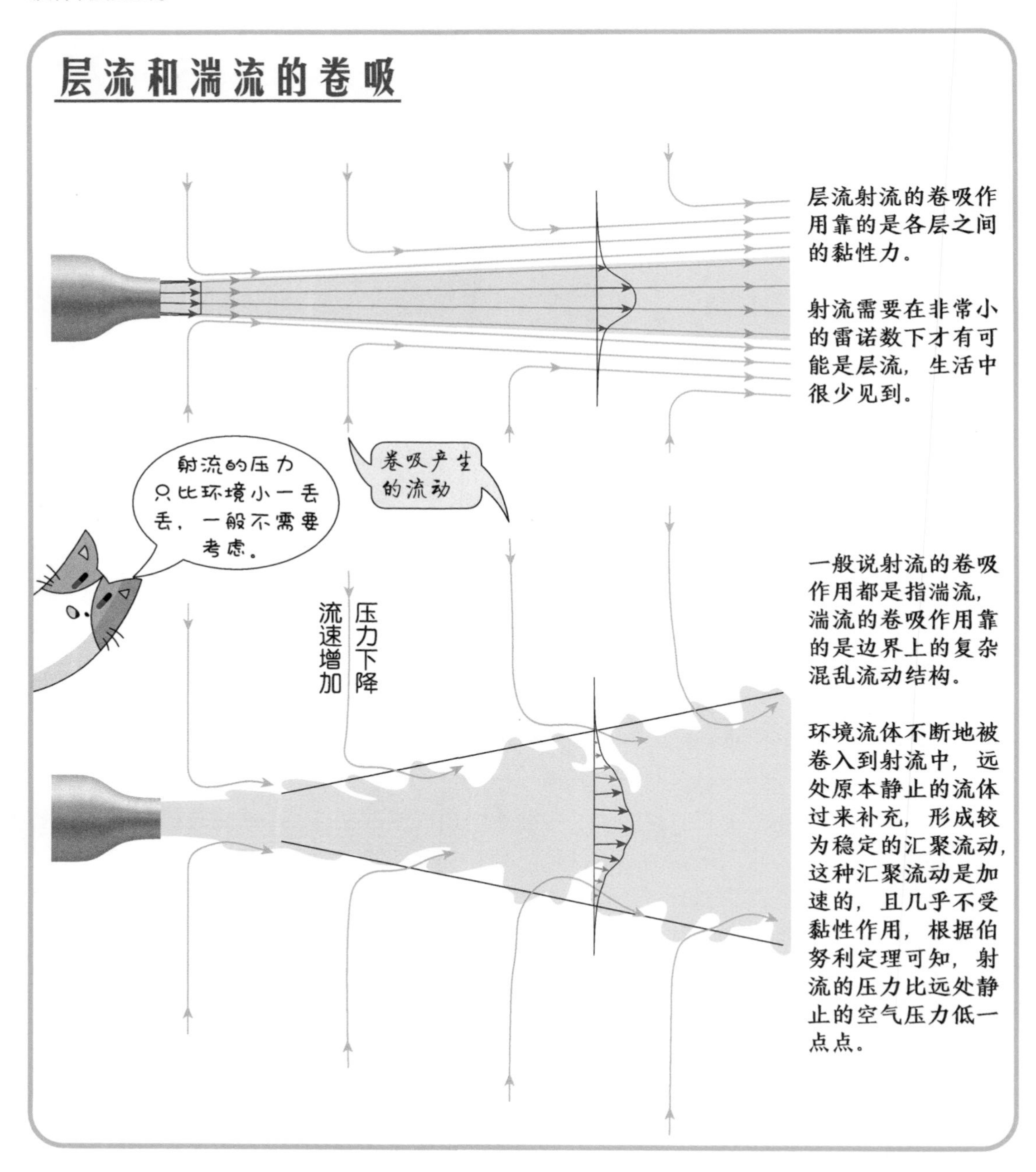

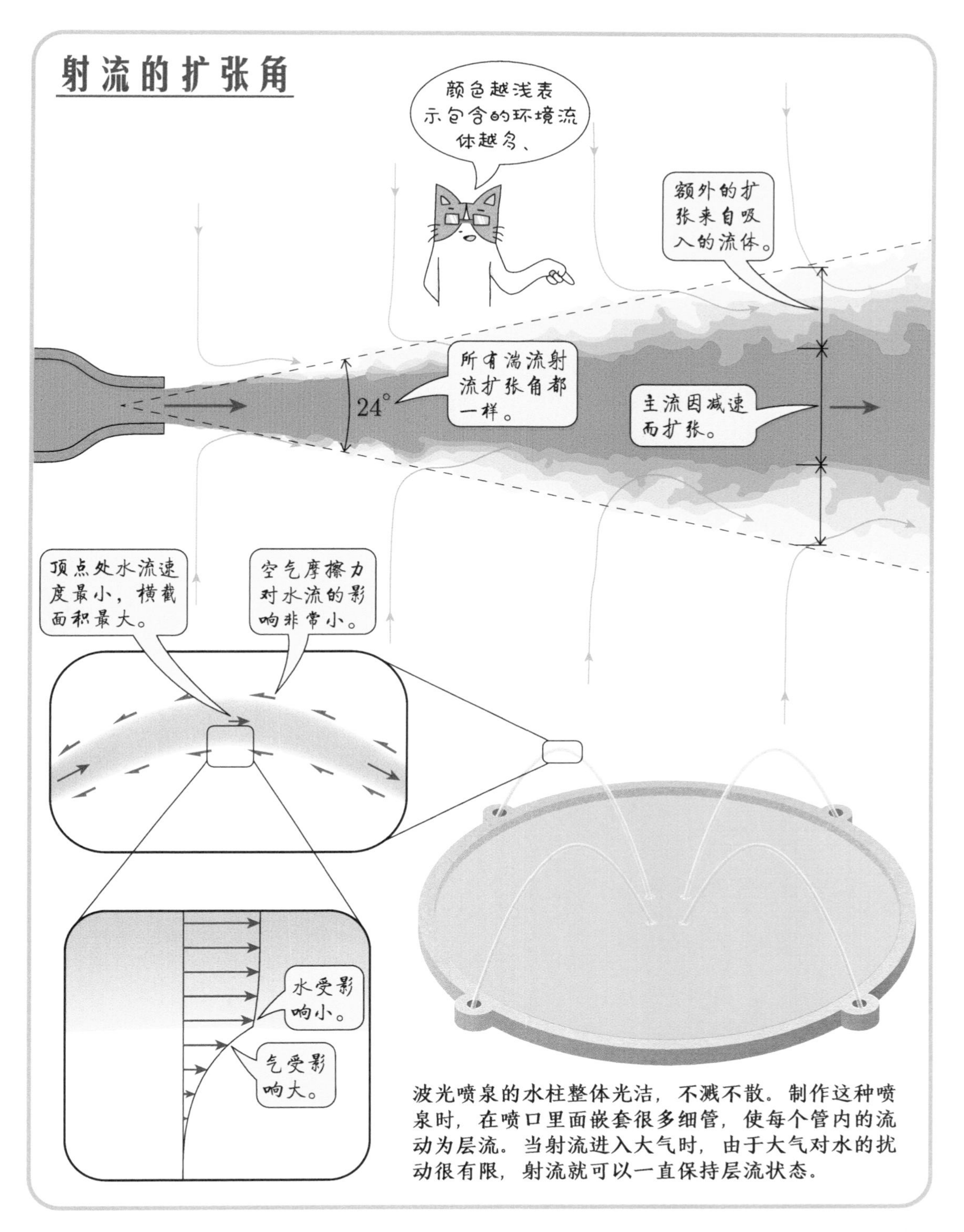

波光喷泉的水柱整体光洁，不溅不散。制作这种喷泉时，在喷口里面嵌套很多细管，使每个管内的流动为层流。当射流进入大气时，由于大气对水的扰动很有限，射流就可以一直保持层流状态。

卷吸作用是造成射流呈扩张形状的原因。一方面，射流因环境流体的摩擦作用而减速使得横截面积增加；另一方面，环境流体的加入使射流的流量增加，也会使横截面积增加。水在空气中的层流射流的横截面积是保持不变的，这是由于水的惯性比空气大得多，空气对水的剪切作用很弱。因此水可以保持为层流，且不怎么减速，横截面积也基本不变。

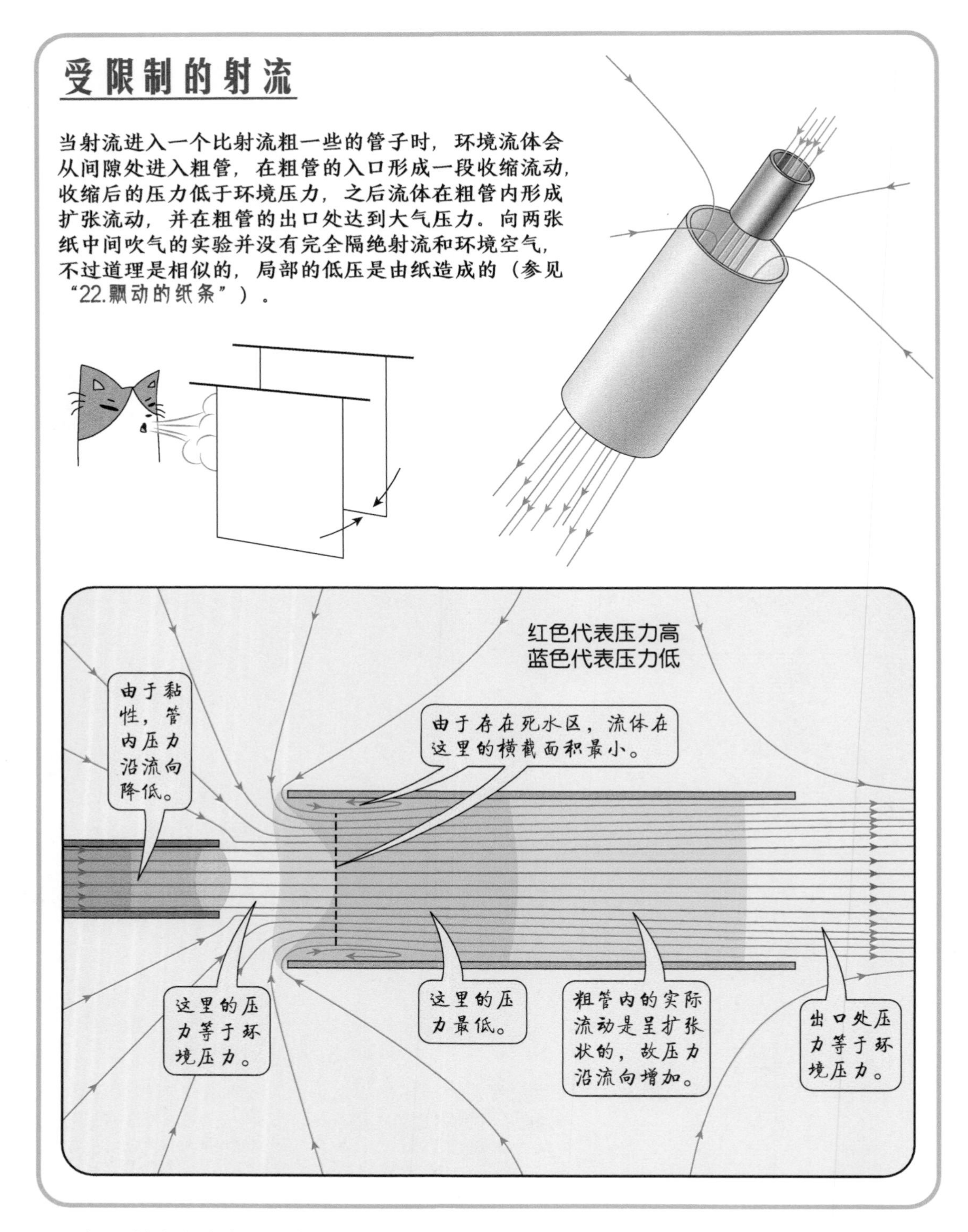

如果射流发生在受限的空间内，卷吸流动受到阻碍，射流的负压就会被加强，这时射流的压力就会明显低于环境中远处流体的压力。对着两张纸中间吹气时，纸会向中间靠拢，就是射流的卷吸作用产生的。值得注意的是，如果不放这两张纸，本来射流只有微弱的负压，所以这个实验并不能说明射流本身是负压的，更不能用来演示伯努利定理。

44. 什么是雷诺数

早在 1851 年，斯托克斯 (Stokes) 就提出了流动状态取决于某个流动参数的概念，雷诺在 1883 年著名的雷诺实验中总结出这个参数的表达式，索末菲（Sommerfeld）在后续的研究中把这个参数称为雷诺数。对于流体力学工程师来说，雷诺数和马赫数是流动中最重要的两个参数。雷诺数表征了黏性力的大小，马赫数表征了弹性力的大小。

雷诺数一般用雷诺名字（Reynolds）的前两个字母 Re 表示，其表达式为：

$$Re=\frac{\rho vL}{\mu}$$

式中，ρ 是流体的密度；μ 是流体的黏度；v 是流体的运动速度；L 是流场中某个特征尺寸。雷诺数不同可以是流速或物体大小不同引起的，也可以是流体的性质不同引起的，显然流速和流场尺寸大对应着雷诺数大，而流体的黏度大对应着雷诺数小。

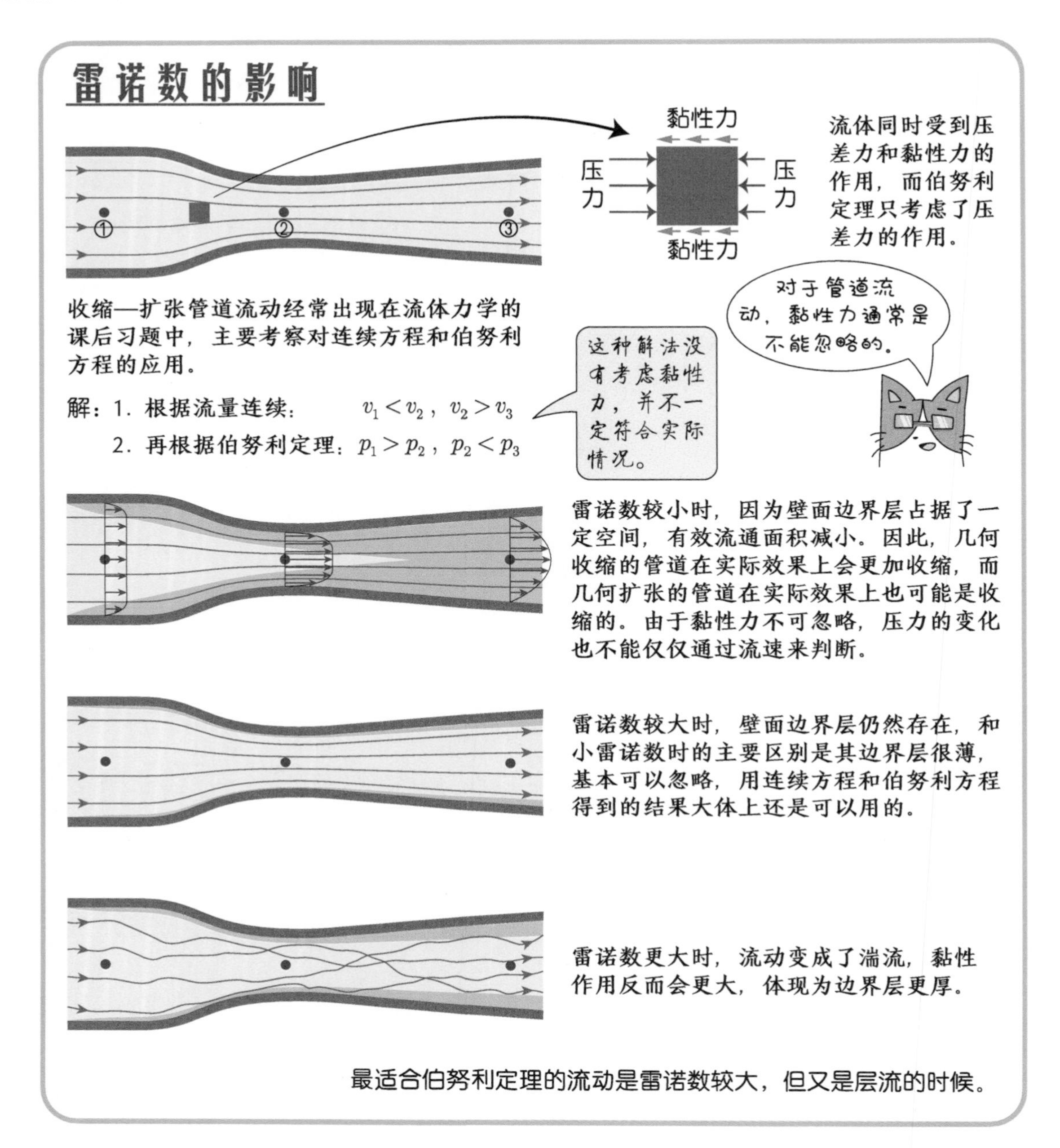

流体在运动中会受到重力、压差力和黏性力的作用，它们的合力造成了流体速度的改变。重力作用方向单一且大小明确，比较简单，这里不分析它，只考虑不受重力影响的流动。这时，流速的变化只受压差力和黏性力的影响，而雷诺数就表示了黏性力的大小。

黏度出现在雷诺数表达式的分母中，所以当一种流动的雷诺数很小时，对应着黏性力很大。这时流体流速的改变受到压差力和黏性力的共同影响，比较复杂。分析流动时不能忽略黏性力，也不能使用伯努利定理。当雷诺数很大时，对应着黏性力很小，按理来说分析流动时可以忽略黏性力而使用伯努利定理。然而，雷诺数很大时流动是不稳定的，会变成湍流。湍流的混乱运动使黏性作用被放大了很多倍，不能完全忽略，所以雷诺数很大的流动反而更加复杂。

雷诺数与流动相似

黏度是流体本身的性质，不同的流体黏度差别很大，但流动中的黏性力大小并不只是由黏度决定的，还要看流速和流场的大小，它们组成雷诺数。例如，水和空气的黏度相差很大，但只要水流和气流的流动雷诺数相同，就有相似的流动结构。

为什么流速增大，黏性影响就小了呢？这是因为流体在压差力和黏性力的共同作用下流动，它们都随流速的增加而增加，但压差力随流速的增加更快一些。速度越快，压差力就越占主导地位，相应地，黏性的影响就越小。

尺寸是另一个影响因素，在动画片《托马斯和他的朋友们》中的那些蒸汽火车烟囱冒出的烟看起来和实际的蒸汽火车并不一样，应该是因为影片采用了微缩模型拍摄，烟囱的尺寸比实际火车烟囱小得多，雷诺数太小，导致烟囱冒出的烟都是层流的。

第 6 章

流动的阻力与损失

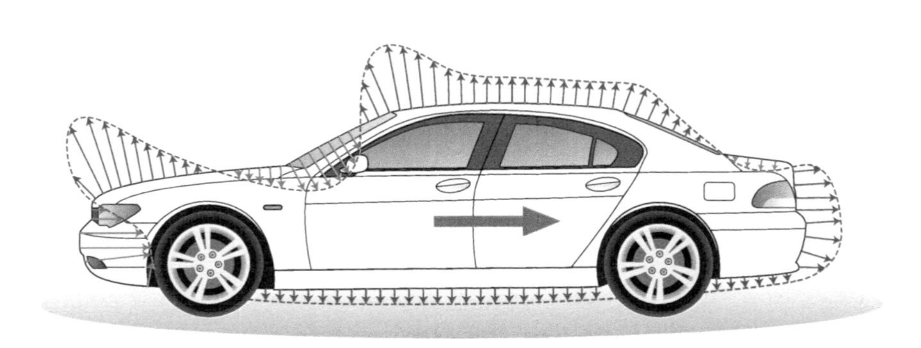

45. 恼人的流动分离

流动分离，也叫边界层分离，指的是流体在壁面摩擦力和逆向压差力的双重作用下越流越慢，直到停止甚至发生倒流，从而使主流被排挤远离壁面的现象。边界层一般都是很薄的，被壁面减速的流体很少，所以黏性对整个流场的影响也不大。当发生分离后，大量的流体被卷入到分离区中，产生的流动阻力和流动损失就会大大增加。所以，流动分离可以说是最重要的流动现象，是工程设计中的主要考虑因素。而且，流动分离问题仍然是流体力学中的难题，理论给出的规律并不完全符合实际情况，还需要依赖于实验和计算机模拟。可以说，流体力学工程师们的日常主要工作就是处理和流动分离相关的问题。

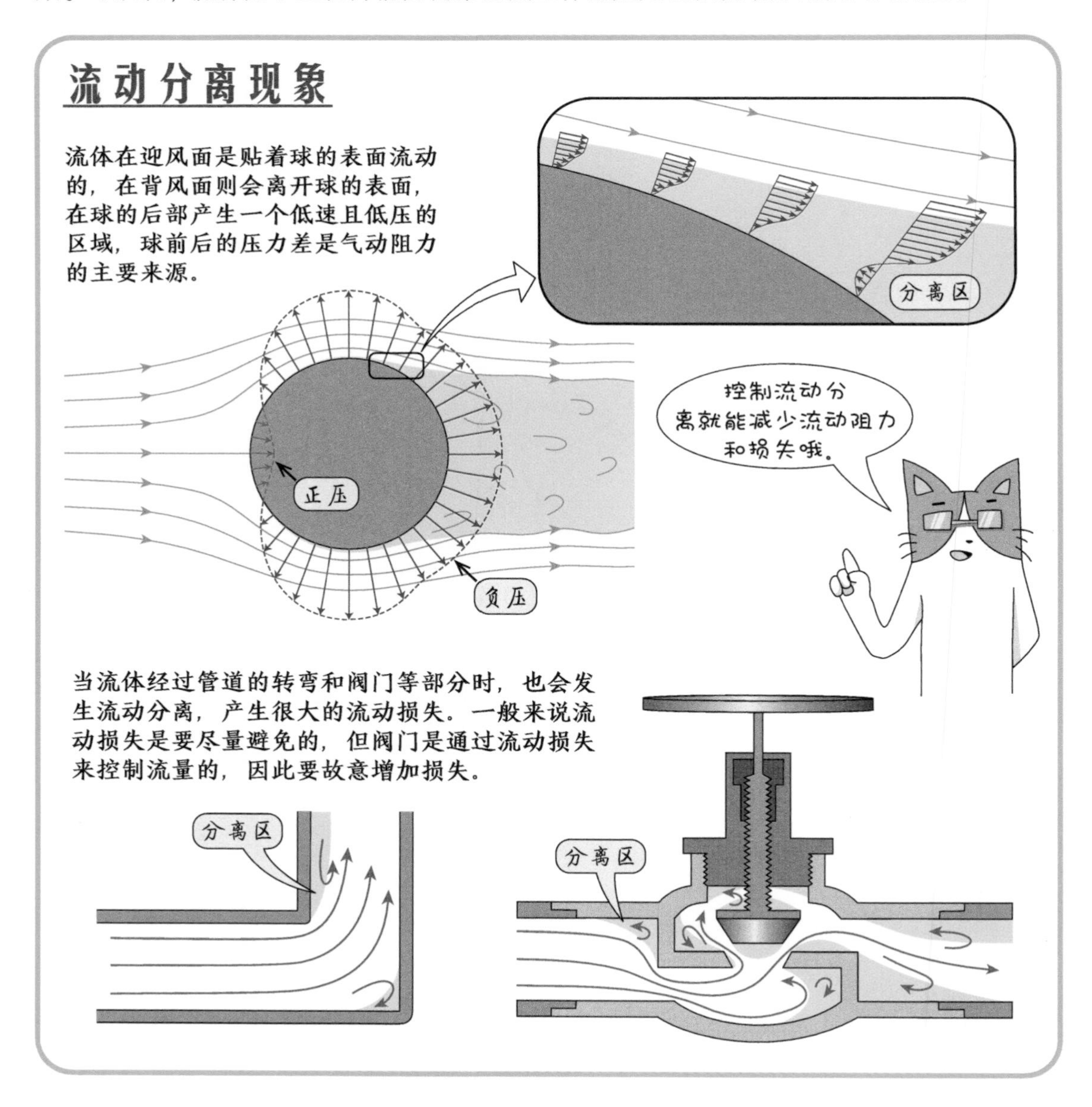

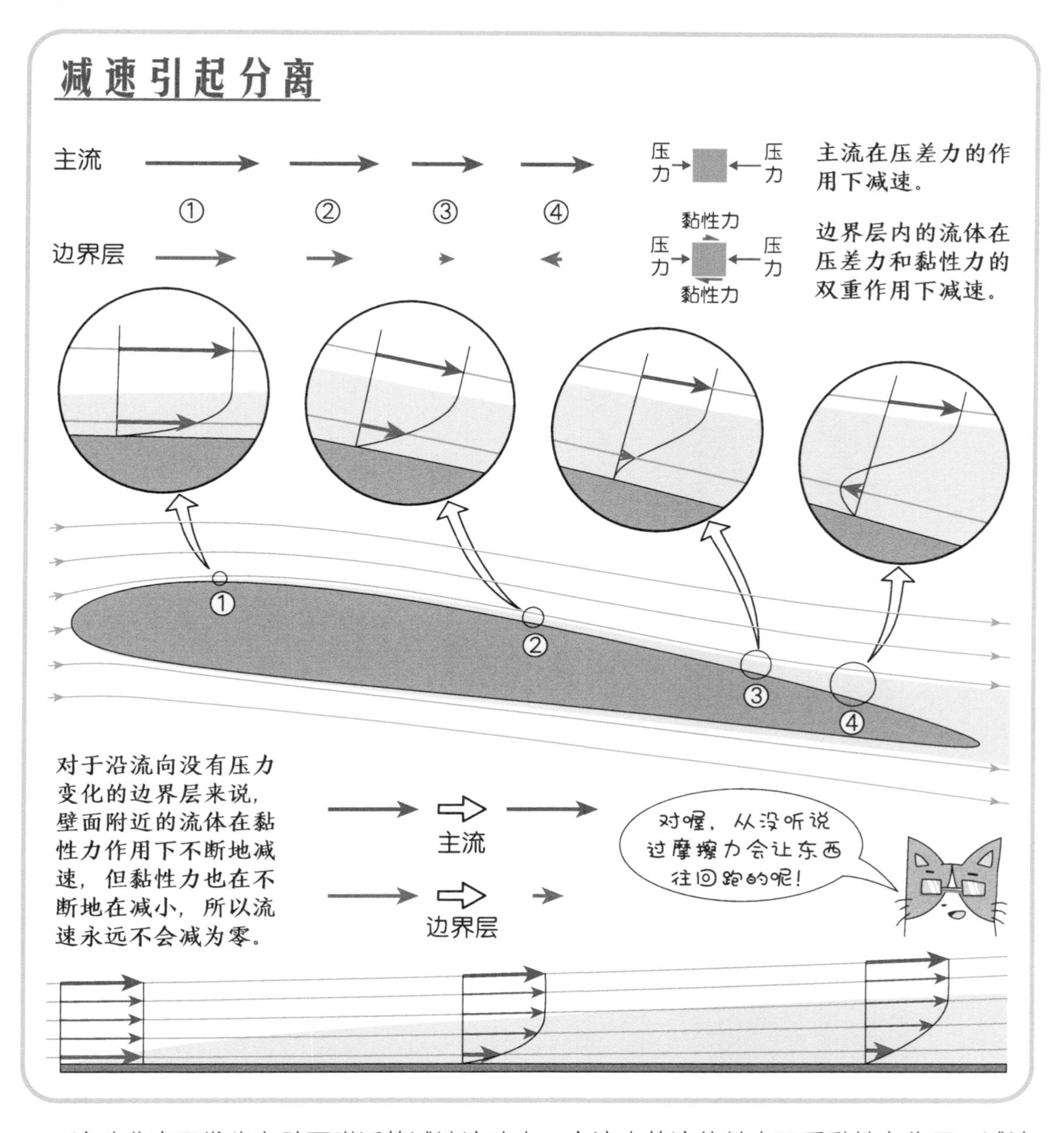

流动分离只发生在壁面附近的减速流动中。主流中的流体基本不受黏性力作用，减速是由压差力造成的，边界层内的流体还受到黏性力的作用。由于越靠近壁面剪切变形越大，所以边界层内流体微团的下表面黏性力要大于上表面，黏性力的合力与流动方向相反。因此，边界层内的流体比主流减速程度大。主流减速到某种程度时，边界层内的流体已经减速到零。此时黏性阻力消失了，但压差阻力还在，已经静止的流体还受到反向作用力，就会在下游发生倒流，于是就发生了分离。

在匀速或者加速流动中是不会发生分离的。因为虽然壁面黏性力会使流体减速，但这是一种摩擦力。摩擦力最多只能使运动的物体停下来，而不可能使物体反向运动。单纯的黏性力永远都不会使流动停下来，因为流速越低黏性力也越小，当没有压差力参与时，边界层内的流速只会在下游远处无限趋近于零。

分离区的流动

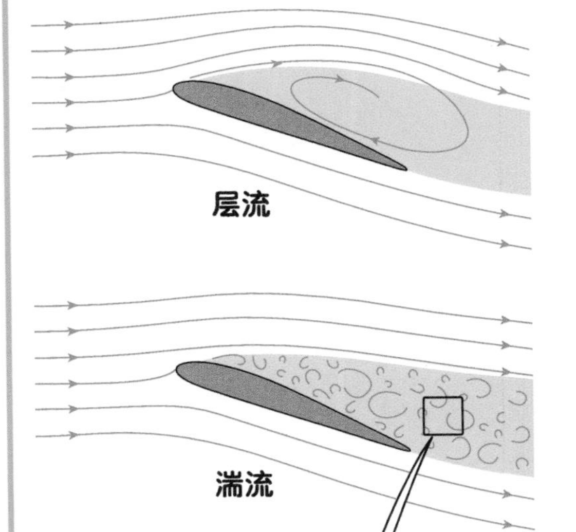

分离和湍流是两种流动现象，它们之间没有必然的联系。分离后的流动可以是层流，也可以是湍流，这取决于雷诺数的大小和边界层的减速程度。

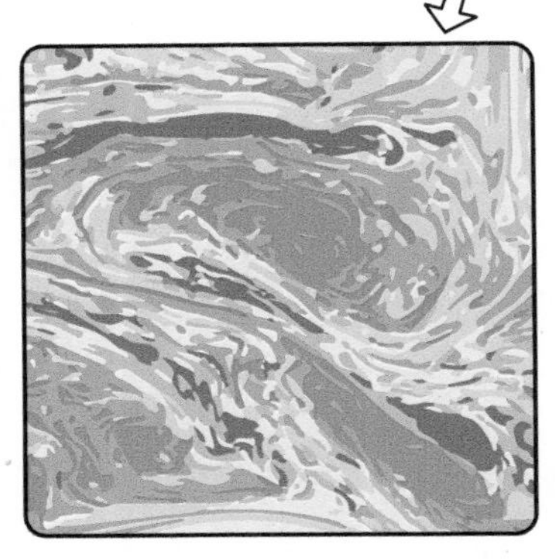

一般来说，常见的流动雷诺数都较大，分离区内的流动为湍流，流动非常杂乱，会产生很大的流动损失。

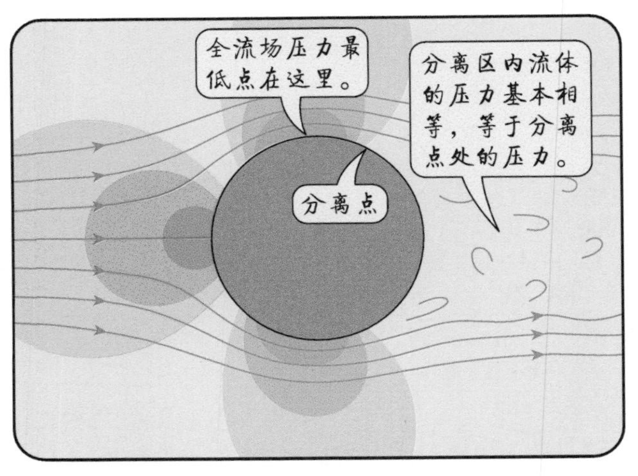

非流线形物体的气动阻力主要由分离产生，这时阻力主要来源于物体前后的压力差，不过分离区的压力并不是很低，而是大概与来流的压力相等。

一旦发生了流动分离，分离点下游就会产生低速区，这个低速区称为分离区。分离区的流速总是混乱的，通常会存在旋涡流动，可能是层流的，也可能是湍流的。由于流动混乱而产生剪切流动，带来流动损失，即流体的动能转化为热能。不过，总体上分离区内的流速通常是比较小的，可以认为接近于死水区。如果忽略重力的影响，在静止的流体中压力处处相等，所以分离区内的压力大致都相同，等于分离点的压力。有一种误解，认为整个流场中分离区的压力是最低的。实际上，流体是从压力最低点开始减速增压才发生分离的，分离点的压力必然不是最低的，分离区的压力也就不是最低的。分离区的特点是流速和压力都较低，黏性作用不可忽略，不能用伯努利定理来分析这里的流动。

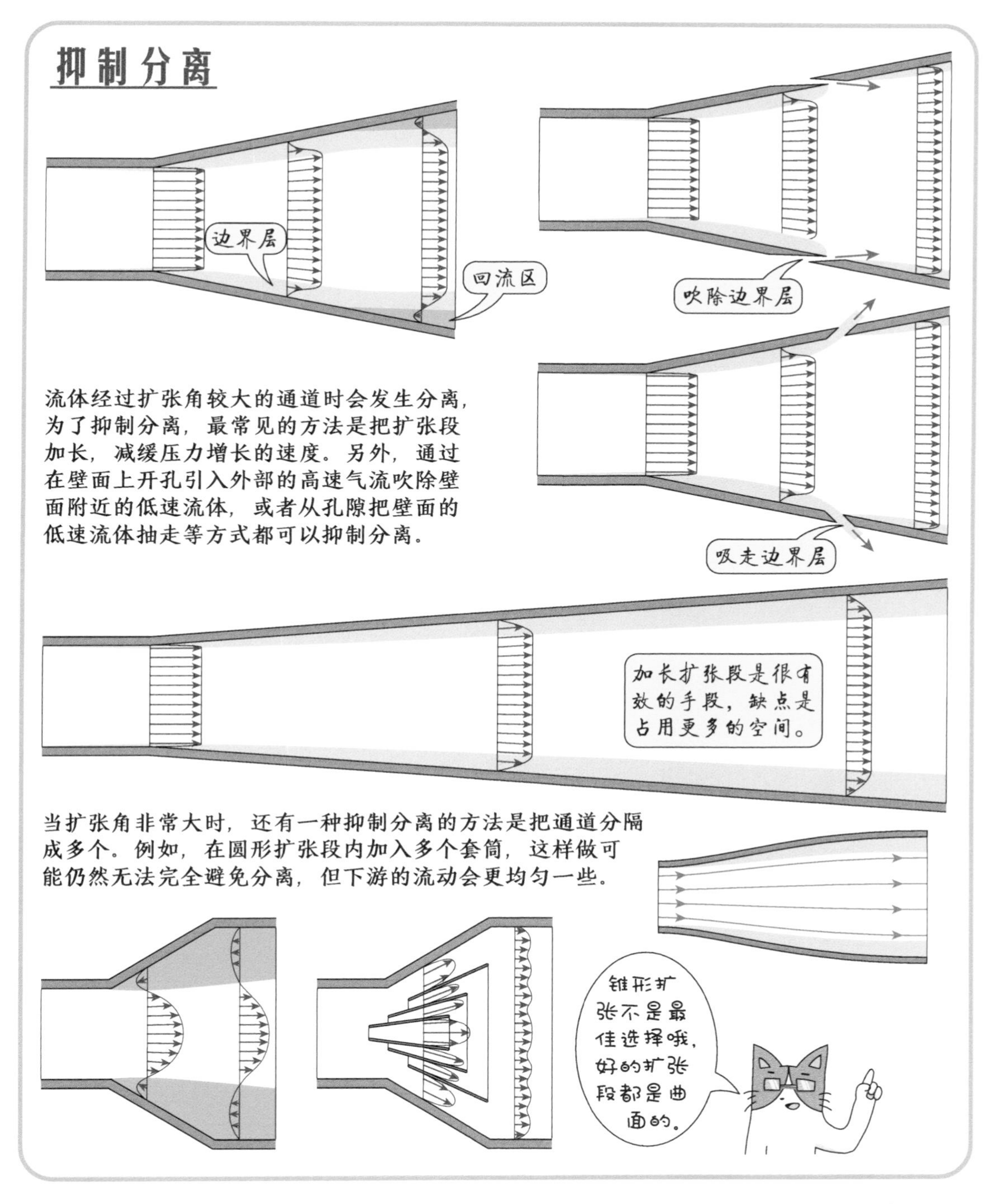

流动分离带来的害处很多，抑制分离的发生是工程师们永恒的追求。这方面的研究仍然属于流体力学的前沿问题。较为成熟的控制分离的方法有：控制主流的减速方式，用吹气或吸气消除边界层，把层流边界层变成湍流边界层等。

另外，有时候要故意扩大流动分离来增加阻力或者损失，这通常比抑制分离要容易得多。用突变的壁面形状来产生分离是很容易的，如降落伞、飞机的减速板、阀门内部的形状等都是为了产生分离而设计的。

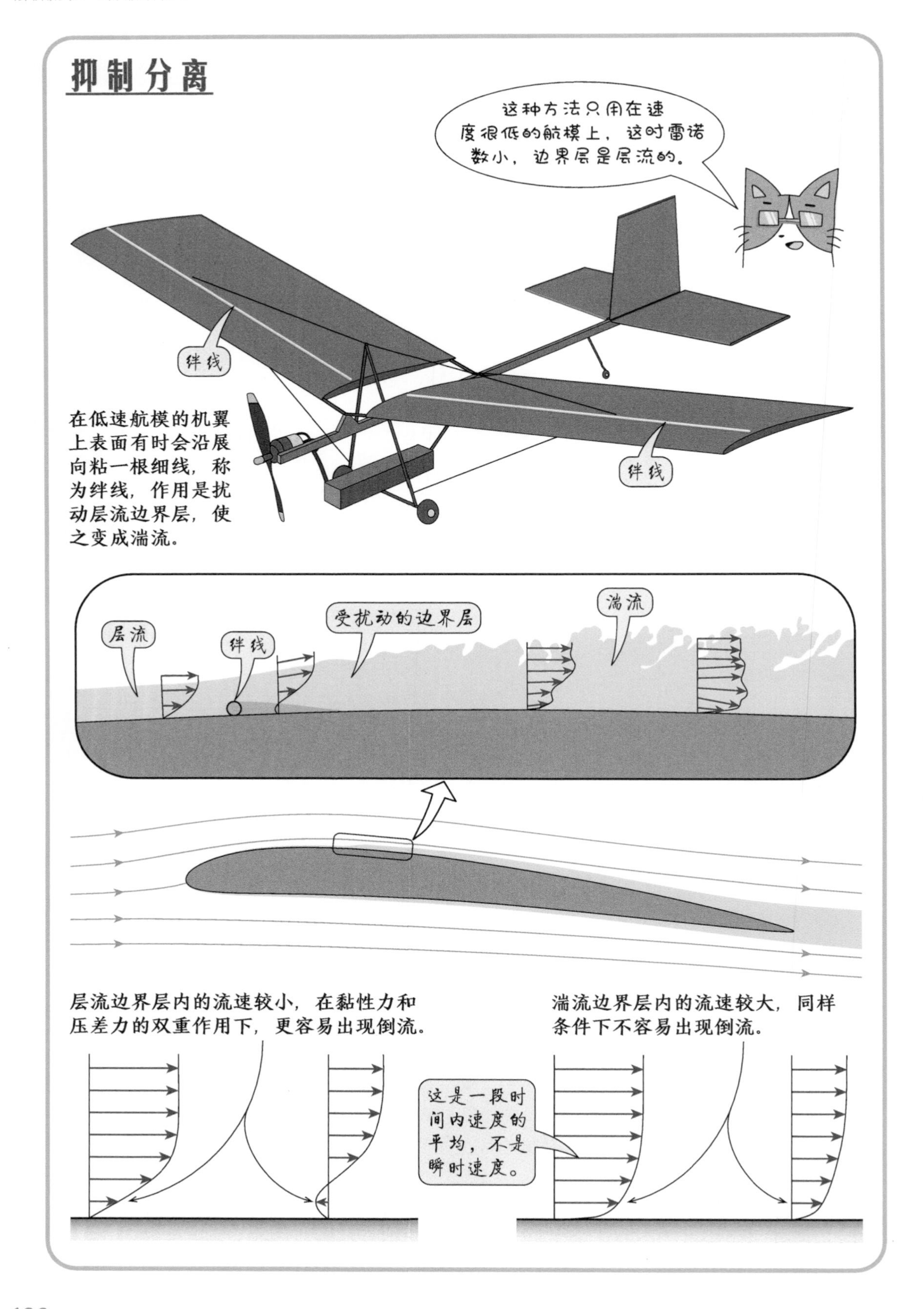
抑制分离
这种方法只用在速度很低的航模上，这时雷诺数小，边界层是层流的。
绊线
绊线
在低速航模的机翼上表面有时会沿展向粘一根细线，称为绊线，作用是扰动层流边界层，使之变成湍流。
层流
绊线
受扰动的边界层
湍流
层流边界层内的流速较小，在黏性力和压差力的双重作用下，更容易出现倒流。
湍流边界层内的流速较大，同样条件下不容易出现倒流。
这是一段时间内速度的平均，不是瞬时速度。

丝线法显示分离

把丝线或羊毛等粘贴在要观察的模型表面，根据细丝随气流的摆动可以清楚地看出气流沿表面的流动方向，这种方法称为丝线法。丝线法是一种古老但非常有用的实验方法，在现代流体力学实验中发挥着重要的作用。它的实现非常简单，我们在家里就可以做。

所需物品和材料：

细的棉线 / 蚕丝线 / 羊毛 / 细尼龙丝（越柔软越好）、窄的透明胶带、电风扇、足球 / 排球 / 实心球。

实现方法：

1. 丝线剪成长 2~4 cm 的小段，用透明胶带粘在洗干净的球表面（推荐如图的粘法），粘住 0.5 cm 左右，自由端长 >1.5 cm，原则是让自由端可以随风摆动。
2. 电风扇开强风挡对着球吹风（顺丝线方向），可以看到球前部的丝线还都是顺着流向的，而越过 90° 的位置后，会有一些丝线朝向电风扇方向，表明发生了倒流，这就是流动分离了。

小贴士：

越柔软的丝线越好，丝线的长度根据丝线的柔软程度、风速、球的尺寸和丝线的排列等综合考虑。原则是让丝线可以自由随气流摆动，且不互相干涉。

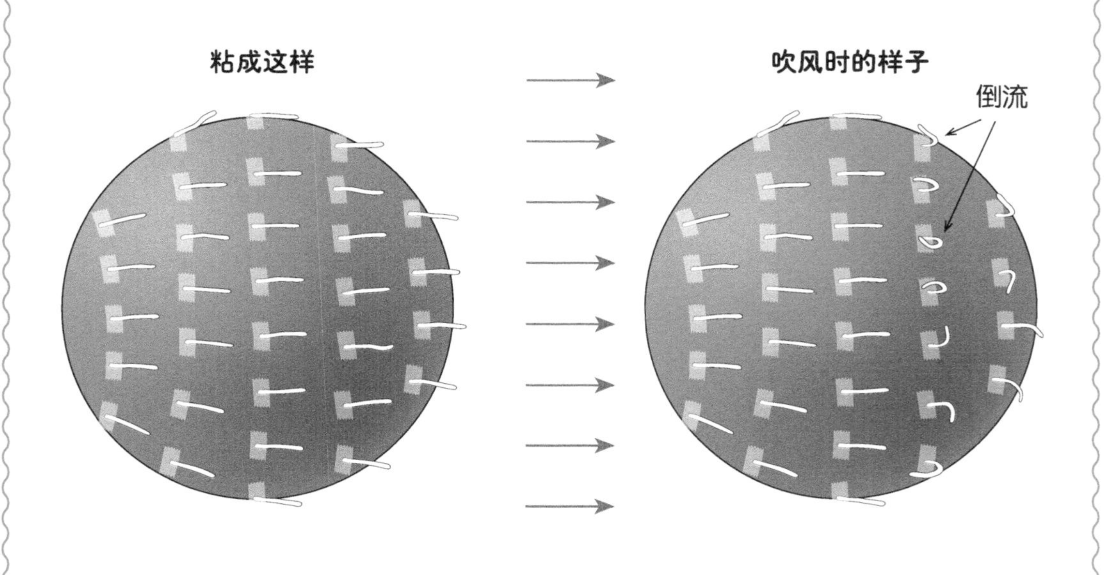

46. 交互脱落的涡——卡门涡街

在某些条件下，本来均匀而稳定的流动绕过物体时，会在物体的两侧周期性地脱落转向相反的旋涡，这些旋涡在物体的后部形成有规则的交错排列状态。第一个系统地解释这个现象的人是著名的空气动力学家冯·卡门（Von Karman），并且因为旋涡有规则地交错排列在尾迹两侧，就像街道两边的路灯一样，所以取名为卡门涡街。

圆柱后的卡门涡街

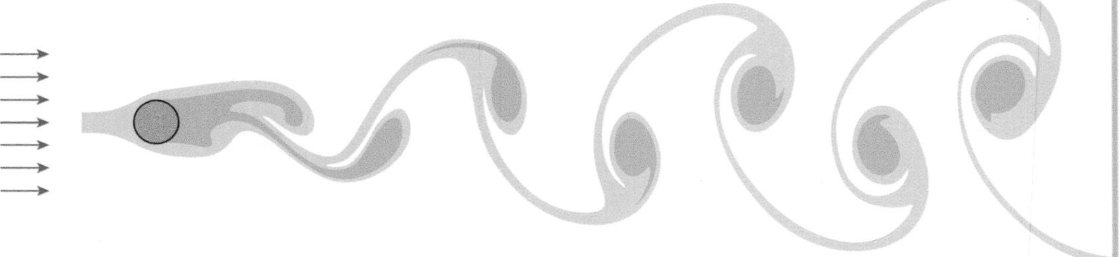

在流过圆柱的水流上游释放染色剂，就可以看到水流绕过圆柱后形成的卡门涡街，条件是流动的雷诺数要在40~150的范围内。

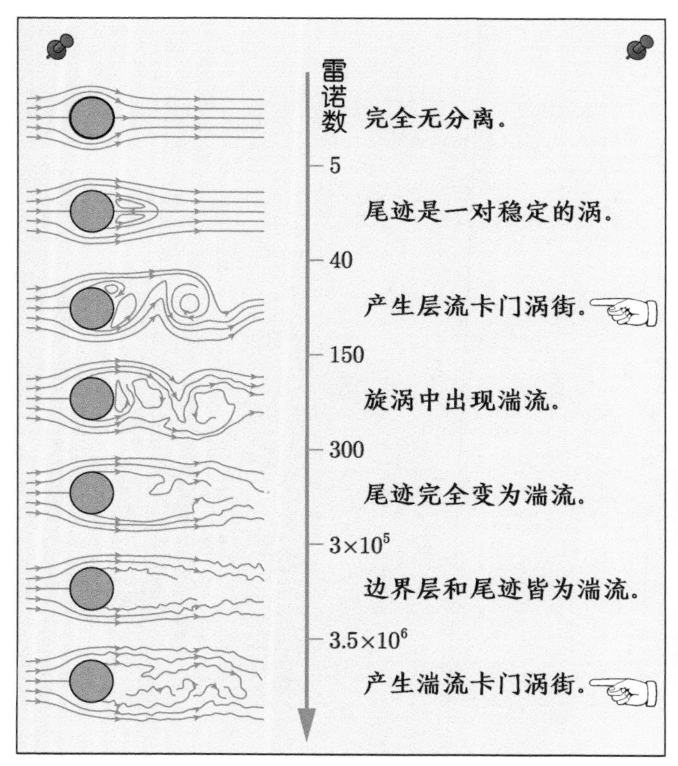

左图是根据大量的实验研究总结出的流体绕圆柱流动图画与雷诺数的关系。除了一般意义上的层流卡门涡街之外，当雷诺数很大时，湍流的尾迹也会产生类似于层流那样交错的脱落涡。

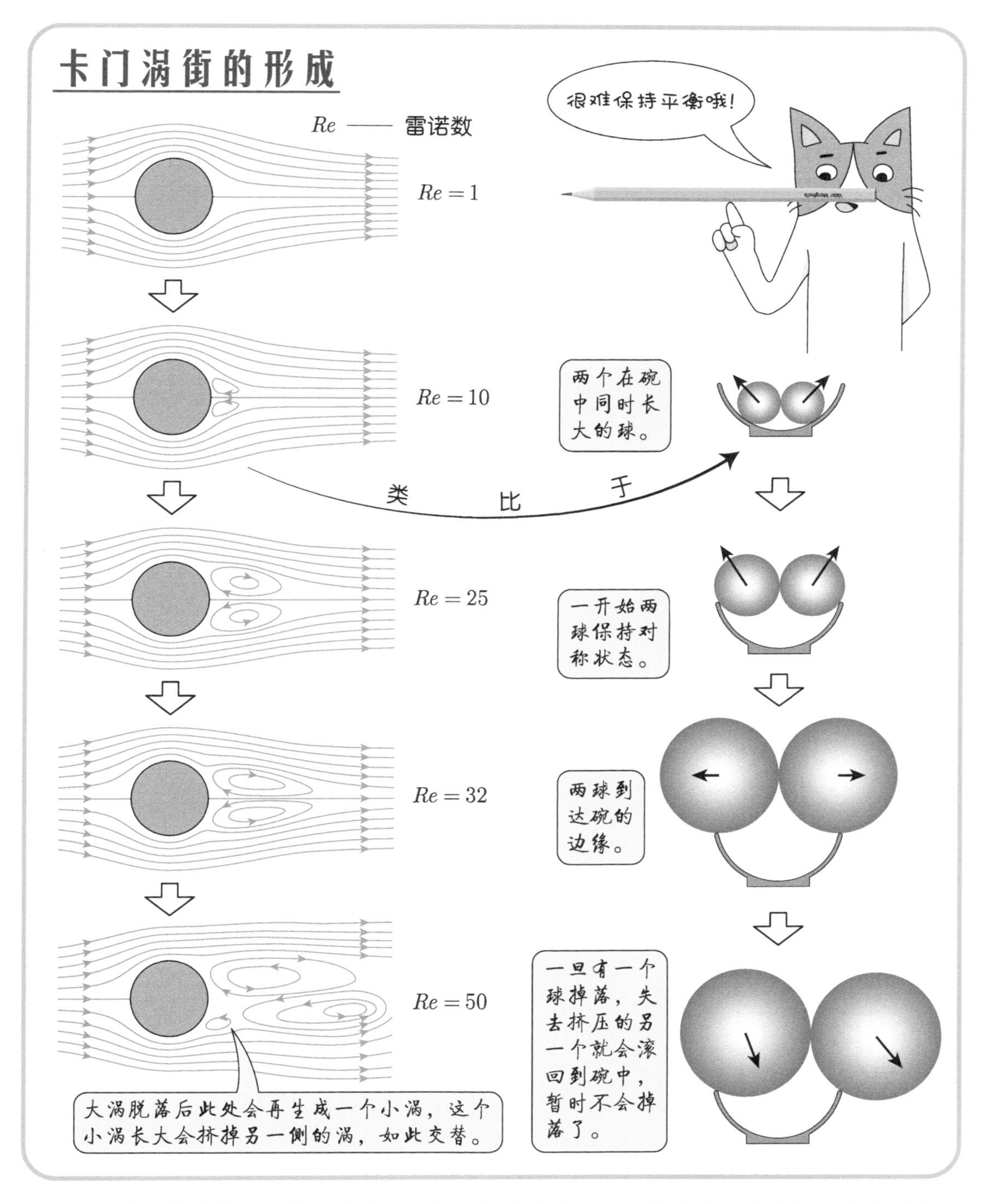

在完全对称的流动条件下会产生卡门涡街这样的不对称性流动，确实是让人惊异的。冯・卡门从理论上证明了，实际上这种交错的涡结构才是稳定的结果。也就是说，无论流场一开始是什么样的，最终都会发展成这样的形式。如果让流体从静止开始运动，相当于雷诺数从零开始增加，就可以看到卡门涡街形成的整个过程。一开始圆柱后面产生一对完全对称且稳定的涡，在外围的剪切力的作用下，这对涡逐渐长大，并最终脱落。但是两个涡同时脱落是不太可能发生的事，总是交替脱落，这就形成了卡门涡街。

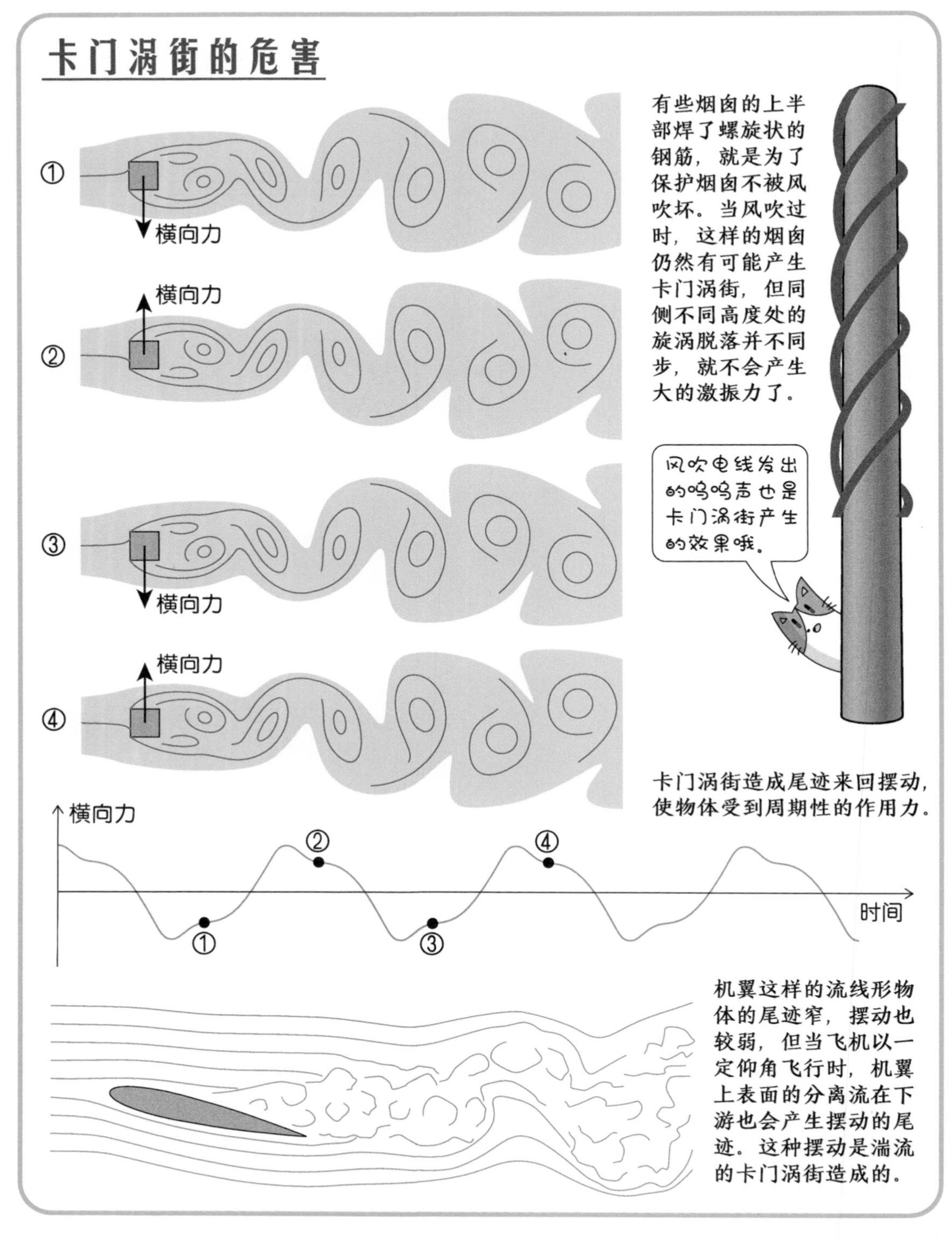

卡门涡街不仅发生在圆柱后，也可以发生在其他形状的物体后面，如高楼、电视塔、烟囱、桥墩等建筑物。出现卡门涡街时，流体对物体会产生周期性的横向作用力，如果力的频率与物体的固有频率接近，就会引起共振，甚至使物体损坏。不过卡门涡街带来的也不都是坏事，有一种涡街流量计，就是通过测量旋涡脱落频率来计算流速的。

47. 流体产生的阻力

物体与其周围的流体之间有相对运动时，会受到流体的阻力作用。根据动量定理，以物体为参照物，流体经过物体后动量会减小，对应着给物体的阻力。从受力角度分析，物体受到的阻力是流体直接作用在其表面上的。垂直于物体表面的是流体的压力，其产生的阻力称为压差阻力；平行于物体表面的是流体的黏性力，其产生的阻力称为摩擦阻力。物体的总阻力是压差阻力和摩擦阻力的合力，压差阻力与物体的形状密切相关，摩擦阻力则主要与物体的表面积相关。

后部阻力

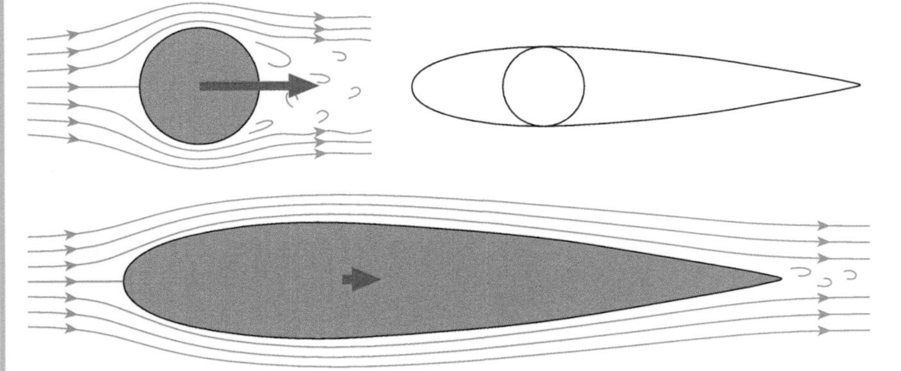

迎风面积相同的流线体的气动阻力只有球体的十分之一左右。原因主要是流线体后部形状平缓，流体缓慢地减速，避免了流动分离。

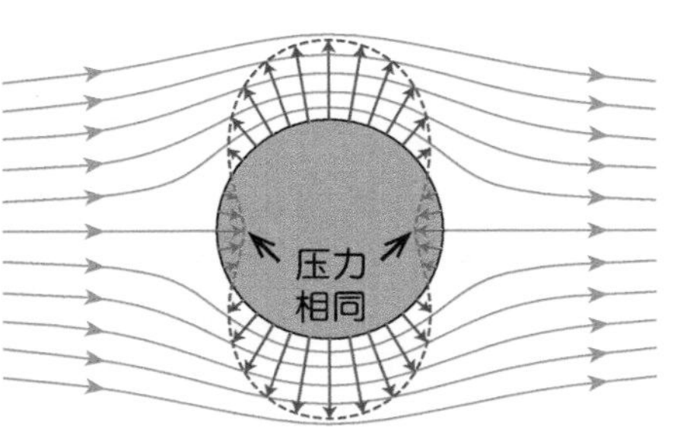

流体沿物体前部表面速度增加，后部速度下降。如果不存在分离，流体在正后方速度减为零，根据伯努利定理，压力将恢复到和正前方一样大，不存在压差阻力。

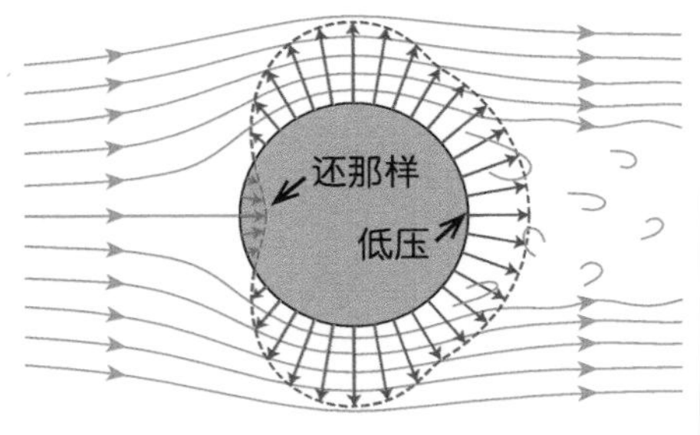

由于发生了分离，分离点之后的分离区保持为低压，这样就产生了压差阻力。

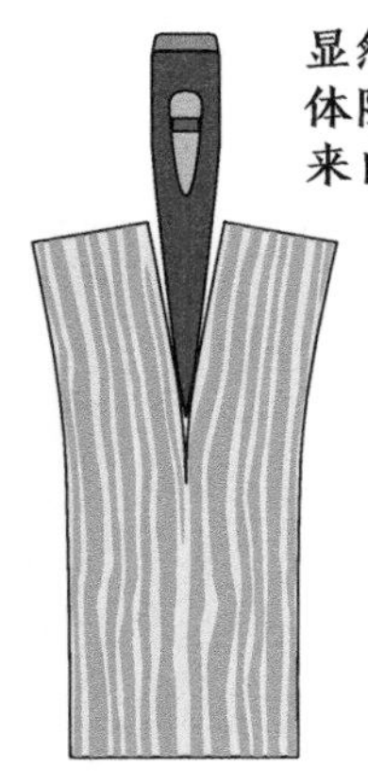

显然，认为尖头物体阻力小的“常识”来自于生活中对固体之间力的认识。例如，锋利的斧刃更容易劈开木头，而斧子的后部形状则没那么重要。

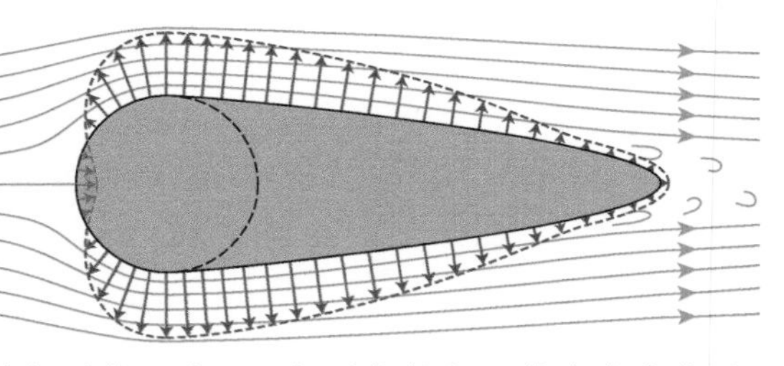

保持前部形状不变，只把后部拉长，使分离点位置后移，就可以使后部的压力更高，从而减小阻力。

怪不得鱼都是大头细尾巴的呢！

人们很早就感受到了流动阻力的存在，然而直到普朗特提出了边界层理论，才真正认识到流动阻力的实质。压差阻力通常是阻力的主要组成部分，因为压差阻力取决于物体的形状，所以也叫形状阻力。早期人们基于某种“常识”，认为物体前部的形状决定了阻力的大小，后来发现物体后部的形状才是最重要的。因为物体后部的形状决定了边界层分离的位置，从而决定了物体表面的压力分布。

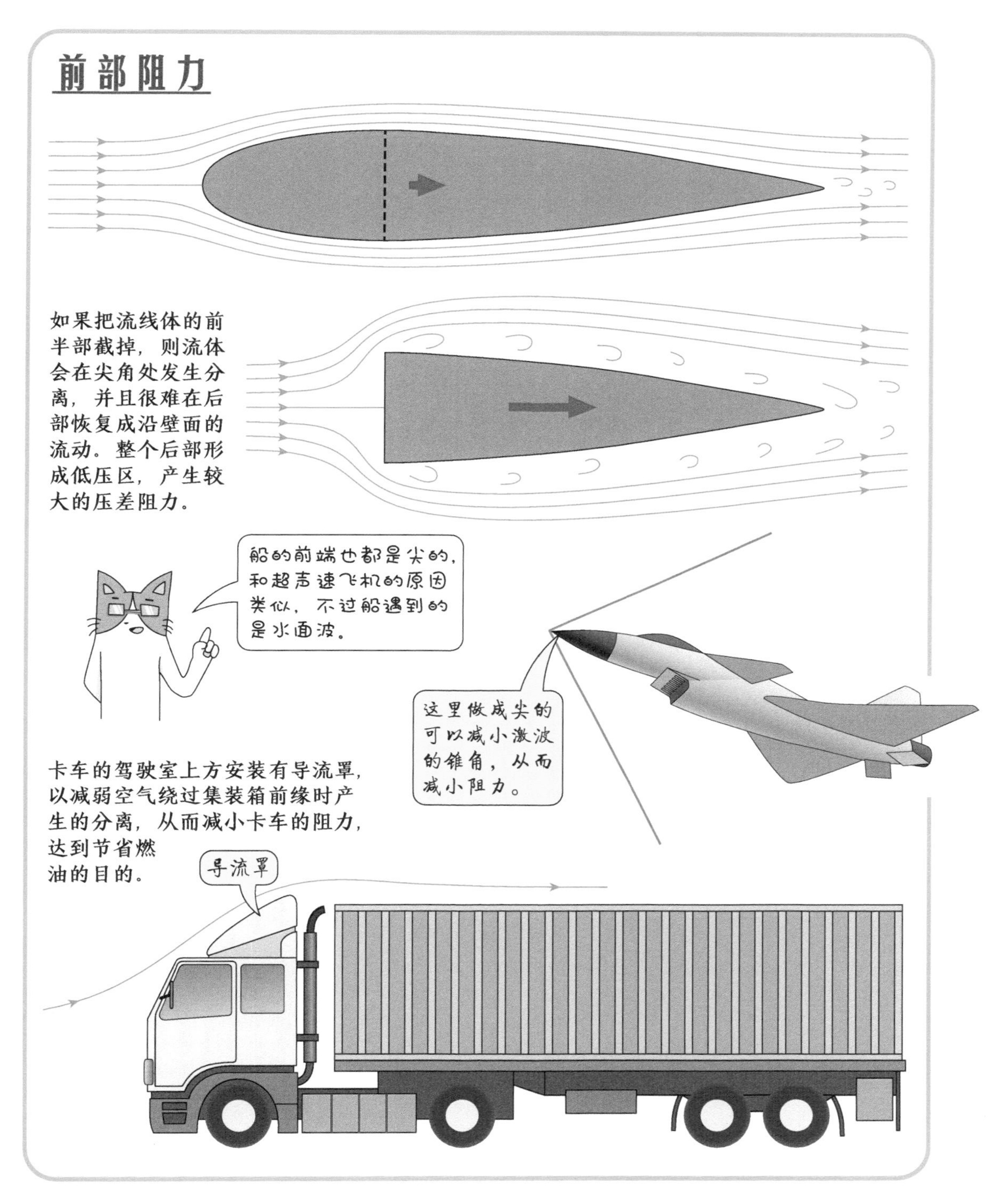

虽然说物体后部的形状对阻力大小起决定性作用，但前部形状也是很重要的。例如，物体前部如果是方头的，流体就会在尖角处早早地分离，后部精心设计的形状就失去意义了。目前在高速公路上行驶的卡车，已经实现的形状优化主要集中在前部，后部受集装箱形状的限制，能做的优化较少。对于跨声速运动的物体，激波会产生额外的阻力，所以前部都设计成很尖的形状，使激波的锥角更小，以减小阻力。

激波阻力

物体的运动速度越大阻力就越大。低速时，阻力大概与速度的平方成正比；当出现激波后，阻力会迅速增大，激波阻力构成阻力的主要部分；一旦跨过声速，阻力的增速会再次放缓。

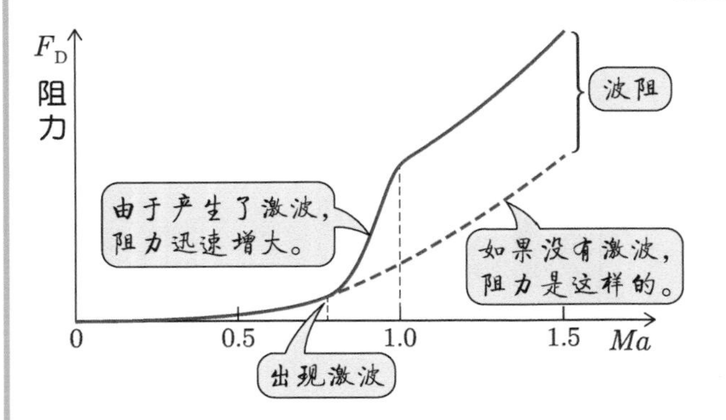

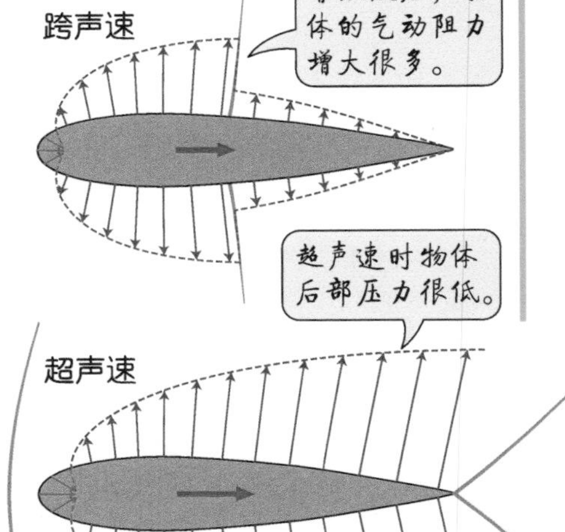

可以从能量角度来理解激波阻力，气流通过激波时，部分机械能不可逆地转化成了热能，机械能的损失对应着动量的损失，从而体现为气流对物体的阻力。

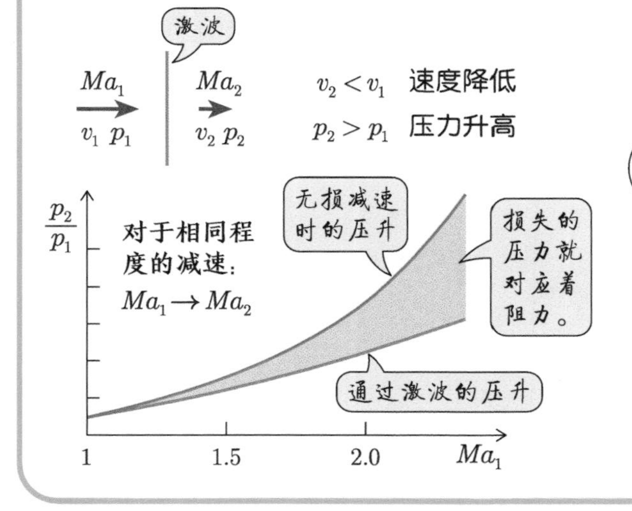

用能量损失来解释激波阻力不够直接，毕竟物体表面的压力和黏性力才是直接决定阻力大小的因素。

当来流速度接近或超过声速时，会产生激波，带来额外的激波阻力。本质上说，激波阻力也是一种压差阻力，是由于激波的存在，使物体后半部的压力恢复不够而造成的。忽略黏性损失，当没有激波时，气流在物体后半部减速对应一个压升 Δp_1；当存在激波时，气流经过激波时部分损失了部分机械能，同样的减速对应的压升 Δp_2 就会比 Δp_1 要小。因此，有激波时朝后的压差力更大，这就是激波阻力的来源。把物体前缘做成尖的可以减小激波锥角，从而减小激波带来的损失，也就减小了激波阻力。船在水面行进时会产生水面波，也会有波阻力，所以要做成尖头的，而在水下行进的潜艇则是圆头的。

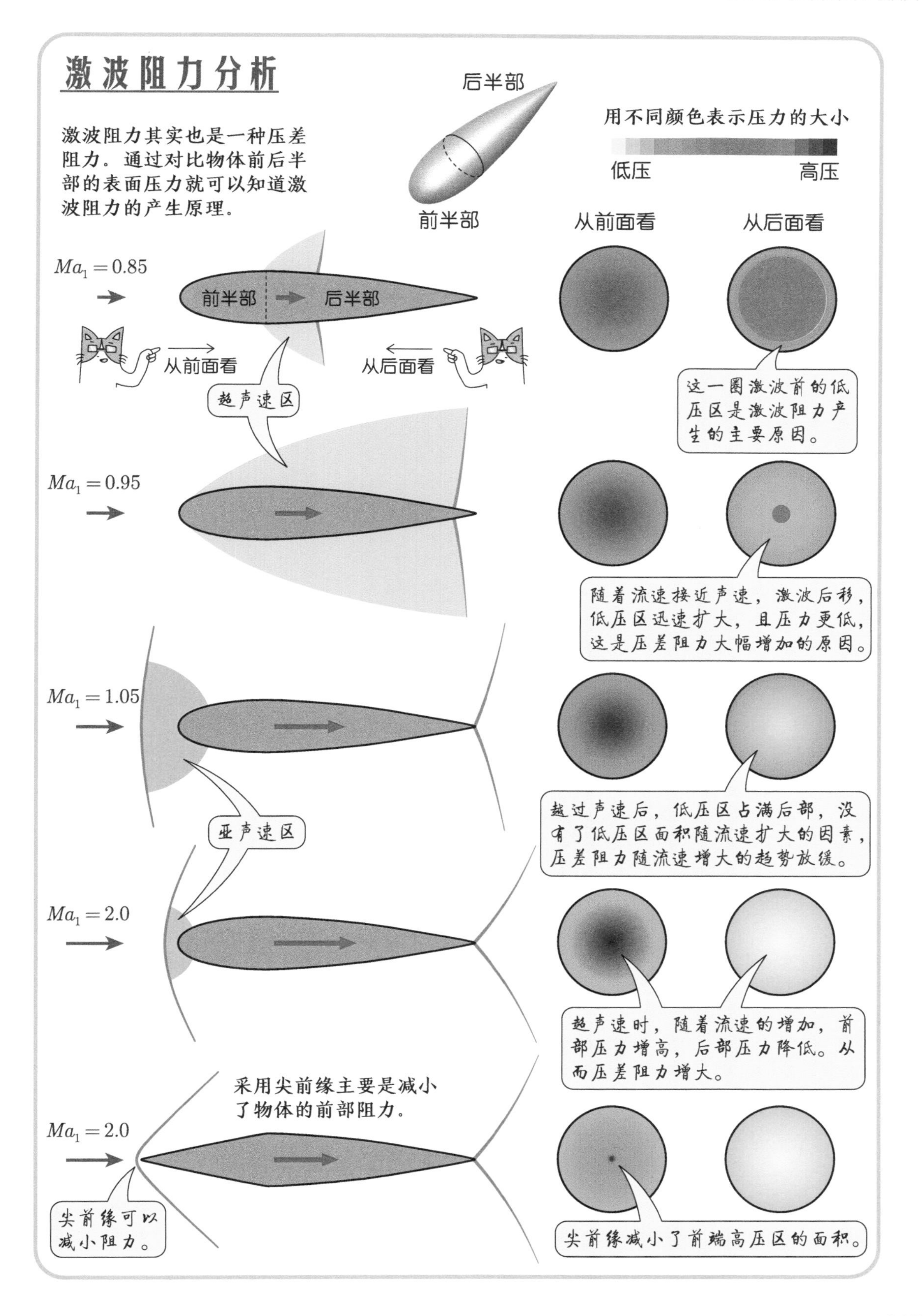
激波阻力分析
激波阻力其实也是一种压差阻力。通过对比物体前后半部的表面压力就可以知道激波阻力的产生原理。
后半部
前半部
用不同颜色表示压力的大小
低压
高压
从前面看
从后面看
$Ma_1 = 0.85$
前半部
后半部
从前面看
从后面看
超声速区
这一圈激波前的低压区是激波阻力产生的主要原因。
$Ma_1 = 0.95$
随着流速接近声速，激波后移，低压区迅速扩大，且压力更低，这是压差阻力大幅增加的原因。
$Ma_1 = 1.05$
越过声速后，低压区占满后部，没有了低压区面积随流速扩大的因素，压差阻力随流速增大的趋势放缓。
亚声速区
$Ma_1 = 2.0$
超声速时，随着流速的增加，前部压力增高，后部压力降低。从而压差阻力增大。
$Ma_1 = 2.0$
采用尖前缘主要是减小了物体的前部阻力。
尖前缘可以减小阻力。
尖前缘减小了前端高压区的面积。

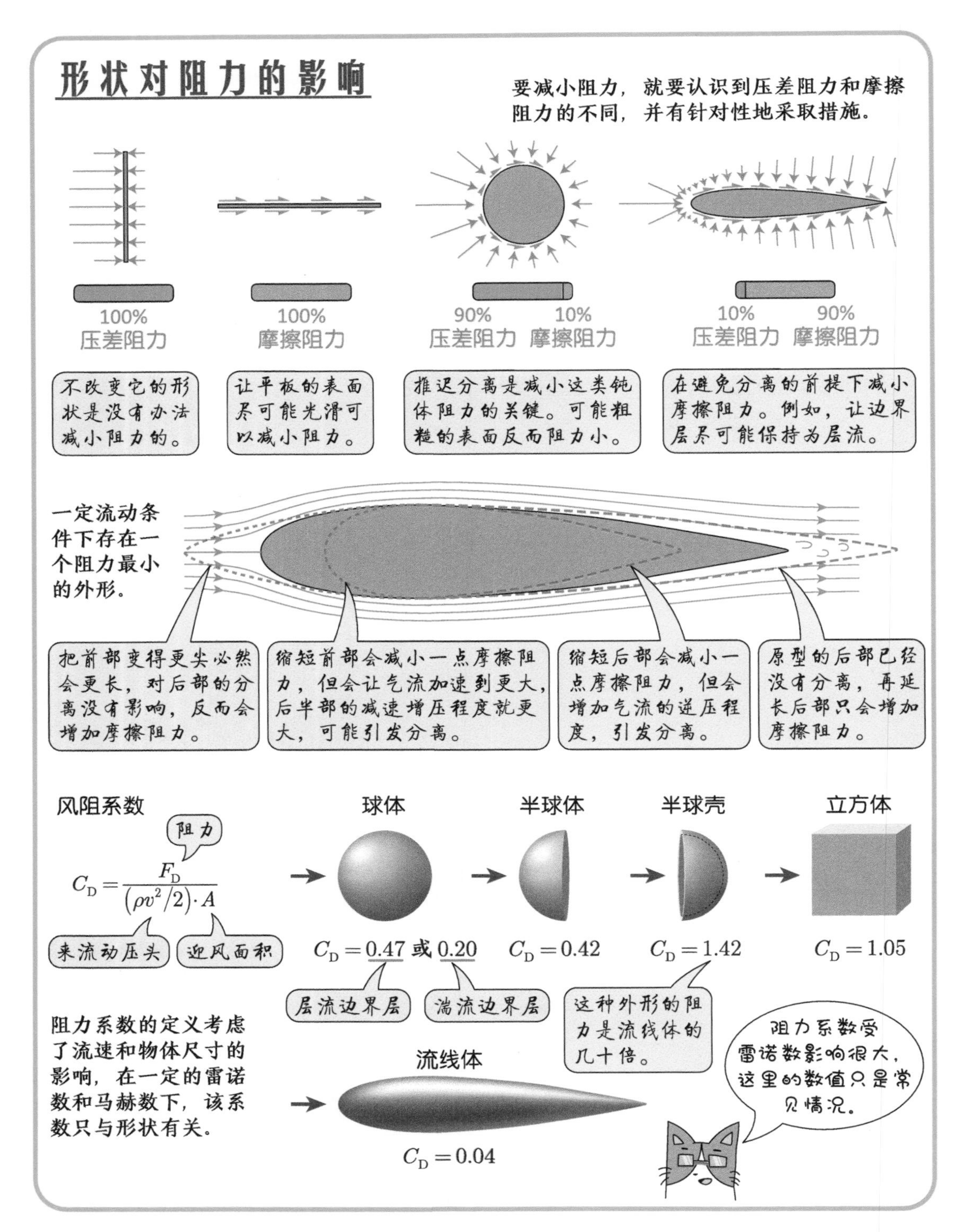

减小阻力是流体力学永恒的主题。采用流线形可以有效地减小压差阻力，这主要是因为设计良好的流线体表面不存在边界层分离，从而减小了压差阻力。除了外形，物体的表面粗糙度对阻力也有影响。一般表面越光滑摩擦阻力越小，但有时却故意让物体表面粗糙，使边界层变成湍流来抑制分离，从而显著地降低压差阻力。

表面粗糙度对阻力的影响

物体表面的粗糙程度不但影响摩擦阻力，也可能显著地影响压差阻力。

对于设计良好的流线体来说，其表面边界层不存在分离，摩擦阻力是主要的。如果边界层是层流的，则表面越光滑阻力就越小。如果边界层是湍流的，则某种微小的不光滑结构可能会减小摩擦阻力，这方面的机理和应用研究还是流体力学的前沿问题。

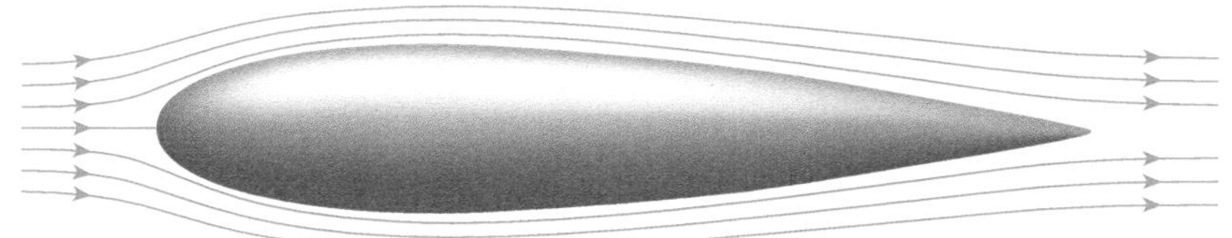

对于球体等非流线体来说，流动分离不可避免，压差阻力是主要的，这时能让分离点延后就可以明显地减小阻力。人们已经实验测得，当球表面的边界层是层流时，分离点大概在距前缘 82 °的位置，当边界层是湍流时，分离点则大概在125 °的位置。高尔夫球的表面有很多小凹坑，就是为了扰动边界层，使其尽早地变成湍流。由于高尔夫球的最快速度也就是270 km/h（75 m/s）左右，其飞行雷诺数小于230,000，从下图可知，此时高尔夫球的飞行阻力要比光滑球小得多。然而，如果球能飞得更快，达到400 km/h以上的速度，那就还是光滑球的阻力小。

$$Re=\frac{\rho vD}{\mu}=\frac{1.29\times75\times0.042}{1.789\times10^{-5}}\approx227,000$$

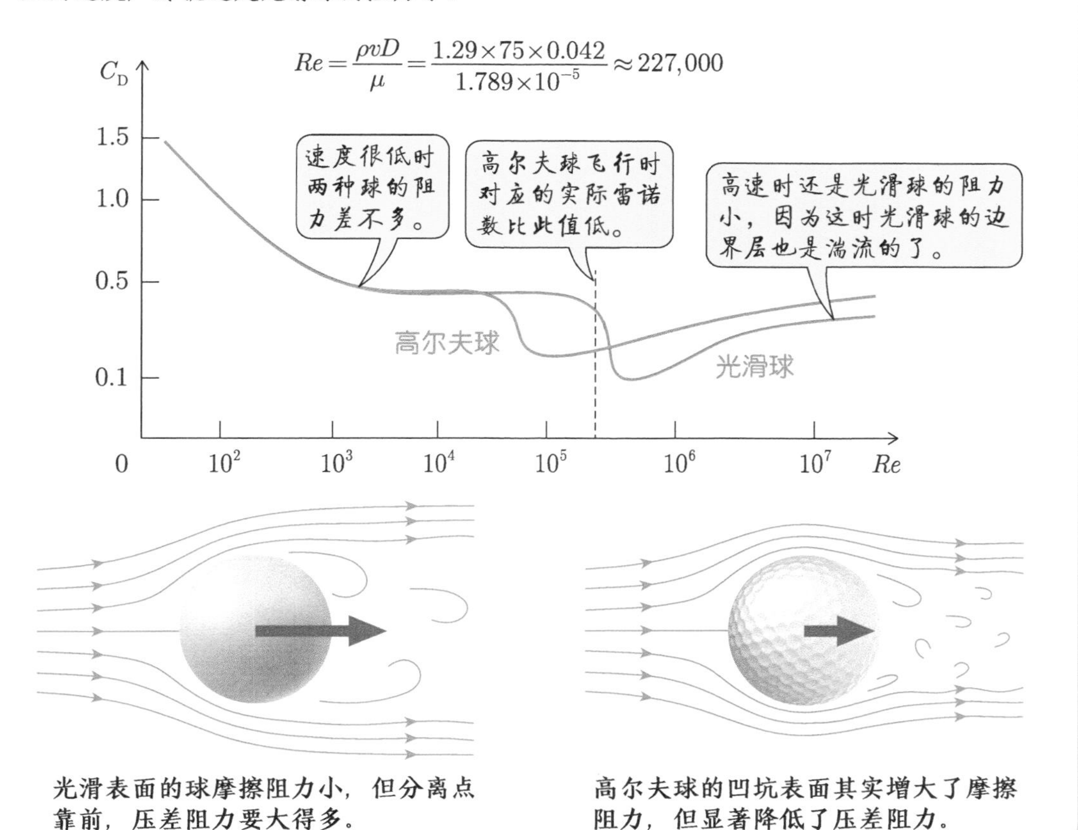

光滑表面的球摩擦阻力小，但分离点靠前，压差阻力要大得多。

高尔夫球的凹坑表面其实增大了摩擦阻力，但显著降低了压差阻力。

48. 减阻方法种种

在众多减阻方法中，有些针对的是压差阻力，有些针对的是摩擦阻力，关键要看应用对象上哪种阻力占主导。采用流线形可以消除分离使压差阻力减到最小，对于那些不能做成流线形的物体，则可以使用其他方法尽量延迟分离。例如，让边界层提前转成湍流，吸除边界层的低速流体，吹气给边界层提供动力，用涡发生器给边界层提供动力等。对于已经没有分离，但还想减小阻力的情况，就只能从减小摩擦阻力入手了，减小摩擦阻力最重要的是减小物体的表面积，当表面积不能减小的时候，对于层流，应尽可能保持表面光滑，对于湍流，表面存在某种微细沟槽或肋片结构有可能减小阻力。

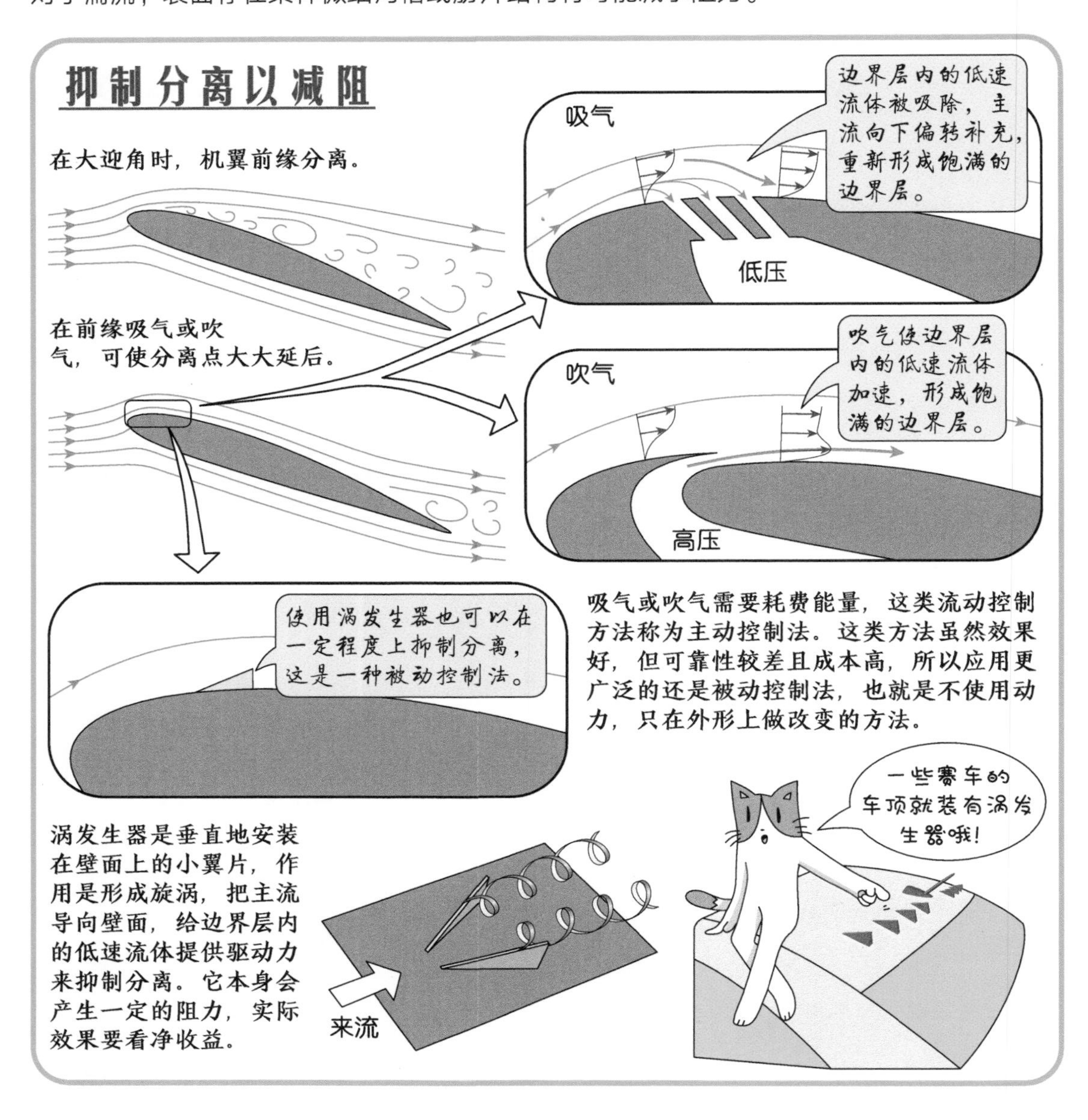

湍流边界层内的流速比层流边界层饱满，因此湍流在壁面上产生的摩擦力要比层流大得多，为了降低摩擦阻力，应该尽可能地保持物体表面是层流的。

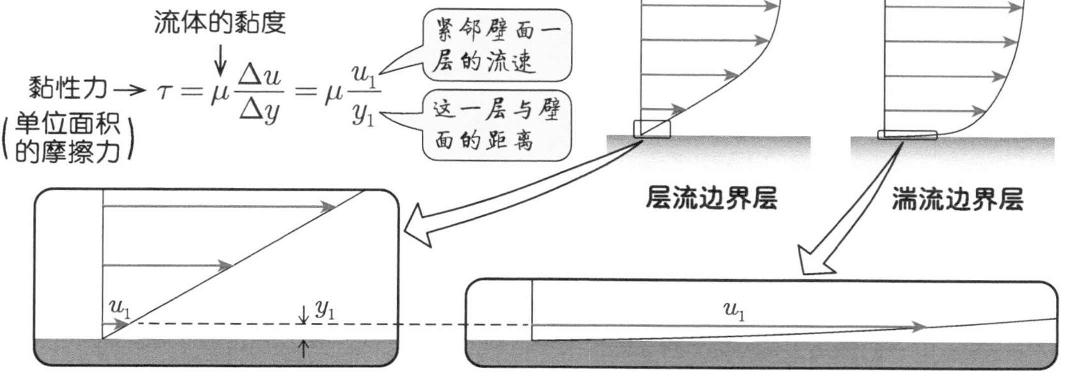

让机翼表面尽可能保持层流有两个必要条件：一个是主流加速区尽可能长，另一个是机翼表面尽可能光滑。一般的机翼只在前部一小段流动是加速的，所以层流只占很小的区域。层流机翼设计成前缘较薄，最大厚度位置偏后的形式，可以让机翼表面一半以上区域都是层流。“二战”时美国设计的P-51野马式战斗机是第一架按照层流机翼思想设计的飞机，但实际并未达到效果，据说是因为它的机翼表面不够光滑。B-18轰炸机是第一架实现了层流机翼的飞机。

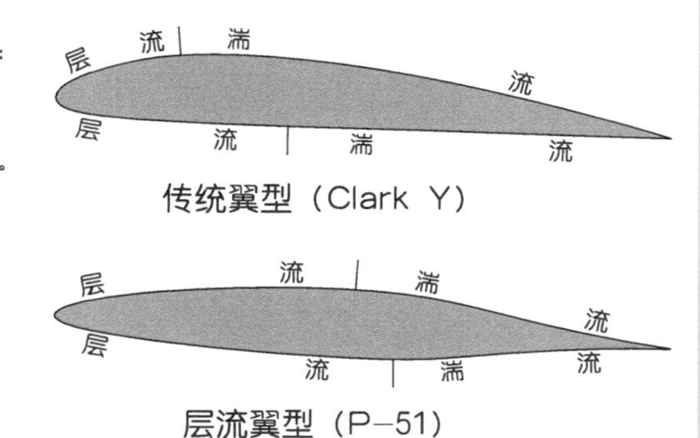

传统翼型（Clark Y）

层流翼型（P–51）

保持边界层为层流并不容易，在雷诺数较大的情况下，壁面粗糙度和主流的扰动等都会让边界层变成湍流，所以层流减阻应用受到很大限制。当边界层是湍流时，壁面就不是越光滑阻力越小了，这方面的研究已经进行了很多年，也已经用于实际生活中，如鲨鱼皮泳衣。不过到底是什么原因让非光滑的壁面阻力反而更小，目前还有争议。

实验表明这种表面的微型沟槽有减阻的作用。

49. 在糖浆里游泳

人在糖浆里游泳的速度比起在水里是更快还是更慢？这个问题并不如表面看起来那么简单。因为虽然人在糖浆里的阻力显然比在水里要大，但在其中划动手脚的驱动力也比在水里要大。如果要定量评估阻力和驱动力，就要确定摩擦阻力和压差阻力各自的占比，还要确定流动是层流还是湍流以及在两种液体中的表面波阻力有何区别等。由于问题的复杂性，最好的办法是做一下实验。明尼苏达大学的研究者们就曾经做过这个实验，他们在一个泳道长 25 m 的游泳池中添加了 300 kg 的瓜尔胶，制成了黏度是水的两倍的溶液，并让 16 名包含了业余人士和专业游泳运动员的志愿者分别在水池和这种“糖浆”池中以不同泳姿游泳。实验的结果是：在糖浆中和在水中游泳的速度基本一样。

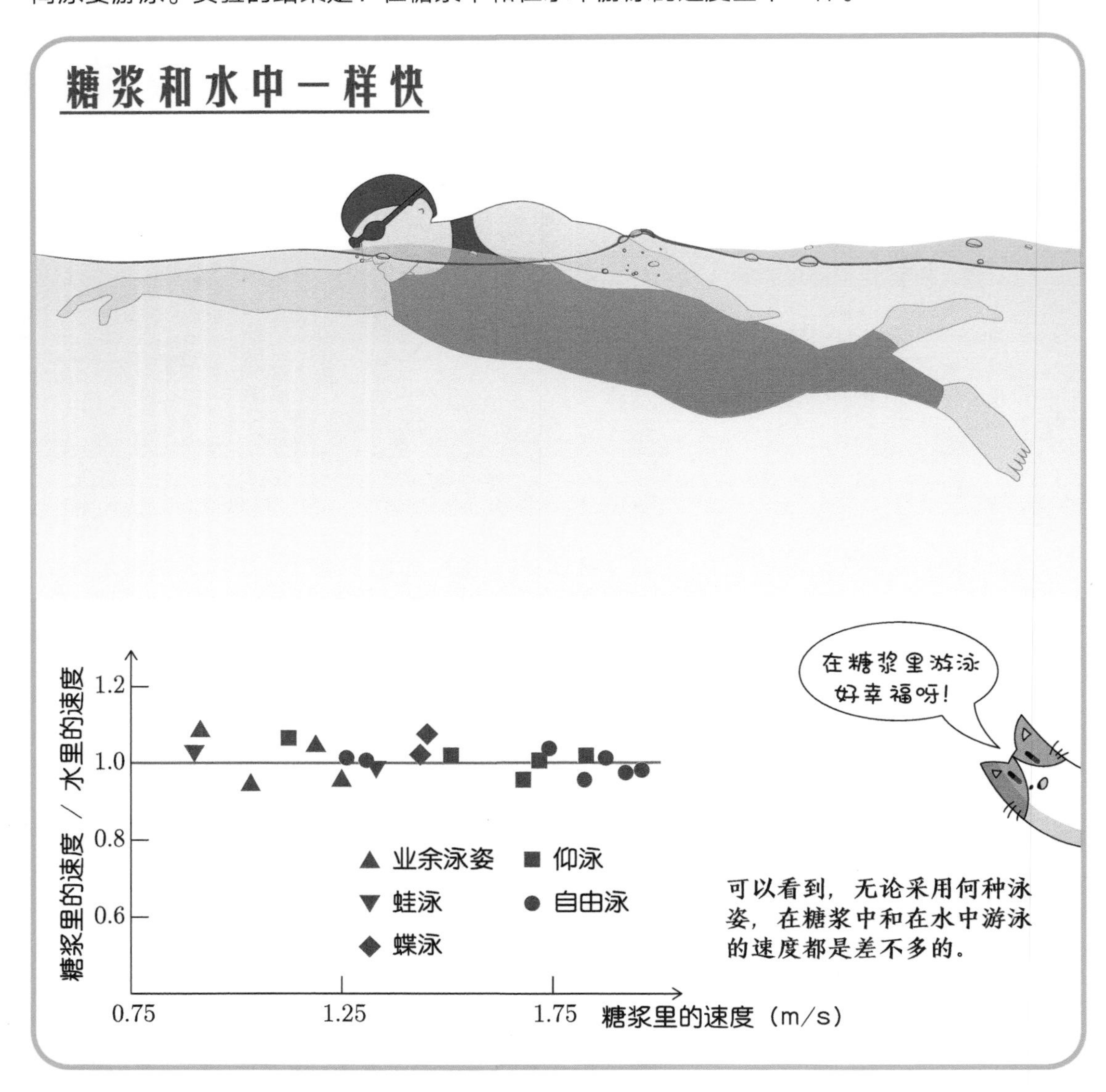

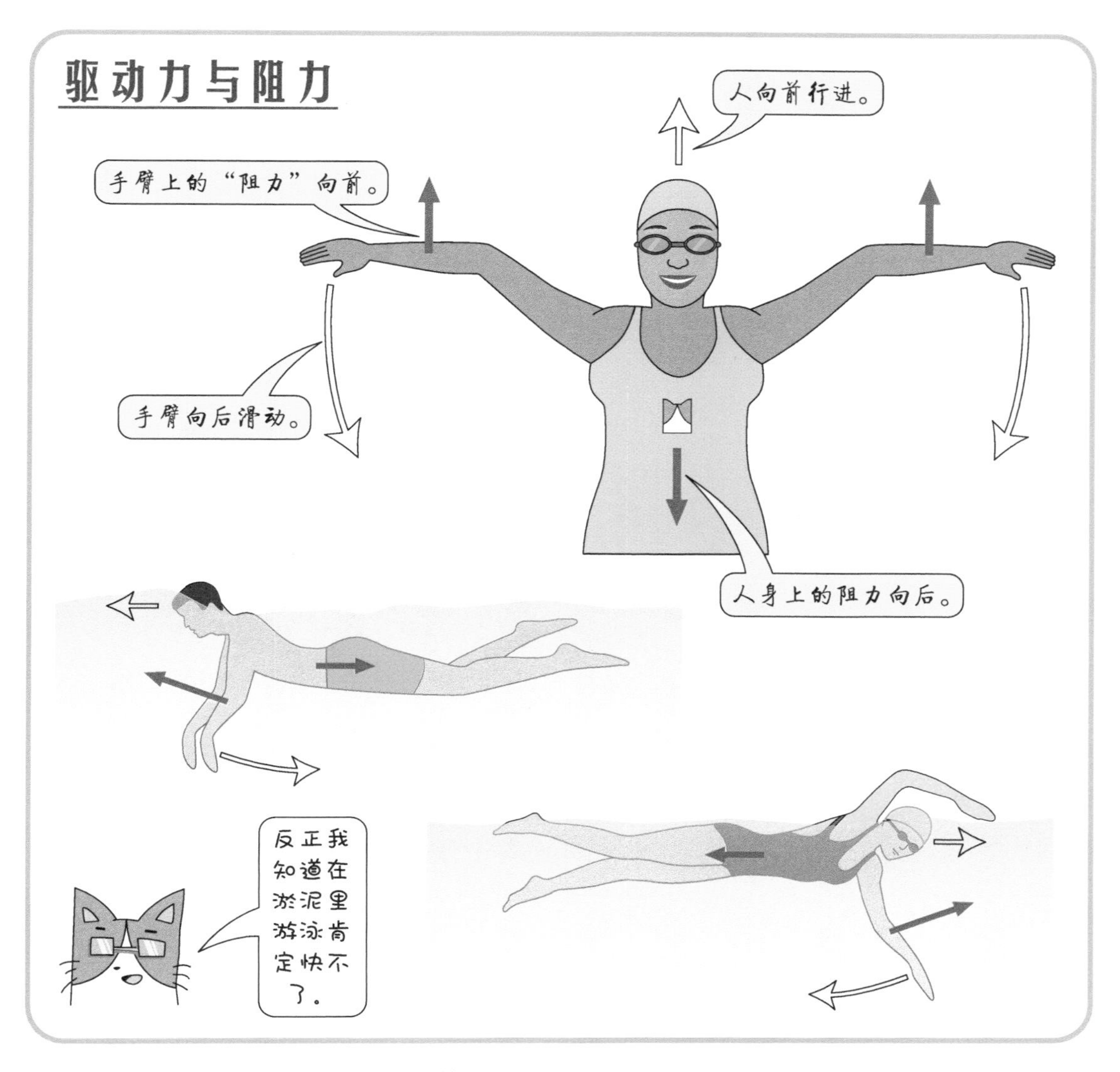

在两种黏度不同的液体中游泳的速度差不多的原因有两个：一个是对于人的尺寸和水的黏度，当雷诺数足够大时，物体的阻力主要是压差阻力，摩擦阻力占比很小。压差阻力主要取决于分离点的位置，即使黏度增加一倍，流动也仍然是以湍流为主，分离点的位置基本不变，所以黏度是水的两倍的液体和水的阻力其实差不太多。另一个是游泳时人受到的阻力和驱动力其实都是来源于“阻力”。手臂向后摆动时流体给予手臂向前的“阻力”，这就是驱动力。当黏度增加时，驱动力和阻力同步增大，效果互相抵消了。

不过这个实验只测试了黏度两倍于水的液体，而真正的糖浆的黏度要比水大得多。如果在真正的糖浆里游泳，速度应该会慢。一个重要原因是，人比较适应在水里的挥臂频率，在糖浆里，人只能很慢地挥臂，是很难适应的。事实上，在做前面那个实验的时候，曾经有一名奥运游泳选手，他在糖浆里的游泳速度就比在水里慢得多，因为他的挥臂频率已经非常固化了，无法适应阻力大一些的液体。当然，很难证明水的黏度正好适合人类发挥，也可能黏度大一些或小一些的液体更能发挥人的潜能，但要想通过实验来找到这个最优黏度可是一个浩大的工程，用计算机模拟倒是有可能实现。

50. 紧跟前车

观看赛车运动时，我们经常发现后车紧紧跟随前车，这是后车在利用前车产生的真空效应来减小自身气动阻力的一种技巧。自行车团体赛时，同一车队的几个车手组成纵队前进，轮流领骑，也是这个道理。前车的尾流至少有三种效果对后车有影响：一是气流速度低，二是气流压力低，三是气流较为混乱。前两种效果都会明显降低后车的阻力，第三种效果的影响较为复杂，但对阻力的影响较小。

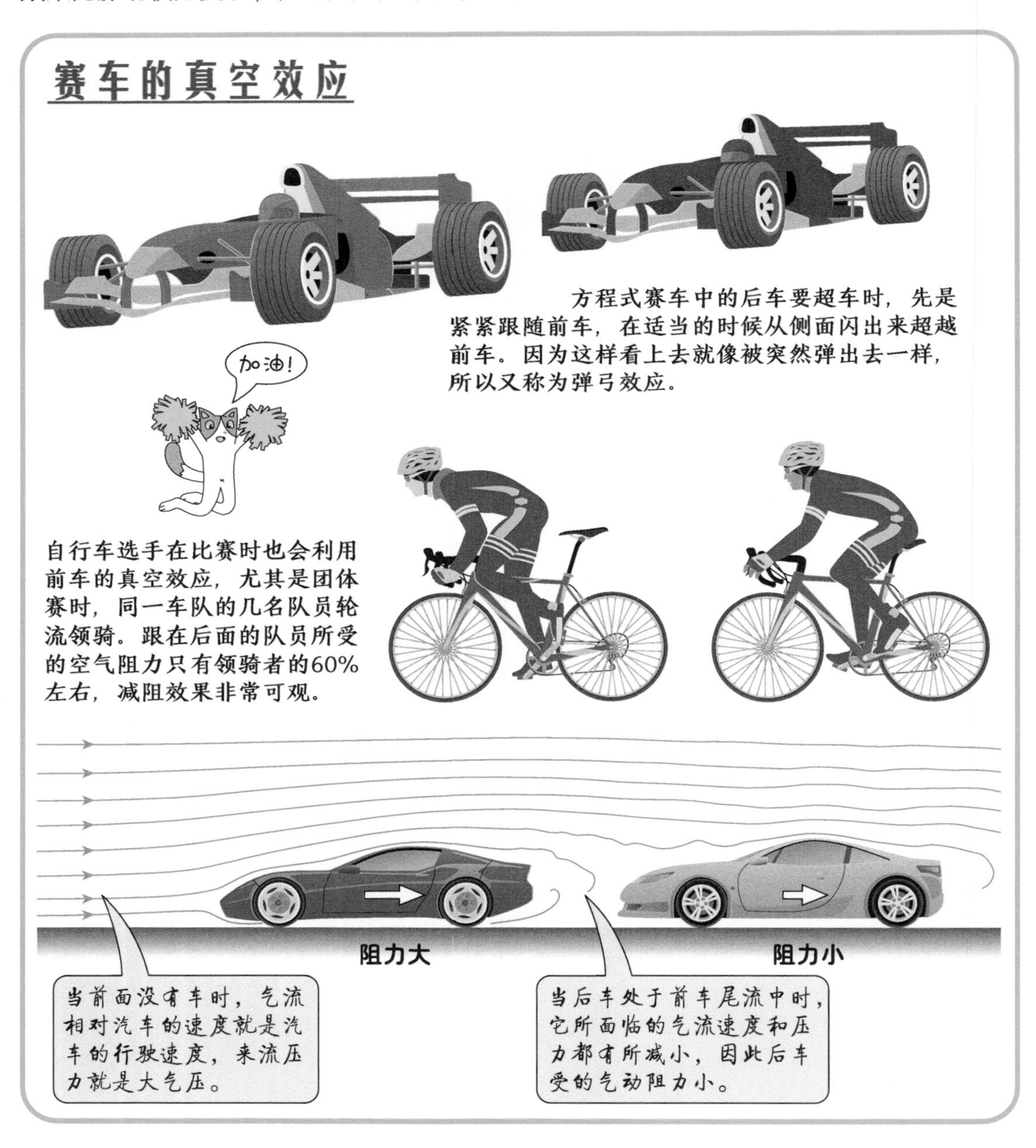

真空效应的解释

要解释后车阻力小的原因，就要知道前车的尾流有什么特点。有的解释说后车阻力小是因为前车尾流的气体密度低，有的解释说是因为尾流的气流压力低。这两种解释都不能算错，但都不是主要原因，尾流的气流速度低才是后车阻力小的主要原因。从下面两图可以看出，尾流的压力只在紧临车尾的地方小于大气压，稍微远离处就和大气压一样了。但尾流的气流速度明显很低，且向后延续很远。

$$C_D = \frac{F_D}{(\rho v^2/2) \cdot A}$$

从阻力系数的定义式可以看出，当此系数不变时，后车阻力只受流速和密度影响，密度变化很小，速度的影响是主要的（实际上后车的阻力系数会有一些变化，但变化不大）。

前车四周的空气压力分布

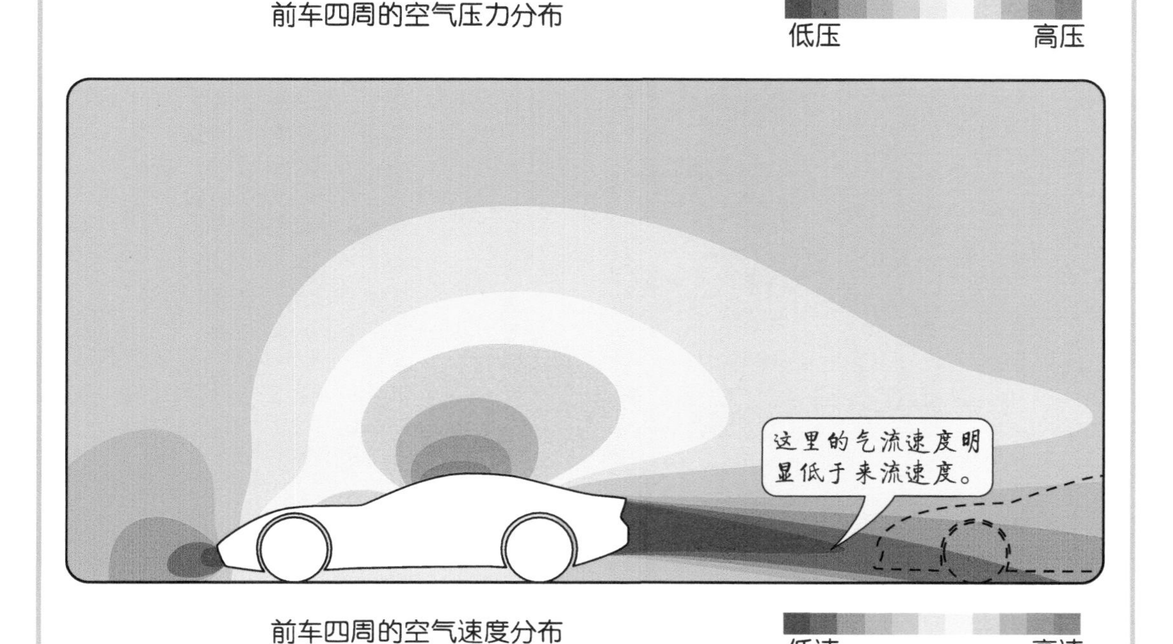

前车四周的空气速度分布

51. 对空开枪危险吗

对空开枪，子弹落下来会伤到人吗？答案是肯定的。只不过这个问题中空气阻力是完全不能忽略的，子弹落下来的速度要远小于出膛的速度。对人的威胁，或者说落下来的终速度取决于子弹的大小，而不是子弹的初速度。子弹从最高点下落时在重力作用下加速，而空气阻力大概与速度的平方成正比地增加，当阻力与重力相等时，子弹就开始匀速下落了。手枪子弹落下来时不会致命，而机枪子弹就很危险，炮弹……就更不用说了。

子弹的下落速度

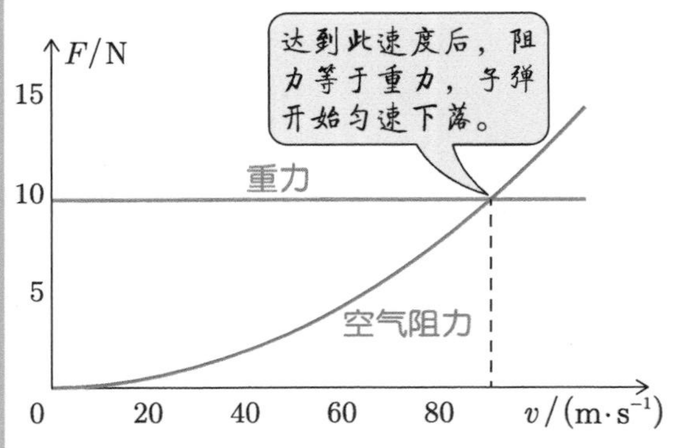

7.62 mm步枪弹阻力随下落速度的变化

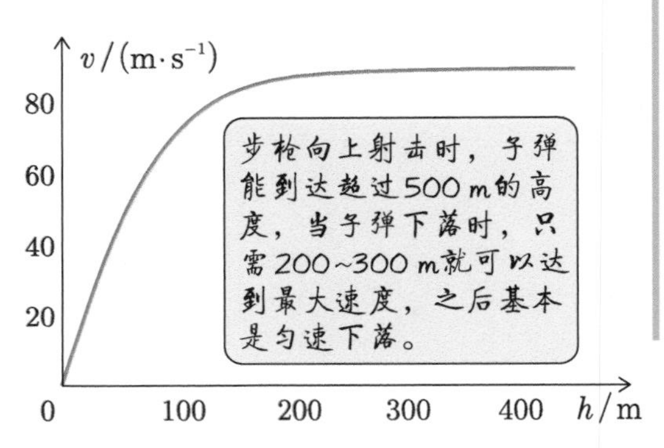

7.62 mm步枪弹下落速度随下落高度的变化

9 mm手枪弹，8 g，下落终速69 m/s

5.56 mm步枪弹，3.6 g，下落终速75 m/s

7.62 mm步枪弹，9.8 g，下落终速91 m/s

12.7 mm机枪弹，43 g，下落终速114 m/s

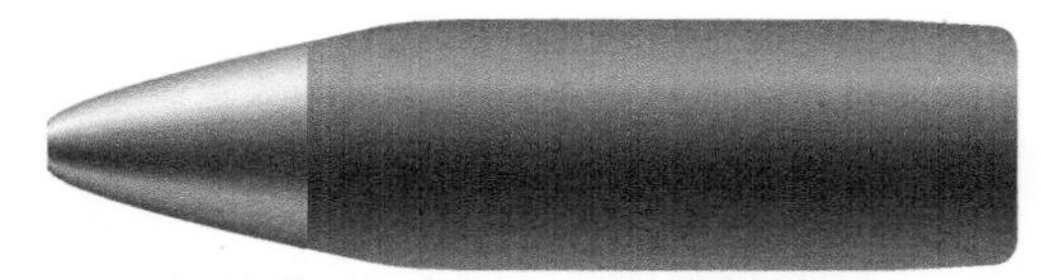

20 mm机炮炮弹，101 g，下落终速111 m/s

可见，手枪和步枪子弹的下落速度大概在70~90 m/s，这个速度且尖部朝下的步枪子弹还是有一定危险的，虽然一般不会致命。机枪子弹的下落速度已经和小口径炮弹相当了，再加上弹头重量大，就比较危险了。

如果不是竖直朝上射击，而是斜射，则子弹在最高点速度不会降为零，落下来时的终速就可能会更大一些。被高空掉落的流弹击伤的事故时有发生，有些甚至发生在距开枪地一两公里远的地方。

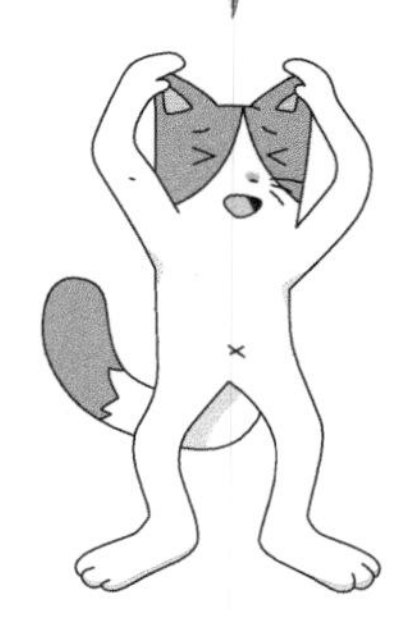

注意：

这里假设子弹是头部向下掉落，这是阻力最小的状态，能达到最高的终速。

52. 大的铁球先着地

据说伽利略在比萨斜塔做了两个铁球同时着地的实验，推翻了亚里士多德的观点，证明了自由落体的速度与尺寸和质量无关。然而亚里士多德的观点也应该是从观察得出的，重的铁球确实比轻的羽毛下落快，直径 10 cm 的石头也比直径 1 mm 的砂粒下落快。这是因为在空气中下落的物体并不是自由落体运动。如果我们重做一下传说中的比萨斜塔实验，用精密的仪表测量，就会发现 10 lb（1 lb ≈ 0.454 kg）的铁球比 1lb 的铁球先着地。这里面起作用的不是物体的质量，而是尺寸，越小的物体空气阻力就越不能忽略。

比萨斜塔实验

斜塔高 54.5 m，铁球大概需要3 s多落到地面，可以用自由落体速度估算出，从第0.05 s开始到落地的过程中气流绕球的雷诺数大概在2,000~200,000之间，阻力系数大概为常数0.47。据记载，两个铁球分别为10 lb和1 lb，根据这些数据可以估算两个铁球的落地时间和速度。

10 lb铁球
直径10.5 cm

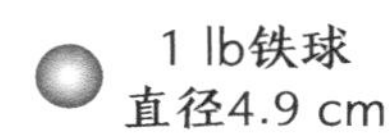

1 lb铁球
直径4.9 cm

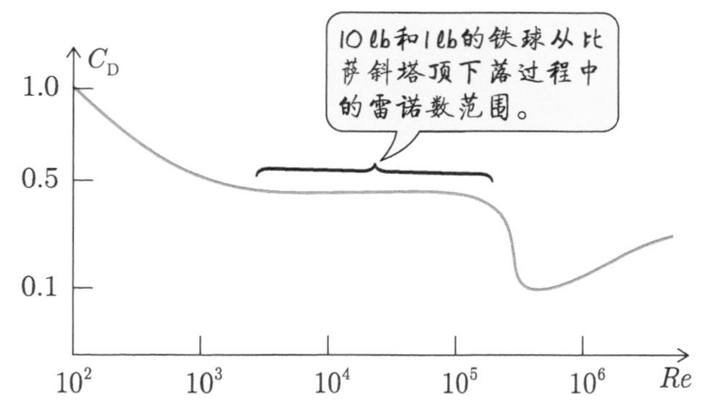

计算公式： $v=\int_0^t \frac{(mg-F_D)}{m}\mathrm{d}t$　松手 t s后的速度

$h=\int_0^t v\mathrm{d}t$　松手 t s后的下落高度

$F_D=C_D\cdot A\cdot\frac{1}{2}\rho v^2$　空气阻力

结果： 松手3.35 s后，大球着地，小球距地面尚有：

0.7 m！

小球还需要0.02 s着地。

尺寸对阻力的影响

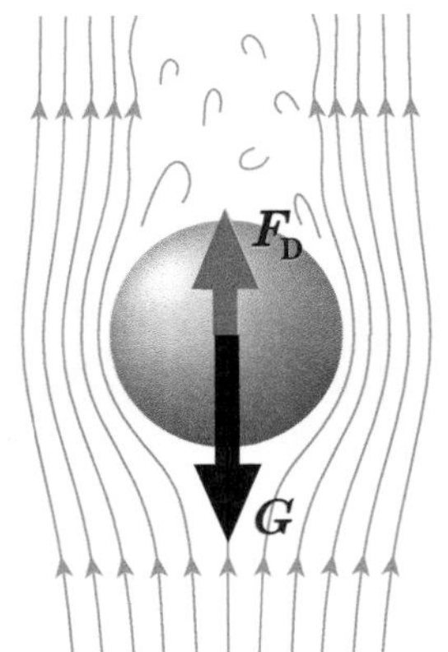

在空气中下落

在空气中水平运动

空气阻力 $F_D = C_D \cdot A \cdot \frac{1}{2}\rho_{气} v^2 = \frac{1}{8}\pi \rho_{气} C_D v^2 D^2$

空气阻力产生的加速度 $a_{气} = \frac{F_D}{m_{球}} = \frac{\frac{1}{8}\pi \rho_{气} C_D v^2 D^2}{\frac{4}{3}\pi (D/2)^3 \rho_{球}} = \boxed{\frac{3\rho_{气} C_D v^2}{4\rho_{球} D}}$

可见，空气阻力产生的加速度受五种因素的影响。

正相关的有：空气密度、阻力系数、运动速度。

负相关的有：物体密度、物体尺寸。

对两个铁球来说，如果它们以相同的速度在空气中运动，上面五个因素中就只有尺寸是不同的。尺寸越大，空气阻力产生的加速度就越小。

如果是用同样大小的铁球和木球来做实验，起作用的就是物体密度项了，空气对铁球和木球的阻力是相同的，但对木球产生的反向加速度是铁球的十几倍，所以木球下落的速度慢。如果是气球……就还要考虑空气浮力的影响了。

炮弹比子弹飞得远，主要也是因为炮弹个头大。另外还有一个因素是炮弹在初段受到的减速少，就可以飞得比子弹高，高空的空气密度小，进一步减小了炮弹飞行过程中的空气阻力。

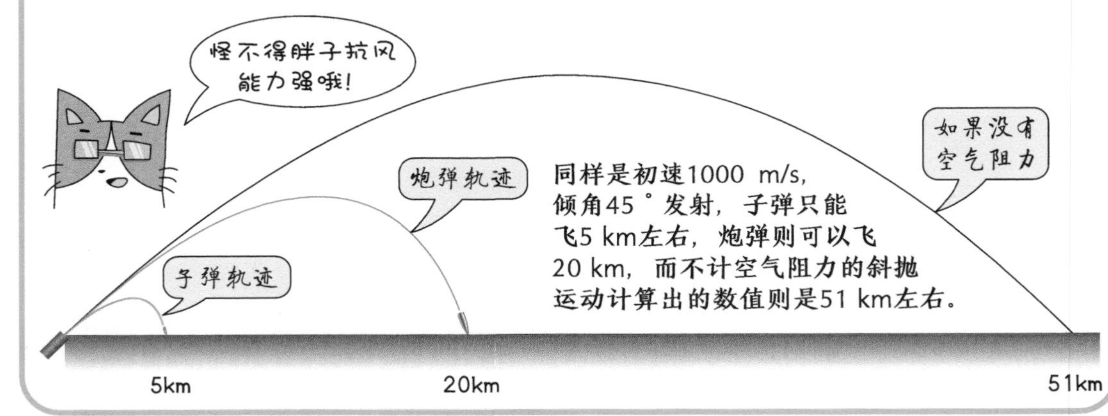

尺寸对阻力的影响有两个方面：一方面是尺寸越小的流动雷诺数越低，黏性作用越强，因此阻力就越大，这体现在阻力系数上。不过本节的两个铁球虽然雷诺数不同，但都比较大，对应的阻力系数基本没差异，所以这里的尺寸影响指的是另一方面。对这两个铁球来说，气动阻力与迎风面积成正比，而重力和惯性力与体积成正比。也就是说，阻力与尺寸的平方成正比，而重力和惯性力与尺寸的立方成正比。因此，尺寸越大，相对于重力和惯性力，阻力就越可以忽略。

53. 浮尘为什么能浮着

雾霾问题严重威胁着人们的健康，主要原因就是其中的颗粒可以长期浮在空中。真实的雾霾包含了各种液态和固态的颗粒，其中也包括岩石甚至金属的粉末。根据浮力定律，物体能否悬浮在空气中，只和它的密度有关，和它的尺寸无关。微小的物体虽然重量轻，但浮力也小，显然不可能浮在空中，而应该是下落的。事实上这些颗粒确实是在下落的，但因为小尺寸对应着流动的雷诺数极小，空气阻力非常大，只需很小的下落速度，阻力就可以等于重力。这导致雾霾颗粒下落的速度非常慢，在绝对静止的空气中它们也要很久才能落到地面，在有气流的情况下，有些颗粒可能永远都没机会落到地面上。

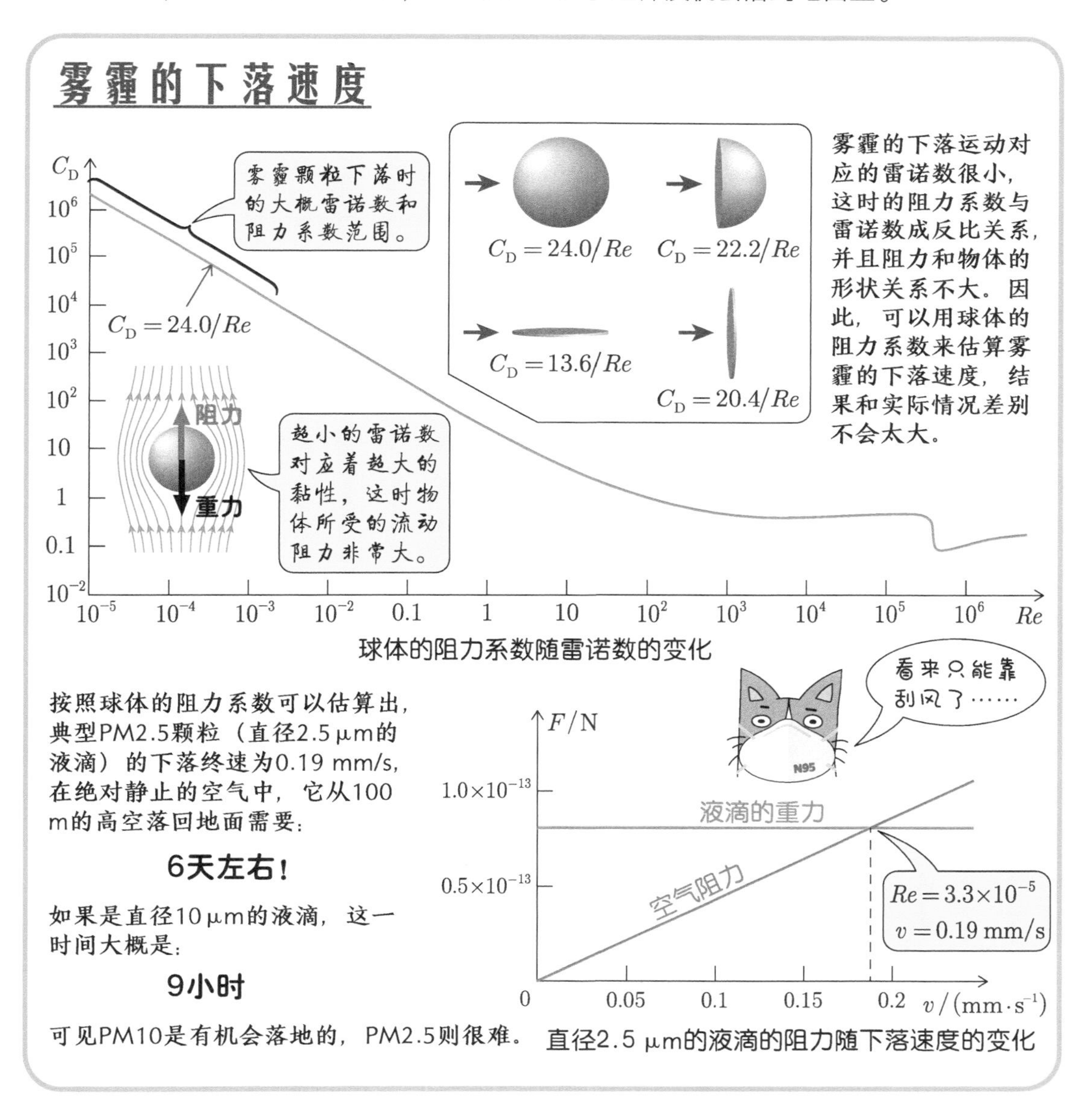

54. 忙碌的微生物

微生物生活的世界和我们的宏观世界很不一样。宏观世界中经常可以忽略阻力，这时不受外力的物体保持静止或匀速直线运动，即惯性定律。例如，我们骑自行车时脚可以时常休息一会儿不蹬，自行车还是会向前滑行。但是微生物是生活在液体中的，在这样的小尺度里，雷诺数非常低，环境的液体对其产生的阻力是绝不能忽略的，反而是微小物体本身的惯性可以忽略。这时，物体的运动规律似乎符合亚里士多德的论述，即力是物体产生运动的原因，受力就动，不受力就停。从运动角度来说，这样的环境可以说是很恶劣了，微生物必须一刻不停地摆动鞭毛才能前进，只要一停，前进速度立刻降为零。

微生物的运动

轮虫是一类广泛分布于淡水和咸水中的微小无脊椎动物。一般体长不超过0.5 mm。轮虫的头部前端扩大成盘状，长有一圈纤毛。它靠纤毛的摆动使水流经口器，其中适口的细菌、单胞藻和腐屑等便进入口中。

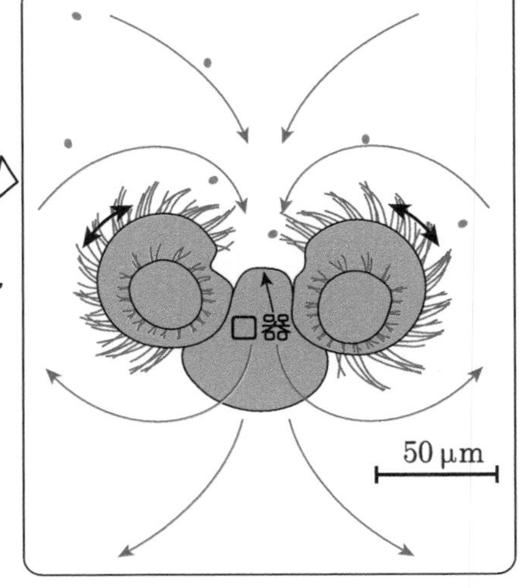

要想让水保持流动，纤毛必须一刻不停地摆动，使水形成环绕轮虫头部的两个旋涡。一旦纤毛停止摆动，水流几乎立刻就会停下来，并不会因为惯性而继续流动，这是低雷诺数流动的特点。

从毛菌在液体中的游动依赖于鞭毛的摆动。当它收紧鞭毛时会产生向前的推进力（对应过程①→②和③→④）。从表面看丛毛菌和水母的游动有类似之处，但它们的原理很不一样。水母在完成收缩伞盖动作后如果保持不动，还可以依靠惯性前进一段距离，而丛毛菌在完成鞭毛收紧动作后立刻就静止了。这有点类似于我们在地上爬行的时候，四肢停止动作就不会前进了。从某种意义上说，与其说细菌是在液体中游动，不如说细菌是在液体中“爬行”或“钻行”。

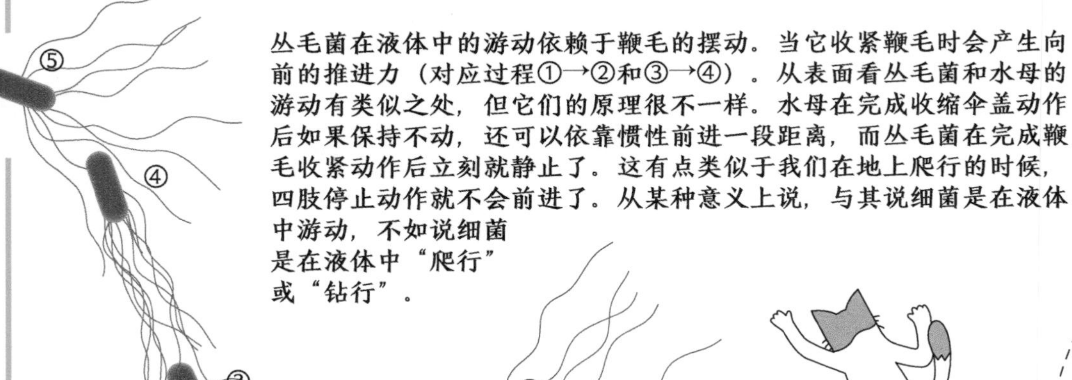

微生物的前进方法

鱼依靠摆尾把水排向后方，从而获得向前的推进力。泥鳅在泥里面钻行的时候，则几乎没有把泥排向后方。

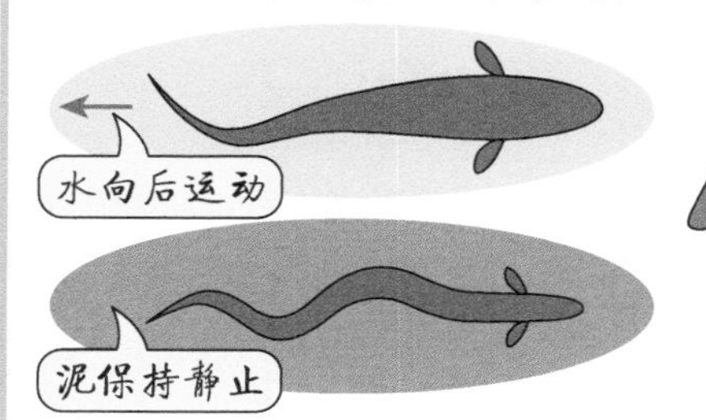

摇橹的时候，把水排向后方，船获得向前的推进力，橹的作用和普通的鱼尾类似。

撑篙的时候，河底的反作用力给船提供推进力，这和泥鳅在泥里面的钻行有类似之处。

微生物是靠纤毛或鞭毛在液体中运动的，以细菌为例，这里画出了几种鞭毛排列方式不同的细菌。

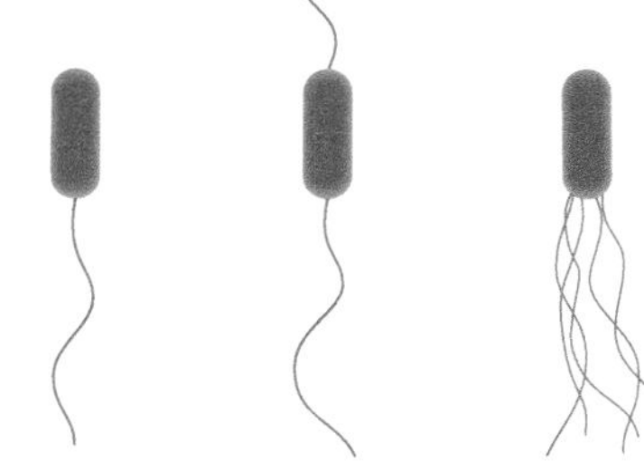

单毛菌　双毛菌　丛毛菌　周毛菌

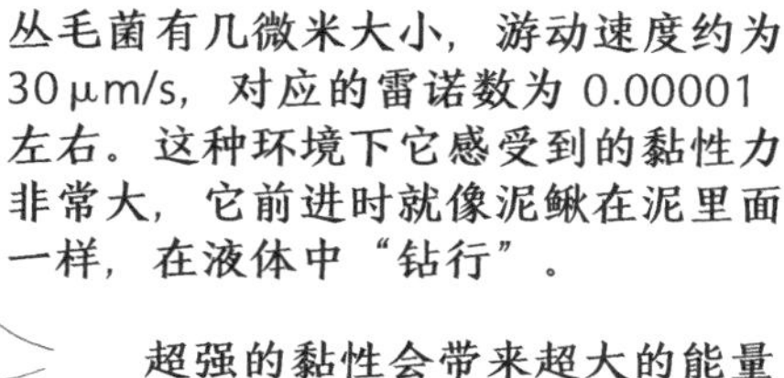

丛毛菌有几微米大小，游动速度约为30μm/s，对应的雷诺数为 0.00001左右。这种环境下它感受到的黏性力非常大，它前进时就像泥鳅在泥里面一样，在液体中“钻行”。

超强的黏性会带来超大的能量损失，细菌的推进效率大概是1%，也就是说鞭毛做的功99%都损失掉了。与之对比，一些大型鱼类和海豚的推进效率可以达到80%以上。

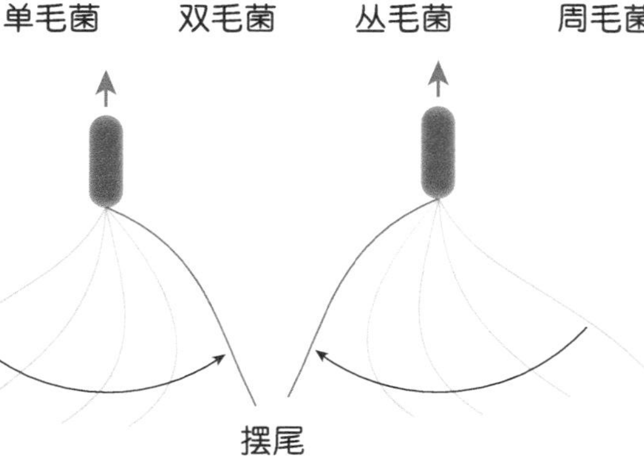

理论上单毛菌可以采用摆尾和摇尾两种方式前进。

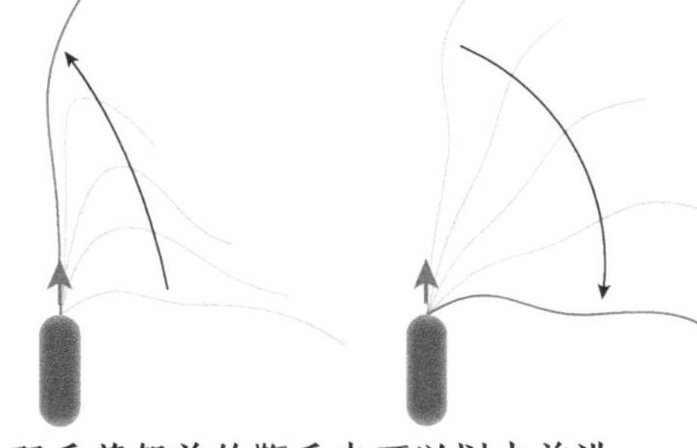

双毛菌朝前的鞭毛也可以划水前进。

长在侧面的鞭毛可以划水前进，看起来有点像船桨，但和船桨的原理有本质区别。船桨有一半时间是出水的，鞭毛的运动则全部在液体中，向前挥动时要收起来，向后挥动时再展开。

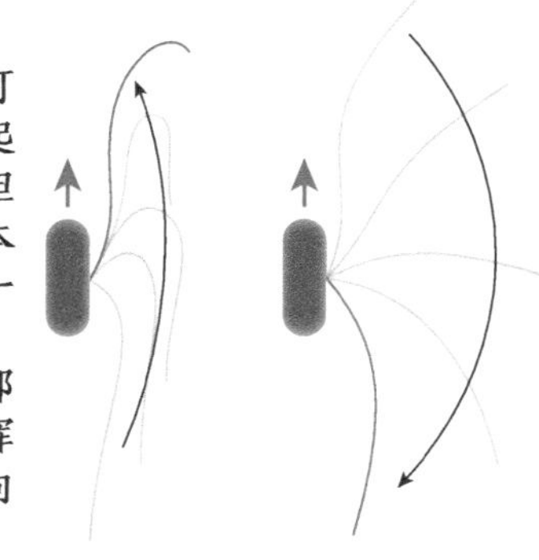

55. 流动中的机械能损失

可能很多人在中学时才第一次接触到能量损失这个概念，两个小球的弹性碰撞没有动能损失，塑性碰撞就有动能损失。这里所说的损失，并不是说能量消失了，而是能量从好用的能量变成了不好用的能量。能量可以分为机械能、热能、电能、化学能、核能等，这其中最不好用的就是热能。本书讲的是流体力学，所以只讨论机械能和热能（即流体的内能）的相关问题。让机械能转化成热能很简单，而让热能转化成机械能却很困难，因此我们说，机械能是高品位的能量，热能是低品位的能量。有些情况下，机械能转化成了热能就没办法再转化回来了，这时就说机械能损失了。例如，小球在地面上弹跳并最终静止，小球变热，但静止的小球是不可能通过降温重新弹跳起来的。流体在流动中会与壁面产生摩擦，流体之间也有摩擦，相应地就会产生机械能损失，称为流动损失。

机械能与热能

从高处落下的小球在地面上弹跳数次后静止。球每和地面接触一次都损失一些机械能，在空中运动时和空气的摩擦也会损失机械能，最终静止时，球的机械能全部转化成了热能，球、地面和空气的温度都有所上升。

这种“汽转球”可以把热能转化成机械能，利用的是液体汽化后的膨胀做功。但这种转化的效率很低，绝大部分热能都被蒸汽带走了。

小球弹跳体现了事件的先后，这个现象是不可能反着发生的。事实上，有人倾向于认为时间就是一种与热量相关的东西。

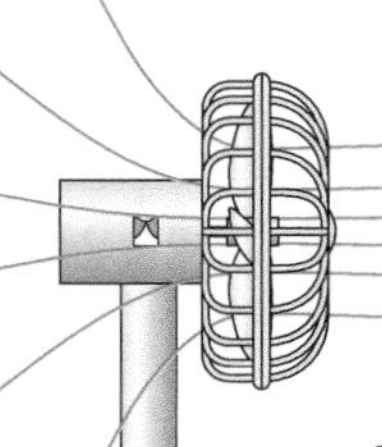

在封闭的房间内开电风扇，电能转化成了机械能，而吹出的气流终究会静止下来，对应着机械能都转化成了热能，房间内空气的温度会有所上升，这是一种典型的流动损失现象。

风力发电机把空气流动带有的机械能转化为电能。而空气的流动主要是阳光造成的，所以它属于间接地利用了太阳的热能发电。

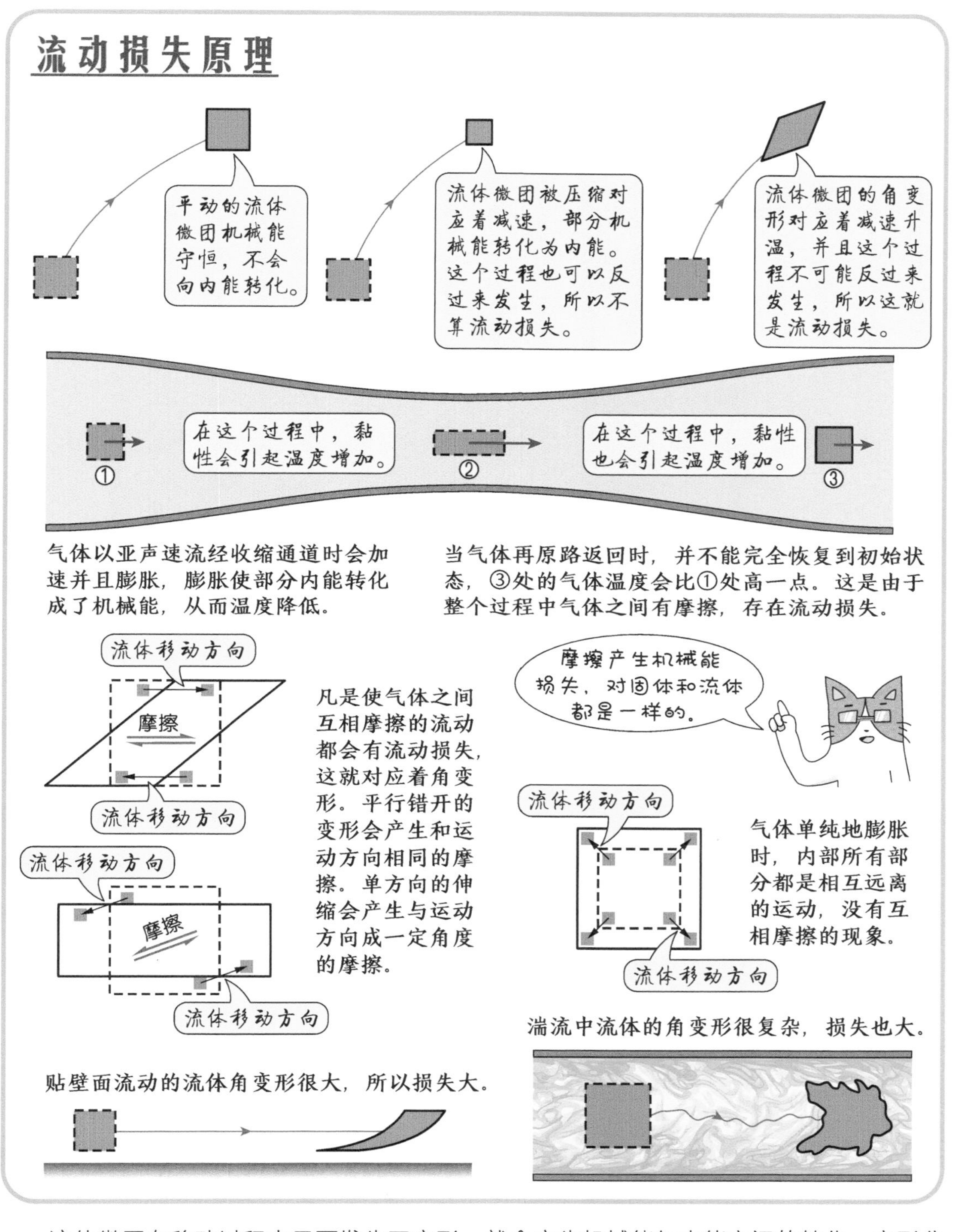

流体微团在移动过程中只要发生了变形，就会产生机械能与内能之间的转化。变形分为两种：一种是体积变形；另一种是角变形。纯粹的压缩和膨胀这类体积变形是可逆的，即流体完全可以按原路径返回，自身和环境的参数都回到初始状态。而角变形则不同，流体发生角变形的过程是机械能单向地转化为内能，所以来去都是升温过程，一个来回后，温度要高于初始状态。也就是说，这个过程是不可逆的，或者说产生了流动损失。

摩擦损失

摩擦损失特指流体和固体之间摩擦引起的损失，这个概念是从固体之间的摩擦来的。然而，流体和固体之间并没有相对运动，流体中的摩擦损失其实还是流体之间的摩擦产生的损失。

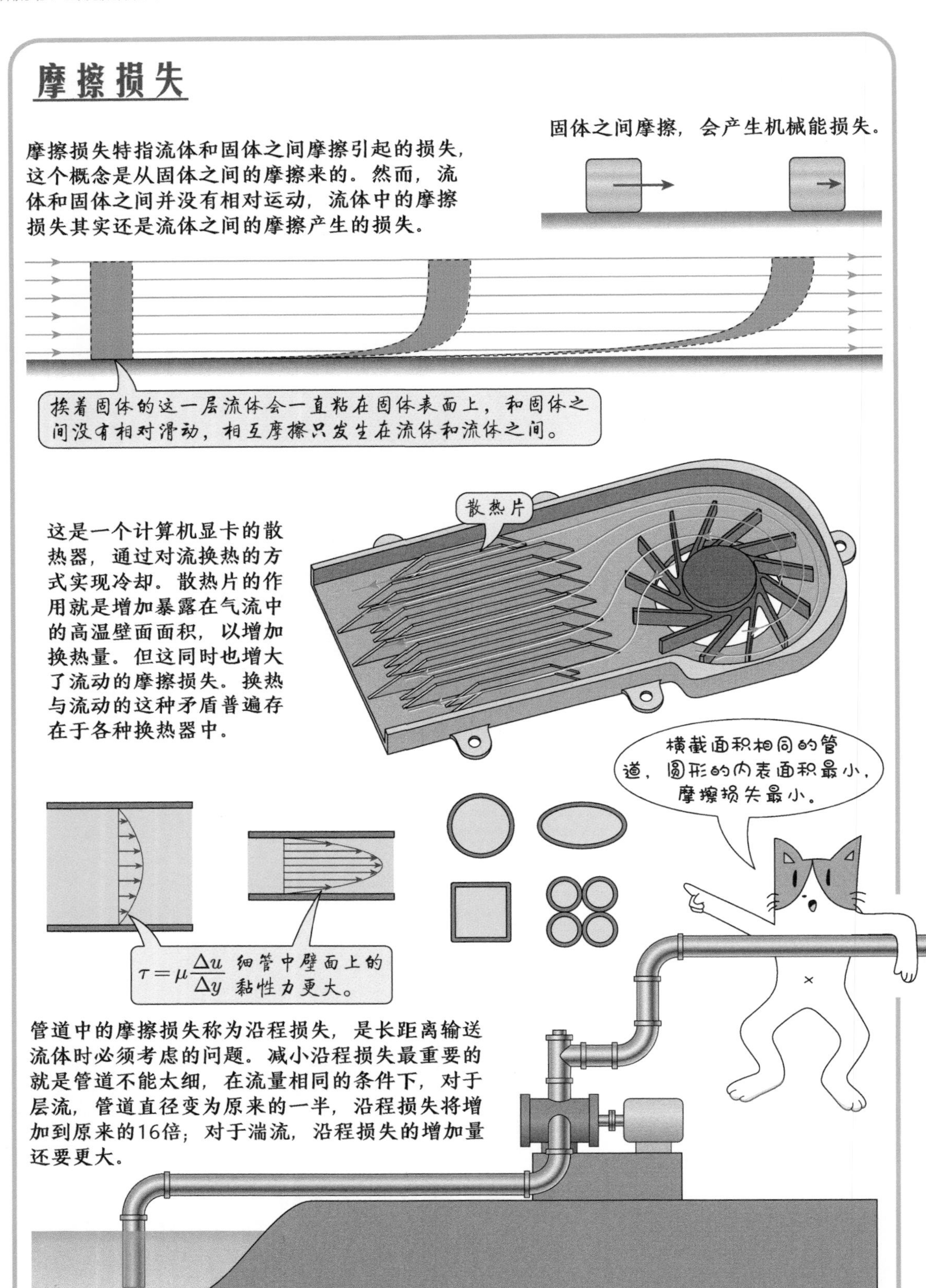

这是一个计算机显卡的散热器，通过对流换热的方式实现冷却。散热片的作用就是增加暴露在气流中的高温壁面面积，以增加换热量。但这同时也增大了流动的摩擦损失。换热与流动的这种矛盾普遍存在于各种换热器中。

管道中的摩擦损失称为沿程损失，是长距离输送流体时必须考虑的问题。减小沿程损失最重要的就是管道不能太细，在流量相同的条件下，对于层流，管道直径变为原来的一半，沿程损失将增加到原来的16倍；对于湍流，沿程损失的增加量还要更大。

掺混损失

掺混损失特指发生在远离壁面的流体之间的摩擦引起的损失。例如，分离区、尾迹、射流等流动都会产生掺混损失。

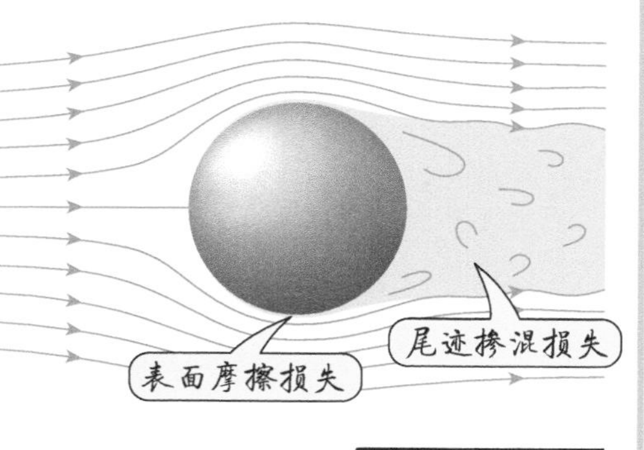

摩擦损失 vs 掺混损失

在绝大多数流动中，流体在壁面附近的角变形是最严重的。因此，对某一团流体来说，摩擦引起的损失通常大于掺混引起的损失。

然而，多数流体并不流经壁面附近，因此只有少量流体有摩擦损失。当流动有分离时，就会有大量流体被卷入其中产生掺混损失。所以，从总效果上看，很多流体机械的掺混损失都比摩擦损失大。

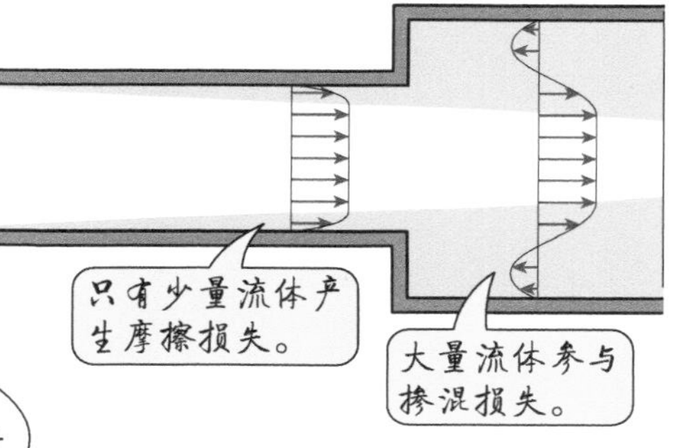

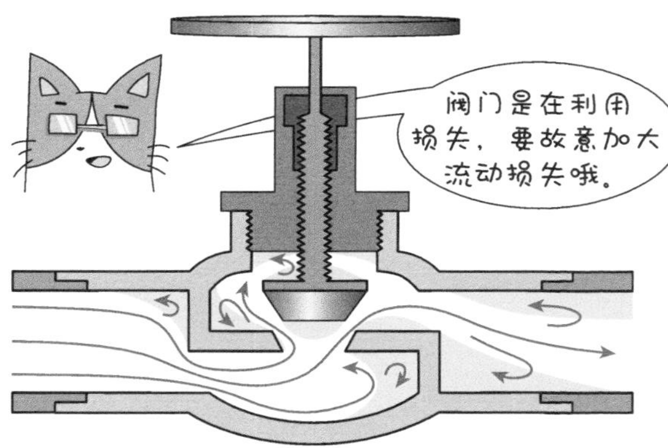

阀门的工作原理就是依靠超级大的掺混损失实现的，开度越小掺混损失越大，能通过的流量也就越小。

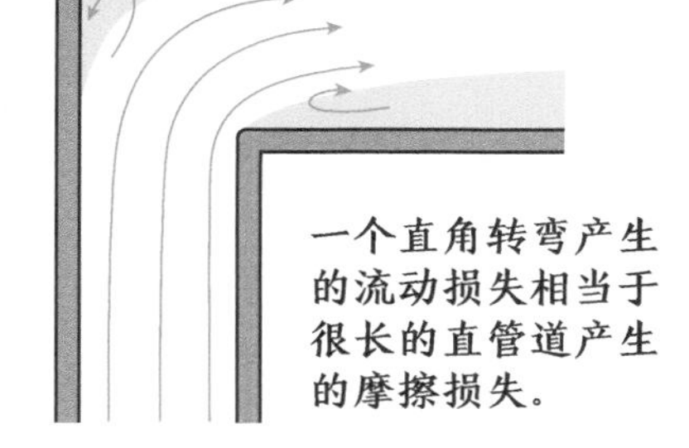

一个直角转弯产生的流动损失相当于很长的直管道产生的摩擦损失。

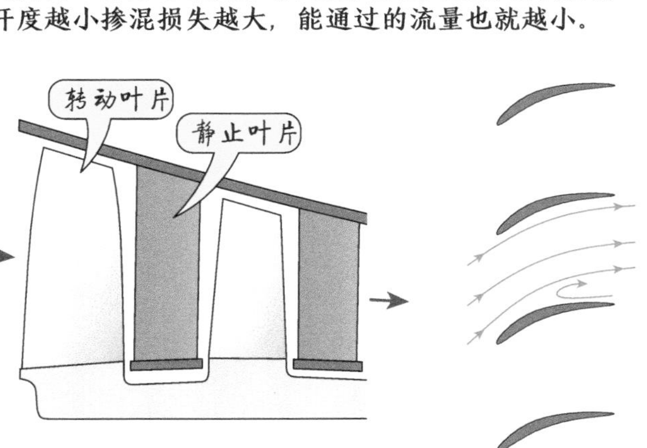

流动损失大小直接决定了压气机的压缩效率，优秀的设计是在摩擦损失和掺混损失之间的平衡，使总的流动损失最小。

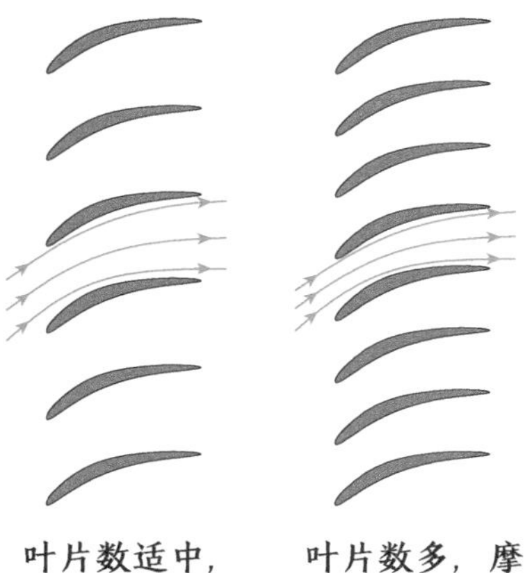

叶片数少，虽然摩擦损失小，但发生了分离，掺混损失大。

叶片数适中，摩擦损失和掺混损失的总和最小。

叶片数多，摩擦损失大，总的损失也大。

激波损失

气体经过激波时，在很短的距离内（与分子自由程相当）被突然压缩，过程不符合流体力学定律，而应该用基础物理学解释，这超出了本书的范围。如果仍然把气体当作连续的流体来考虑，可以这样理解激波损失：如果说没有损失的压缩对应完全弹性变形，则激波压缩含有塑性变形，一部分机械能不可逆地变成了内能，这就是激波损失。

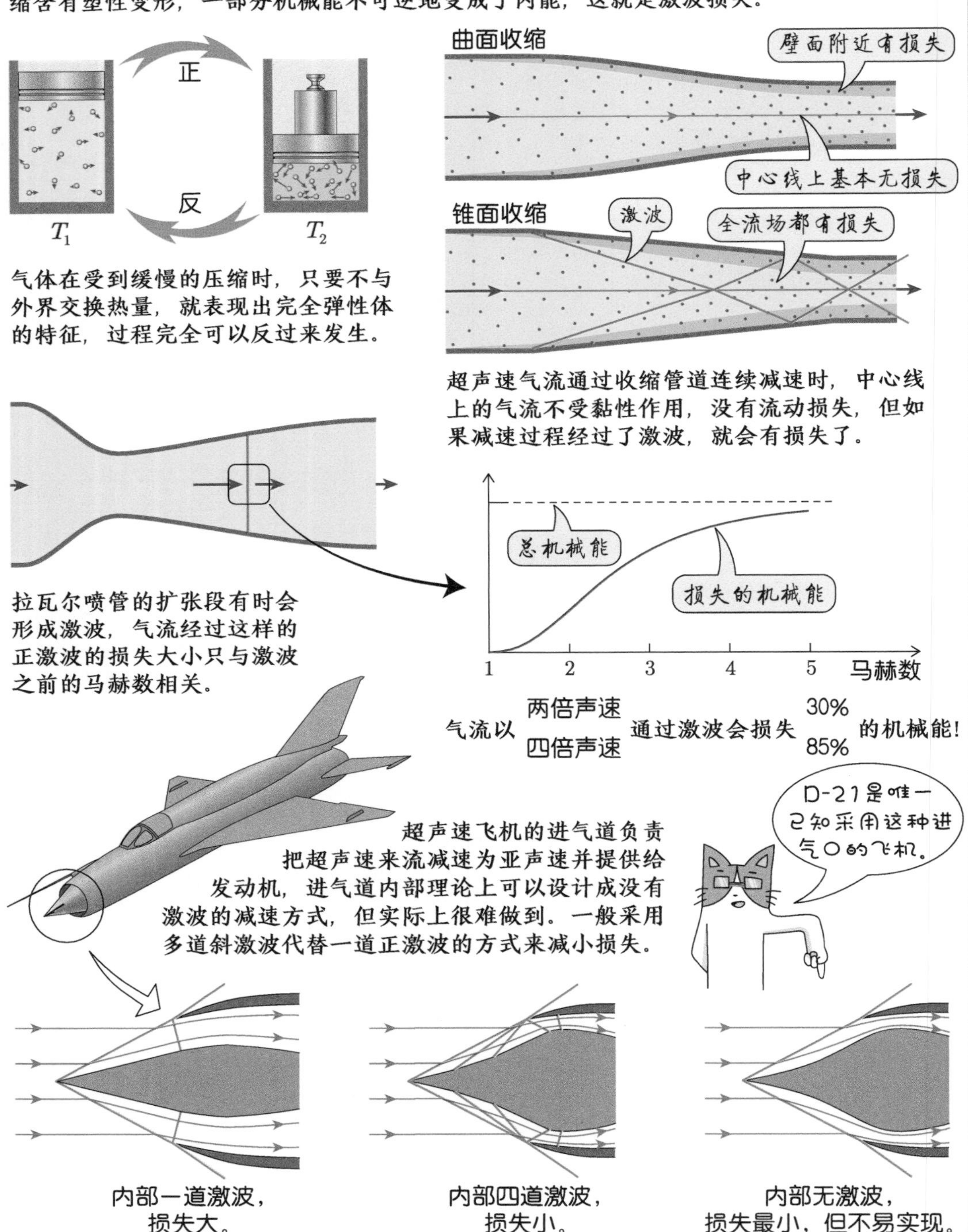

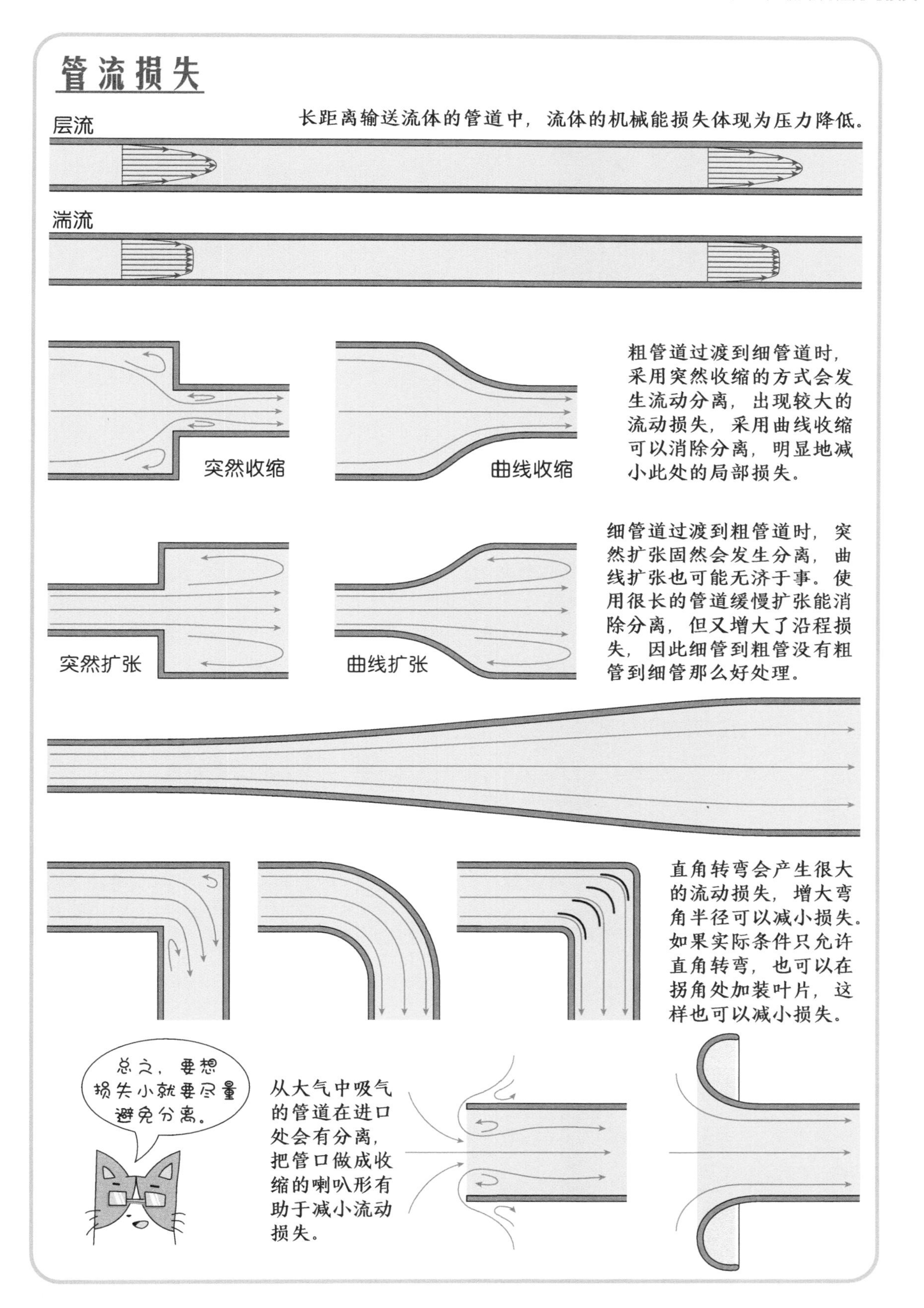
管流损失
层流
长距离输送流体的管道中，流体的机械能损失体现为压力降低。
湍流
突然收缩
曲线收缩
粗管道过渡到细管道时，采用突然收缩的方式会发生流动分离，出现较大的流动损失，采用曲线收缩可以消除分离，明显地减小此处的局部损失。
细管道过渡到粗管道时，突然扩张固然会发生分离，曲线扩张也可能无济于事。使用很长的管道缓慢扩张能消除分离，但又增大了沿程损失，因此细管到粗管没有粗管到细管那么好处理。
突然扩张
曲线扩张
直角转弯会产生很大的流动损失，增大弯角半径可以减小损失。如果实际条件只允许直角转弯，也可以在拐角处加装叶片，这样也可以减小损失。
总之，要想损失小就要尽量避免分离。
从大气中吸气的管道在进口处会有分离，把管口做成收缩的喇叭形有助于减小流动损失。

热力学第二定律与熵

热力学第一定律描述的是能量守恒，第二定律则描述了过程进行的方向。虽然热力学第二定律产生于对热机的研究，但是其应用已经远远超出了热力学的范畴，是公认的宇宙基本法则。该定律有多种描述方式，较为经典的有下面两种。

1. 热量不可能自发地从低温物体传递给高温物体；

2. 不可能制造出一种热机，可以把从热源处吸收的热量全部用来做功。

热力学第二定律也称为熵增原理，熵是一种描述系统状态的量，用 S 表示，用熵表示的热力学第二定律表达式为：

$$\Delta S \geqslant 0$$

文字描述为：一个独立系统的熵或者保持不变，或者增加。熵不变对应的过程是可逆的，熵增加对应的过程是不可逆的。

热力学第二定律描述了事情发生的先后顺序，实际上体现了时间箭头。把一个过程录下来并倒着播放，如果看不出来问题，这个过程基本上就是可逆的，如果感觉不可思议，这个过程基本上就是不可逆的。自然界中的实际过程总是不可逆的，或者说总是有损失的。例如，焦耳用来验证热力学第一定律的实验也可以用来验证热力学第二定律。重物下落带动叶片搅拌水引起升温，反过来，同样的装置无法实现通过水的降温使叶片旋转并带动重物上升。

由于流动损失无处不在，现实中没有完全可逆的流动。流动损失越大，不可逆性就越强，当流体沿着角度很小的管道收缩或扩张流动时，只要雷诺数足够大，边界层就很薄，过程就大概是可逆的。但如果角度较大，扩张就和收缩完全不同了，这是因为发生了流动分离，损失成倍地增加，熵也明显增加了。

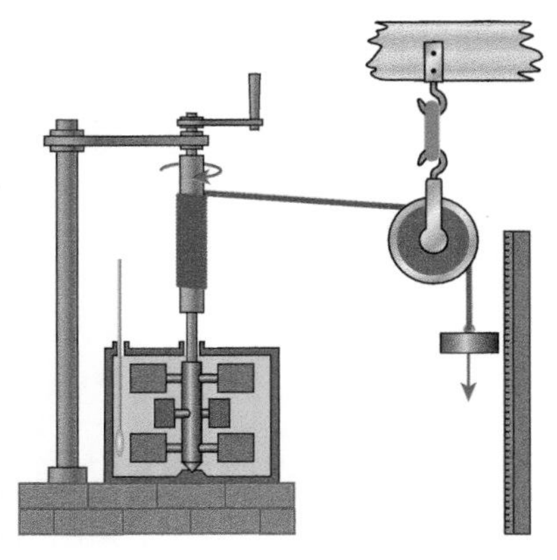

正过程：重物下落→水升温　**正常**

逆过程：水降温→重物升高　**不可能**

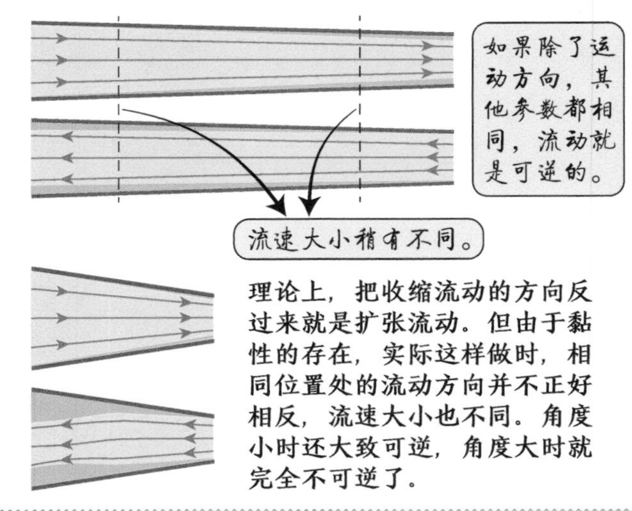

56. 热机——工业时代的基石

热机是把热能转化成机械能的一类机器，可以说热机的发明是人类进入现代社会的决定性推动力，我们现在的主要活动都是基于热机提供的能量。然而，热机也是效率最低的一类机器，浪费大量能量的同时还会造成大量的环境问题。

从广义上说，凡是可以把其他能量通过热能的形式转化成机械能的装置都可以称为热机，因此，枪炮、炸弹等都是某种形式的热机。不过真正的热机需要连续不断地把热能转化成机械能，所以蒸汽机是公认的第一种实用的热机。

所谓热机

早期的蒸汽机是一种外燃机，燃料燃烧把化学能转化为热能，反复地把水汽化和液化，利用水的体积变化来做功。

枪炮是利用火药爆炸产生的气体膨胀来推动弹头的，和内燃机中的燃气膨胀类似，也是一种把化学能通过热能转化成机械能的装置。

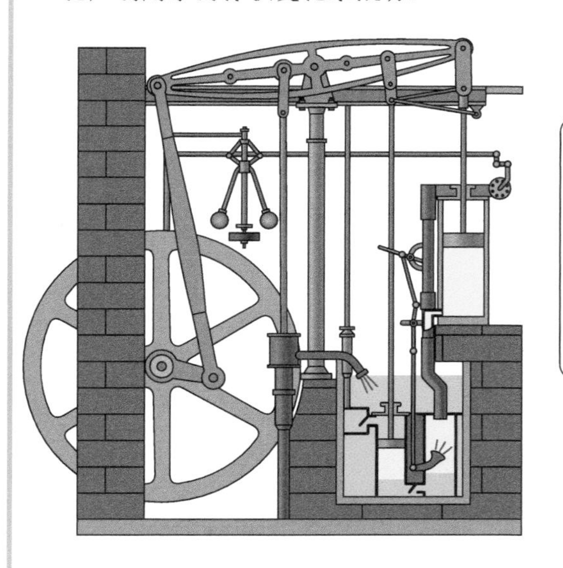

据估算，瓦特改进后的蒸汽机效率也不到3%，但这已经足够让它成为很有用的东西了。

内燃机广泛地用在车辆的动力系统和小型发电设备中，目前好的内燃机热效率可达40%或更高，是一种很成熟的热机。

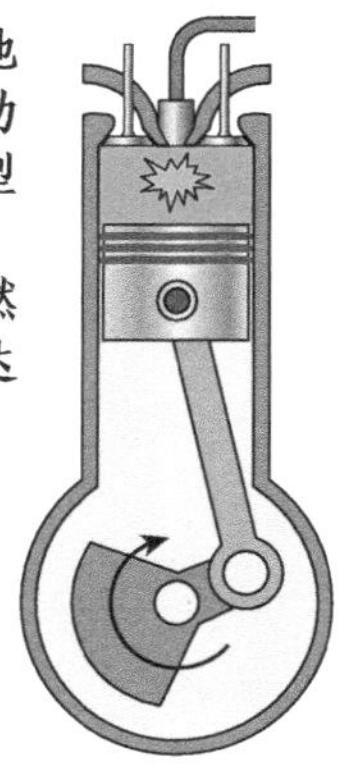

喷气式发动机也是一种热机，其热效率与内燃机相当，但结构更紧凑，相同大小的机器可以产生更大的输出功率。

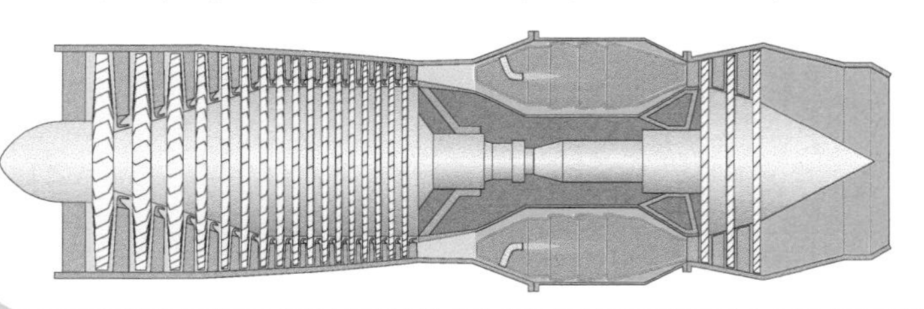

风力发电机利用的是风的机械能，不是热机。

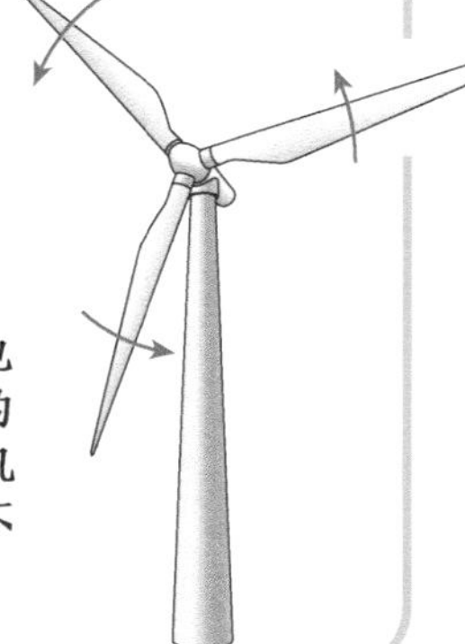

气体膨胀做功

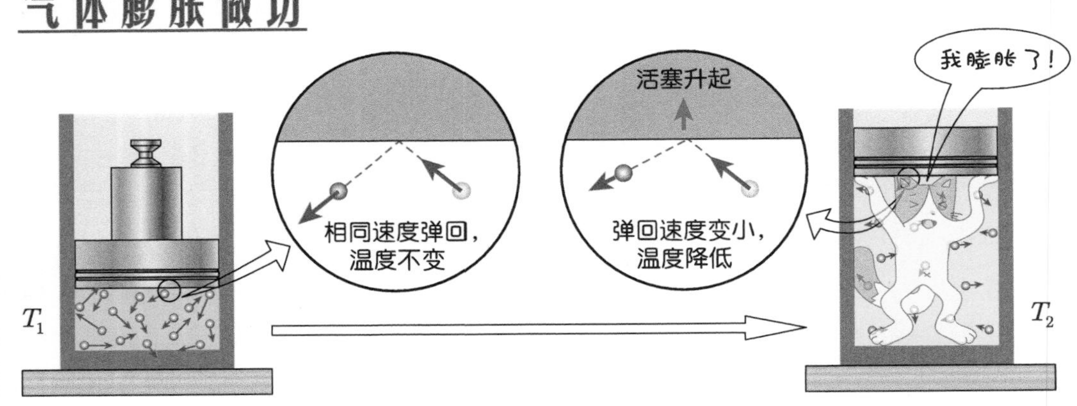

气体的内能是分子热运动的动能，热运动速度与声速相当，所以这个能量是相当巨大的。不过分子们朝向四面八方运动，形不成合力，所以能量的体现形式只有温度和压力。

要想让分子齐心协力做功，就要让气体整体朝某方向运动，这只能通过膨胀来实现。放开某个方向的限制，气体就会朝这个方向运动，输出机械功，内能降低。

势能

动能

弓箭是典型的势能转化为动能的装置，拉弓所做的功主要储存在弓背中。松开弦后，弹性力做功把箭发射出去。过程中弓会发热，箭所获得的机械能总是小于人拉弓所做的功。

如果有办法在弓拉满的时候保持住位置的同时增加弓背的弹性模量，就可以有更大的弹性力把箭射出去，使箭获得的机械能大于人拉弓所做的功。这听起来有点像永动机，真有这种办法吗？

答案是有办法，也不违反热力学定律，因为这需要额外输入功或者热。右图表示了用气体作为弹性介质的一种弓的设想，不妨称之为“气弓”。如果在拉满弓的时候给气缸加热，气体温度上升，弹性模量就增大。当箭发射时，一部分能量来自加热提供的热能，箭获得的动能就可以明显大于拉弓所做的功，这样的弓可以称为“火弓”。

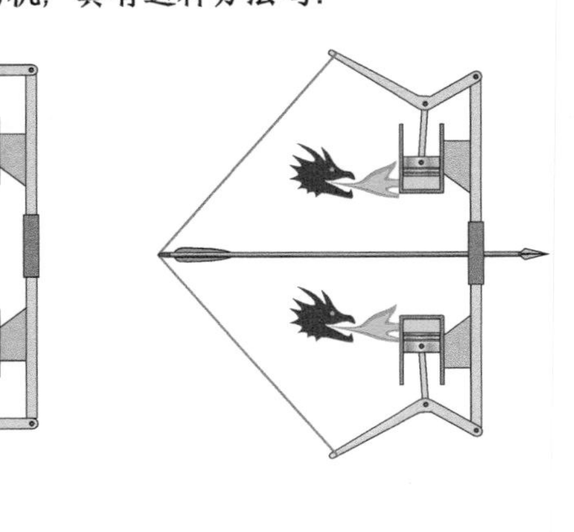

热机都是利用热胀冷缩的原理工作的，这几乎是把热能转化成机械能的唯一方法。固体和液体虽然也存在热胀冷缩的现象，但它们的体积随温度变化很小，很难利用，所以热机都是利用气体工作的。蒸汽机中也会存在液态的水，但必须有蒸汽的存在，仅仅是加热的水是没办法对外做功的。

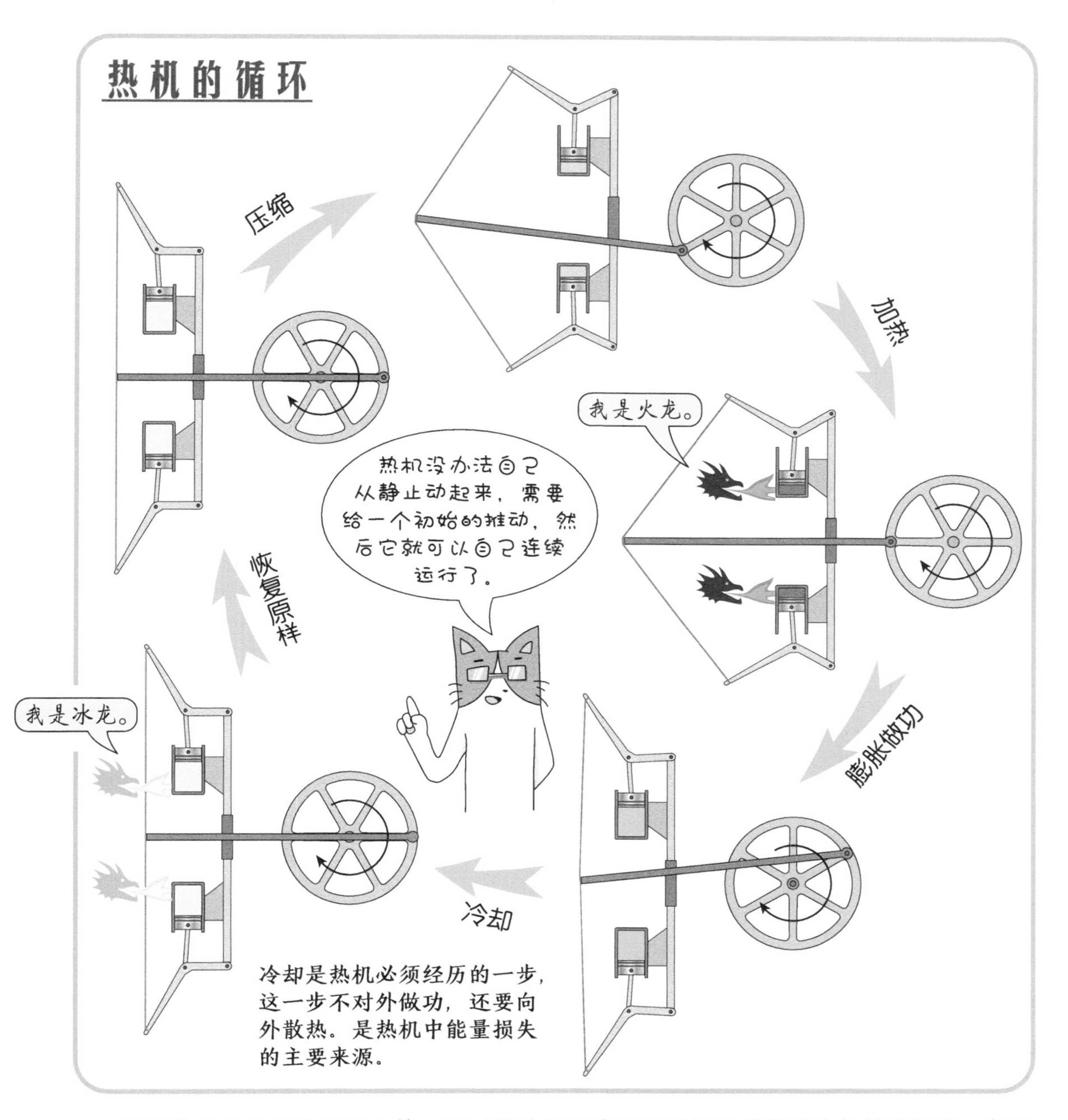

实用的热机都是连续工作的，通过某种循环来不断地把热能转化为机械功输出。前页的“火弓”通过压缩→加热→膨胀实现了单次机械功输出，如果把箭换为连杆和飞轮，用飞轮的惯性带动连杆重新压缩气缸，就可以连续工作了吗？

答案是不行。因为气缸内气体的能量一部分来自压缩，一部分来自加热，膨胀后气体剩余的温度还是高于压缩前，对应的弹性模量大，压缩它需要的功比之前冷态压缩那一次要高。因此，即使一开始拉弓给予了很大的能量，也会在几次循环后就耗尽，使整个运动停下来。所以，需要把气缸里的气体冷却后再压缩才行。这个冷却环节白白地损失掉了一些能量，这也是热机的效率都不高的原因。更麻烦的是气体很难冷却那么快，实用的热机通常采取把热气排掉，重新吸入冷气的工作方式。

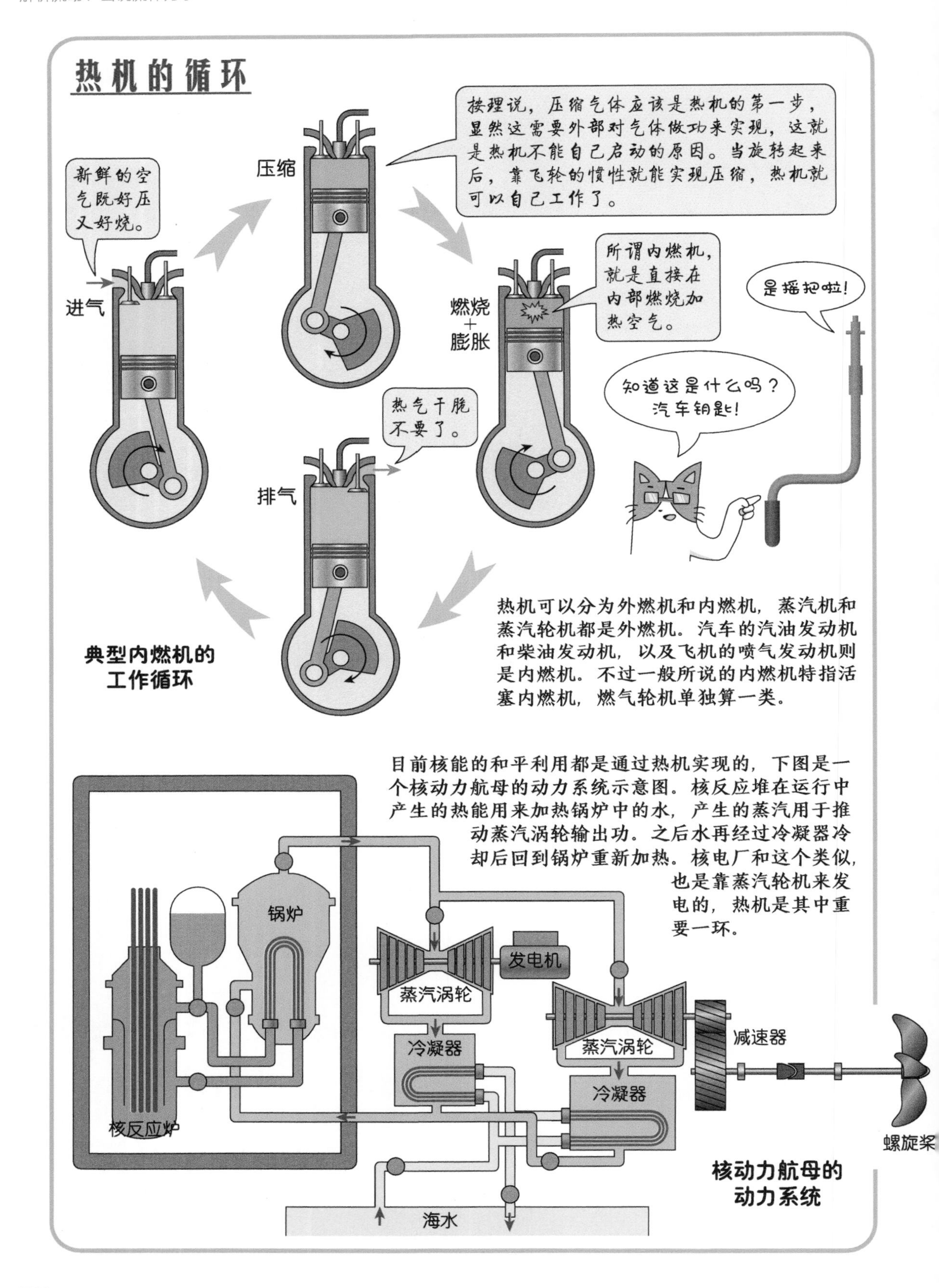
热机的循环
新鲜的空气既好压又好烧。
进气
压缩
按理说，压缩气体应该是热机的第一步，显然这需要外部对气体做功来实现，这就是热机不能自己启动的原因。当旋转起来后，靠飞轮的惯性就能实现压缩，热机就可以自己工作了。
燃烧+膨胀
所谓内燃机，就是直接在内部燃烧加热空气。
是摇把啦！
知道这是什么吗？汽车钥匙！
热气干脆不要了。
排气
典型内燃机的工作循环
热机可以分为外燃机和内燃机，蒸汽机和蒸汽轮机都是外燃机。汽车的汽油发动机和柴油发动机，以及飞机的喷气发动机则是内燃机。不过一般所说的内燃机特指活塞内燃机，燃气轮机单独算一类。
目前核能的和平利用都是通过热机实现的，下图是一个核动力航母的动力系统示意图。核反应堆在运行中产生的热能用来加热锅炉中的水，产生的蒸汽用于推动蒸汽涡轮输出功。之后水再经过冷凝器冷却后回到锅炉重新加热。核电厂和这个类似，也是靠蒸汽轮机来发电的，热机是其中重要一环。
锅炉
发电机
蒸汽涡轮
冷凝器
蒸汽涡轮
减速器
冷凝器
核反应炉
螺旋桨
海水
核动力航母的动力系统

热机的效率

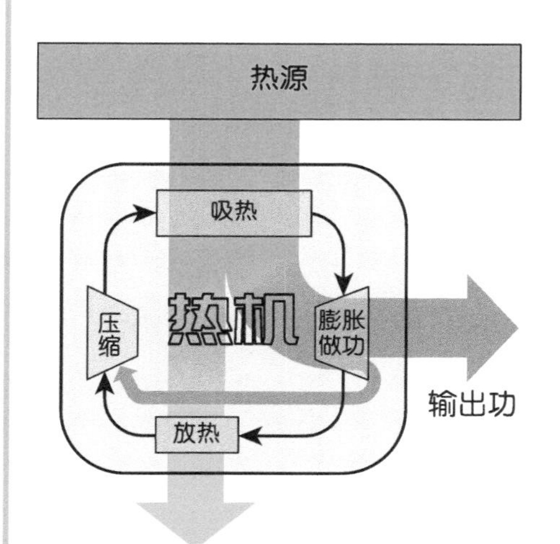

从热力学原理上看，热机可以看作是一种可控的传热过程。热量源源不断地从热源传递给冷源，热机在这其中只提取了一部分作为机械功输出。

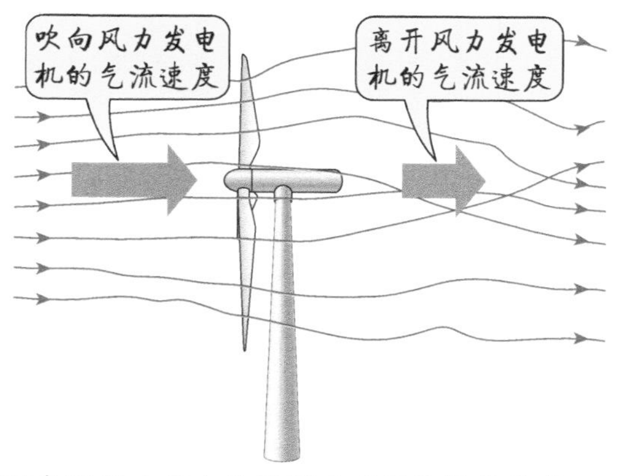

可以参照风力发电的过程来理解热机的效率，气流的动能用来推动风力发电机旋转发电，经过风力发电机后气流仍然要有一定的流速，才能流入下游。所以风力发电机获得的能量只占风能的一部分，根据理论可得最大的风能利用系数是 59.3%，目前应用的风力发电机只能达到40%左右。从这个角度说，风力发电机与热机的效率相当。

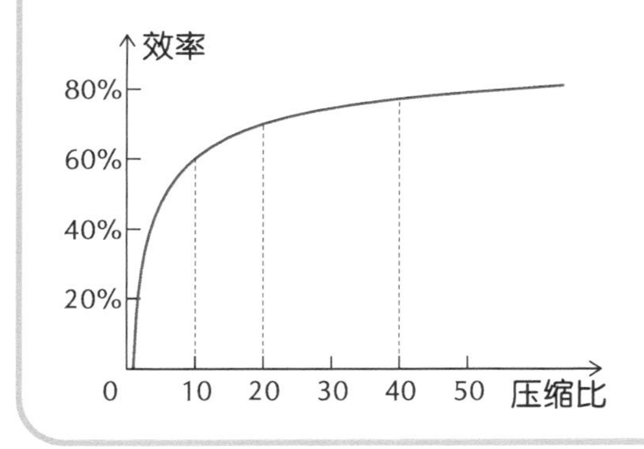

内燃机和燃气轮机的效率与它们压缩空气的程度有关。左图表示了不考虑损失时，这两种热机的效率与压缩比的关系。可见压缩比越高效率就越高，汽油发动机的压缩比一般为10左右，柴油发动机的压缩比可达20左右，燃气轮机的压缩比可以超过40。

德国人奥托发明了世界上第一台实用的四冲程汽油发动机，这四个冲程构成的循环后来被称为奥托循环。

总的来说，热机是一类效率很低的能量转换装置，这也是没办法的事，因为热能本来就是一种很不好利用的能量。当没有任何流动和换热损失时，热机的效率表达式为：

$$\eta = 1 - \frac{T_2}{T_1}$$

式中，T_1 为热机吸热的热源温度；T_2 为热机放热的环境温度。可见，只要气体温度不降低到绝对零度附近，热机的效率就不会太高。常见的热机中，蒸汽机的效率只有 5% 左右，蒸汽轮机的效率约为 30%，内燃机效率一般接近 40%，燃气轮机的热效率与内燃机相当或稍高一点。与此对比，电动机的效率可达 90% 以上。不过电能多数也是靠热机转化来的，所以总的来说人类利用能源的效率是很低的。

57. 熵增就是损失

德国物理学家克劳修斯在研究功热转换的过程中定义了熵（Entropy）这个物理量，用来描述能量的可用性，或者自发过程的方向。对一个孤立的系统，熵总是趋向于最大化，这是热力学第二定律的又一种表述。

根据分子运动论，单个气体分子的运动是完全可逆的，而大量分子产生的宏观运动就不一定可逆了。奥地利物理学家玻尔兹曼使用统计方法把微观的分子运动和宏观的热力学联系了起来，并进一步解释了熵的物理意义。系统的熵总是自发地趋向于最大化的原因很简单，因为熵就表示了系统状态的可能性，熵增表示了系统从较小可能的状态发展到较大可能的状态。

玻尔兹曼对熵的解释

容器中的气体总是自发地充满整个容器，相反的过程（气体自发地聚集到一侧）似乎永远不会发生。

自发过程

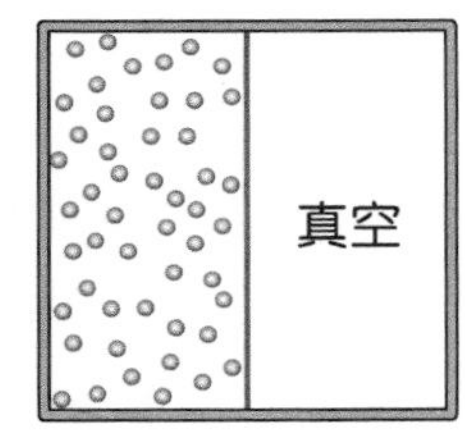

容器被隔板分隔成两部分，左侧充满空气，右侧为真空。

不可能？ ⇧ 可能性极小。

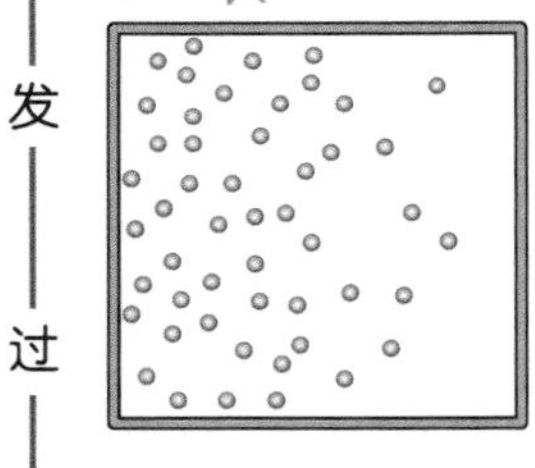

撤掉隔板，空气就在压力作用下向右侧膨胀，这是宏观的解释。微观上，分子是随机地从左侧扩散到了右侧。

不可能？ ⇧ 可能性极小。

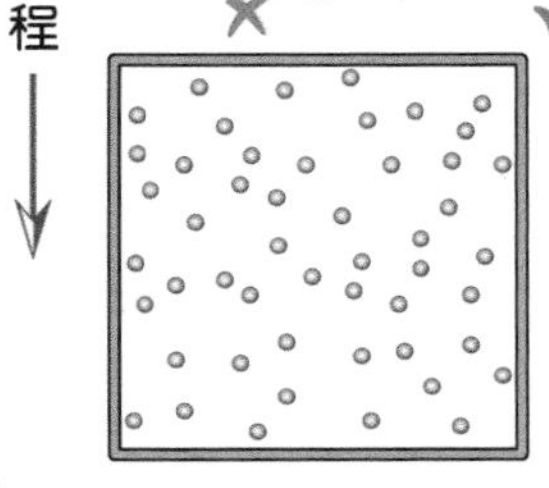

最终“稳定”时，分子们仍然在混乱地运动，微观状态一直在改变，但宏观表征（温度、压力等）已经不变了。

根据玻尔兹曼的解释，自发过程代表了事情发生的可能性最大的方向。相反的过程并不是不可能发生，而是可能性太小。当粒子数很少时，自发的熵减过程是完全可能的，不过粒子数很少时并没有熵的概念，熵与温度一样是宏观统计量，只包含几个分子的系统是不能定义温度和熵的。

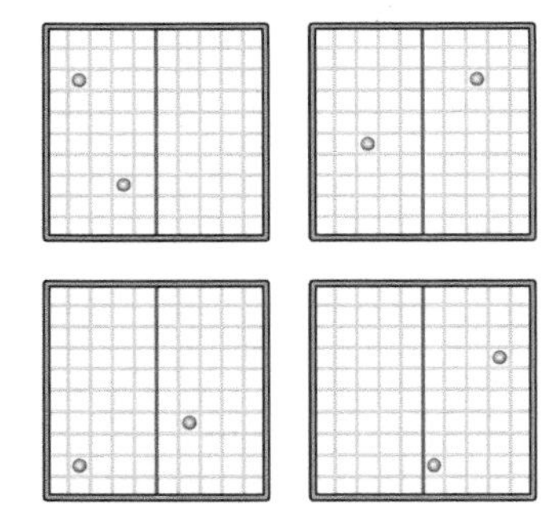

在一个容器中随机放两个小球，它俩同时处于左侧的概率是1/4。也就是说两球都在左侧并不算特殊事件。

如果在同样的容器中放50个球，总的放法就有10^{93}种之多！而50个球都处于左侧只是其中一种，这就是个可能性极小的事件了。

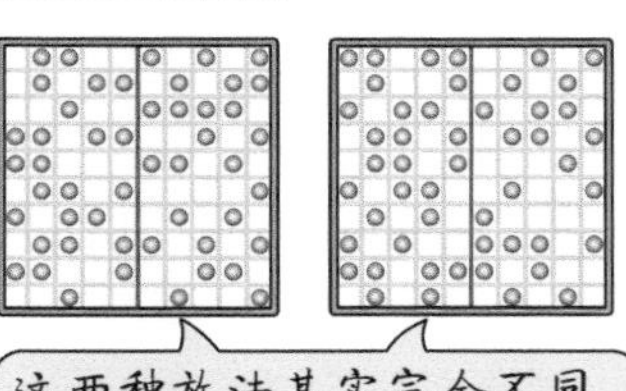

这两种放法其实完全不同，但看起来很像，都是“充满”容器的状态。

10^{93}是个超大的数，据估算宇宙中的基本粒子总数才10^{80}左右。

热力学熵

对刚性容器加热，内部的空气温度增加，吸收的热量完全转化为空气的内能。

$$\delta Q = C_v \mathrm{d}T$$

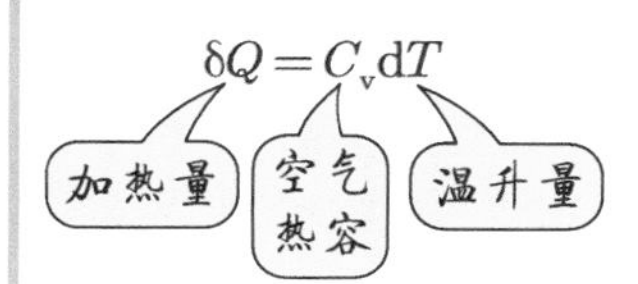

如果把上壁面换成活塞，则空气获得的热量一部分导致自身温度增加，还有一部分膨胀对外做功了。

$$\delta Q = C_v \mathrm{d}T + p\mathrm{d}V$$

压力　体积增量

即使没有换热，气体的熵也有可能改变，例如下面的情况。这种膨胀中，气体与外界没有热和功的交换。

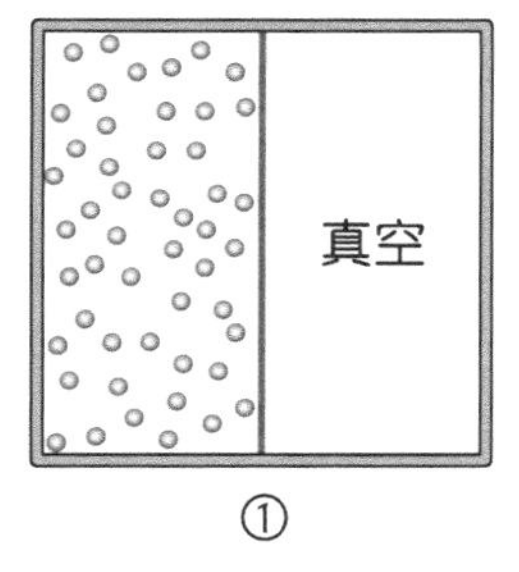

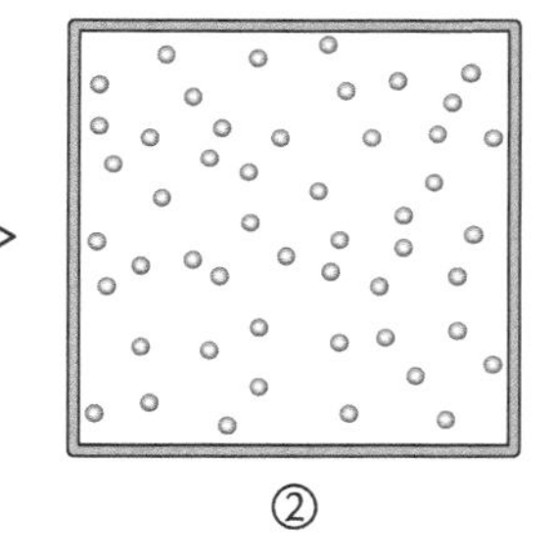

①

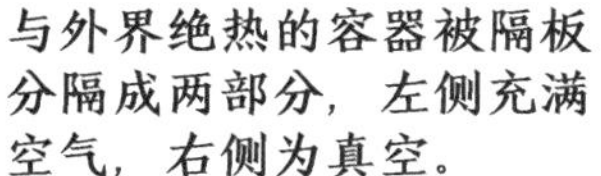

与外界绝热的容器被隔板分隔成两部分，左侧充满空气，右侧为真空。

②

撤掉隔板，空气自发膨胀充满整个容器，温度不变，体积增大，熵增加。

$$S_2 - S_1 = \int_1^2 \frac{\delta Q}{T} = C_v \ln\frac{T_2}{T_1} + R\ln\frac{V_2}{V_1}$$

=0　>0

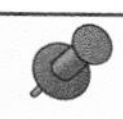

熵的导出

加热的两种效果：温升，膨胀

$$\delta Q = C_v \mathrm{d}T + p\mathrm{d}V$$

两边同时除以温度：

$$\frac{\delta Q}{T} = C_v \frac{\mathrm{d}T}{T} + p\frac{\mathrm{d}V}{T}$$

把气体关系式 $p = RT/V$ 代入：

$$\frac{\delta Q}{T} = C_v \frac{\mathrm{d}T}{T} + R\frac{\mathrm{d}V}{V}$$

积分：

$$\int_1^2 \frac{\delta Q}{T} = C_v \ln\frac{T_2}{T_1} + R\ln\frac{V_2}{V_1}$$

$\delta Q/T$ 只与状态1和状态2的温度和体积有关，而和中间过程无关。

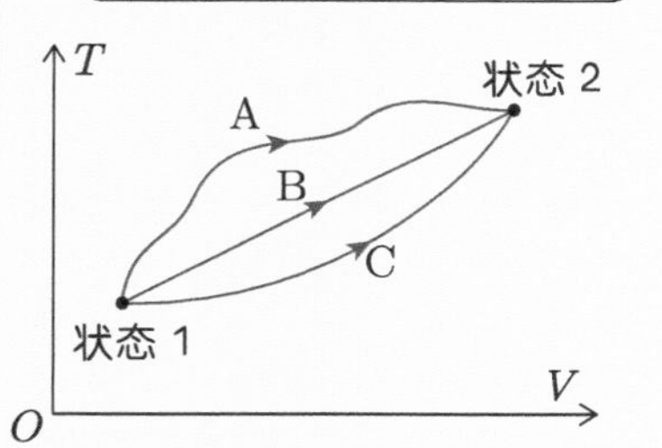

既然 $\delta Q/T$ 只与气体的状态有关，它就和温度、压力等一样描述了气体的某种性质。基于这一点，克劳修斯给它起了新的名称——Entropy（熵），用 S 表示，其变化量为：

$$\mathrm{d}S = \frac{\delta Q}{T}$$

这个定义式中的 δQ 是个虚拟的换热量，实际过程中即使没有换热熵也可以有变化。

熵的绝对值不重要，改变量才重要，在热力学中熵改变量的表达式为：

$$\mathrm{d}S = \frac{\delta Q}{T}$$

从这个表达式来看，熵似乎表征了系统与外界换热量的大小。从外界吸热，熵就增加；向外界放热，熵就减少。不过实际上没有这么简单，熵不只和换热相关。

熵的变化

$$S_2-S_1=C_v\ln\frac{T_2}{T_1}+R\ln\frac{V_2}{V_1}$$

>0　>0　=0

等容加热引起熵增。

$$S_2-S_1=C_v\ln\frac{T_2}{T_1}+R\ln\frac{V_2}{V_1}$$

<0　<0　=0

等容放热引起熵减。

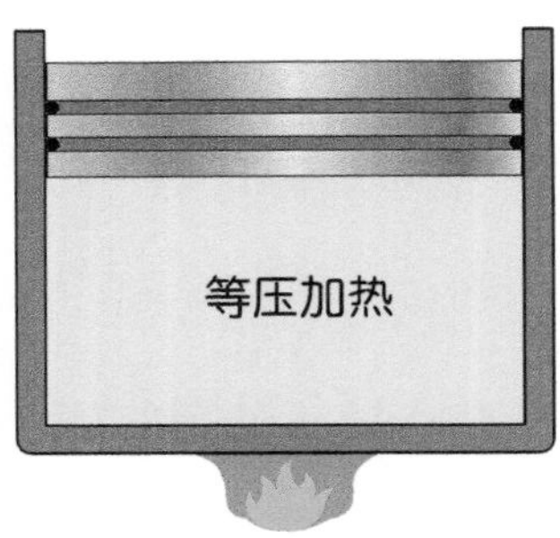

$$S_2-S_1=C_v\ln\frac{T_2}{T_1}+R\ln\frac{V_2}{V_1}$$

>0　>0　>0

等压加热引起熵增。

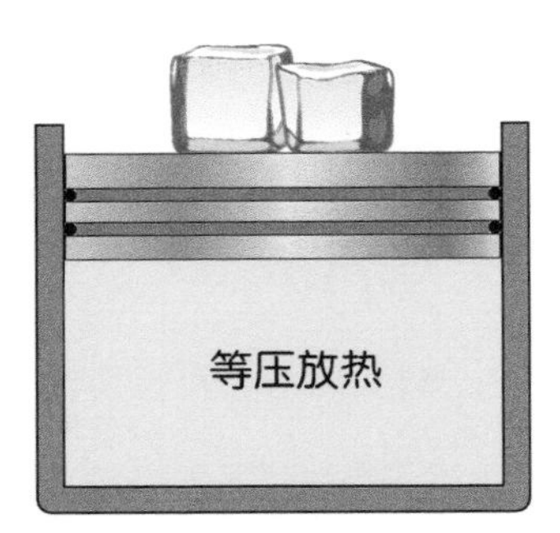

$$S_2-S_1=C_v\ln\frac{T_2}{T_1}+R\ln\frac{V_2}{V_1}$$

<0　<0　<0

等压放热引起熵减。

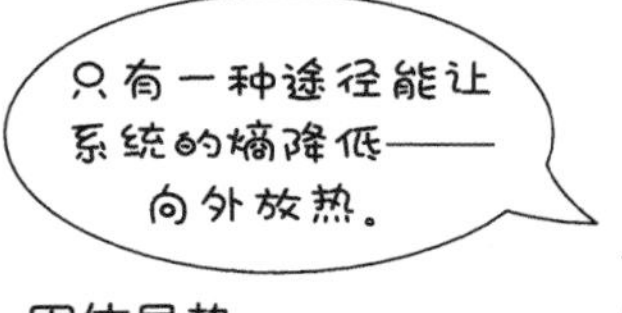

固体导热

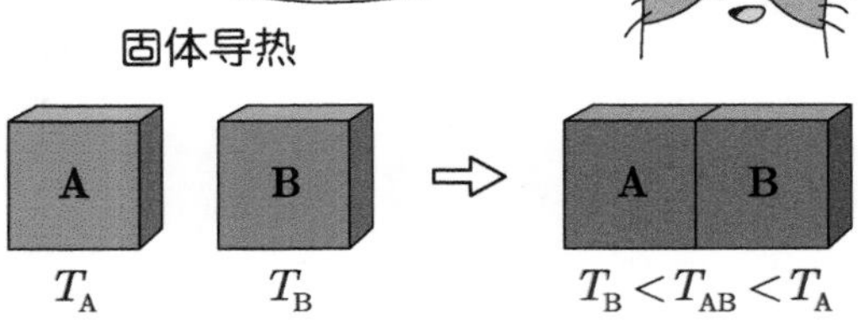

两个金属块，A的温度高，B的温度低，让二者接触并达到平衡。过程中A向外放热，熵降低，B吸热，熵增加。但B的熵增量大于A的熵减量，二者总的熵增加了。

$$dS=\frac{-\delta Q}{T_A}+\frac{\delta Q}{T_B}=\frac{(T_A-T_B)\delta Q}{T_A\cdot T_B}>0$$

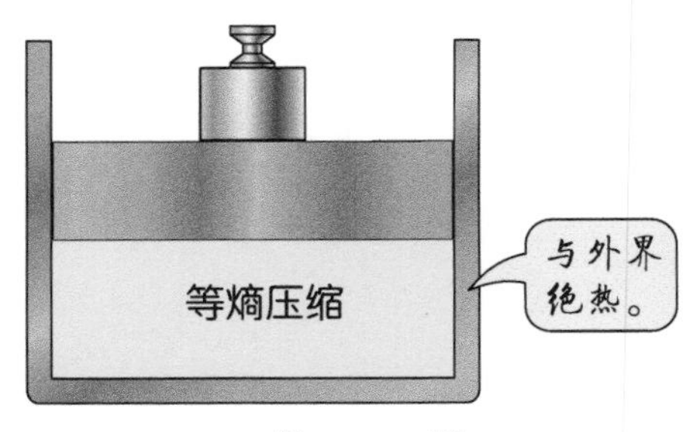

$$S_2-S_1=C_v\ln\frac{T_2}{T_1}+R\ln\frac{V_2}{V_1}$$

=0　>0　<0

容器与外界绝热且活塞无摩擦，体积减小导致的熵减和温度增加导致的熵增正好抵消，称为等熵压缩。

绝热流动中的熵增

当气体与外界绝热时，熵是不会减少的，只会保持不变或增加。

$$S_2 - S_1 = C_v \ln \frac{T_2}{T_1} + R \ln \frac{V_2}{V_1}$$

熵的改变　温度改变　体积改变

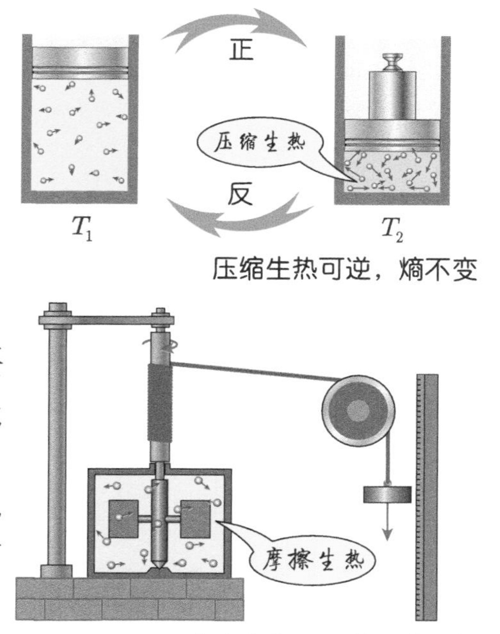

压缩生热可逆，熵不变

摩擦生热不可逆，熵增加

温度升高一般对应着熵增，但如果是纯压缩导致的温升，则熵可以保持不变。从表达式上看是因为体积减小了，对应的物理原因是压缩过程中积攒了压力势能，气体还可以自发地膨胀还原。

如果是摩擦引起的温升，则体积改变量不大。外界停止做功后流体并不会自发地降温，而是会停在高温状态，对应着熵增加了。

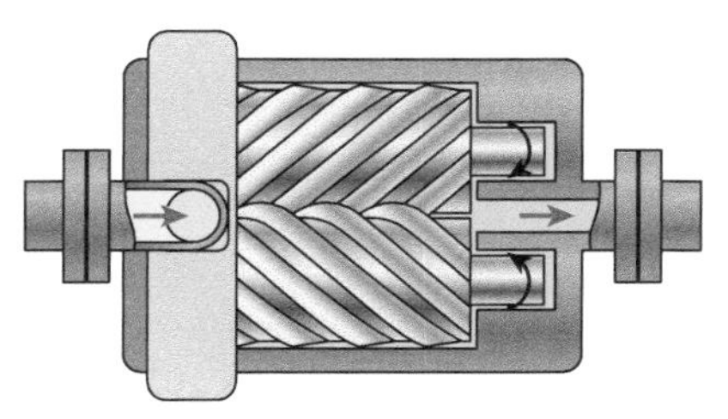

螺杆式空气压缩机的效率可达80%左右。也就是输入功的80%可成为气流的可用能量，包括了气流的机械能和内能。由压缩增加的这部分内能是可用的，而由摩擦增加的内能不可用，属于流动损失，对应着熵增，占比为20%左右。

均匀化使能量不好用了。

当流体内部存在温度、压力、速度、浓度等不均匀时。分子热运动总是会自发地使之均匀化，这些均匀化的过程都对应着熵增。气体向真空进行的等温膨胀是压力的均匀化，两个金属块导热是温度的均匀化，右图给出了一种速度的均匀化。

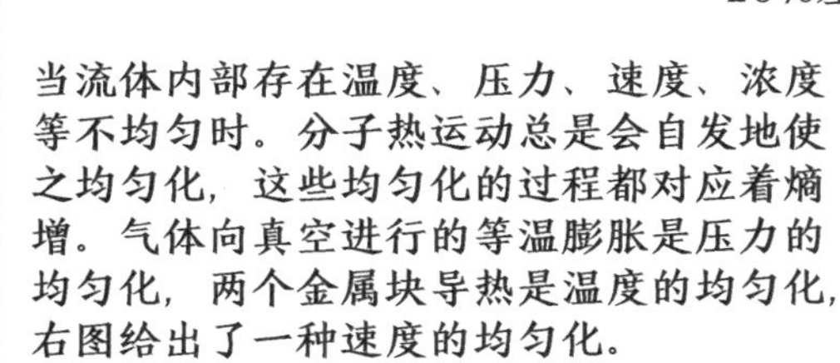

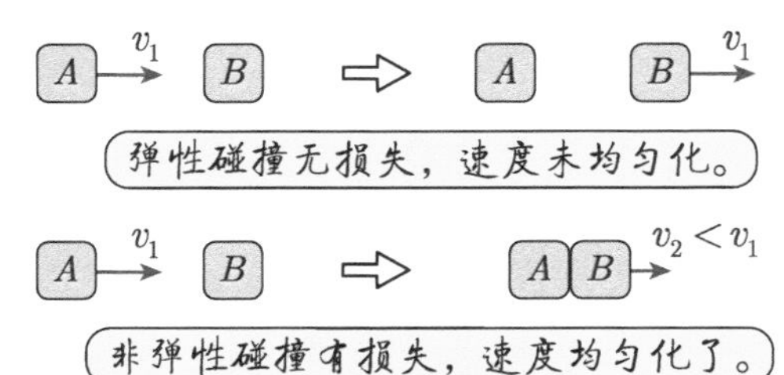

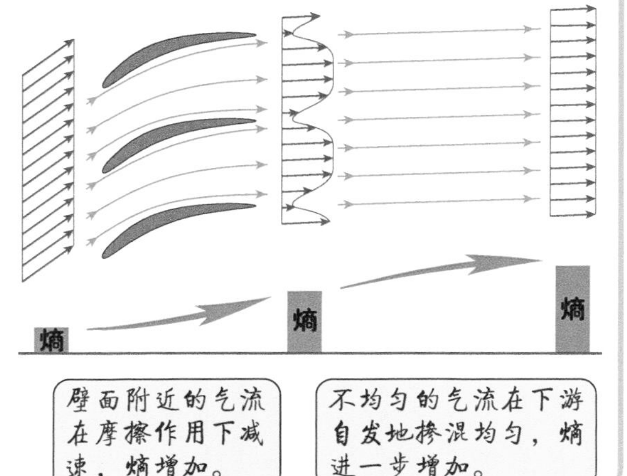

用熵的增加来衡量流动损失应该是最合理的一种方法。因为很多实际的流动中，流体与外界的换热可以忽略，这时熵的增加就直接对应着流动损失。在流体力学知识中这对应着黏性力产生的流体角变形引起的机械能不可逆地转化成了内能。

第 7 章

日常流动现象

58. 对空气做功——风机与压气机

风机和压气机都是利用旋转的叶片给空气做功以提高空气压力或速度的装置。同样的原理也可以应用于液体中，如叶片式水泵或油泵。按照流体流动方向不同还可以把风机分为轴流式和径流式两类，轴流式风机的流体是顺着轴的方向流动的，径流式风机的流体是沿着垂直于轴的方向流动的。有的风机兼有轴流式和径流式的特点，被称为斜流式或者混合式风机。

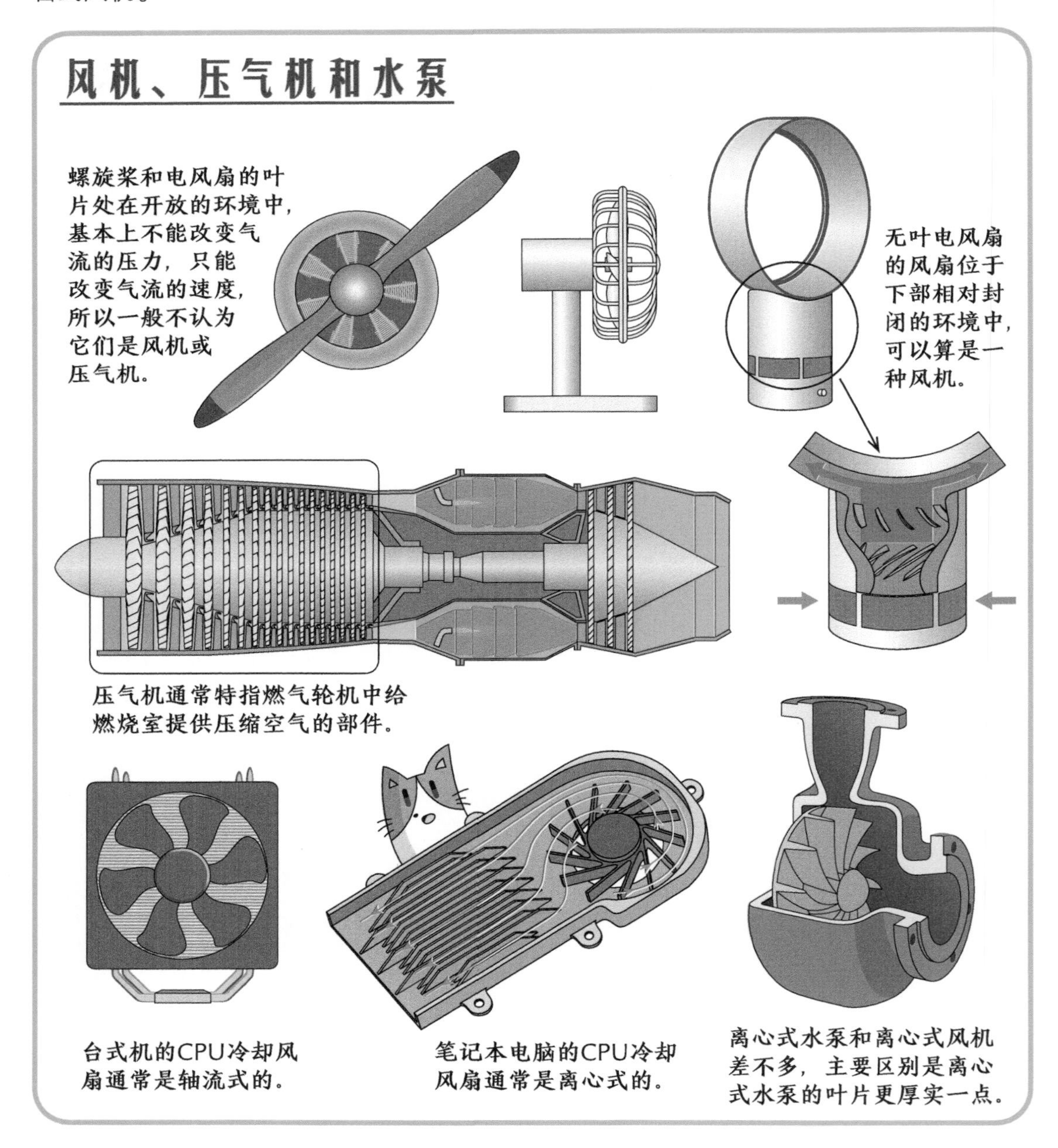

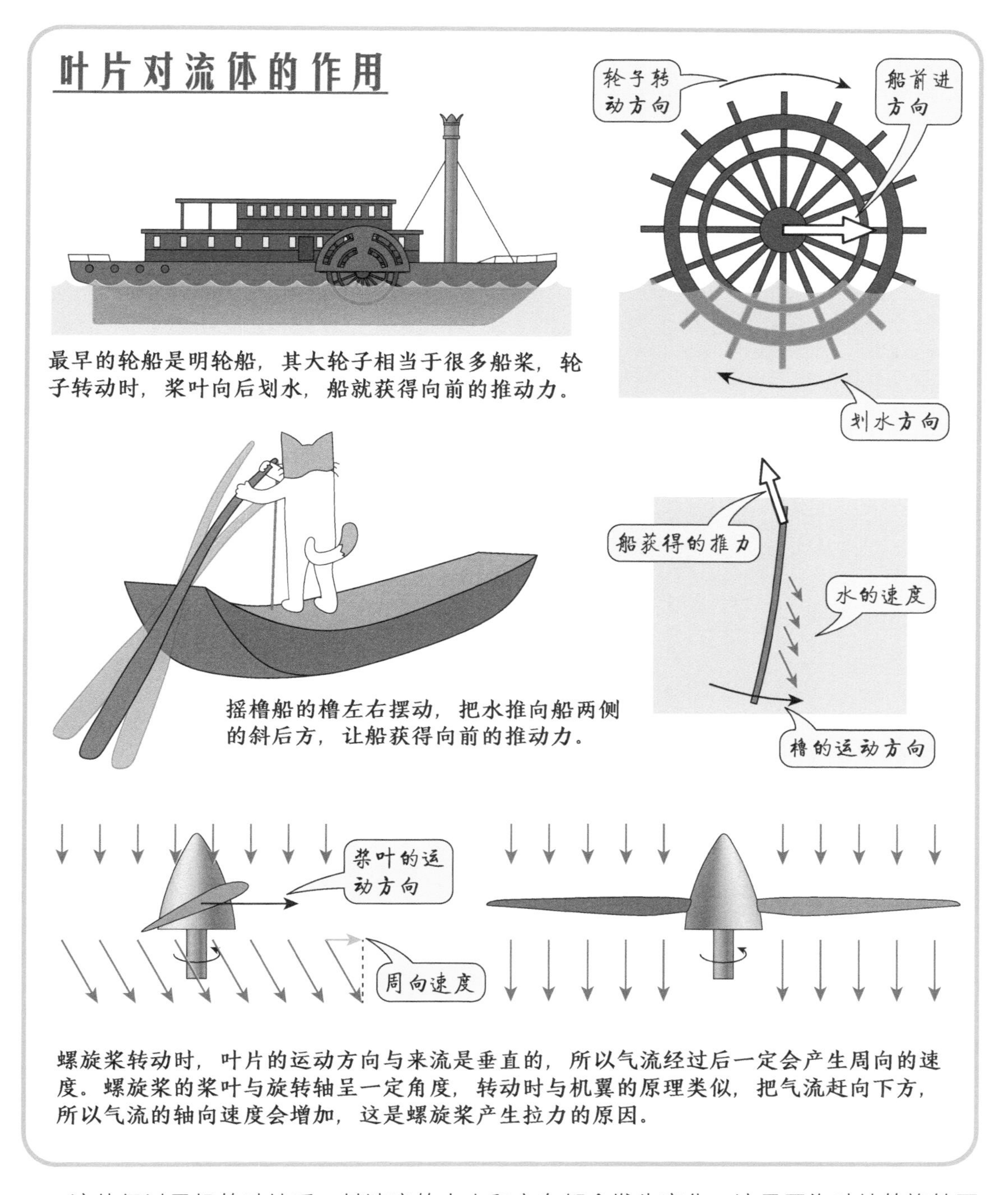

流体经过风机的叶片后，其速度的大小和方向都会发生变化，这是因为叶片的旋转平面是和来流垂直的。其实人们一开始想出的办法是顺着流体给它加速来产生推动力，比如船桨就是，早期的轮船也是。但是在这种方式中桨叶有一半时间要在空气中返回，如果在水中返回就会形成较大的阻力。中国人发明的摇橹船的桨叶的摆动方向与水流垂直，这与现代的螺旋桨和风扇类似，好处是可以连续做功，不需要回程，缺点是流体获得的加速度不都是沿着流动方向的，还有一部分沿着周向，所以流体会发生旋转，这种旋转对于推动和送风都是没有用的，属于能量的浪费。

轴流压气机

这是一个燃气轮机的压气机部分，这个压气机是多级轴流压气机，一共有17级，即17排转动的叶片。

这些转动的叶片都串在同一个轴上，以同样的转速转动。在每一排转动的叶片后面都有一排静止的导向叶片，把气流拐回来。

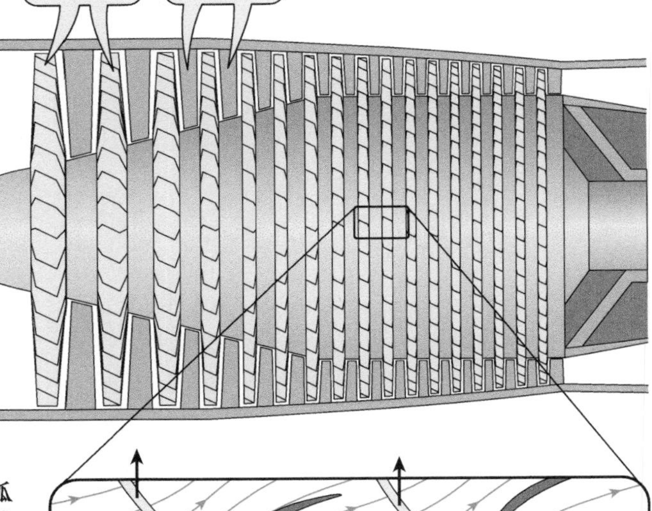

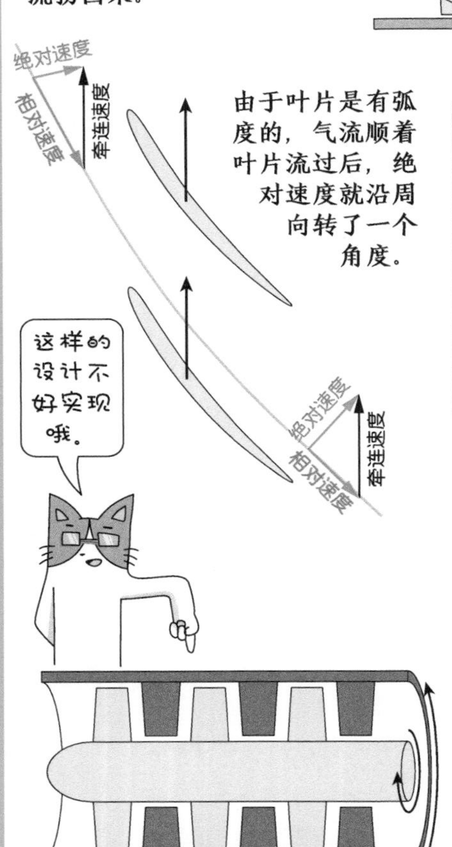

由于叶片是有弧度的，气流顺着叶片流过后，绝对速度就沿周向转了一个角度。

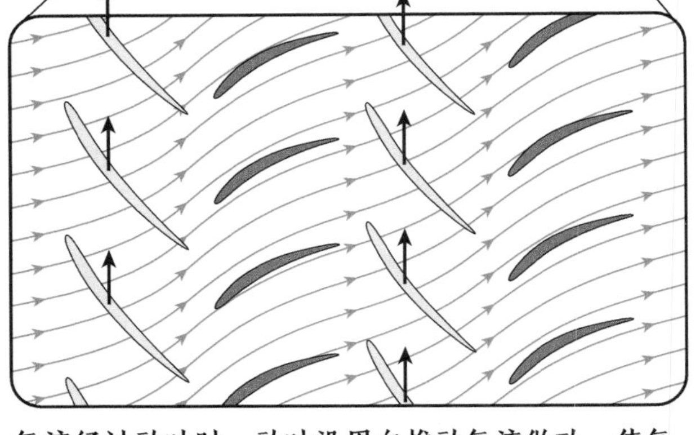

气流经过动叶时，动叶沿周向推动气流做功，使气流的压力和速度都增加，当气流离开动叶后，必然有更大的偏角。后面的导向叶片负责把气流拐回来，这个过程中气流的能量不增加。然后气流再进入下一排动叶再一次增加能量，这样重复多次。

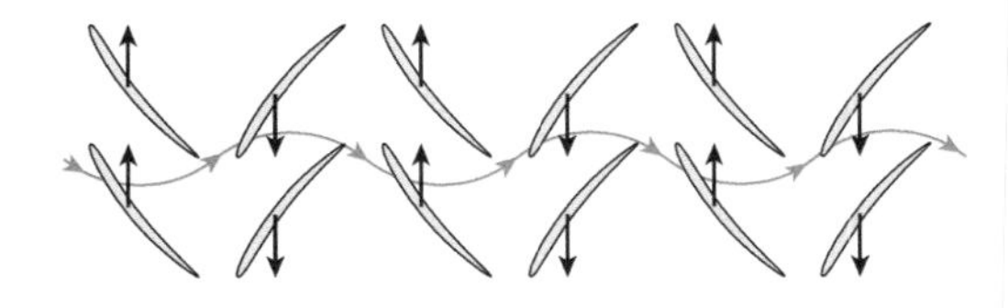

如果前后相邻的叶片排转向相反，就可以来回地给气流做功，不需要导向叶片了。例如，把间隔的叶片分别安装在内轴和外圈上，让二者反向旋转。

对于轴流风机来说，沿轴向进入的气流在叶片的带动下，流出后变成旋转的，可以用一排叶片把气流拐回到轴向，这排叶片叫作导向叶片。导向叶片对于多级的轴流压气机来说是必需的，因为多级压气机的叶片都朝一个方向旋转，如果不拐直，气流会越来越斜，是无法持续的。如果让间隔的叶片都反向旋转，就可以取消导向叶片了，这称为对转压气机，不过在结构上只能实现两级对转，无法多级都对转。

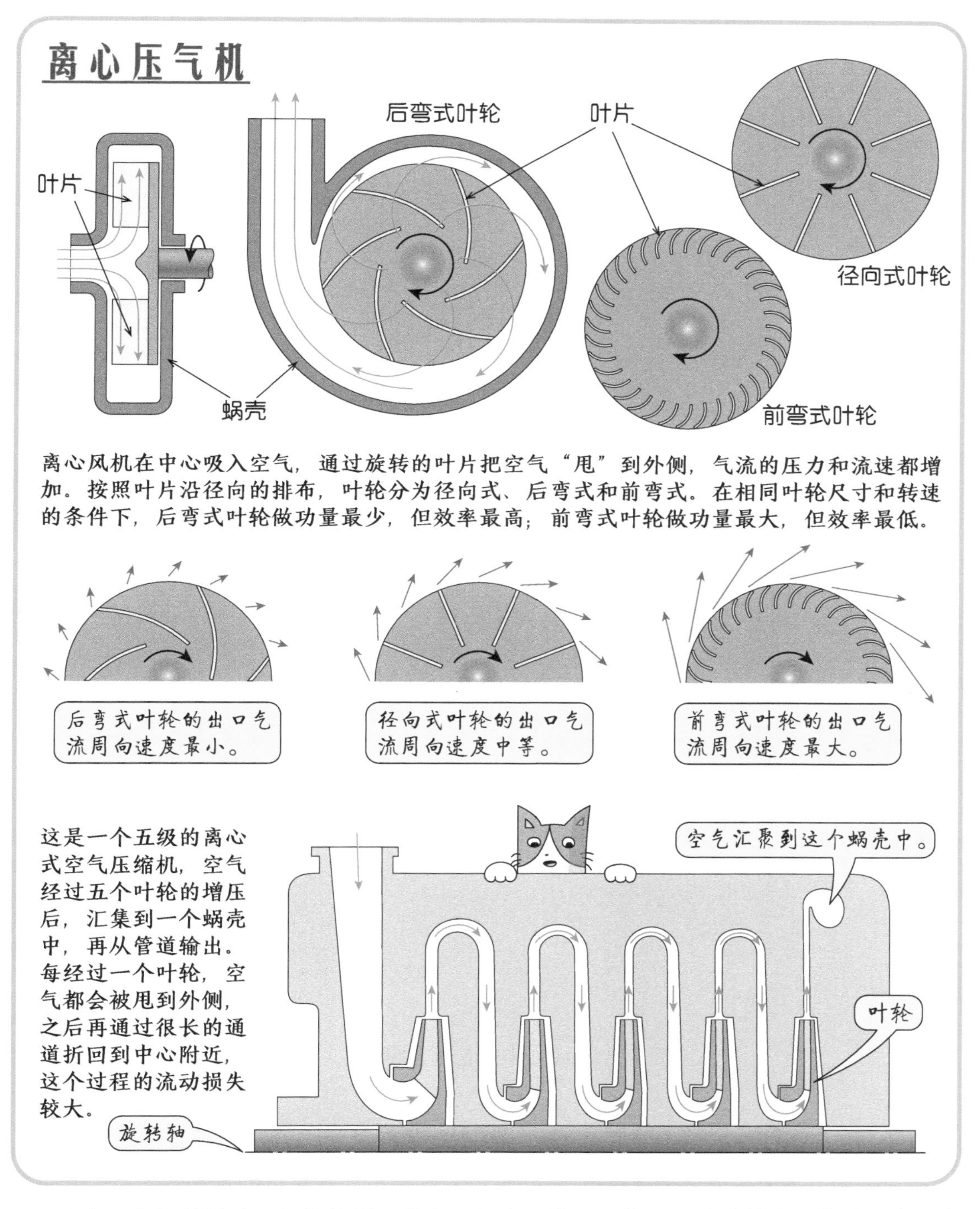

离心压气机比轴流压气机的增压能力强很多，这是因为除了叶片的作用之外，离心力也会增加气流的压力。我们扇扇子时，扇子就类似于离心压气机的叶片，可以感觉到这种运动方式对气流的驱动能力还是很强的。吹风机和吸尘器等内部也多使用离心压气机，因为这二者需要较高的流速或压力。在需要高压供气的场合，一般使用多级的离心压气机，气流经过每一级被甩到外侧后，还要在下一级之前把气流导回到内侧，这个过程的流动损失很大，所以多级离心压气机的效率较低。

59. 控制流量的阀门

阀门是用来开闭管路和控制流量的，开闭管路好理解，控制流量的原理则存在一些误解。常见的解释是阀门靠改变局部流通面积来控制流量，这种解释是有问题的。对于液体和亚声速流动的气体，局部流通面积的减小会相应地增加那里的流动速度，流量并不会减小。导致流量减小的原因是流体经过阀门有很大的压降，在出口压力不变的情况下就提高了阀门进口的压力，对来流形成阻碍，于是上游的流体就减速了。

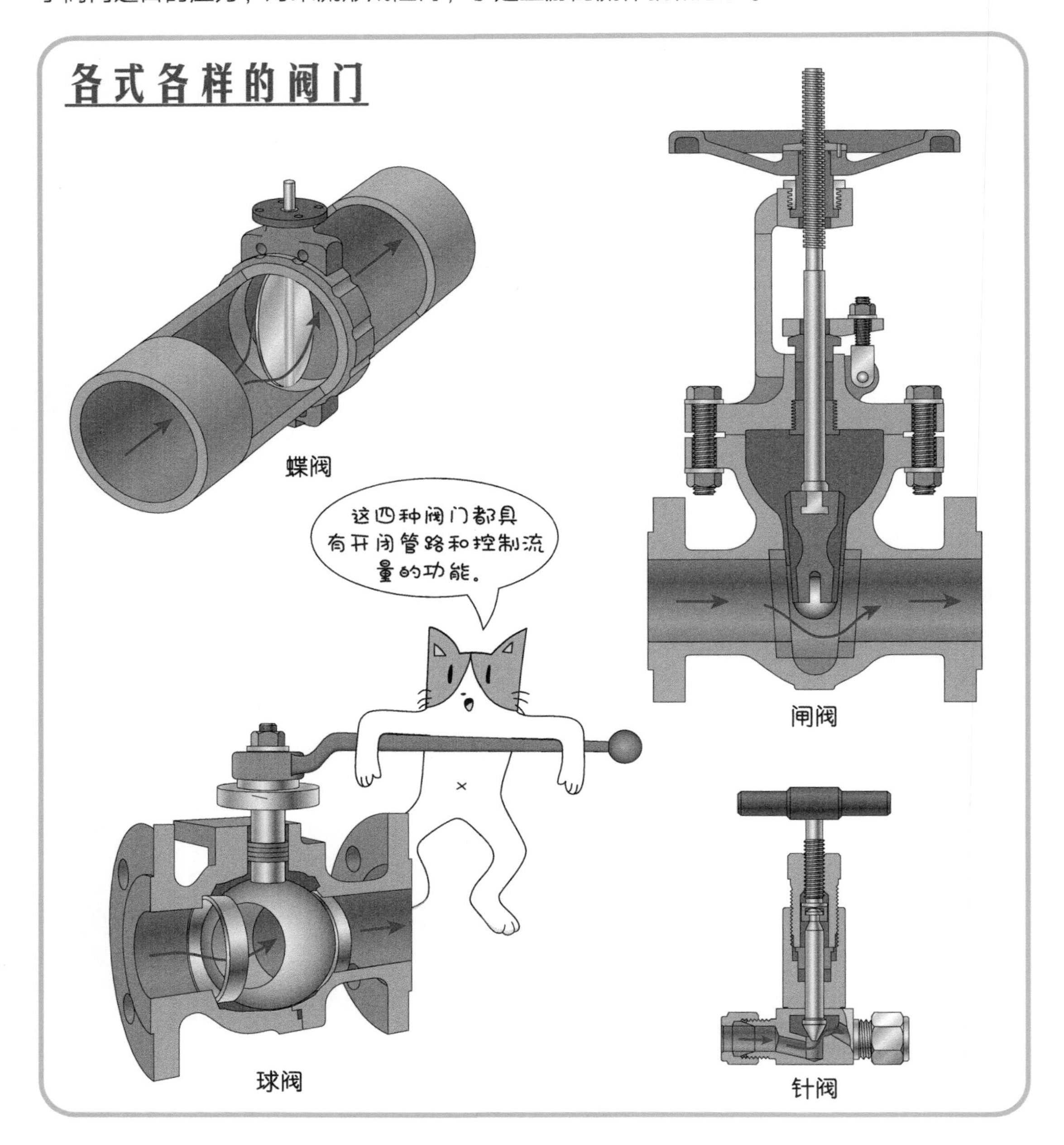

特殊的“阀门”

假设现在有这样一个“阀门”，用柔性壁面来控制横截面积，尽量保持扩张段不分离。则可以发现流量与喉部横截面积并不直接相关，故这样的阀门是不好用的。

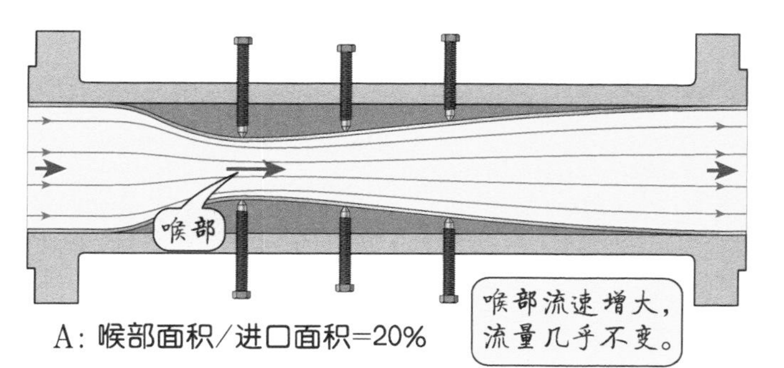

A：喉部面积/进口面积=20%

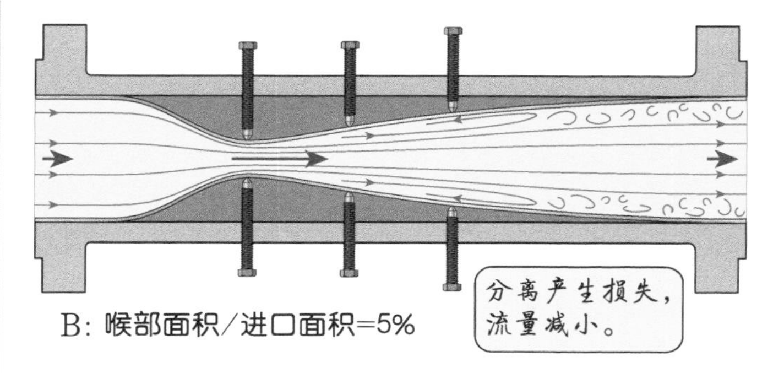

B：喉部面积/进口面积=5%

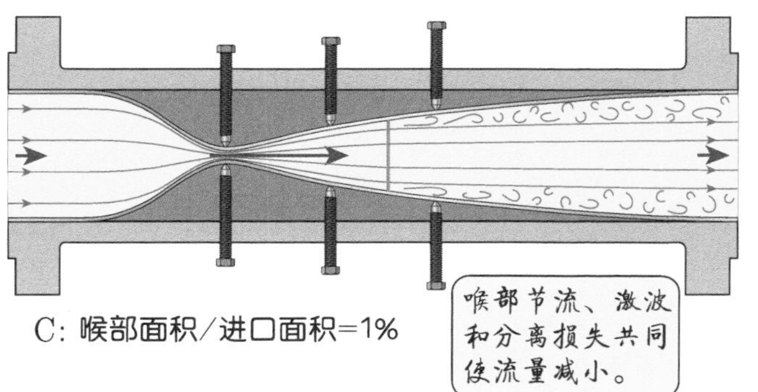

C：喉部面积/进口面积=1%

分析

管道流量的表达式为：

$$\dot{m} = \rho v A$$

可见，当流通面积减小时，只要流体速度或密度相应增大，流量就未必会减小。

当流体速度较低时，密度变化很小，只要没有分离，管道流动损失就基本可忽略，喉部的速度会随着面积的减小同比例地增大，流量保持不变。

（对应A）

继续减小喉部面积，扩张段会出现分离，流动损失使压力下降。为了在出口保持同样的压力，进口的流体会减速，于是流量就相应地减小了。

（对应B）

当喉部面积减到很小时，此处的流速达到声速，速度不能继续增大了，再减小喉部面积，流量就随之减小了。同时，扩张段的激波和分离损失也会进一步地减小流量。

（对应C）

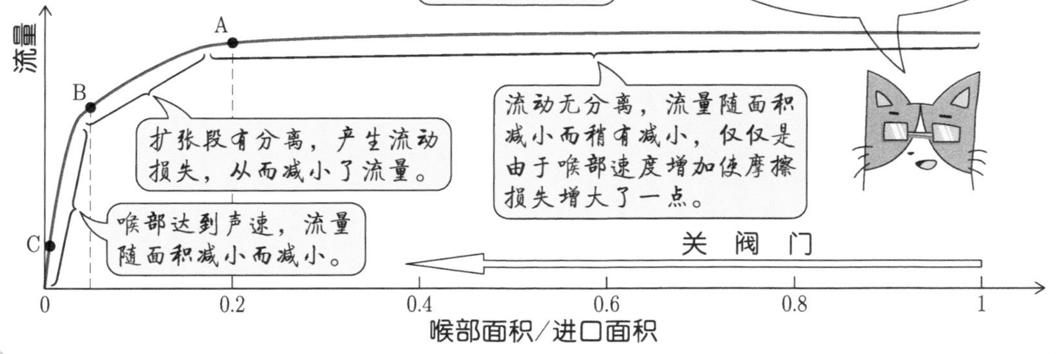

流量因何而变

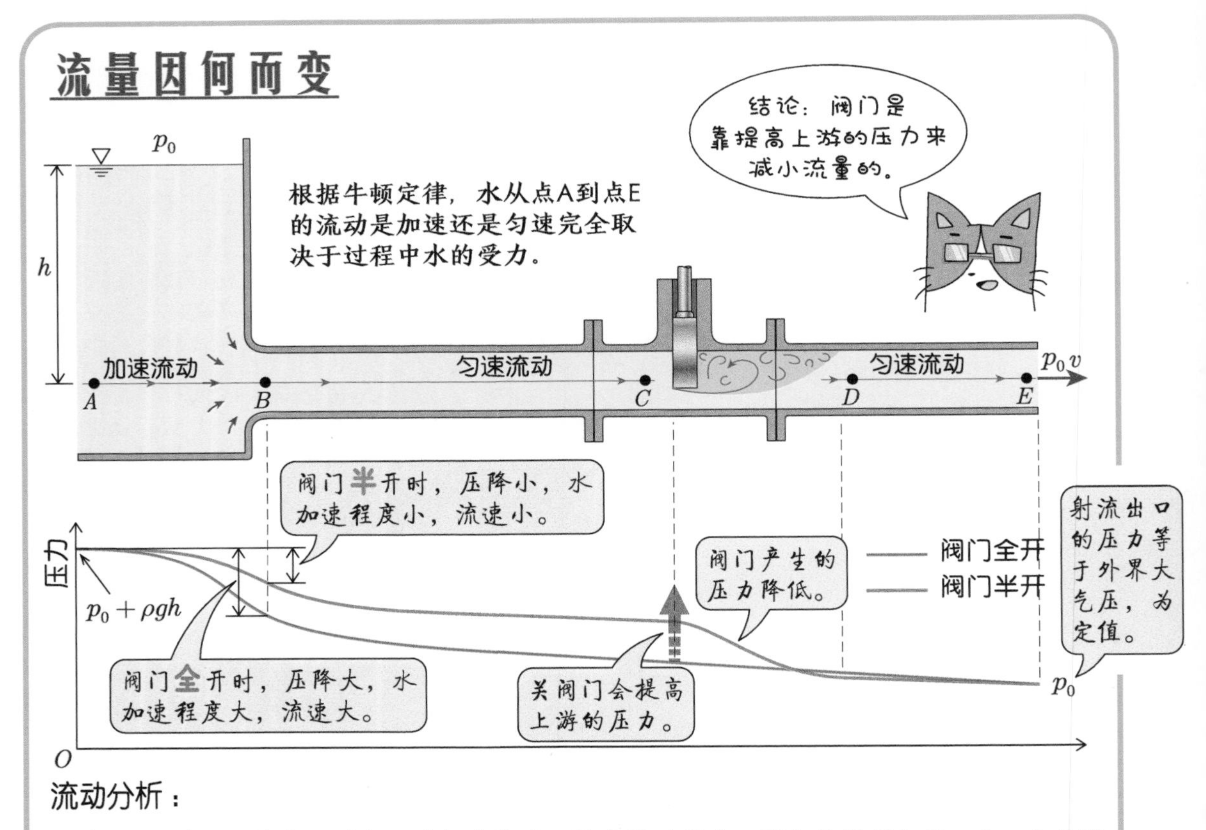

流动分析：

点A ⟶ 点B：从点A到点B是加速流动，没有流动损失，符合伯努利定理。点B水的速度大小取决于A、B两点的压差，水是在这个压差力作用下加速的。

点B ⟶ 点C：从点B到点C是匀速流动，壁面对水有摩擦阻力，需要有一个压差力来平衡，所以点C的压力低于点B。当然这也可以解释为管道产生的流动损失。

点C ⟶ 点D：点C和点D截面积相同，水的流速相同，由于阀门对水有阻力，所以点D的压力必然低于点C。这也可以解释为阀门产生的流动损失。在点C和点D之间，阀门半开的时候存在一个小面积的喉部，该处的压力低流速高。

点D ⟶ 点E：水从点D到点E的流动与点B到点C类似。

常见的阀门调节需求有三种：快开、线性和等百分比。实际应用中没有阀门可以精确满足任何一种，只能尽量接近。

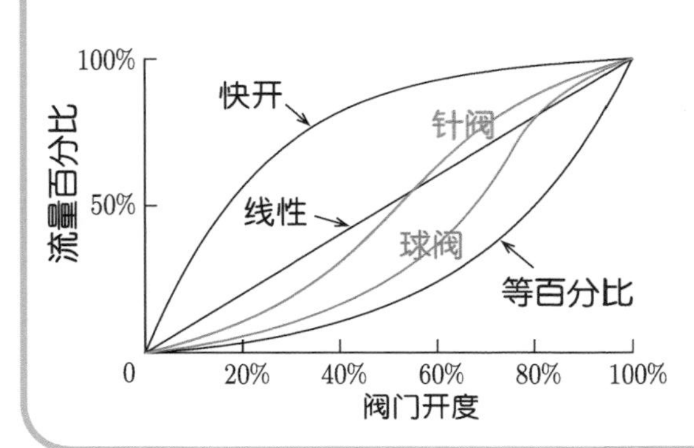

不同的阀塞形状可以有不同的流量特性。

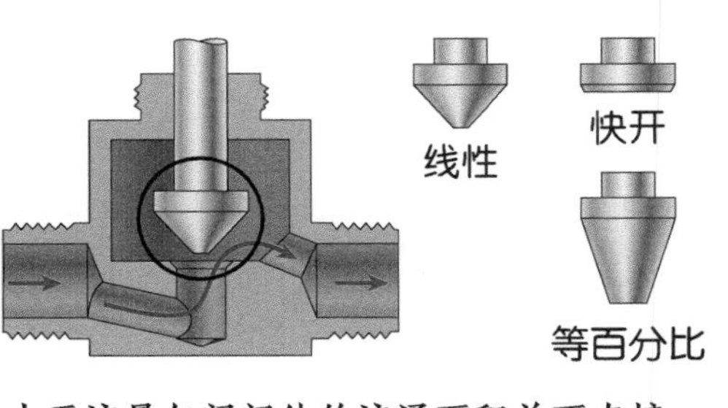

由于流量与阀门处的流通面积并不直接相关，所以流量与阀门开度之间的关系较为复杂，不能完全靠理论设计得到，最终都是由实验来确定。

60. 捏扁出口流速增

大家可能有这样的生活经验，用软管放水的时候，如果捏扁出口，射流的速度会增加。洗手的时候，堵住自来水龙头的一半，剩下一半的流速也会增加。学过一点流体力学的人可能会本能地用流量连续原理来解释这个现象，认为在流量不变的前提下，面积减小流速就增加，这个解释看似合理，其实是经不起推敲的。因为实际上流量不变这种条件很少见，流量一般都是随着出口面积的减小而减小的，当把出口捏得很小的时候，流速也会随着出口面积的减小而减小，当出口面积减小到零时，流量自然也减小到零。但如果捏扁的是管道中间某处，就成了前面讲的阀门问题，出口流速就一直是降低的。

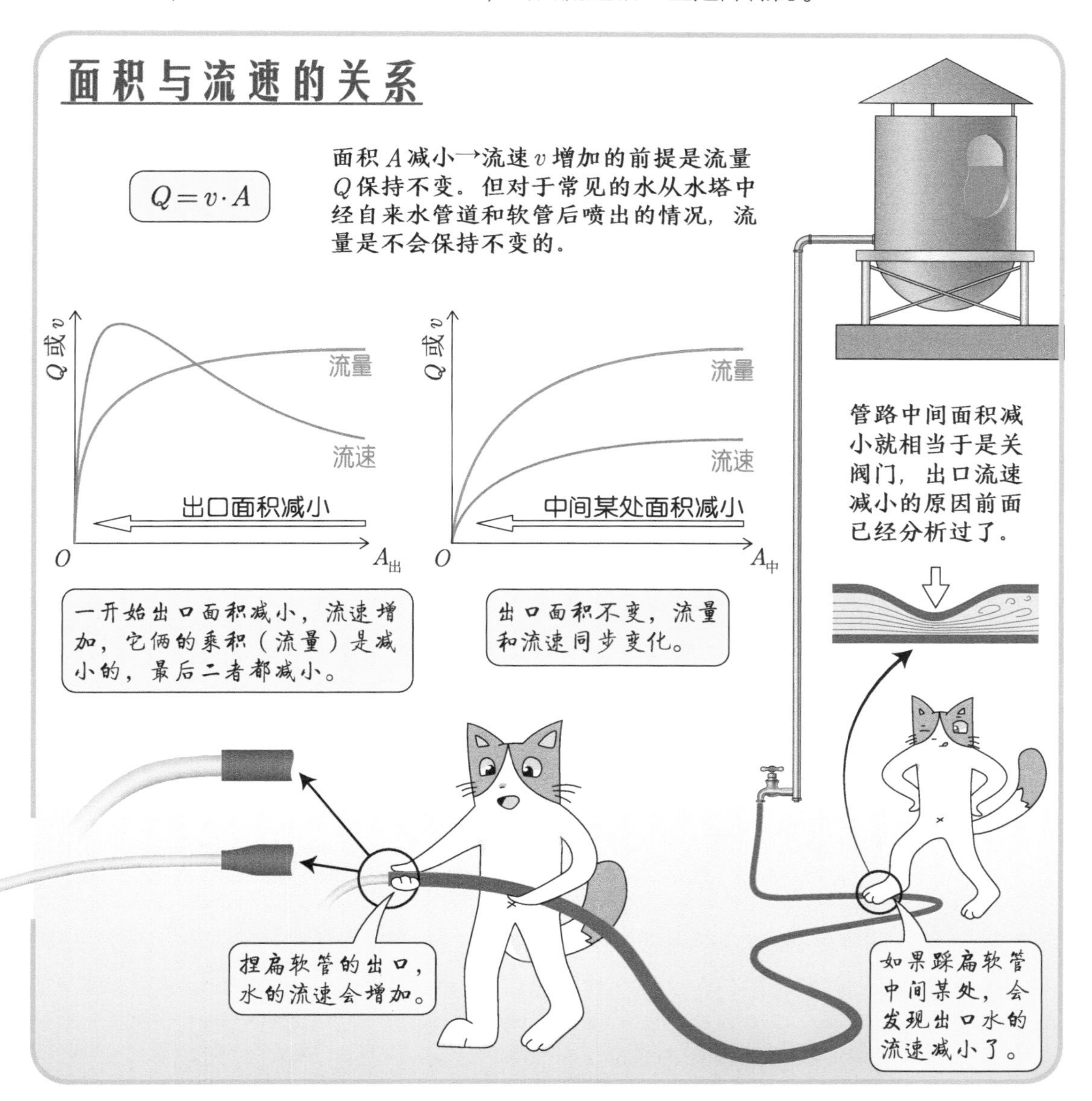

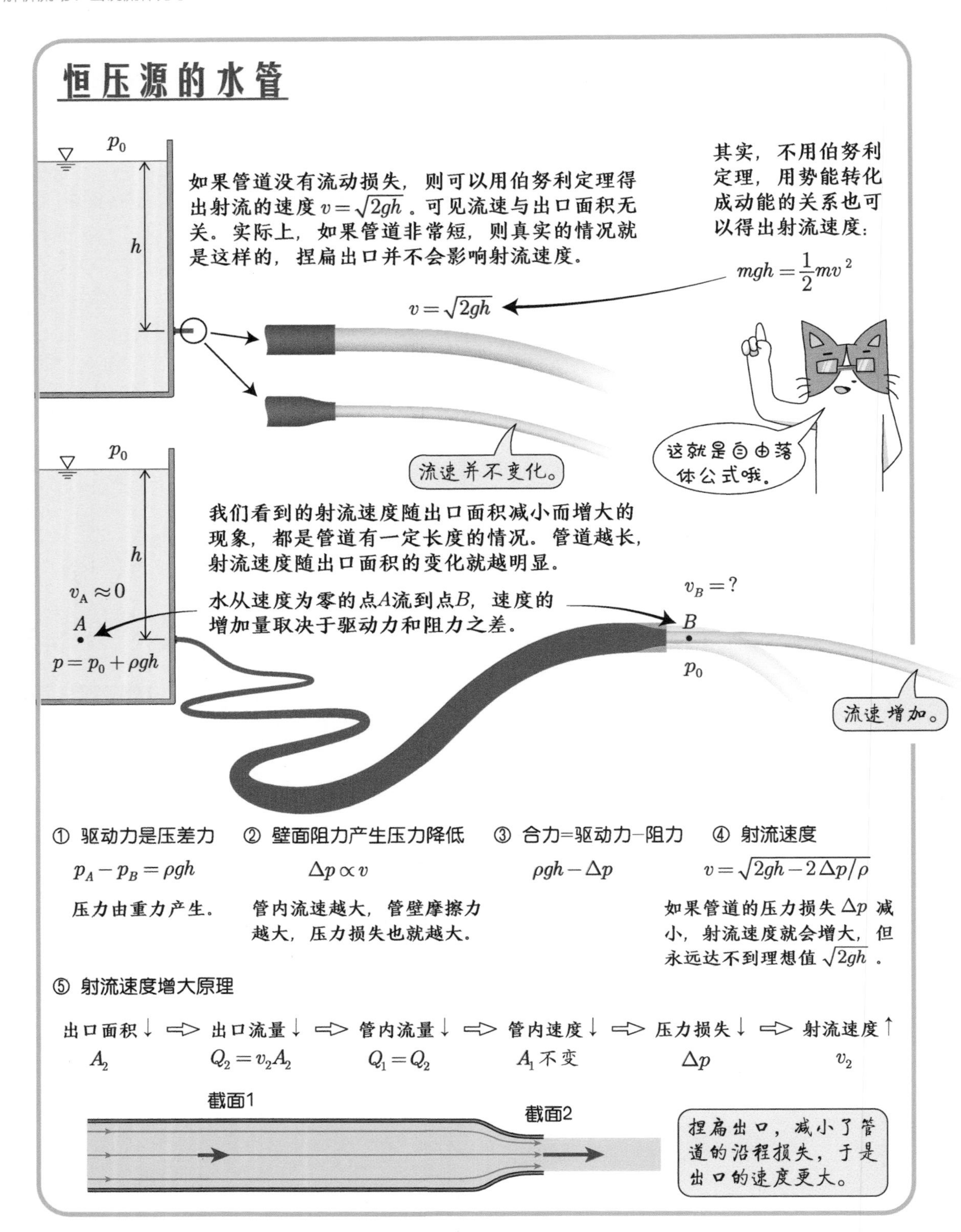

最常见的情况是管道进口的压力保持不变，如水从水塔中流出，空气从压力罐中流出等。这时出口面积减小，流速是否增加还要看管道的长短和是否有突然收缩、突然扩张和转弯等情况，因为这时决定出口流速的是整个管道的流动损失。

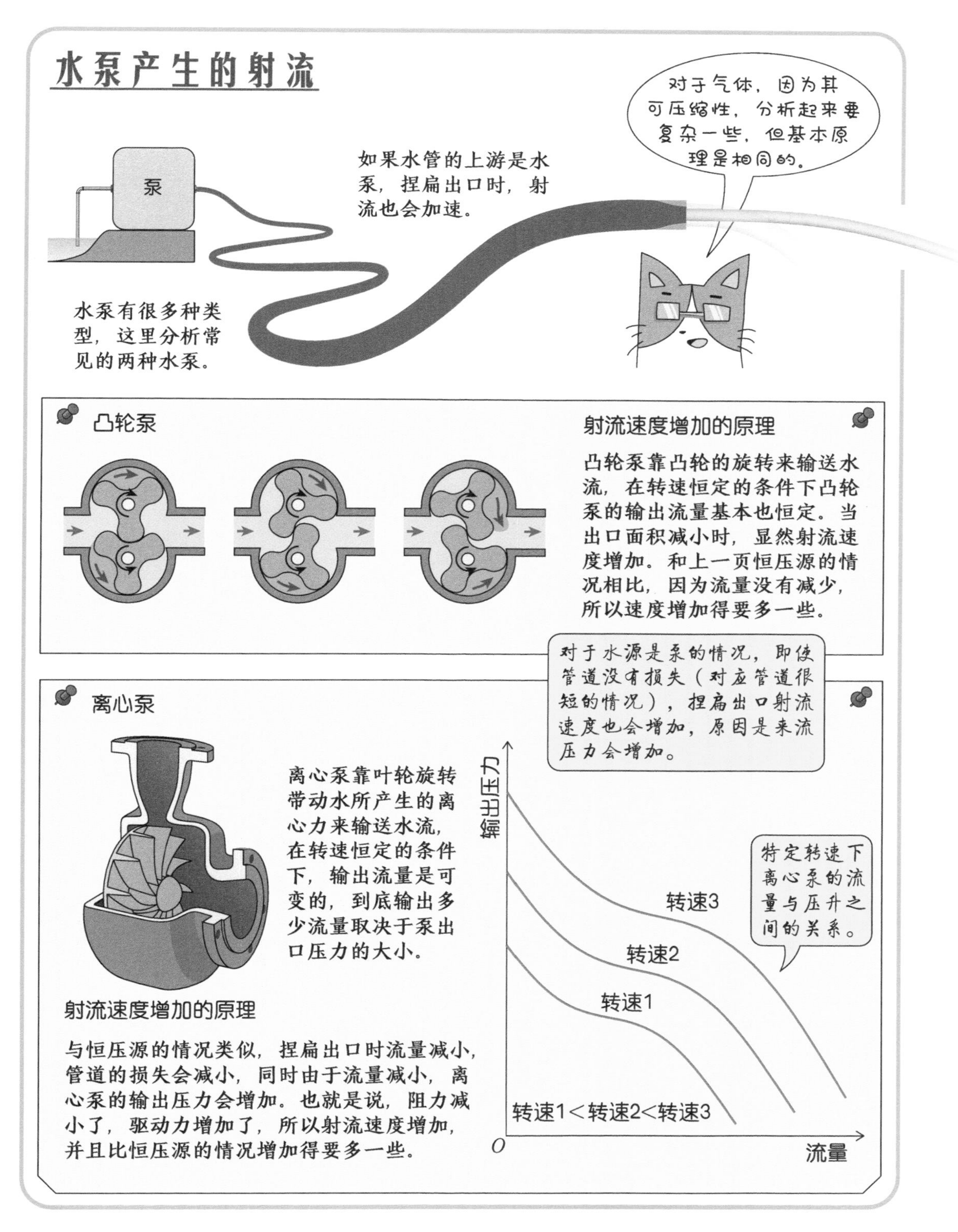

如果管道的上游是一个水泵或压缩机等装置，则情况要稍微复杂一些。因为不同的泵或压缩机提供的条件不同，有的是恒流量的，有的是压头随流量满足某种曲线关系的。不过总体上来说，这些情况下出口面积减小都对应着流速增加。

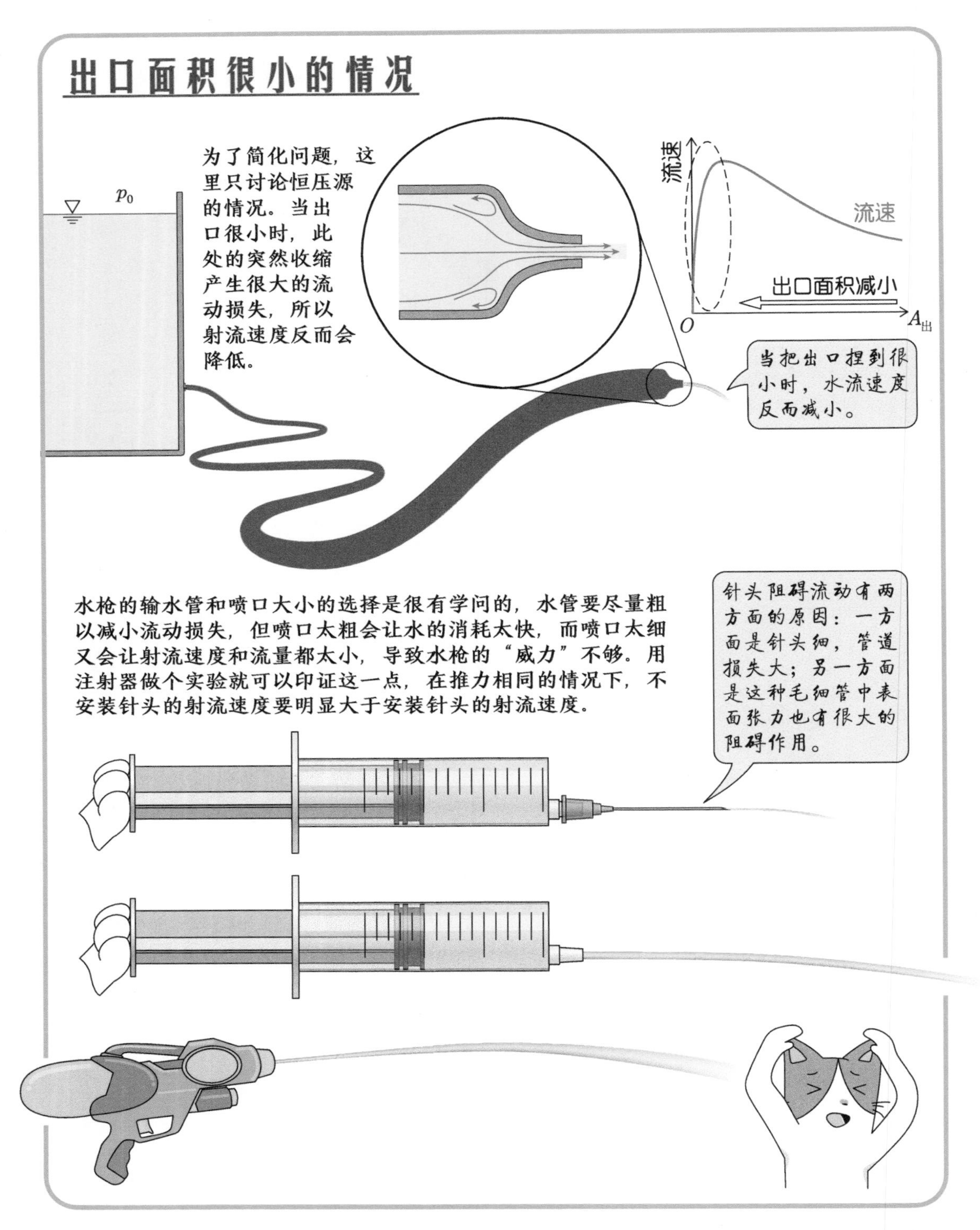

当把软管的出口捏到很小时，水流速度反而会减慢，这是因为出口处的突然收缩产生了较大的损失，起到了和阀门类似的作用。另一种情况是整个管道如果都变成细管，出口速度也会减小，因为管道越细流动阻力越大，而且当管道很细时，表面张力就显现出来了，对水形成阻力，降低射流速度。

61. 高速流动生高温

空气中高速运动的物体会使空气升温，并将热量传递给物体，这种现象叫作气动加热。有人把气动加热解释为物体与气流摩擦产生的温升，这是不太正确的。实际上，这种温升主要是气体被压缩而产生的，摩擦产生的温升相对次要一些。

根据相对性原理，物体穿过静止空气和空气流过静止物体的效果是完全等价的，但从做功原理上的解释有所不同。对于物体穿过空气的情况，物体正面做压缩功使空气升温，侧面通过摩擦力拖动空气使之发生剪切变形而升温。对于空气流过物体的情况，空气在物体前部减速并被压缩，动能转化为内能而升温，在侧面由于边界层的存在发生剪切变形，动能转化为内能而升温。

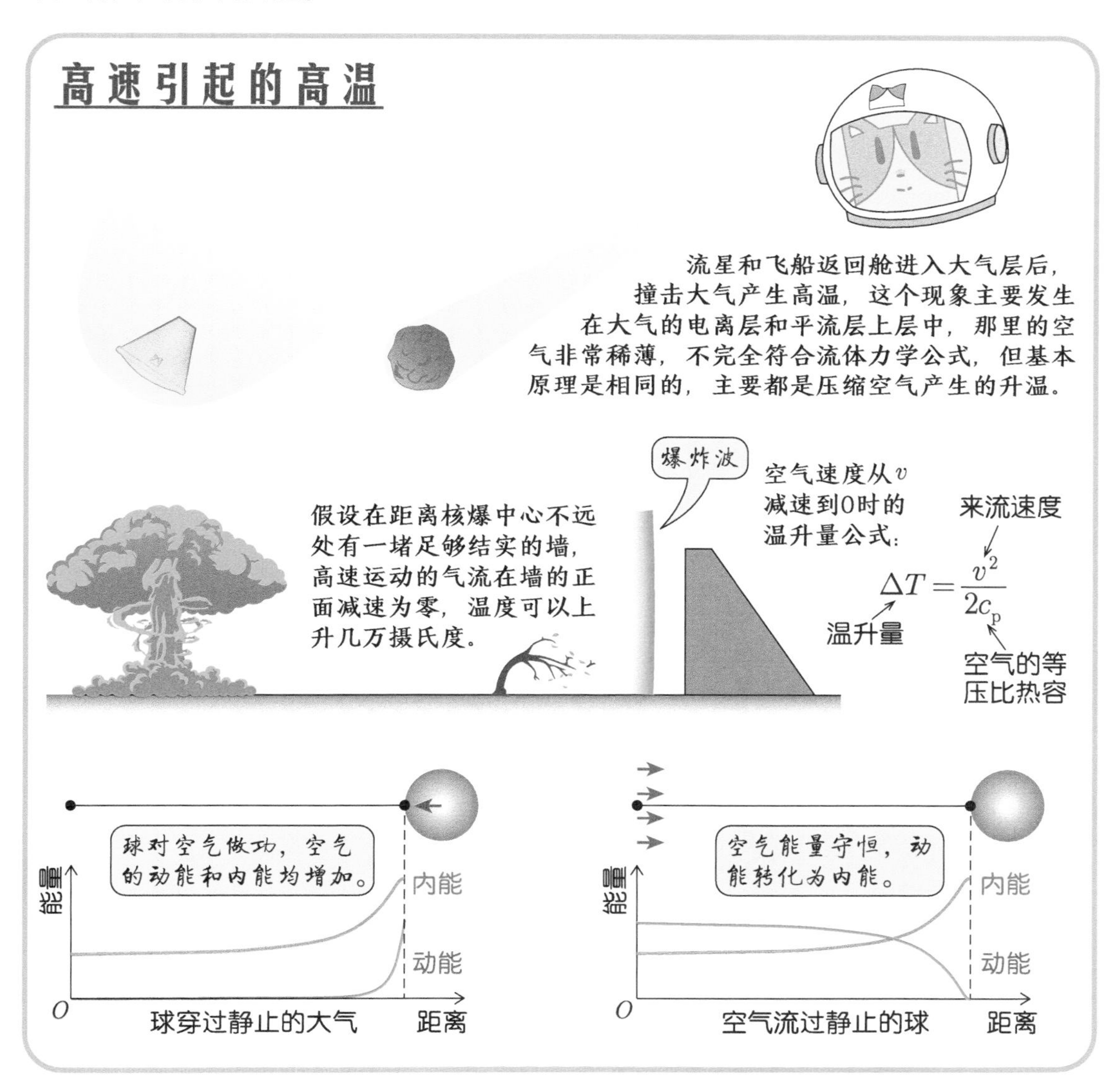

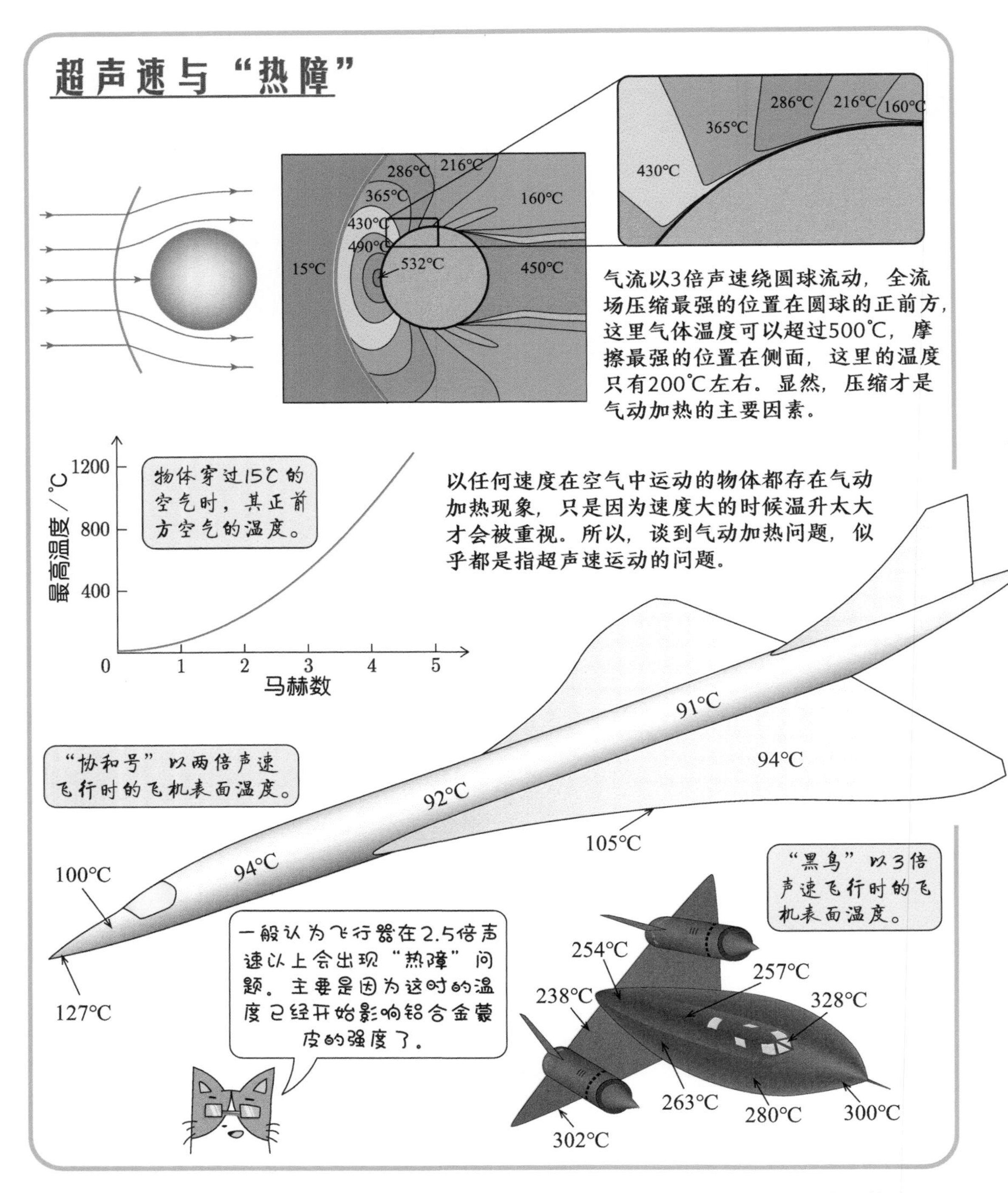

空气在遇到物体而减速的过程中，所能达到的最高温度取决于空气本身动能的大小。无论是压力还是摩擦力引起的减速，都是把动能转化为内能，而不是凭空创造出内能。在物体的正前方，气流速度减小到零，所以这里的动能全部转化成内能，温度应该是最高的。这种温升完全是压缩造成的。在物体的侧面，摩擦力使气流减速，但不如正前方减速程度大，所以物体侧面不如正前方温度高。由于物体表面同时还向内部传热，所以表面温度是吸热和散热之间平衡的结果。

62. 雨滴不是水滴形

雨滴是什么样子的呢？其实多数人并没有见过。因为雨滴下落的速度快，看起来连成了线。但大家基本都见过水滴，是一头圆一头尖的形状。这种水滴是处于静止状态才被我们看到的，是水刚要从物体上滴下时的样子。其上部受到物体的吸附力作用被拉出一个尖，下部受表面张力作用形成球形。当离开物体后，水滴受表面张力的作用，应该很快就趋于球形了，没有道理会有一个尖。

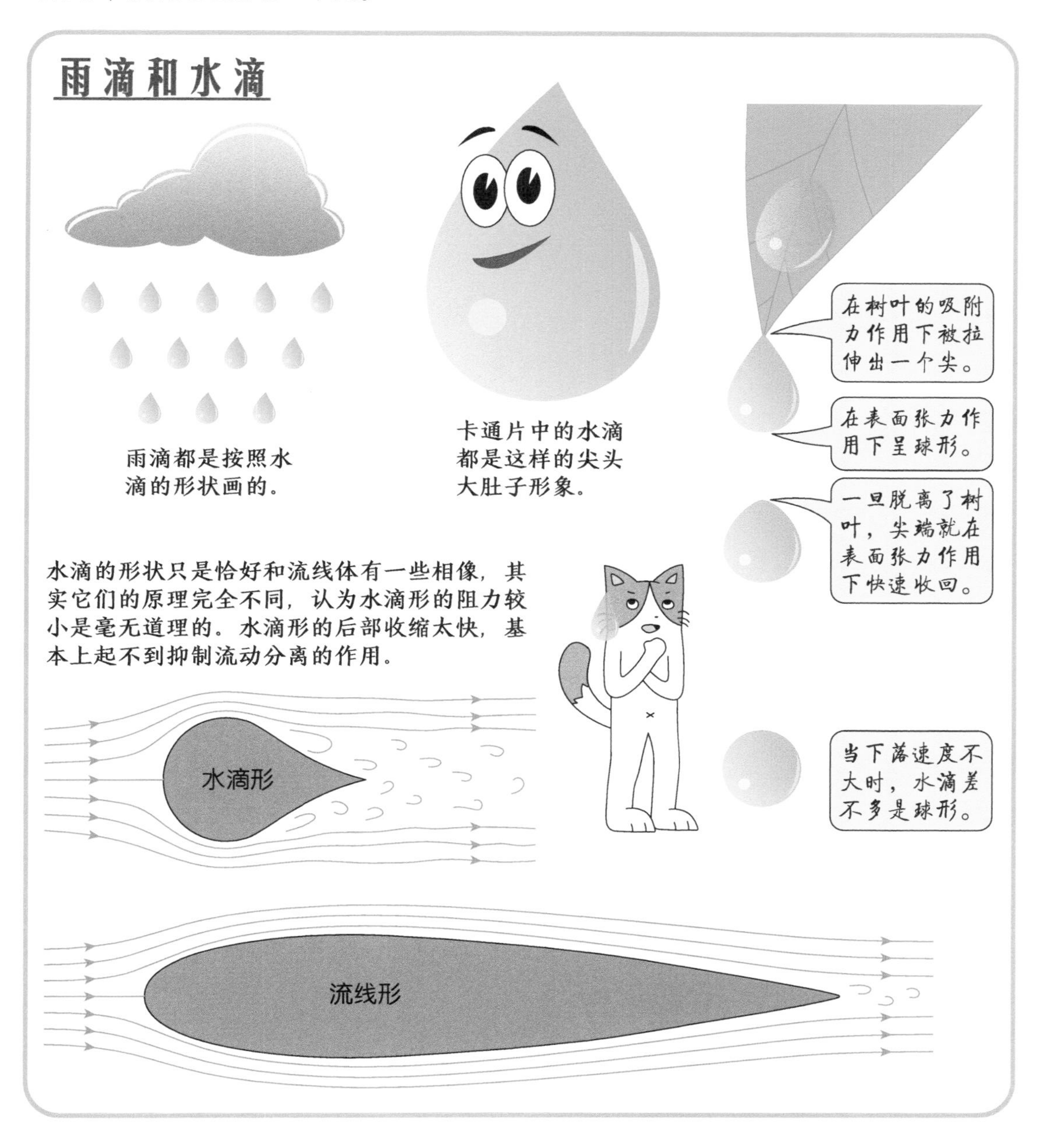

雨滴的真实形状

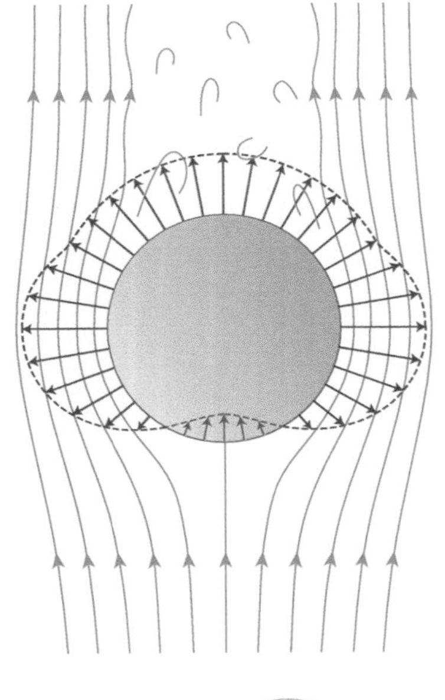

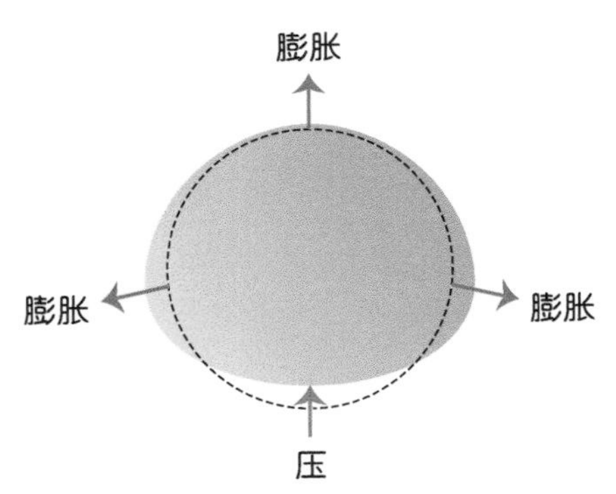

空气绕球体流动时，在前部形成高压区，两侧和后部形成低压区。压力最高处在雨滴正下方，压力最低处在侧面90°附近。所以雨滴的下部被向内压，而侧面和后部则向外膨胀。

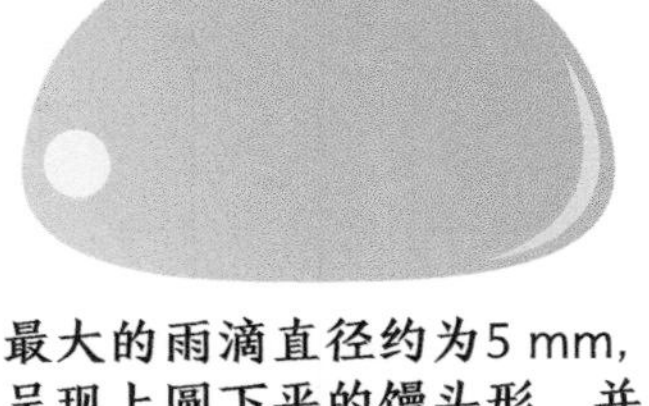

最小的雨滴直径约为0.5 mm，基本是球形的。

一般雨滴的形状。

最大的雨滴直径约为5 mm，呈现上圆下平的馒头形，并且在下落过程中不断地振动变形。

当雨滴更大时，底部出现凹陷，这样的形状是不稳定的，容易破碎形成更小的雨滴。

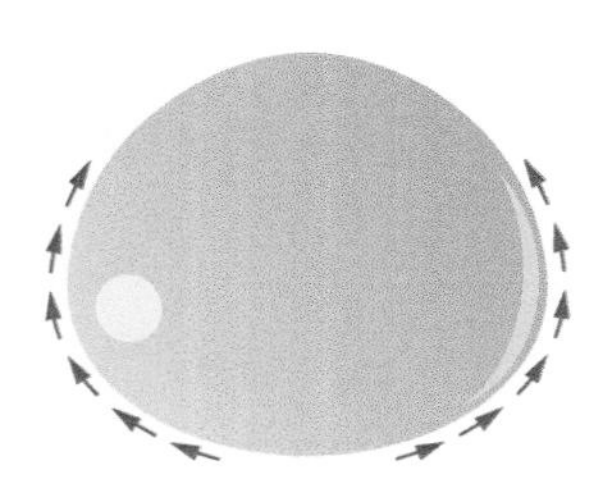

空气给雨滴表面的摩擦力。

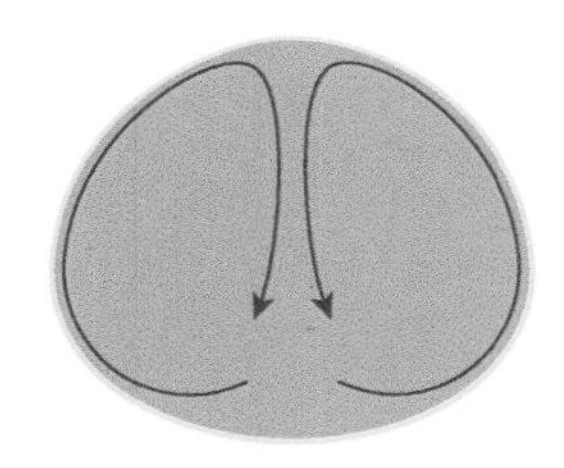

雨滴在摩擦力作用下发生表面和内部的循环流动（纯猜测）。

在空气中下落的雨滴受到气动阻力的作用，气动阻力由摩擦阻力和压差阻力两部分组成，对一般的雨滴来说，压差阻力是主要的。球体前部受压力，两侧和后部受“吸力”，所以雨滴并不是球形的。雨滴越小，表面张力作用越强，越接近于球形；雨滴越大，压力的影响大，越远离球形。最大的雨滴呈下部扁平的“馒头形”，大于这一尺度后，会出现表面失稳而破碎，所以雨滴直径一般不会大于 5 mm。空气对雨滴的摩擦力可能会拖动表面的水向后流，从后部进入水滴内部，在内部流向前缘，再从前缘流出来，不过这只是个猜想，是否有这样的流动还要看表面张力是否允许。

63. 奇妙的弧线球

足球运动中有一种弧线球的踢法，又称为“香蕉球”，类似的技法在乒乓球、网球、棒球、排球和高尔夫球等运动中也有运用。它们的共同特点是让球在前进的同时旋转，这样球就会受到横向的气动力而发生转向。这种现象称为马格努斯效应，一般认为是德国科学家马格努斯于 1852 年发现并解释的，不过早在 1672 年牛顿在观看了一场网球比赛后就描述并正确推断了这种现象的原因。

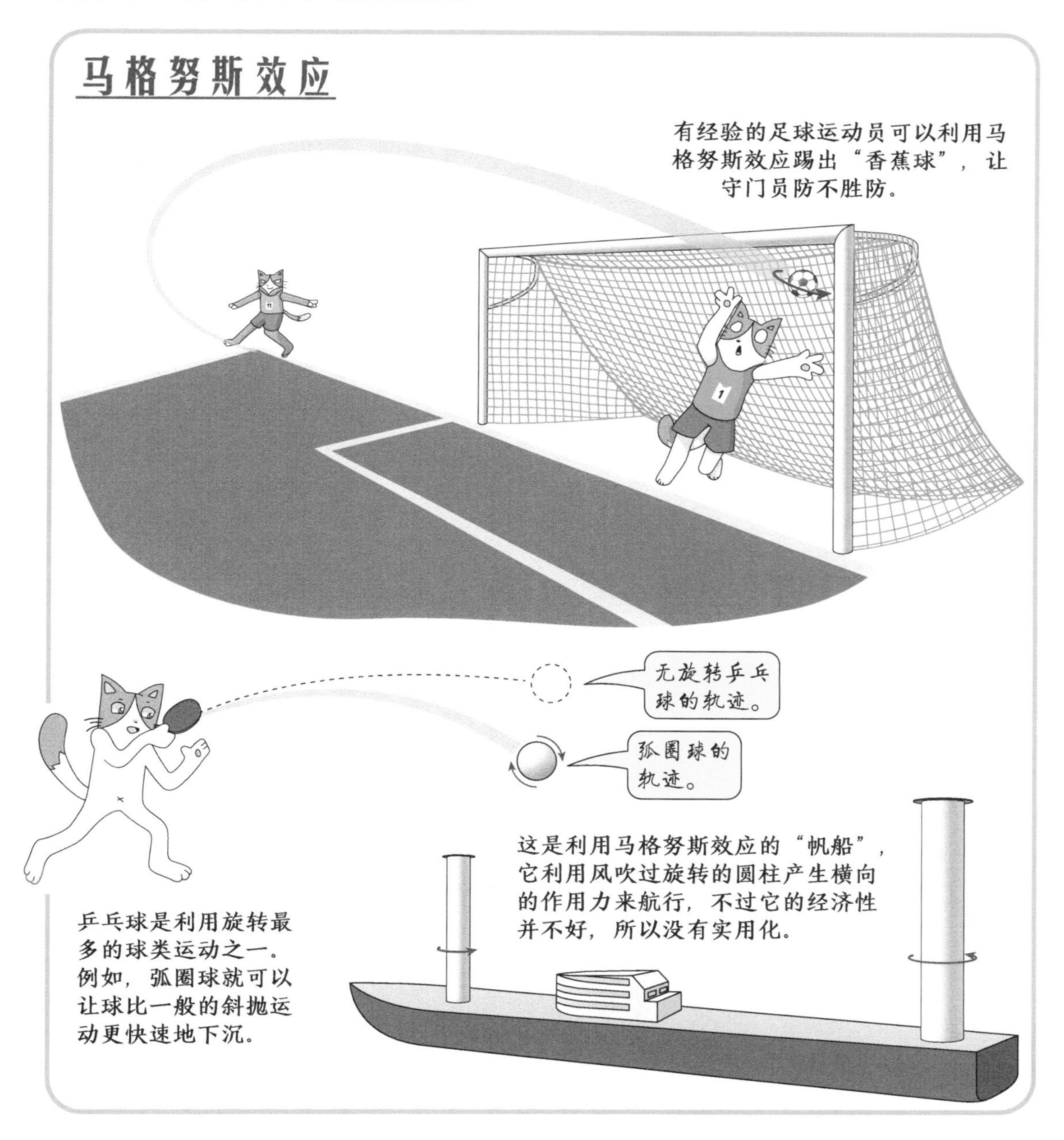

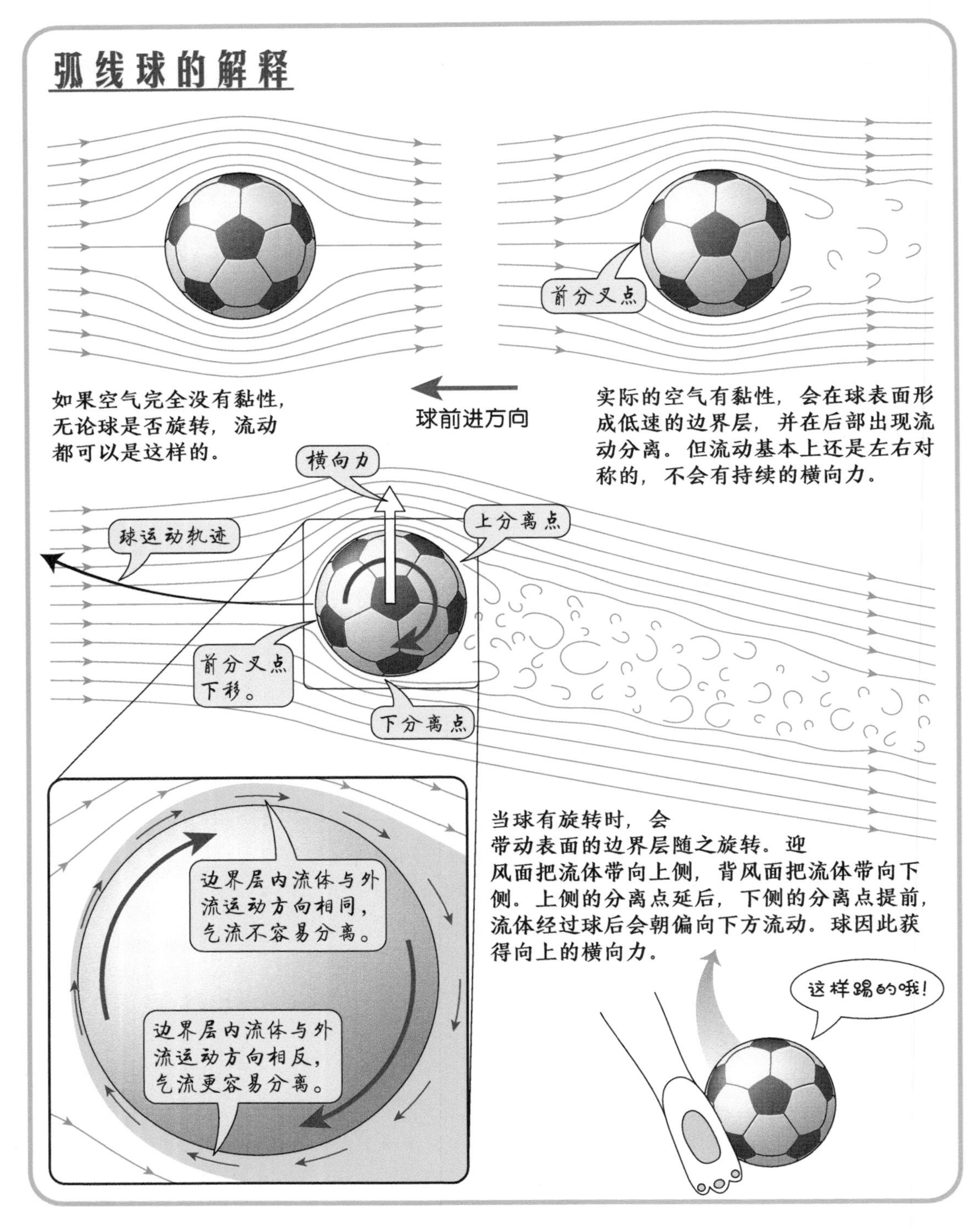

气流吹过旋转的球产生横向力和机翼产生升力的原理是相似的，只用伯努利定理并不能很好地解释，更重要的是附壁效应。和机翼有所不同的是，当空气没有黏性时，机翼也可以产生升力，但旋转的球就不会有横向力了。所以这个问题比机翼的原理复杂一些，需要同时考虑黏性力、附壁效应和伯努利定理。在前面的“23. 射流中的乒乓球”中，处于吹风机气流中的乒乓球是会旋转的，这会进一步加大乒乓球朝向射流中心的力。

边界层内的流动

气流绕旋转的圆球流动所形成的壁面边界层有其特殊性，因为紧挨壁面的流体速度不再是 0，而是和壁面具有同样的速度。对于图中所示的转动方向来说，上侧壁面运动与流动方向相同，只要不发生分离，边界层内的速度就都是同方向的 (A)；下侧的壁面运动与流动方向相反，即使没有发生分离，紧挨壁面的流体速度也是与主流方向相反的 (C)。这种差别使得上侧的边界层不容易分离，而下侧的边界层更容易分离。

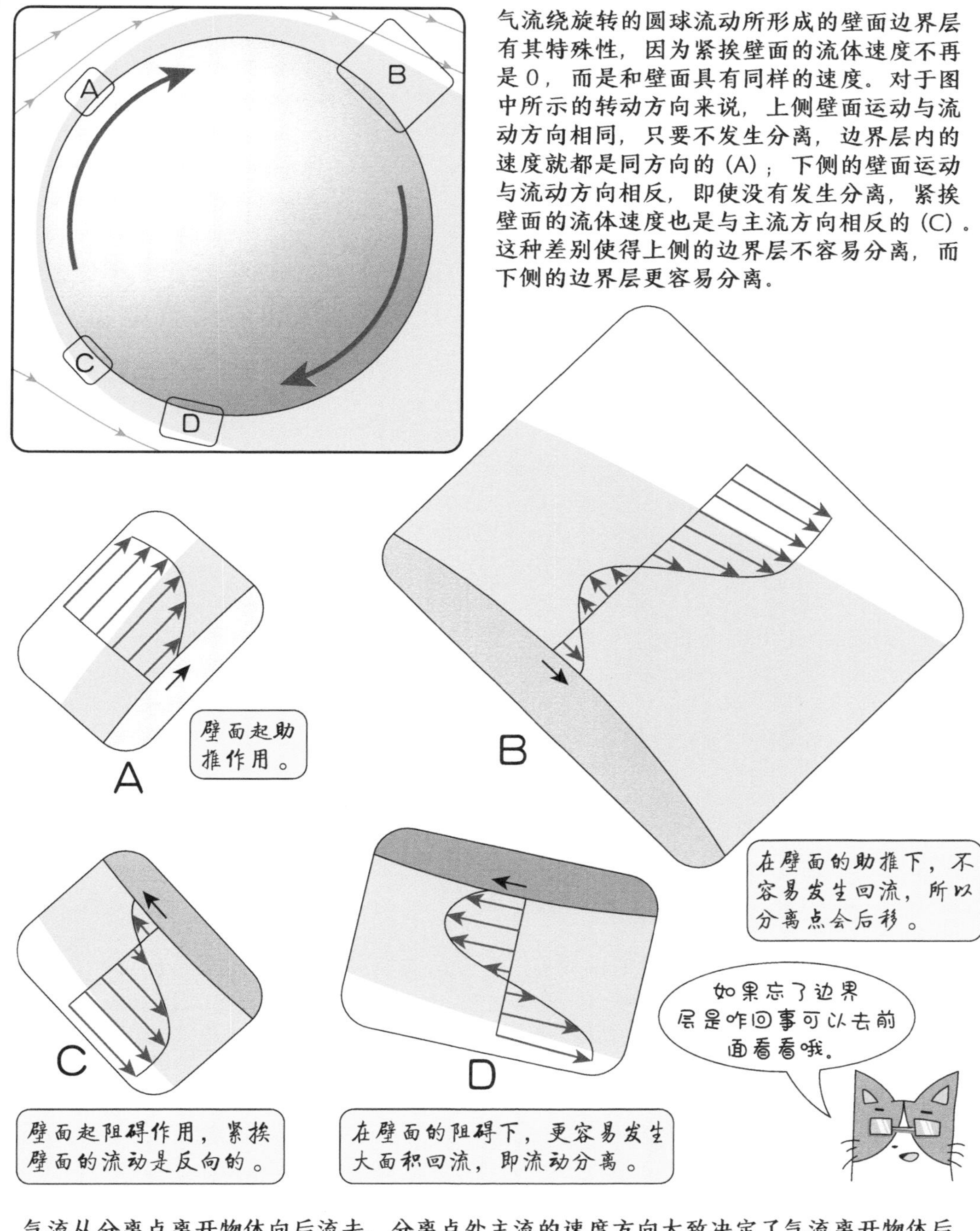

气流从分离点离开物体向后流去，分离点处主流的速度方向大致决定了气流离开物体后的方向。上侧面的分离点靠后，气流的速度已经在壁面的附壁效应作用下向下偏很多了，所以流经上侧面的气体整体向下偏转。下侧面的分离点靠前，气流甚至还没有到达90°的位置就发生了分离，使流经下侧面的气体也向下偏转了一点，总的看来，有相当一部分空气被球体引向了下方。

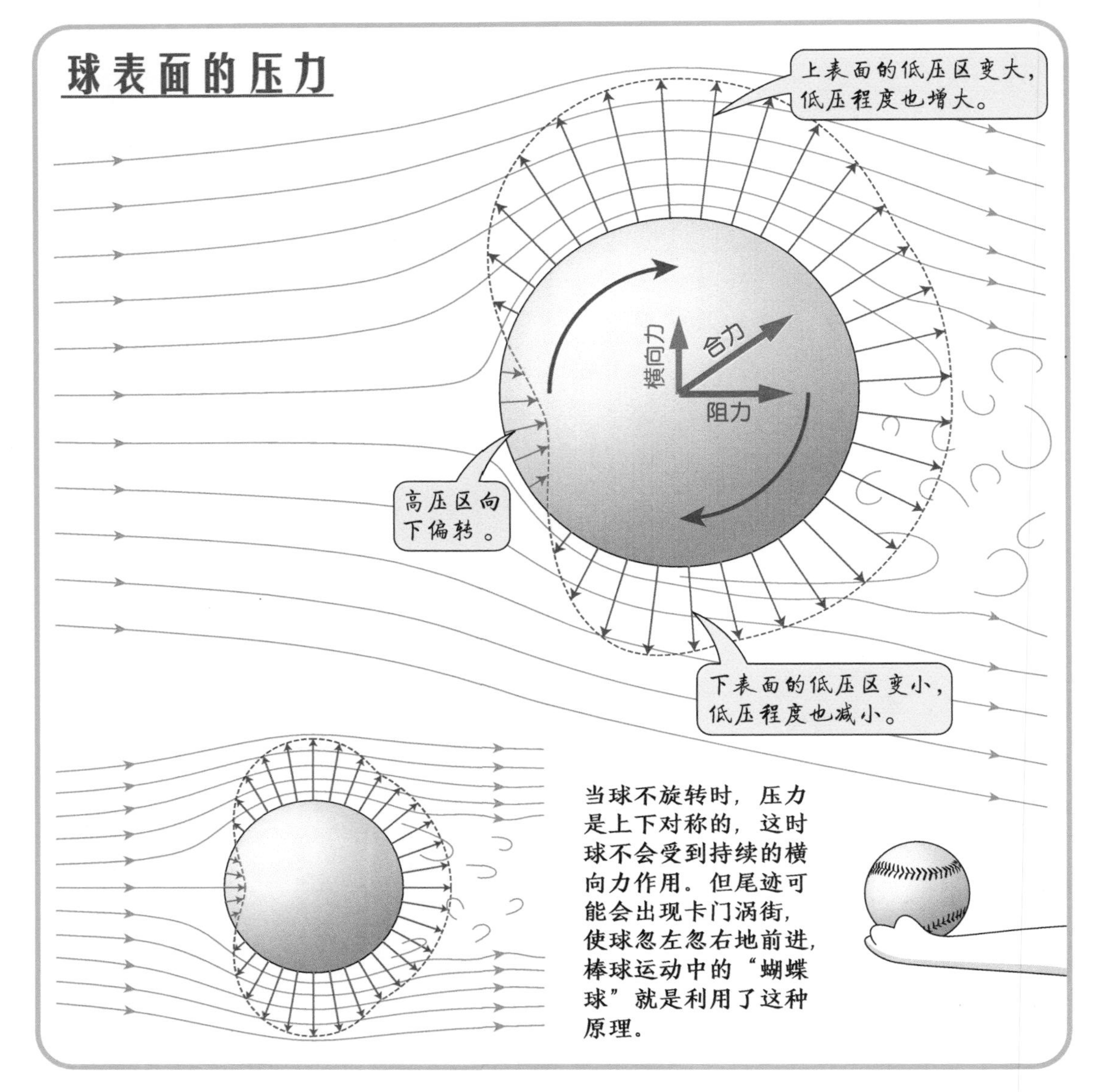

和解释机翼升力类似，旋转圆球的受力可以用动量定理解释，也可以用受力来解释。前面两页是用动量定理的解释，球把气体引向下方，自身获得向上的力。如果用球的受力来解释，原因就是球的上表面压力低，下表面压力高，压差力产生的合力向上。

直接用伯努利定理来解释弧线球经常会使人迷惑。有人认为下侧的球逆流向运动，气流和壁面的相对速度更大，所以压力小；上侧的球顺流向运动，气流和壁面的相对速度更小，所以压力大。这种看法的错误在于，伯努利定理应该用在同一个参考系下，也就是说上下的流动都应该以球心为参考系，不能用气流相对当地壁面的速度。

另外，伯努利定理只能应用于边界层之外，不能用于边界层内。由于球的旋转，迎风面的气流分叉点不在正前方，而是在偏下一点的地方。对比上下两侧 90°的地方，上表面的气流加速距离长，速度更大，压力更低；下表面的气流加速距离短，速度更小，压力更高。这就是球受到向上的作用力的原因。

64. 江河的流速

江河的流动完全是重力驱动的，所以坡度大的地方流速快，坡度小的地方流速慢。根据流量连续原理，一般坡度大的地方河面窄，坡度小的地方河面宽。也就是说，先是流速变化然后才是水流横截面积的变化，同理的还有从自来水龙头流出来的水流。这和管道内的流动是不一样的，对于管道流动来说，横截面积的变化是强制条件，流速变化是横截面积变化引起的。河流和管道流动的不同在于它有一个自由表面，在这个表面上压力保持恒定，所以沿流向没有压差力作用，而管道流动中的加减速则受到压差力的影响。

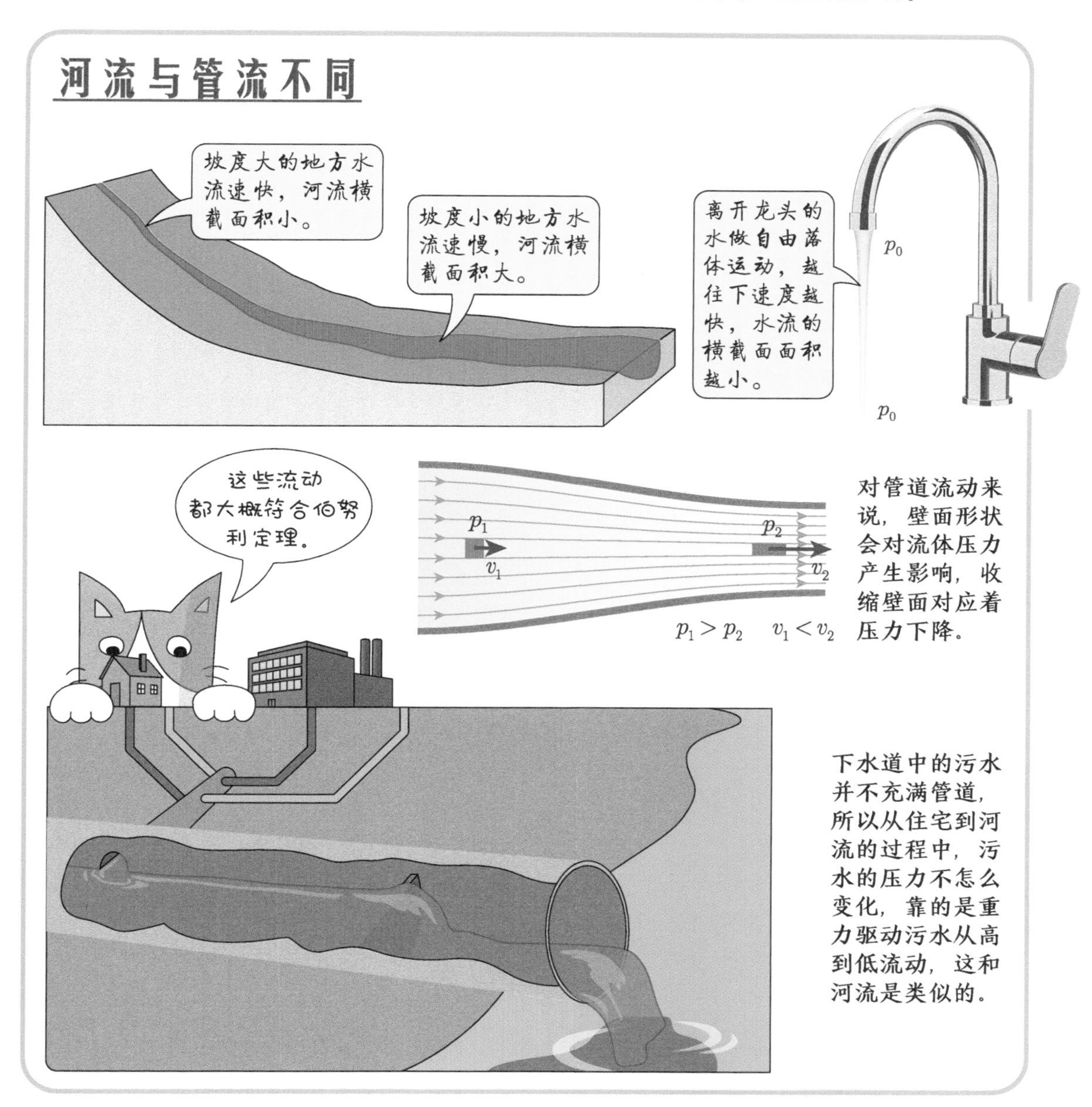

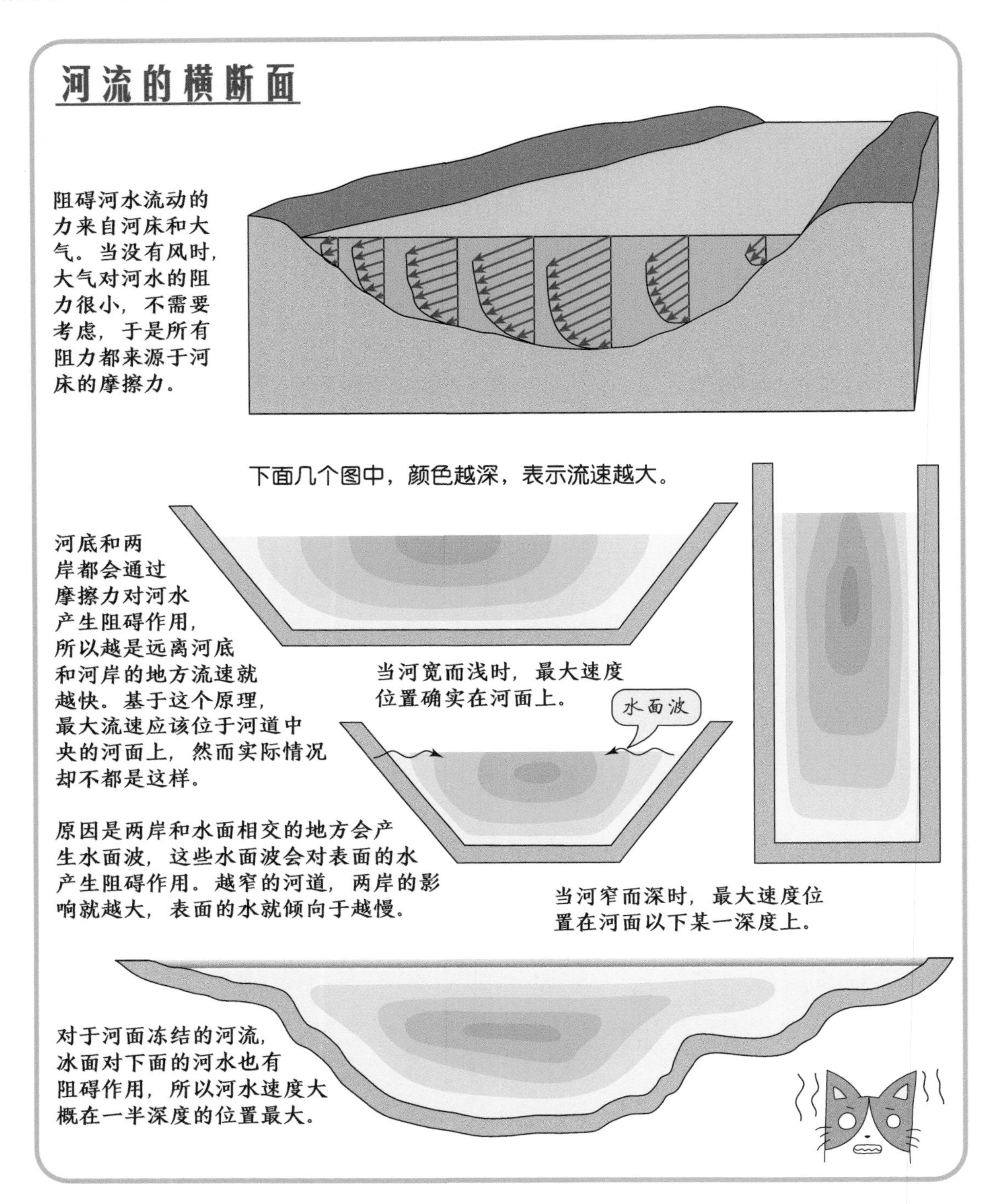

说河水的匀速流动是重力驱动的显然不符合牛顿定律，实际上是重力与河床对水的摩擦力达到平衡，河水才匀速流动的。重力作用在所有位置的水上，而摩擦力作用在河底，显然河底的水流速应该最慢，而河面附近的水流速最快。不过在 18 世纪，人们普遍认为河水越深的地方流速越快，当时的法国科学家皮托（Pitot）发明了一种测量河水流速的方法，才纠正了这种误解。现在人们把皮托发明的这种测量装置称为皮托管，是流体力学实验中最基本的测速方法之一。

65. 蜿蜒的河流

流过平原的河流通常都是蜿蜒曲折的，这本身并不奇怪，因为平原没有整体的落差方向，河水在每处都是按当地的下坡流动，必然是曲折的。然而，实际的情况是：河道即使一开始是直的，也会逐渐变弯改道，也就是说，河流更喜欢走弯路而不是直路。

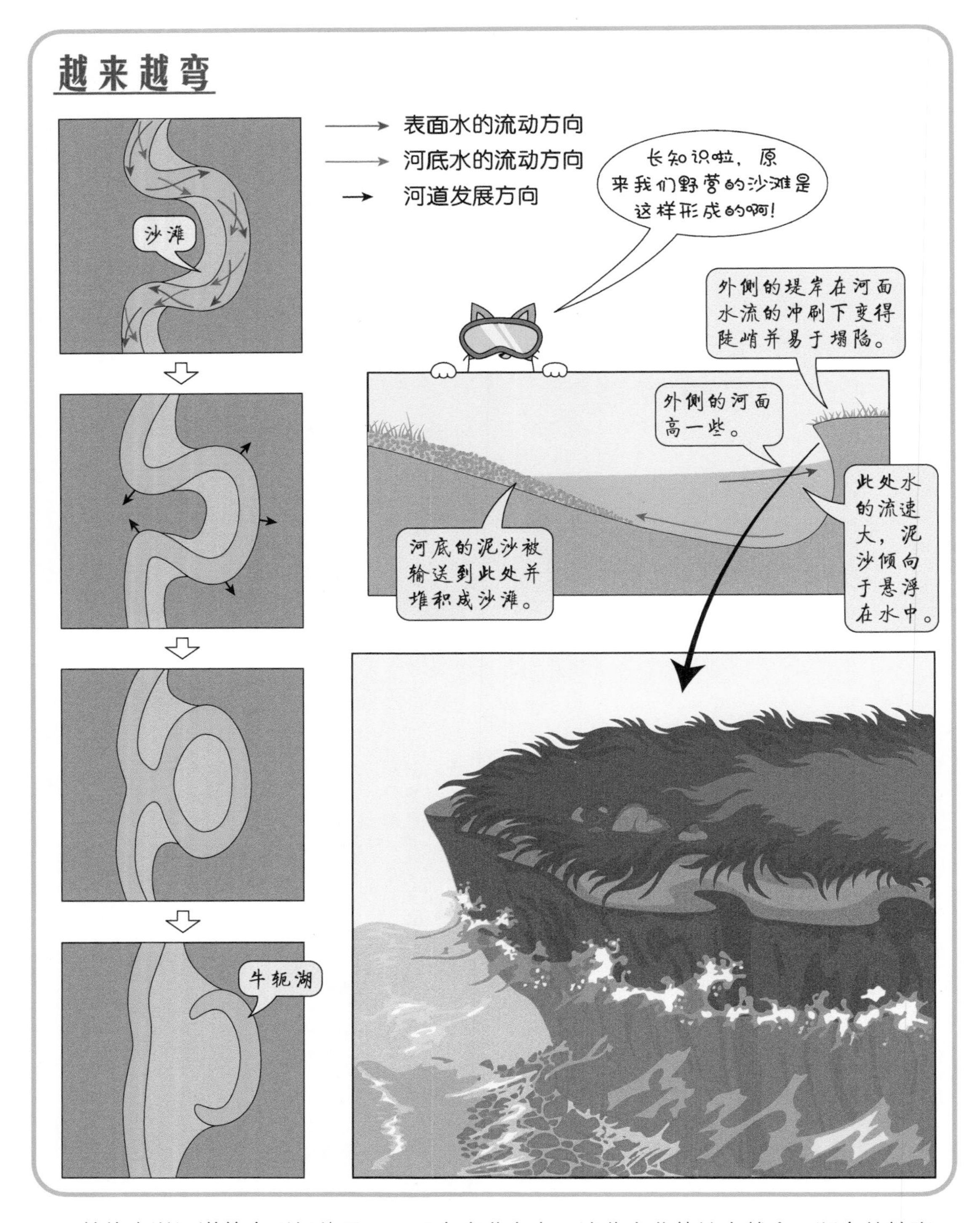

总体来说河道的变形规律是：只要有弯曲存在，这些弯曲的地方就会不断向外扩张，越来越弯，直到有些地方形成牛轭湖，河道改直，然后开始下一轮弯曲。之所以会这样，是因为在河道弯曲的地方，表面和河底的流动方向不一致，河面的水向外侧偏移，河底的水向内侧偏移。河面的水以高速冲刷外侧的堤岸，使其不断崩塌。河底的水则将泥沙向内侧输送而堆积在浅滩上。天长日久，河道就向外侧移动，弯曲的河道越来越弯。

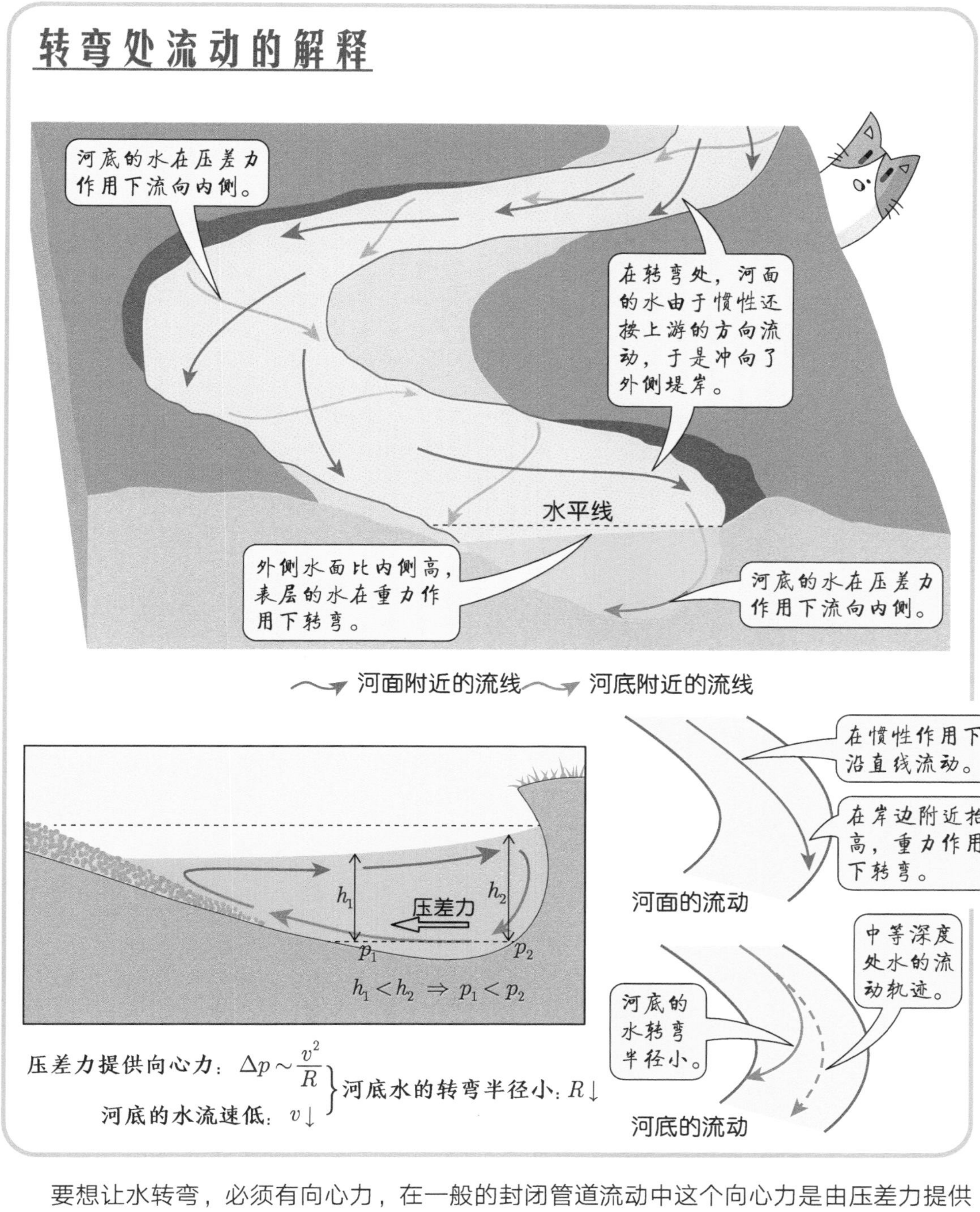

转弯处流动的解释

要想让水转弯，必须有向心力，在一般的封闭管道流动中这个向心力是由压差力提供的，外侧的流体压力大于内侧的流体压力。对河面来说，内外侧的河水都是大气压，是不能提供这个向心力的，因此河水进入弯道时，河面的水还倾向于直线流动，也就是冲向外侧堤岸，使外侧的河面高于内侧。在河水内部相同海拔深度的地方，外侧的河水深度更大而产生更大的压力，从而提供了向心力使河水转弯。但是在河底附近存在着边界层，水流速较小，本来并不需要那么大的向心力就可以转过相同的弯度。现在内外压差过大了，于是河底的水在这个过大的向心力作用下产生更大的转弯，也就是偏向内侧流动。

66. 逆流滚动吗

纪晓岚的《阅微草堂笔记》里有一个故事，说是沧州有个靠着河的寺庙有一年被河水冲毁，门前的两个石兽也沉入河中。过了十几年，众僧人募得资金重修，在河底打捞石兽找不到，在下游也找不到。一个老河工说要去上游找，最后果然在上游几里地的地方找到了石兽。老河工的解释是：流水冲击石兽，会慢慢地在石兽迎水的一面刨出一个沙坑，石兽往前面的坑里倾倒，长此以往，石兽就滚到上游去了。

只从流体力学的角度来说，这个老河工的分析是有道理的，流水确实会在石兽迎水面的河底刨出沙坑。不过石兽的歪倒是一个重心高度下降的过程，每翻滚一次就会降低一次重心，用不了几次就会深埋到泥沙中，不太可能跑到很远的上游去。我们这里不管这个故事的真假，只讨论跟流体力学直接相关的问题：水流是如何在石兽前部刨出沙坑的？

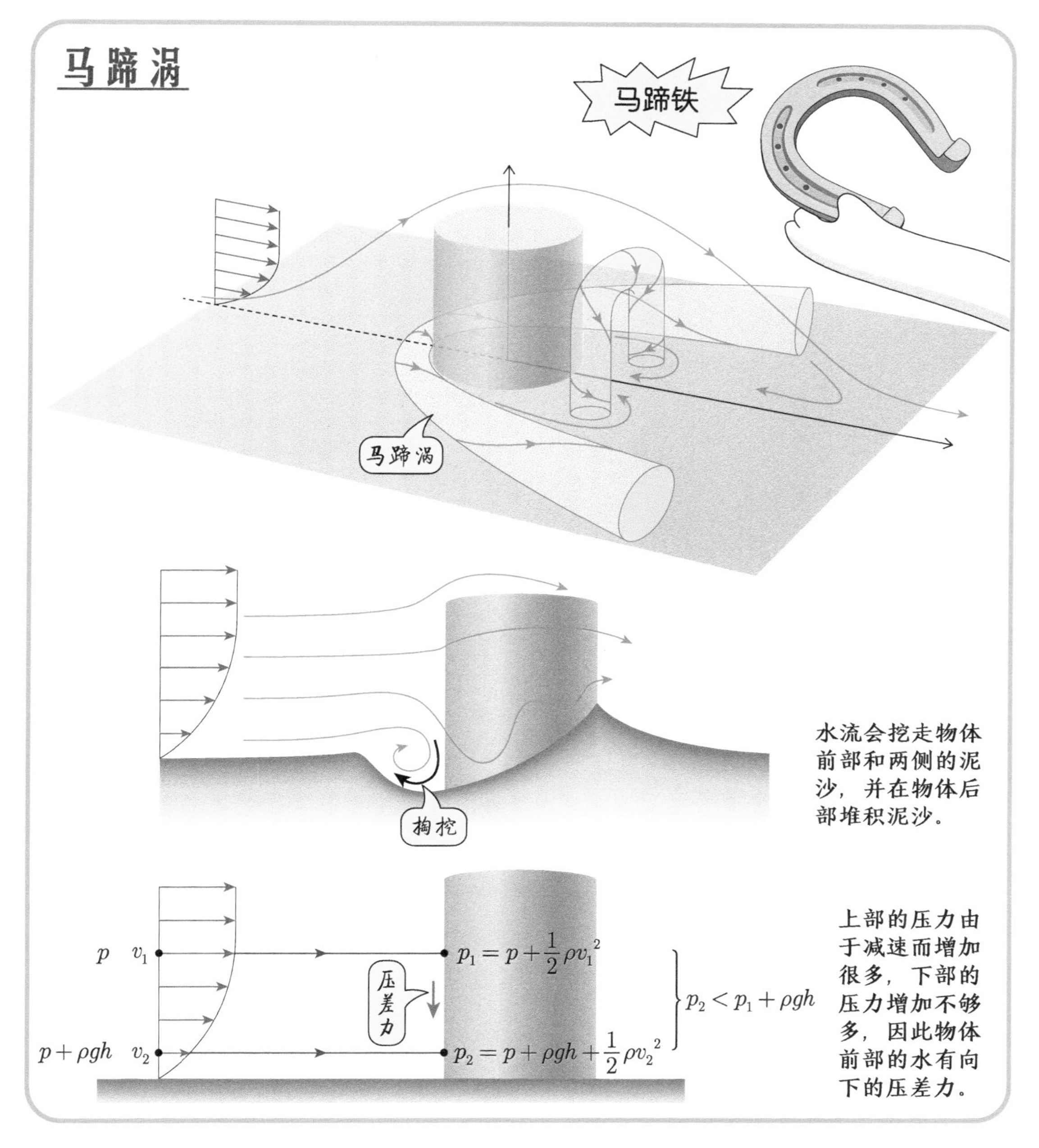

水流遇到障碍物时，在其正面会减速到零并且压力上升。依据伯努利定理，压力上升的程度取决于原来速度的大小，而河水的流速在河底最低，越往上速度越大，所以物体上半部的压升高于下半部。因此，物体前部河水的压力不平衡，产生向下偏转的流动。这种流动会在物体前部形成一个旋涡，这个旋涡在远离物体的两侧会被水流带动向下游偏转，形成一个半围绕着物体的形状，因为这个形状很像马蹄铁，因此称其为马蹄铁涡（horseshoe vortex），大家习惯称它为马蹄涡。在这种作用下，石兽的前面和侧面河底处的水流方向都是远离石兽的，水在不断地掏挖石兽附近的沙子，并运送到远离石兽的地方。石兽后面的流速较低，泥沙会在这里沉积。石兽正前方水流的掏挖作用最强，会在河底产生沙坑，最终使石兽向前倒下。

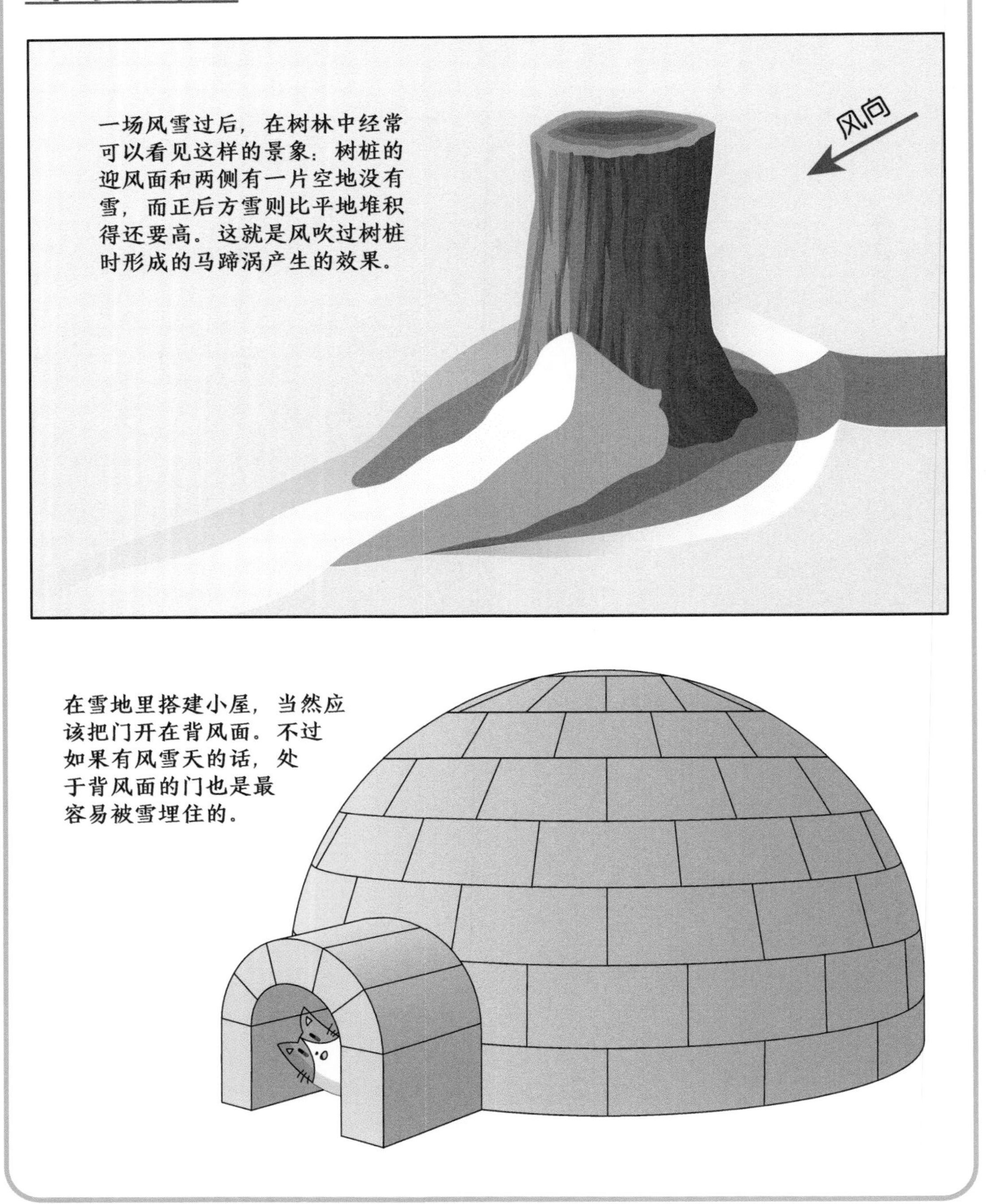

流体沿一个表面流动时，如果表面上有突然出现的障碍物，就可能会形成马蹄涡。风吹过树干或建筑物的时候，都会在地面附近形成马蹄涡。在经常下大雪的地方，人们会有这样的生活经验：经过一夜的风雪后，迎风面的墙外会有一块空地，背风面则会被大雪完全覆盖，形成比平地还要深的积雪。这种现象就是马蹄涡产生的。

油流法显示马蹄涡

除了前面介绍过的丝线法之外，油流法是另一种可以方便地显示表面流动状态的方法。这里我们用一种超级简化的“水流法”来观察流体绕过树桩时，在地面上产生的流动图画。

所需物品和材料：

细高的水杯（或同等大小的圆柱形物体）、有颜色的水、电吹风机、棉棒和双面胶。

实现方法：

1. 在水杯底部贴双面胶，把它粘在桌面上。
2. 用棉棒蘸有颜色的水，在水杯周围的桌面上点一些小水滴，保证水滴的大小基本一致，水滴中心间距 2 cm 左右，布局建议如下图（左）所示。
3. 电吹风机开最大挡水平地对着水杯吹气，电吹风机喷口距水杯 20 cm 左右，射流下边缘挨近桌面。
4. 从下图（右）可以看到多数桌面上的水滴都顺着来流的方向流动，但靠近水杯迎风面的水滴会逆着来流风向流动，这就是马蹄涡的效果。

小贴士：

因为本实验太粗糙，水杯侧面和背面的水滴流向可能体现不出马蹄涡的效果。如果一次不成功，可以总结经验，调整水滴大小、间距，以及电吹风机的风速。

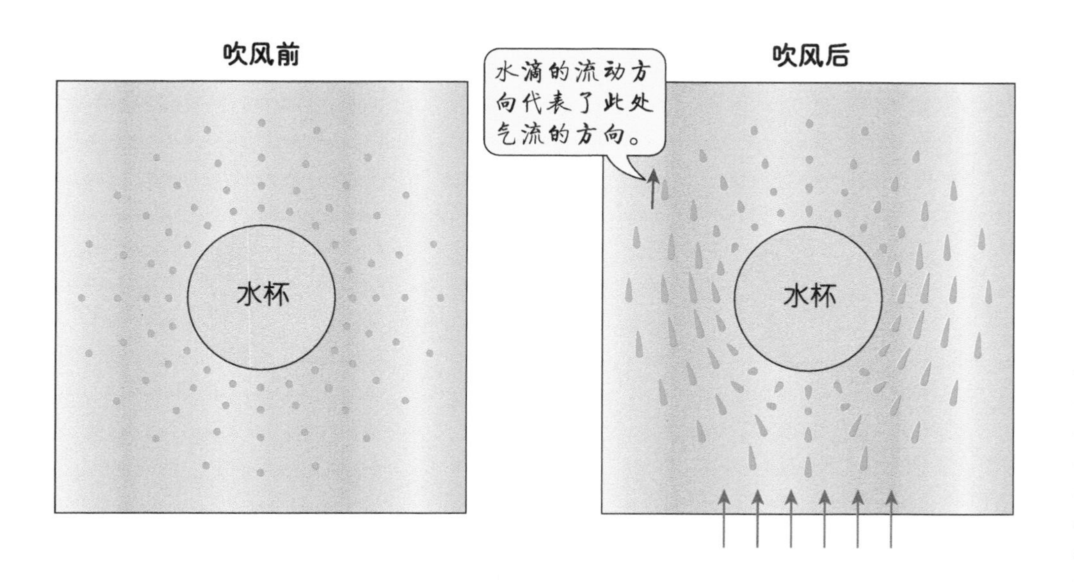

67. 茶杯里的风暴

泡半杯绿茶，让少量茶叶散落在杯底，搅动茶水使其旋转，可以看到茶叶向中央汇聚，最后停在杯底的中心。这个现象与人们的认知大相径庭，因为沉在水底的茶叶比水重，按理来说在相同的旋转速度下应该有更大的离心力，从而向外圈运动到杯底的边缘才对。

本质上这个问题与河水在转弯处对河岸侵蚀的道理类似，爱因斯坦曾经对这两个问题都给出过正确的解释。要解释这个问题，就必须考虑水的黏性。当杯内的水旋转时，表面的水由于离心力而被甩向外圈，形成一个凹面，充当表面水向心力的是重力的分力。在距杯底相同高度的杯子中部，外侧的水压力大，中心的水压力小，充当水向心力的是压差力。在杯子底部，由于黏性的存在，水的旋转速度慢，压差力产生的向心力超出了圆周运动的要求，于是水就会以更小的半径旋转，形成螺旋线，从外圈流向中心。

因此，整体的流动规律是：表面的水向外圈流，底部的水向中心流并带动茶叶也向中心汇聚。相应地，杯壁附近的水向下流，中心的水向上流。这种流动是叠加在旋转流动之上的，所以形成的是三维的旋涡流动形式。当旋转速度逐渐慢下来时，中心的上升水流托举力不足，茶叶就停留在杯底中心了。

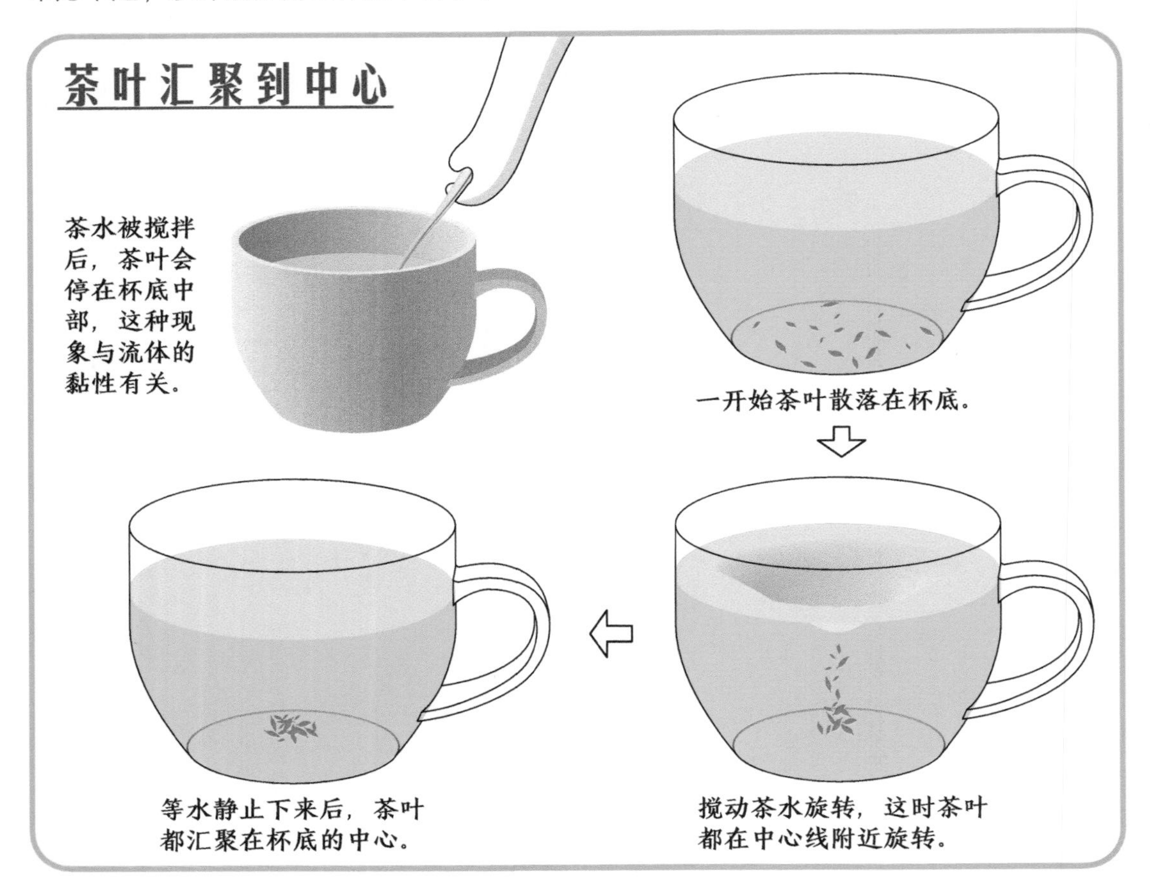

茶水的涡旋流动

茶水在旋转时，会受到杯子内壁的摩擦作用而减速。在同样圆周半径的地方，表面附近的水旋转的线速度最大，杯底附近的水旋转的线速度最小。水流的圆周运动需要一个向心力，在表面上水形成一个凹面，重力的分量提供向心力，在水的内部则是压差力提供向心力。

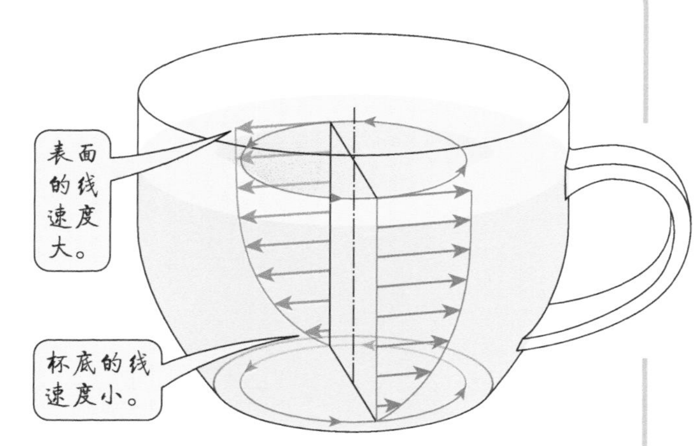

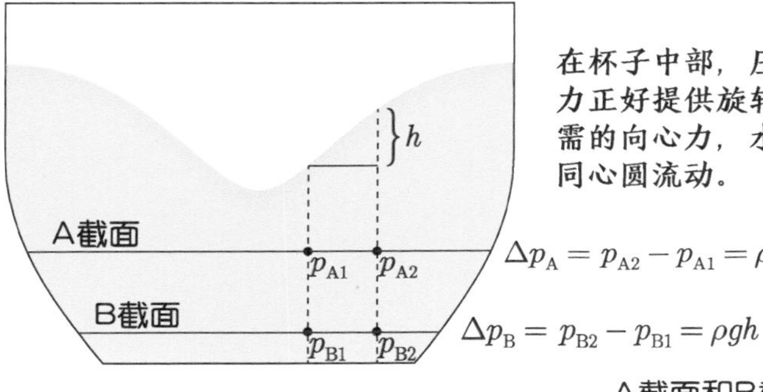

$$\Delta p_A = p_{A2} - p_{A1} = \rho g h$$

$$\Delta p_B = p_{B2} - p_{B1} = \rho g h$$

在杯子中部，压差力正好提供旋转所需的向心力，水呈同心圆流动。

A截面的流动

B截面的流动

A截面和B截面的压差力相同。

压差力提供向心力：$\Delta p \sim \dfrac{v^2}{R}$

杯底的水流切线速度低：$v\downarrow$

$\Big\} R\downarrow \Rightarrow$ 杯底的水在旋转的同时向中心汇聚，形成**螺旋线**流动。

水面的流动

杯底向中央汇聚的水会沿中心线向上流动，在水面沿螺旋线向外流动，之后沿杯壁向下到达杯底，如此形成循环流动。

茶杯里的风暴！

68. 地表最强风

官方的自然界风速纪录是 408 km/h（约 113 m/s），这是 1996 年 4 月 10 日热带气旋“奥利维亚”经过澳大利亚的巴罗岛时测到的。不过这不是真正最大的风速，强龙卷风内部的风速要比这个大，但龙卷风的风速测量较困难，所以没有官方认可的纪录。有记载的最大风速龙卷风是 1999 年 5 月 3 日在美国俄克拉何马州发生的，在距地面 30 米高空的最大风速达到了 484 km/h（约 134 m/s）。显然，龙卷风才是地表最强风。

龙卷风是一种局部的小尺度突发性强对流天气现象，体现为从云端伸出的漏斗云直达地面。龙卷风的旋涡必须是从云层到地面的，一些地面的小旋风和云层里面的旋风都不能称为龙卷风。漏斗云直径从几米到几百米，平均移动速度为每秒十几米，这些都取决于数公里以上高空的风速。较弱的龙卷风可能只持续十几秒，最强的龙卷风则可能持续几小时，多数大型龙卷风持续时间为几分钟。龙卷风的破坏力大，但成因复杂，较难预测，目前已经总结出了一套预判方法，但误判率超过 50%。

龙卷风

可见的龙卷风漏斗云只是大范围气流运动中的一小部分。在龙卷风的外围有着非常复杂的流动结构，在云端则有比漏斗云本身大得多的流动结构。

龙卷风是一个气流旋涡，离心力使其中心压力很低，可以比外界大气压低 10% 左右，空气中的水汽在这里凝结，就形成了可见的龙卷风核心“漏斗云”，有时候空气湿度很小，形不成凝结水雾，所以只能看见上部的漏斗云和地面扬起的灰尘，中间一段反而看不见。一般可见的龙卷风只是旋涡的核心，大概几米到几百米粗，而整个龙卷风旋涡直径可达漏斗云的十几倍大小。

一般认为龙卷风有两种，90% 的龙卷风是巨大单体积雨云产生的，另外有 10% 的龙卷风产生机理还不太清楚，可能来自局部偶发的旋涡和上升气流。前一种龙卷风强度较大，且持续时间长，危害大，对应的研究也比较多，目前这类龙卷风的成因已经较为清楚。这种龙卷风的形成和维持总是伴随着积雨云中的巨大气旋，称为中气旋。龙卷风的旋转能量会不断地被气流的黏性耗散掉，需要环境提供与龙卷风转向相同的旋转角动量才有可能持续。据研究表明，积雨云后侧的下降气流是形成和维持龙卷风的主要动力。

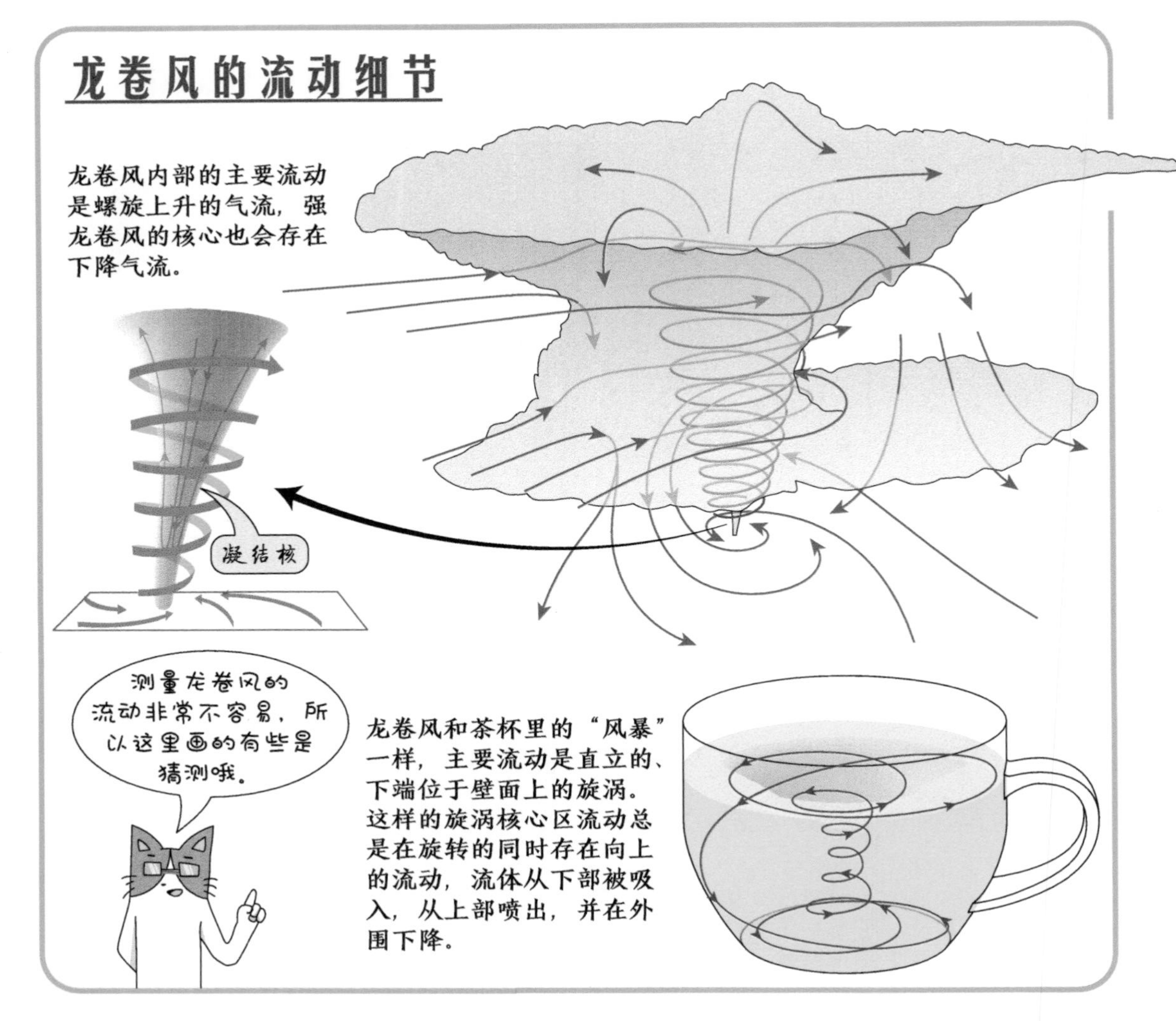

积雨云的内部和四周流动非常混乱，但也有一定的规律。总体来说最大的特征是旋转轴竖直的旋涡流动，第二特征是核心区的上升气流，第三特征是积雨云的前侧和后侧存在较强的下降气流。

龙卷风中心压力很低，而地表附近的流动存在边界层，旋转线速度低，离心力不足，因此空气从四面八方向龙卷风核心汇聚。汇聚过程中由于角动量守恒，旋转速度迅速增加，并在快到达核心时上升，形成一圈“角区”。在角区附近，旋转速度与径向速度叠加，这里的风速是全场最大的。强烈的汇聚现象只发生在距地面一米以内，再往上空气基本上是圆周运动。包含龙卷风和中气旋的整个旋涡越往上直径越大，在对流层上部散开并消失。旋涡中心的上升气流来源是下部，从四面吸入空气，去向是云顶，并向四外散开在积雨云的前部和后部产生下降气流，形成一个循环流动。

一些强龙卷风的核心区存在着沿旋转轴的下降气流。这是因为在旋转轴附近的气流受黏性影响，风速较小，而这里的压力又很低，会把云层的气流吸下来。有理由认为漏斗云的一部分来自其所在位置的水汽凝结，另一部分来自云的下延。这些下降的气流在距地面一定高度时就会被四周上升的气流带动重新返回云层。

从流体力学的基本原理来说，龙卷风的形成是一种气流失稳。当冷干气流和暖湿气流相遇，尤其是冷干气流在上，暖湿气流在下的时候，一方要下降，另一方要上升，二者作用必然产生很多旋涡，类似于烧水时的情况。这些旋涡多数时候会彼此抵消或被黏性耗散掉，但有些时候，局部聚集了过多同方向旋转的旋涡，就可能形成较大尺度的旋涡并长时间存在。如果被这个大旋涡吸入的空气也含有很多同方向旋转的旋涡，大旋涡就会进一步壮大，形成中气旋。可见，龙卷风的形成条件是很苛刻的。据统计，在美国的所有大型暴雨中，只有 1% 会生成龙卷风。不过，这已经足够让美国成为世界上龙卷风发生最多的地区，在美国的中西部有一片区域被称为龙卷风走廊，是龙卷风发生的理想环境。

北半球多数的龙卷风是逆时针转动的，这可能与地球自转产生的科氏力有关。科氏力对台风的产生很关键，北半球的所有台风都是逆时针转动的，而龙卷风也有顺时针转动的，这是因为科氏力对小范围空气的作用很微弱。

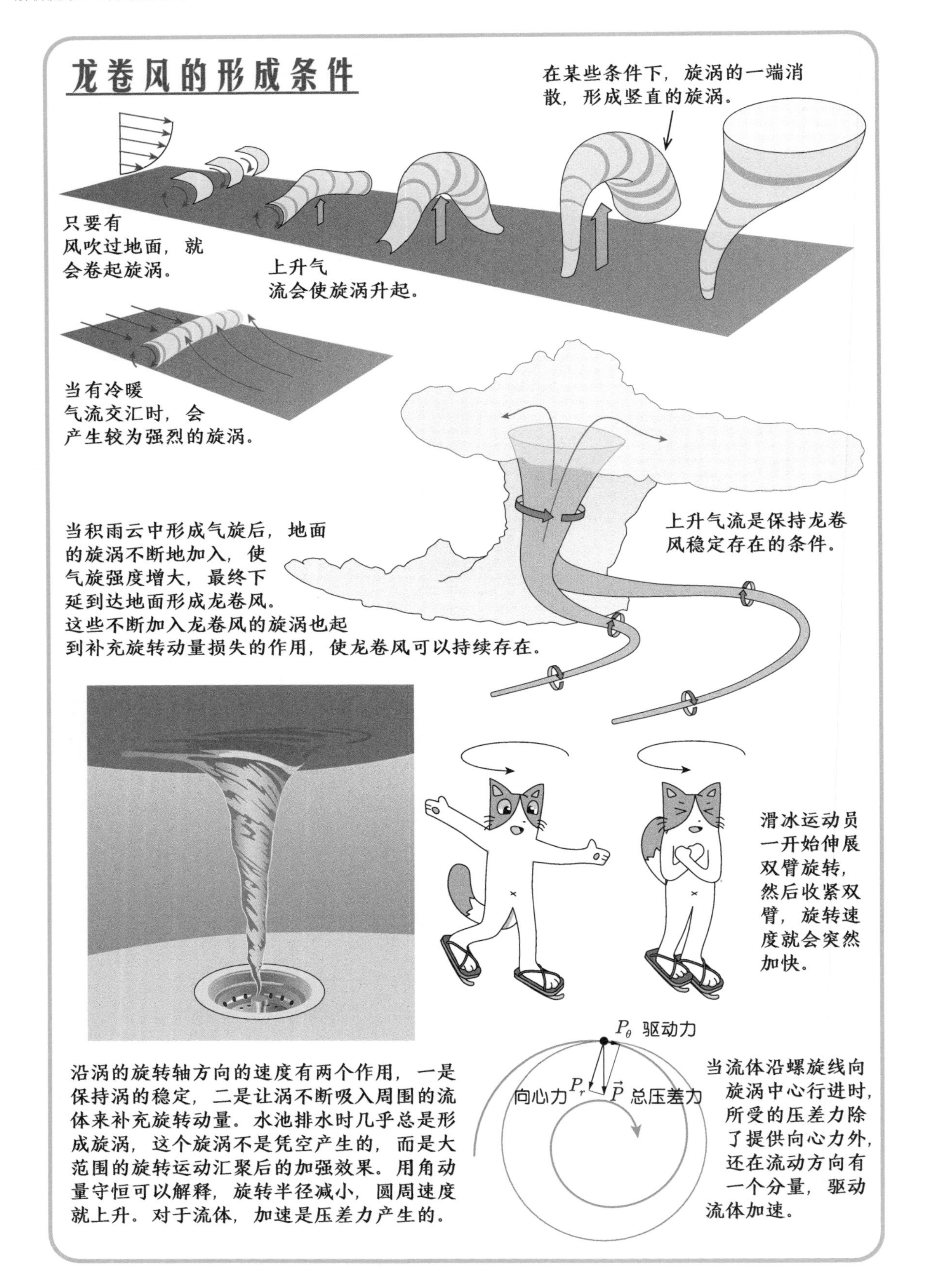

沿涡的旋转轴方向的速度有两个作用，一是保持涡的稳定，二是让涡不断吸入周围的流体来补充旋转动量。水池排水时几乎总是形成旋涡，这个旋涡不是凭空产生的，而是大范围的旋转运动汇聚后的加强效果。用角动量守恒可以解释，旋转半径减小，圆周速度就上升。对于流体，加速是压差力产生的。

一点涡动力学的概念

流体力学有一个分支叫涡动力学，通过研究流场中的旋涡来分析流动。一般的流体力学研究的核心是速度矢量，相应地，涡动力学研究的核心是涡矢量。涡矢量表征了流体微团的旋转特性，表达式为：

$$\vec{\Omega}=\nabla\times\vec{v}$$

式中，$\vec{\Omega}$ 为涡矢量；∇ 为微分算子；$\vec{v}$ 为流速。

涡矢量的大小等于角速度的两倍，方向是以右手法则定义的旋转轴的方向。

流体和固体的不同体现在“流动”上，而流动可以分解为转动和角变形。一团流体从平动开始转动需要力矩的作用，不均匀的体积力、不均匀的压力或者侧面的摩擦力都可以产生力矩。科氏力是一种不均匀的体积力，不均匀压力则来自一种称为“斜压流动”的现象，侧面摩擦力的来源是黏性力。

和斜压流动相反的是正压流动，常见的流动都接近于正压流动，所以这里暂时不分析斜压流动。科氏力产生的力矩则是因为坐标转换产生的，是相对于旋转坐标的力矩，相对于静止坐标并没有。我们日常生活中最常见的可以在流体中产生旋涡的力矩来自于黏性力。

黏性力产生旋涡的方式是在侧面施加摩擦力，由于摩擦力不通过流体微团的质心，就会给流体微团一个力矩作用。射流进入空气会形成很多旋涡，就是黏性力的效果。由于黏性力通常都很小，给流体微团的力矩也很小，因此流体微团接近于角动量守恒，本来不旋转的流体不会旋转起来，本来旋转的流体则一直保持旋转。所以流体中一旦形成旋涡就可以持续很久，如抽烟的人吐的烟圈，飞机的翼尖涡形成的航迹云等都可以保持很久。

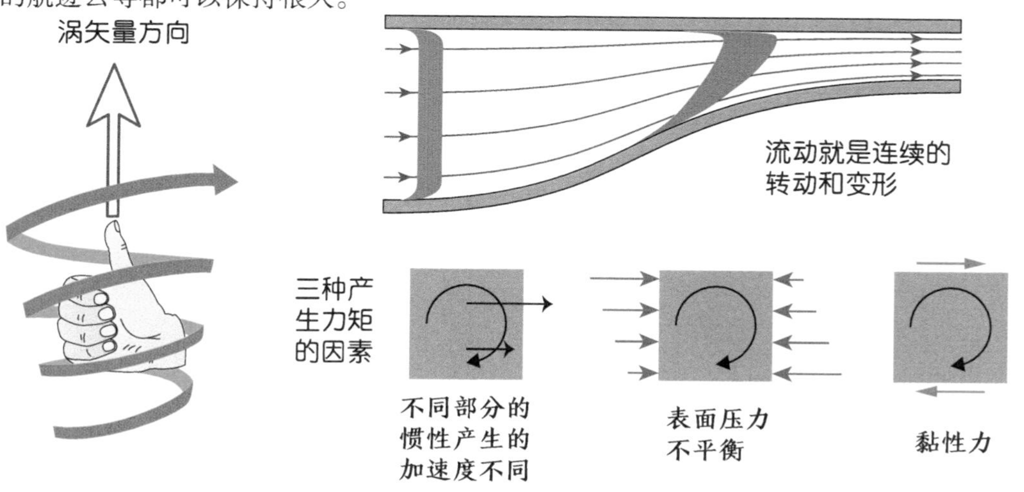

69. 长长的翼尖涡

飞机在飞行过程中，会从两侧的翼尖产生两道旋涡，旋涡的强度由机翼的升力决定。大型飞机的重量大，旋涡很强，可延伸到飞机后方几千米远的地方。旋涡的中心压力低，当空气的湿度大时，水蒸气在这里凝结，就会形成可以看得见的翼尖涡。在飞机后方，发动机排出的水蒸气凝结后也被卷入翼尖涡中，形成长长的航迹云。

翼尖涡存在于所有具有升力的物体边缘，只不过是飞机的飞行高度上气温低，并且飞机的速度快，所以水汽更容易凝结，我们才经常能看到飞机的翼尖涡，而鸟类的翼尖或者赛车的翼尖上产生的翼尖涡我们很少能看到。

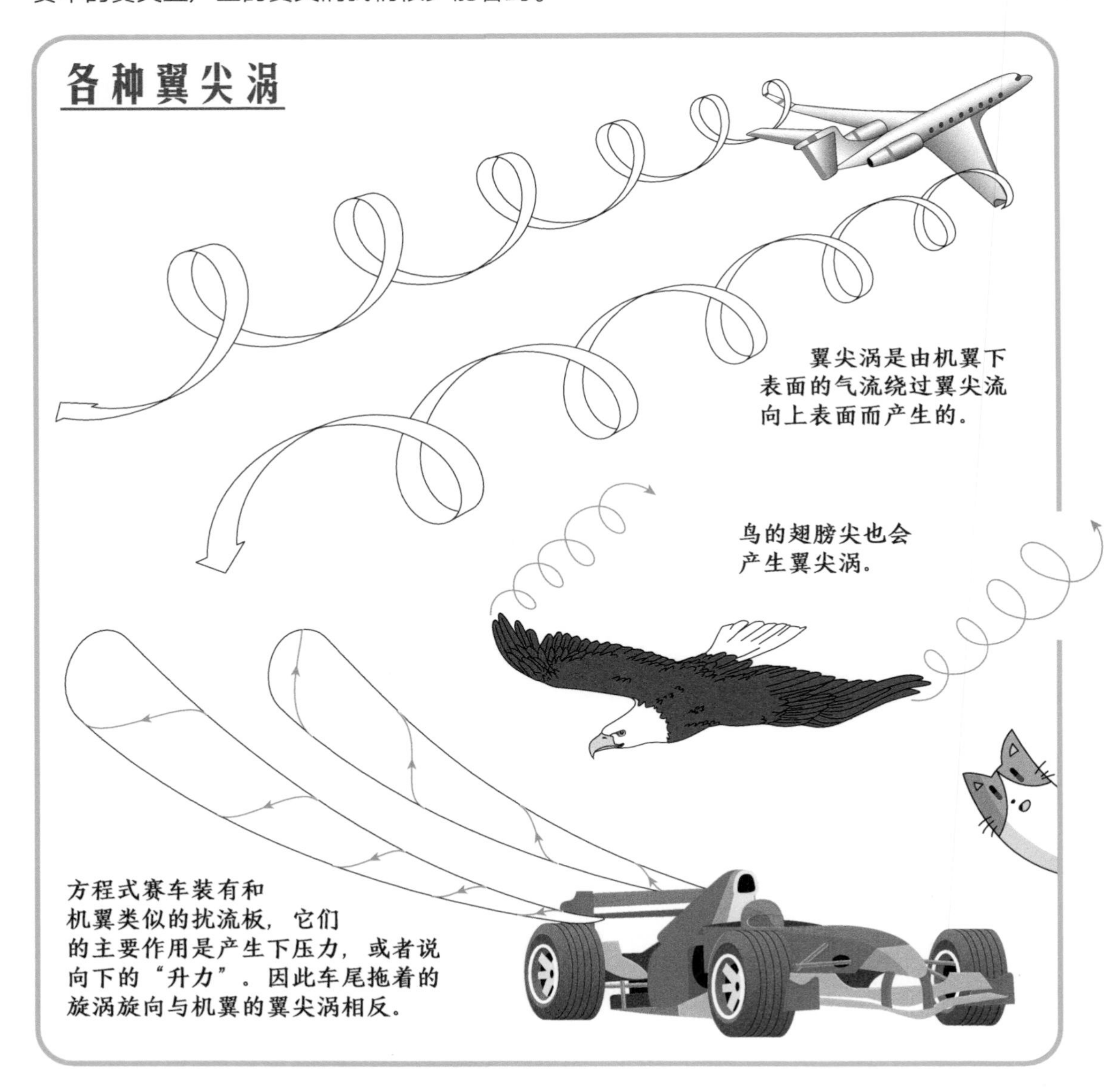

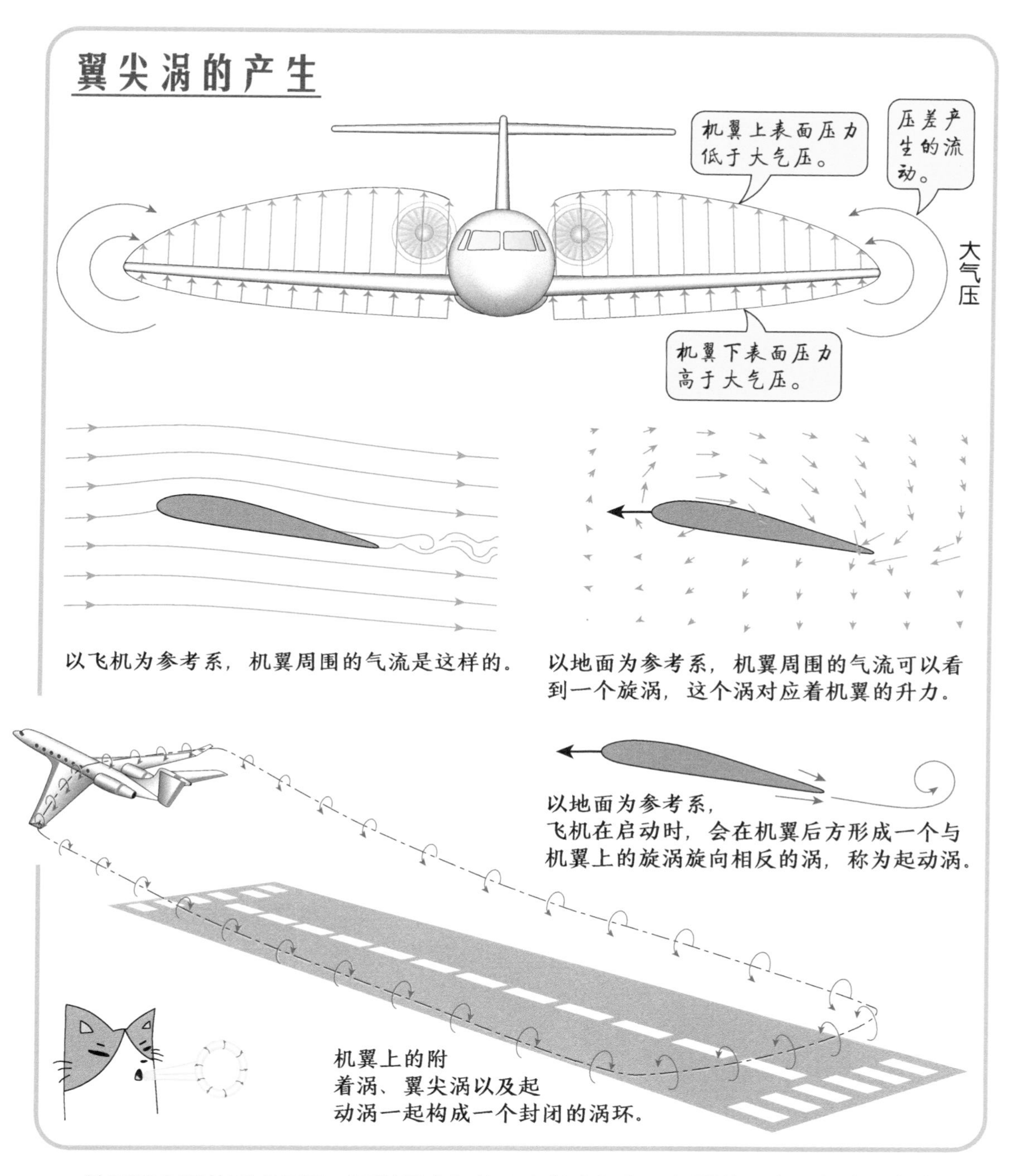

关于翼尖涡的形成原因，可以用空气的压力差来解释。机翼的下表面气流压力高于大气压，上表面气流压力低于大气压，在翼尖处，下表面的气流会绕过翼尖流向上表面。这个流动趋势和来流叠加，就形成了螺旋的流动，这就是翼尖涡。

另外，还可以用旋涡理论来解释翼尖涡。流体力学的旋涡理论中有一条结论，就是旋涡不能有自由端，应该或者终止于壁面，或者形成一个封闭的环。而机翼之所以产生升力，就是因为机翼上有一个附着的涡，这个涡在翼尖处向外延伸，并在气流的带动下向后延伸，和机翼的启动涡形成一个封闭的涡环。

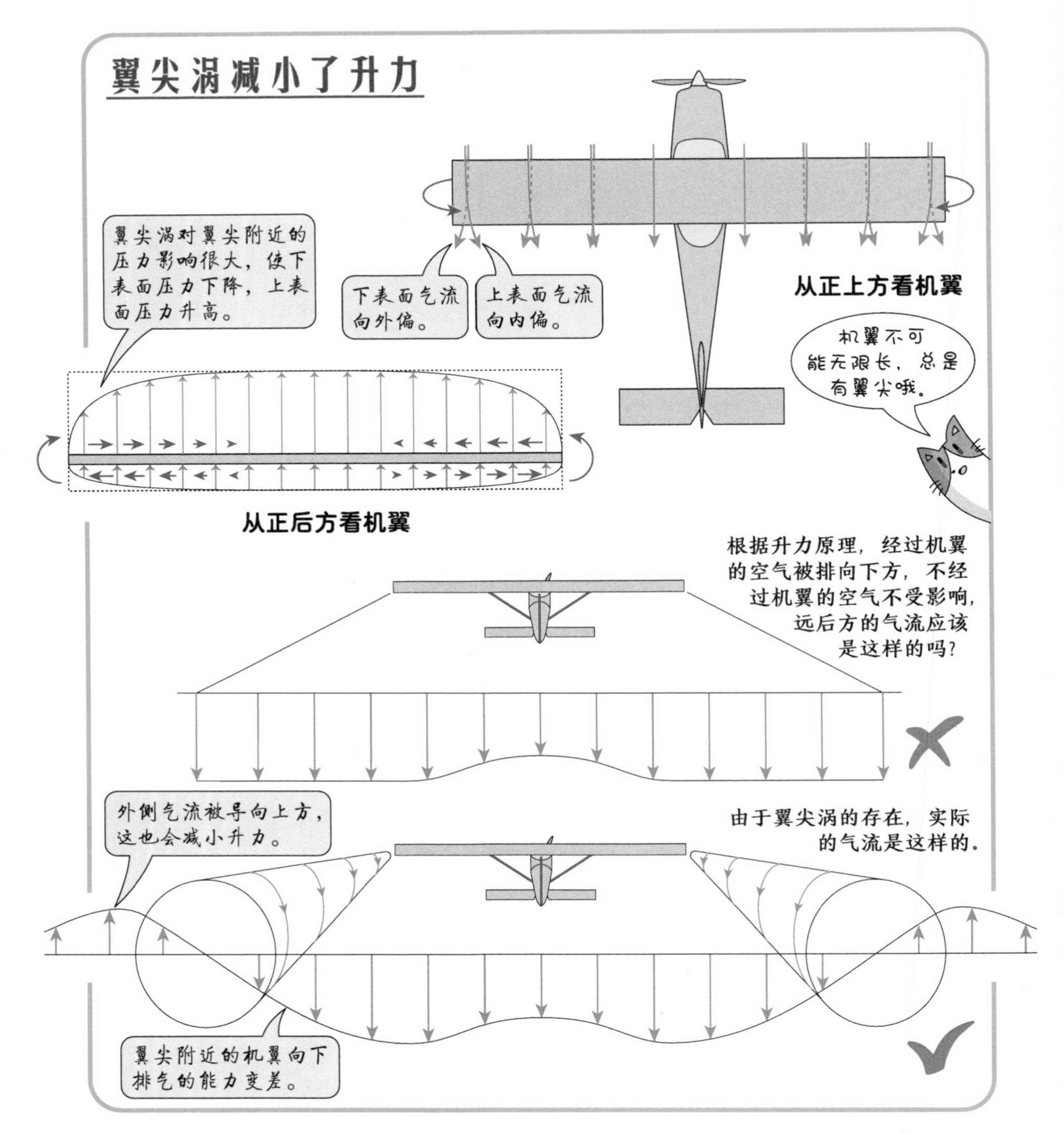

翼尖涡会改变机翼表面的压力分布，使升力减小，阻力增加。从机翼表面压力分布的角度解释，在翼尖处，没有了机翼的阻隔，上下表面的压力应该是相等的，效果是翼尖处的升力为零。也可以理解为空气从下表面跑到上表面，对下表面的高压具有泄压的作用，而对上表面的低压具有增压的作用，从而减小了整个机翼的升力。从动量定理的角度看，升力的大小取决于机翼向下“排出”气流的质量和速度，而翼尖涡可以看作是机翼下表面的气流向上表面的泄漏产生的，也就是说有一部分空气没有被排向下方，而是跑到上边来了，因此升力减小了。

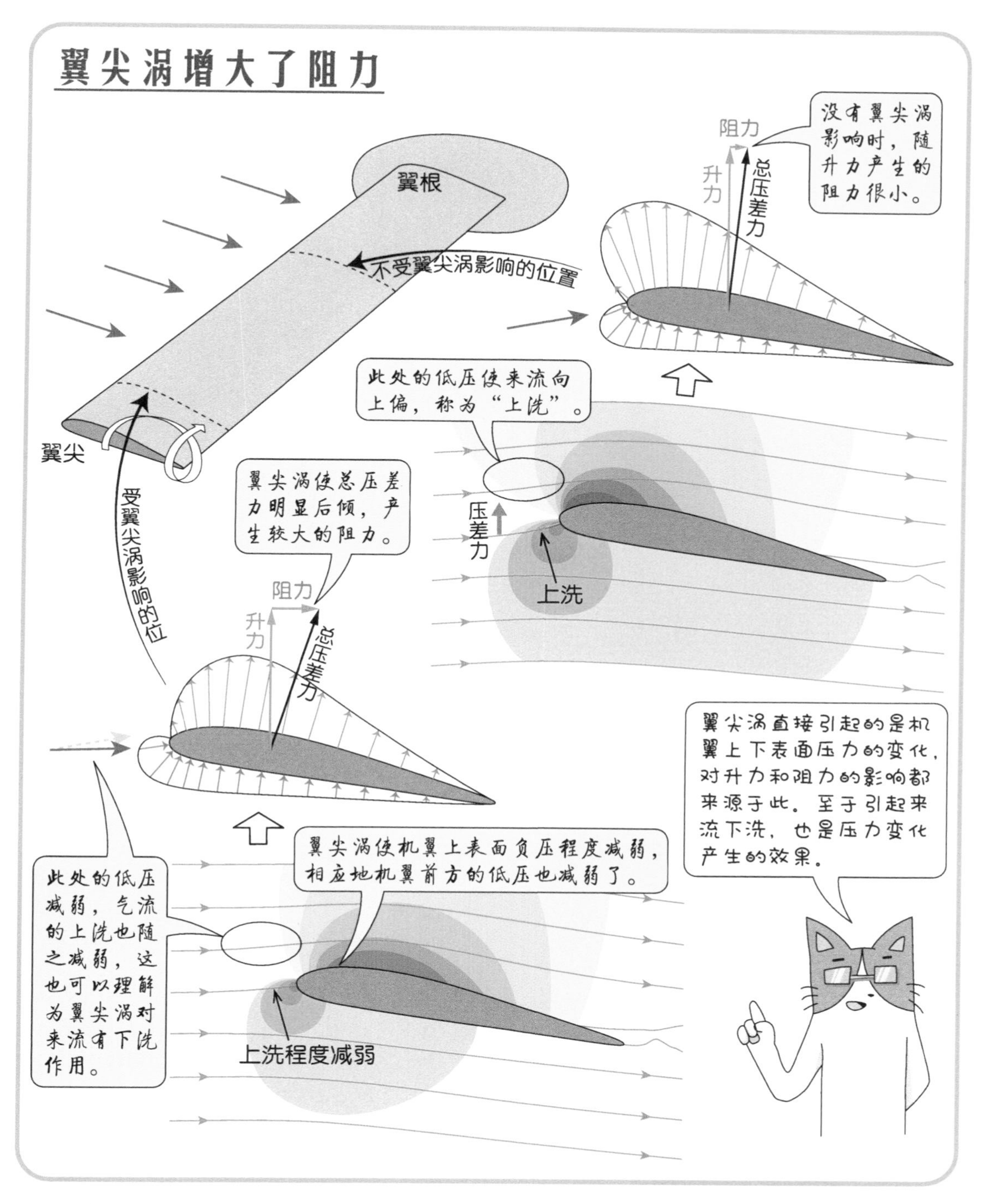

一般把翼尖涡产生的阻力称为诱导阻力，这是狭义的定义。广义的诱导阻力定义是随升力一起产生的阻力，在没有翼尖涡的情况下也有随升力产生的阻力，不过比较小，所以一般说的都是狭义的诱导阻力。一般对诱导阻力的解释是翼尖涡使气流产生下洗效果，从而使机翼上的压差力向后偏斜，增加了向后的分量，这个向后的分量就是阻力。这个解释当然是对的，不过读者可能还有两个疑问：一个是翼尖涡是如何造成气流下洗的，另一个是如何从机翼表面压力分布来解释诱导阻力。

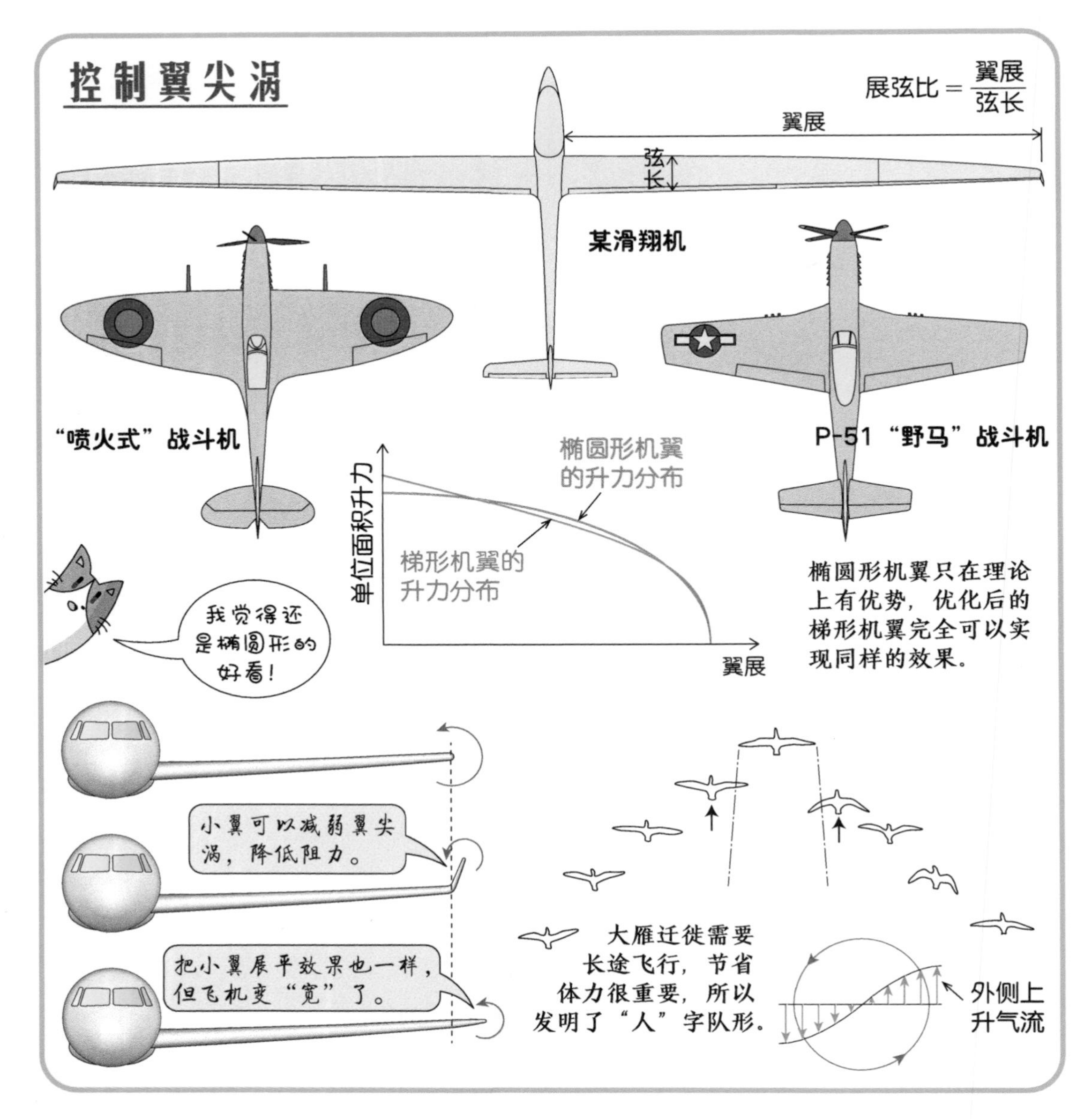

细长的机翼可以减少受翼尖涡影响区域的比例，所以追求低阻力的飞机都是大展弦比的，但是大展弦比有机动性不好和强度差等缺点。

通过减小翼尖处的升力来减小诱导阻力也是一种方法。例如，把机翼做成椭圆形或梯形，经典的例子是英国的“喷火式”战斗机和美国的 P-51“野马”战斗机。还可以让机翼扭转，减小翼尖处的迎角来减小翼尖处的升力。减小翼尖处的升力还有一个实际的原因是这样对机翼的强度有好处。

现代客机翼尖处的“小翼”其实也是变相地加长机翼和减小翼尖处的弦长。把小翼展平也一样可以减小阻力，不过机翼太长不利于停放和进出机库等。

翼尖涡的内侧产生下洗气流，外侧则产生上升气流，长途迁徙的鸟类会利用这种上升气流，排成“人”字形或斜的“一”字形飞行，这样后面的鸟可以节省体力。

70. 建筑的通风

建筑的通风涉及很复杂的流体力学原理，所以值得仔细分析与思考。开窗多长时间可以把室内的空气换一遍是人们很关心的问题。但是这个问题是没有标准答案的，屋子的大小、窗户的大小和个数、窗户的朝向、室外的风速和风向、室内外的温差等因素都可能具有决定性的影响。

影响通风的因素

通风是建筑设计需要考虑的要素之一，建筑的通风可以分为主动通风和被动通风。主动通风使用排气扇等装置进行通风，被动通风则不需要额外耗费能量，通过窗子和排气塔等的设计，利用自然风对流来通风。

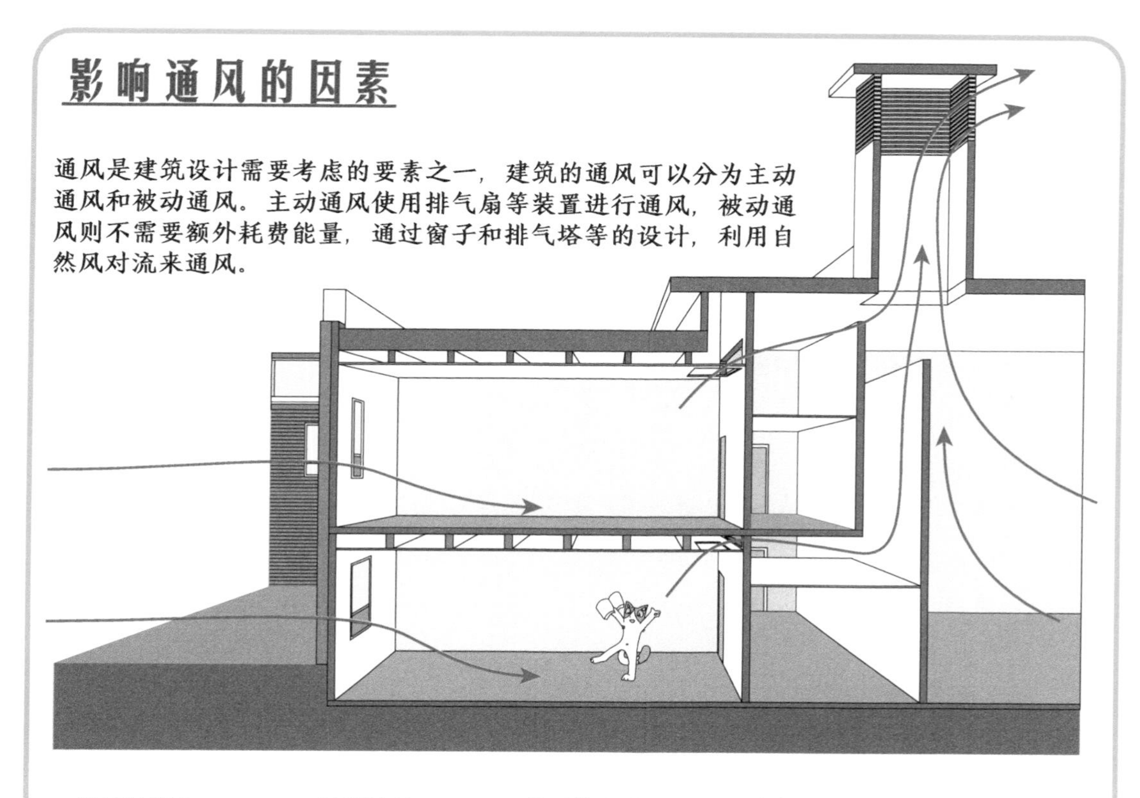

风速的影响

室外的风速是影响通风效果的最大因素，大风天的时候开几分钟窗户的效果可能要比无风天开半小时都强。

流量连续

打开窗户是否会有空气进入，还取决于房间内的空气是否有处可去。只开一个窗的通风效果较差，因为它要同时承担进气和出气两个功能。

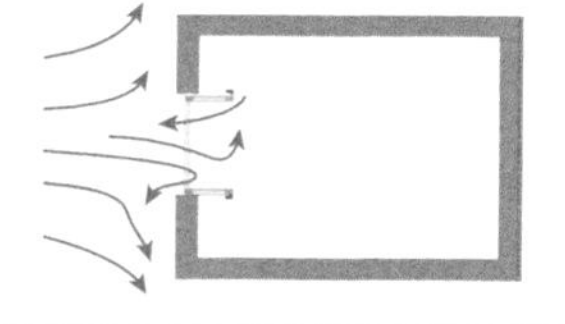

脉动的影响

脉动的风比匀速的风换气效果要好，尤其是只开一个窗不能形成过堂风的情况下。

重力的影响

室内外的温差大时换气效果好，这是因为空气密度不同产生了自然对流，流动的驱动力源于重力。

热 冷

扩散作用

即使完全没有风和温差，“静止”的空气也会通过分子扩散来实现换气，但效果较差。实际上空气并不会完全静止，而是有湍流运动的。只要开着窗，湍流扩散作用就可以保证一般生活的通风需求。

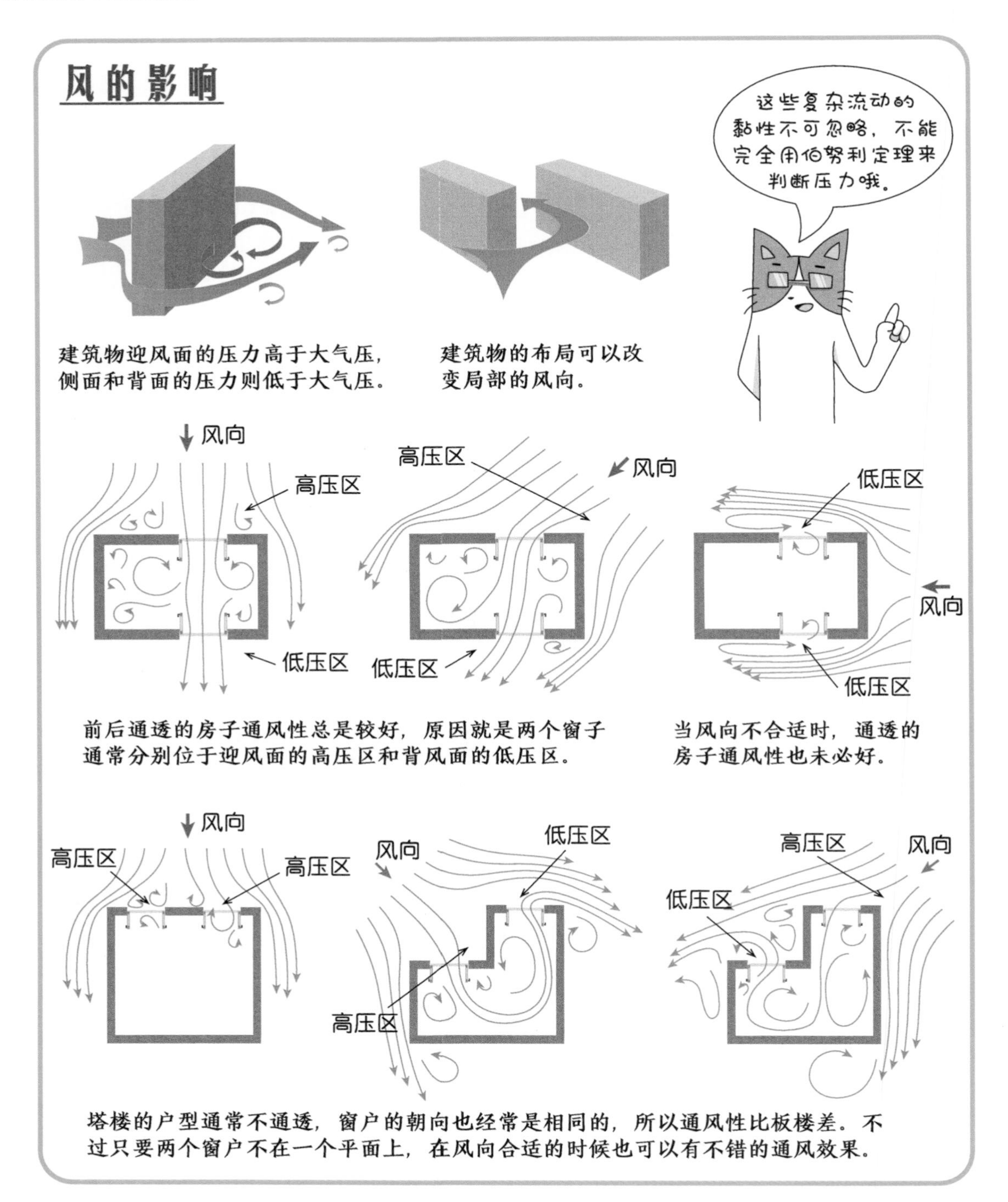

显然室外的风速对通风效果的影响最大，风越大就可以在建筑周围产生越大的压差，从而使进出窗户的气流速度更大。另外，风向的影响也是决定性的，显然南北通透的房子在刮南北风的时候通风最快。对于那些窗户朝向同一面，或者只有一个窗户的房子来说，脉动的风效果更好，而一般风越大脉动性就越强。有些造型复杂的塔楼周围压力分布很复杂，同一户型的不同窗户之间可能形成很强的压差，即使是朝向一面的窗子也可以有很好的通风效果。

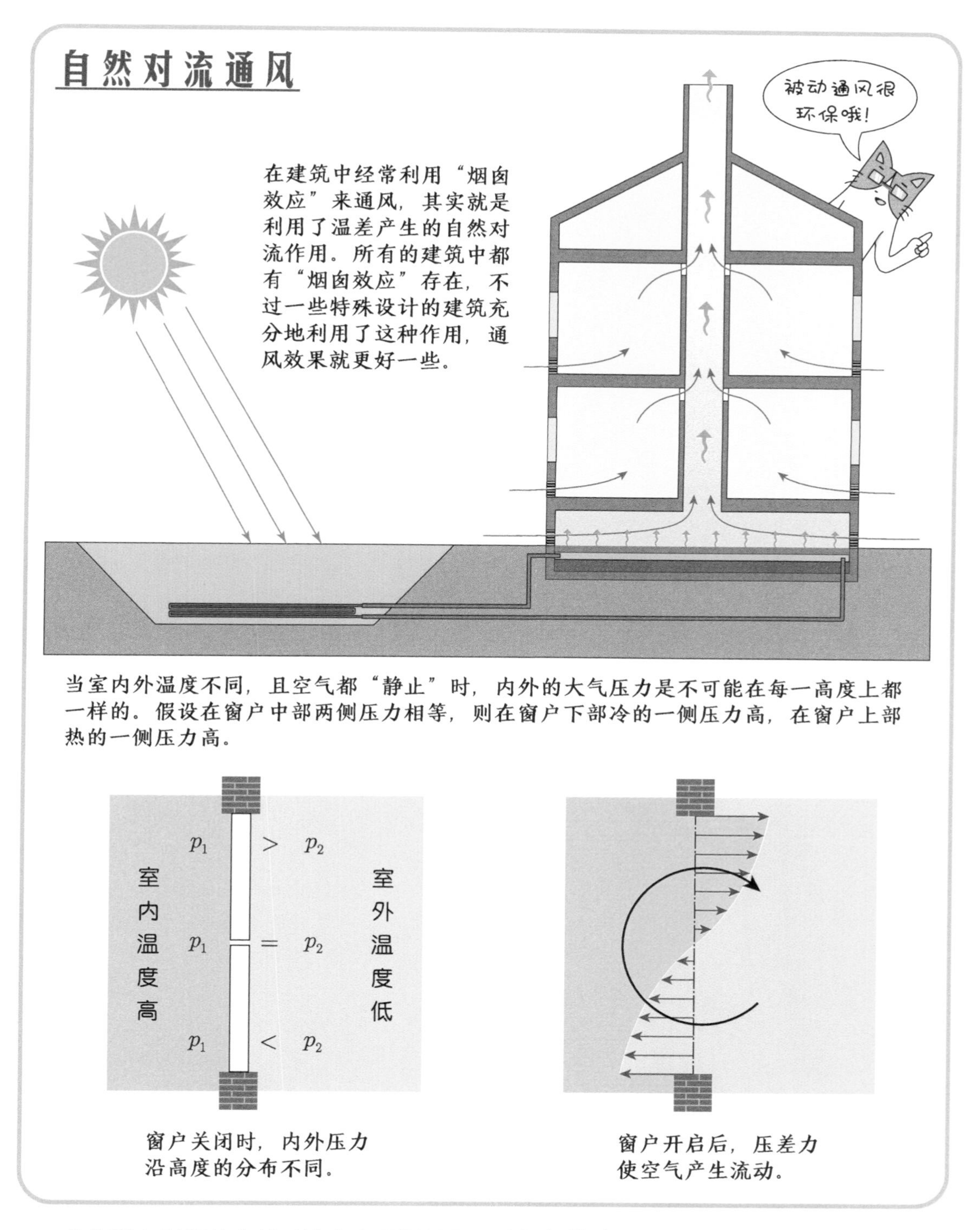

依靠重力引起的自然对流来实现通风是一种很好的选择，这种通风方式在没风的时候也能很好地发挥作用。自然对流是因为空气密度不同而产生的，密度不同的主要原因的是温度，另外湿度也会影响空气的密度。实际上有人活动的室内温度和湿度几乎总是和室外不同，所以打开窗子，即使没有风，也会有自然对流形成的换气。在同一个窗口处，上部空气从热的一侧流向冷的一侧，下部空气从冷的一侧流向热的一侧。

烟囱效应

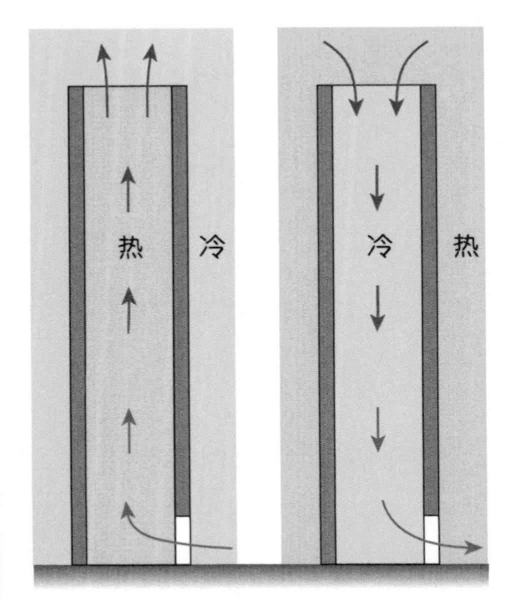

假设一开始烟囱底部封闭，顶部打开，则在顶端内外压力相等，在底端内部压力小。

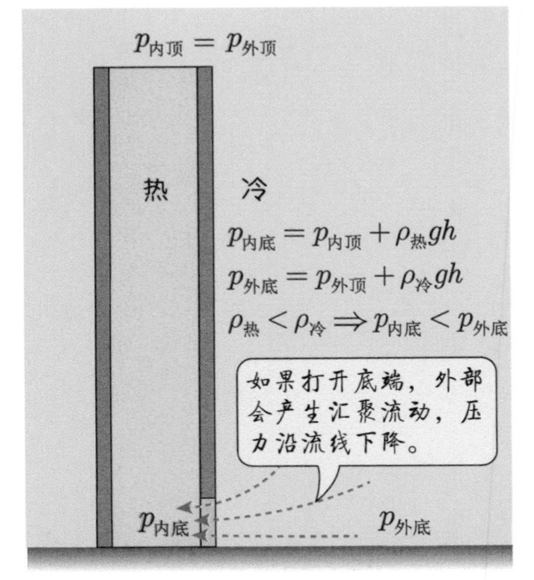

当烟囱内的空气比环境空气温度高时，环境空气从烟囱底部进入，顶部流出。反之，当烟囱内的空气比环境空气温度低时，环境空气从烟囱顶部进入，底部流出。

当打开底端，形成稳定流动后，顶部排出热气属于射流，压力仍然等于环境压力，烟囱底端空气保持低压，外部向此汇聚，从$p_{内底}$加速降压到入口达到$p_{外底}$。

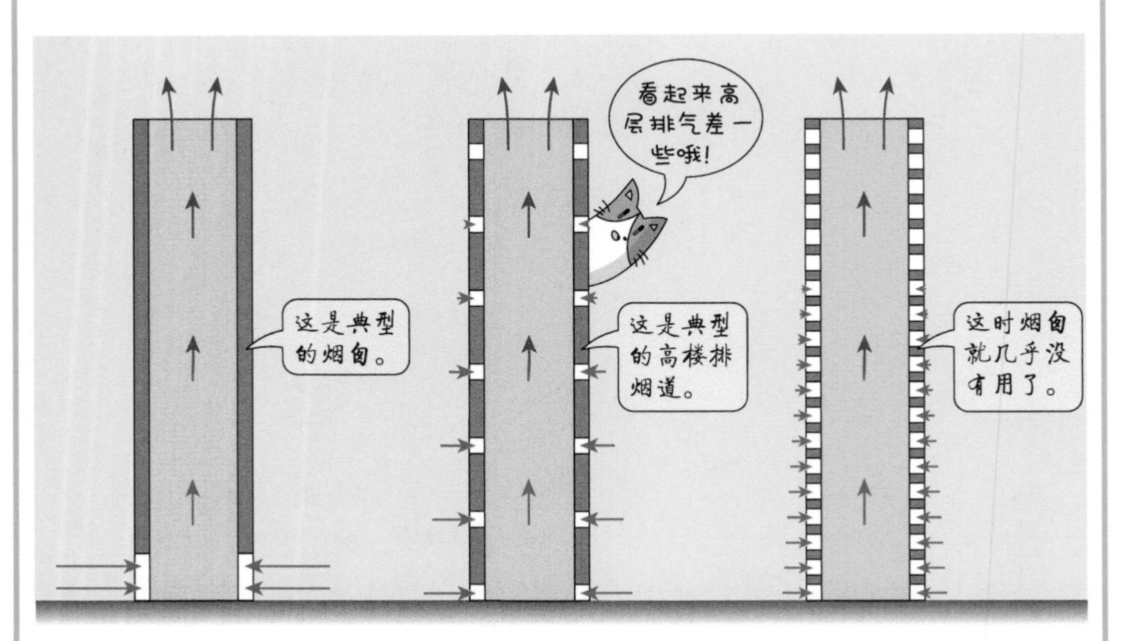

只在烟囱底部开口时，内外压差大，吸入空气的速度大，通风效果好。

如果在不同高度上开很多口，则从下到上进气速度越来越小。

如果开口过多，将无法保持内外的压差，所有进口的流速都很小。

71. 水面波纹不简单

投一颗小石子到平静的水中，会在水面激起一圈圈向外扩散的波纹，鸭子或船在水面上前进，后面总是拖着长长的“V”字形水波，海中的波浪在接近沙滩时，会抬高并破碎成浪花，这些都属于水面波现象。水面波是一种较为复杂的波动现象，在表象上比起真空中的电磁波和空气中的声波都要复杂一些。例如，水面波没有固定的速度，它的传播速度和很多因素有关，而且水面波既不是横波也不是纵波。

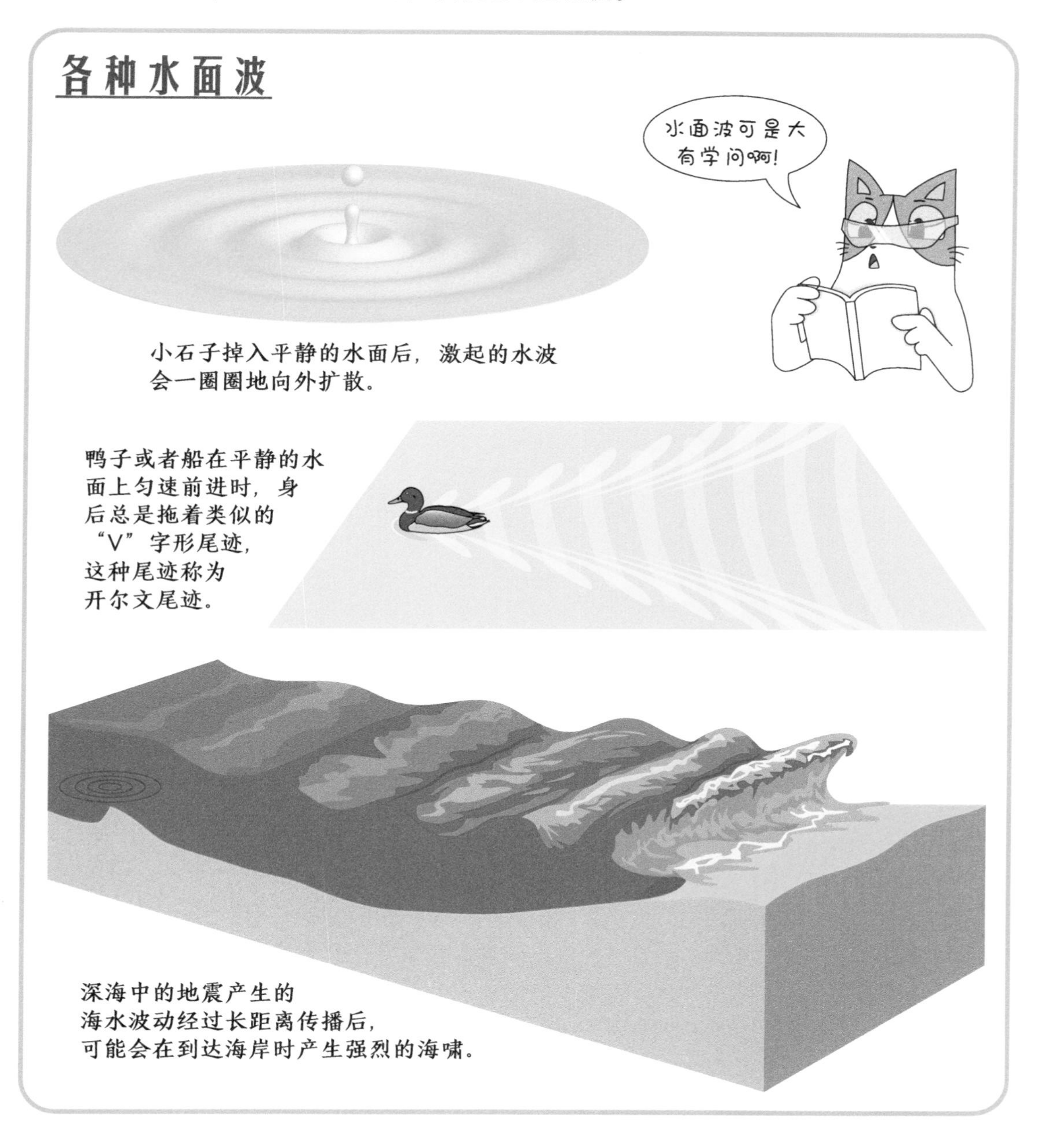

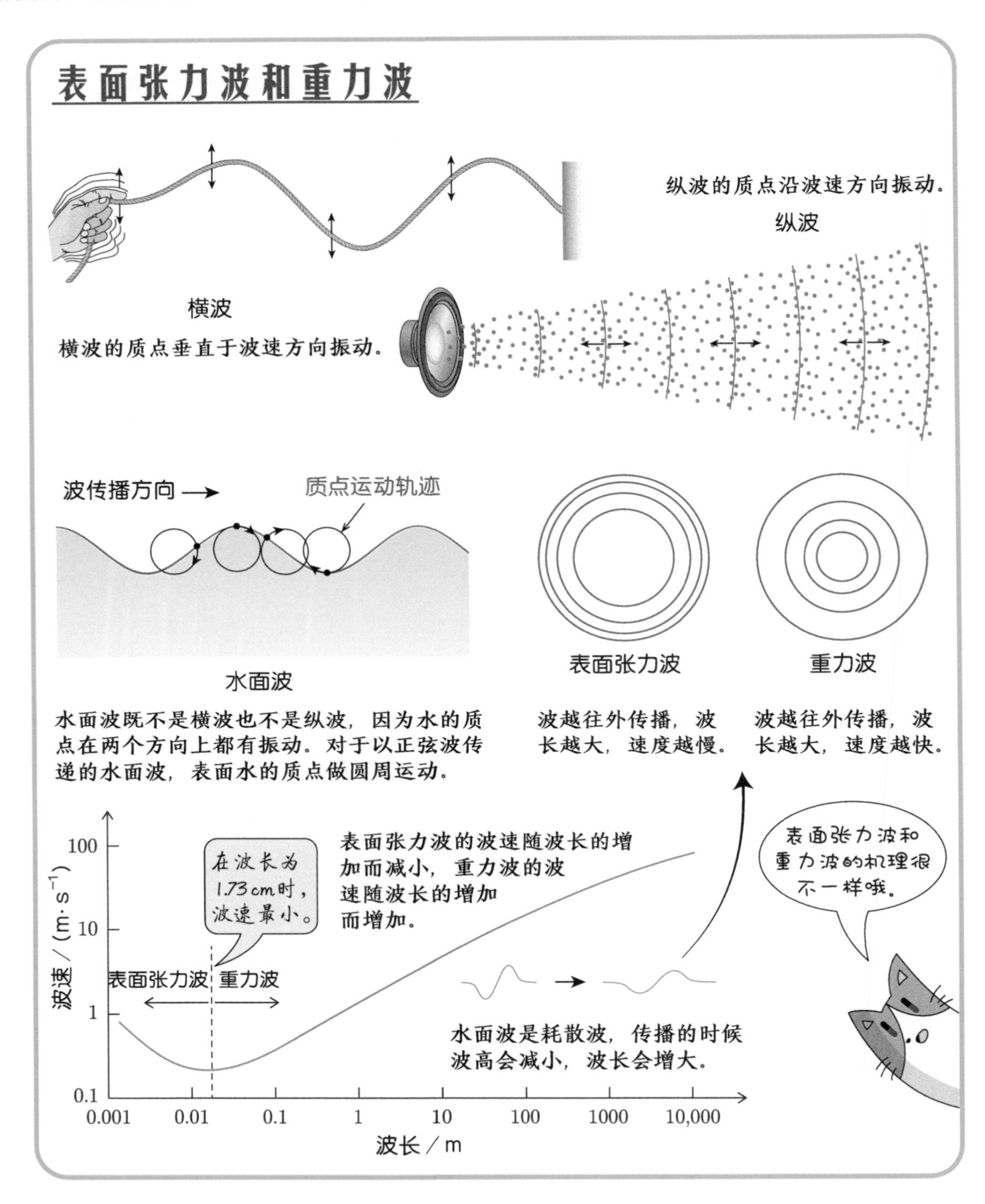

水面波是一种机械波，机械波中质点的振动需要回复力，在振动的绳子中回复力是弹性力，在空气里传播的声波中回复力是压力，在水面波中，则有表面张力和重力两种回复力。表面张力在小的水面波中发挥作用，如昆虫在水面引起的波动，或者毛毛细雨落在水面上的波动，这种水面波可以称为表面张力波。稍微大一点的水面波，如石头扔进水中引起的波动，重力就是主要因素了，称为重力波。不同于简单的机械波，水面波既不是横波也不是纵波，波速也不恒定。

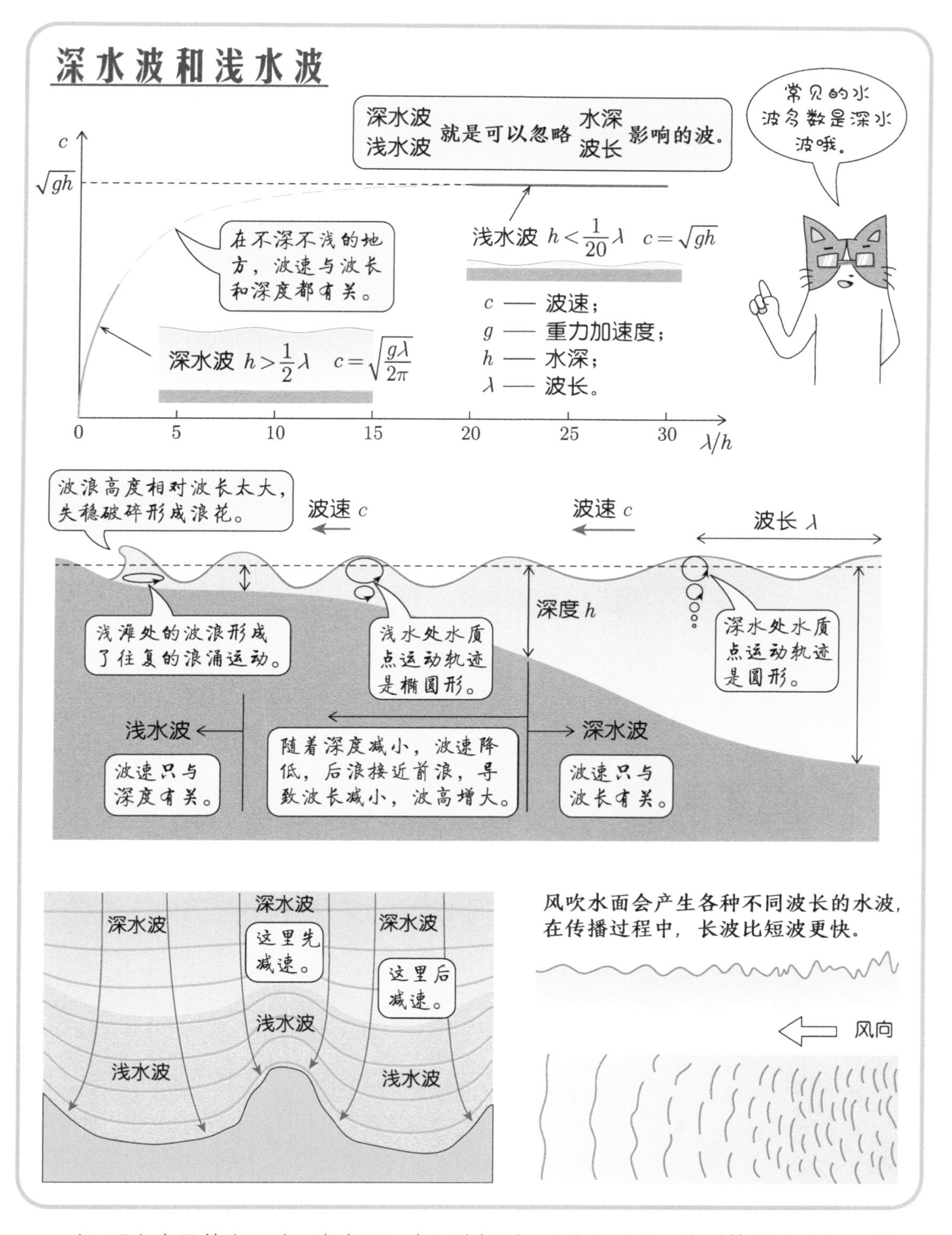

对于重力主导的水面波，当水深远大于波长时，称为深水波，这时的波速取决于波长，波长越短波速就越慢。当水深远小于波长时，称为浅水波，这时的波速取决于水深，水越浅波速就越慢。海浪接近岸边时后浪会接近前浪，而且波浪会变成平行于海岸的形状，这都是水深的变化造成的。

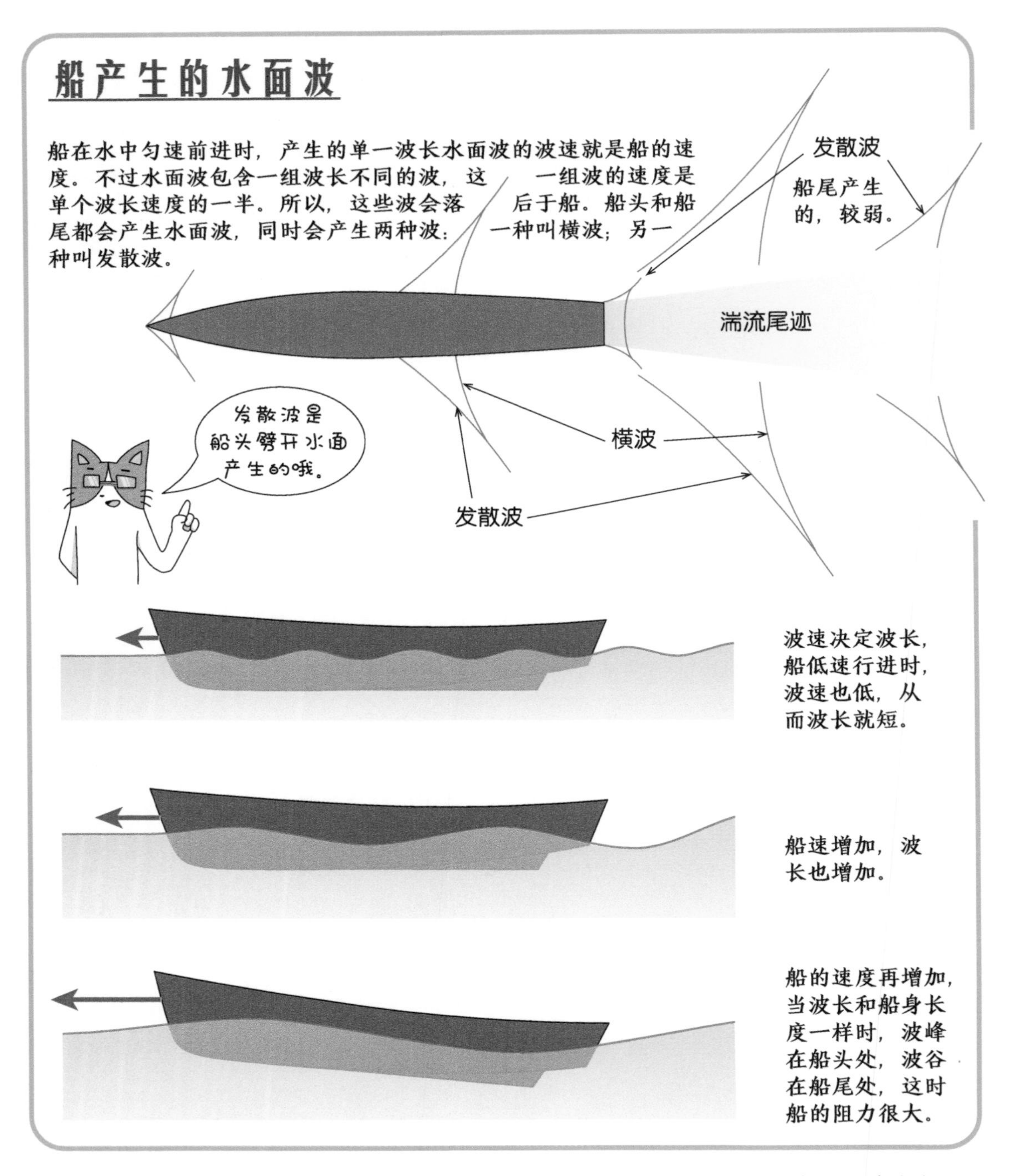

鸭子或者船的后面会有“V”形的尾迹，是由水的波纹组成的。开尔文勋爵（威廉·汤姆森）在1887年研究了这种水面波，并发现了尾迹的夹角是一个固定值（39°），所以这种尾迹称为开尔文尾迹。

有时人们会用船产生的这种水面波来比拟超声速飞机产生的激波，其实它们是很不一样的。船无论速度多大，都会产生开尔文尾迹，而飞机必须超声速才能产生激波。这是因为空气中的声速基本是个定值（只与温度有关），而水面波的波速则不是定值。船越慢，它产生的水面波也越慢，总是落后于船体。

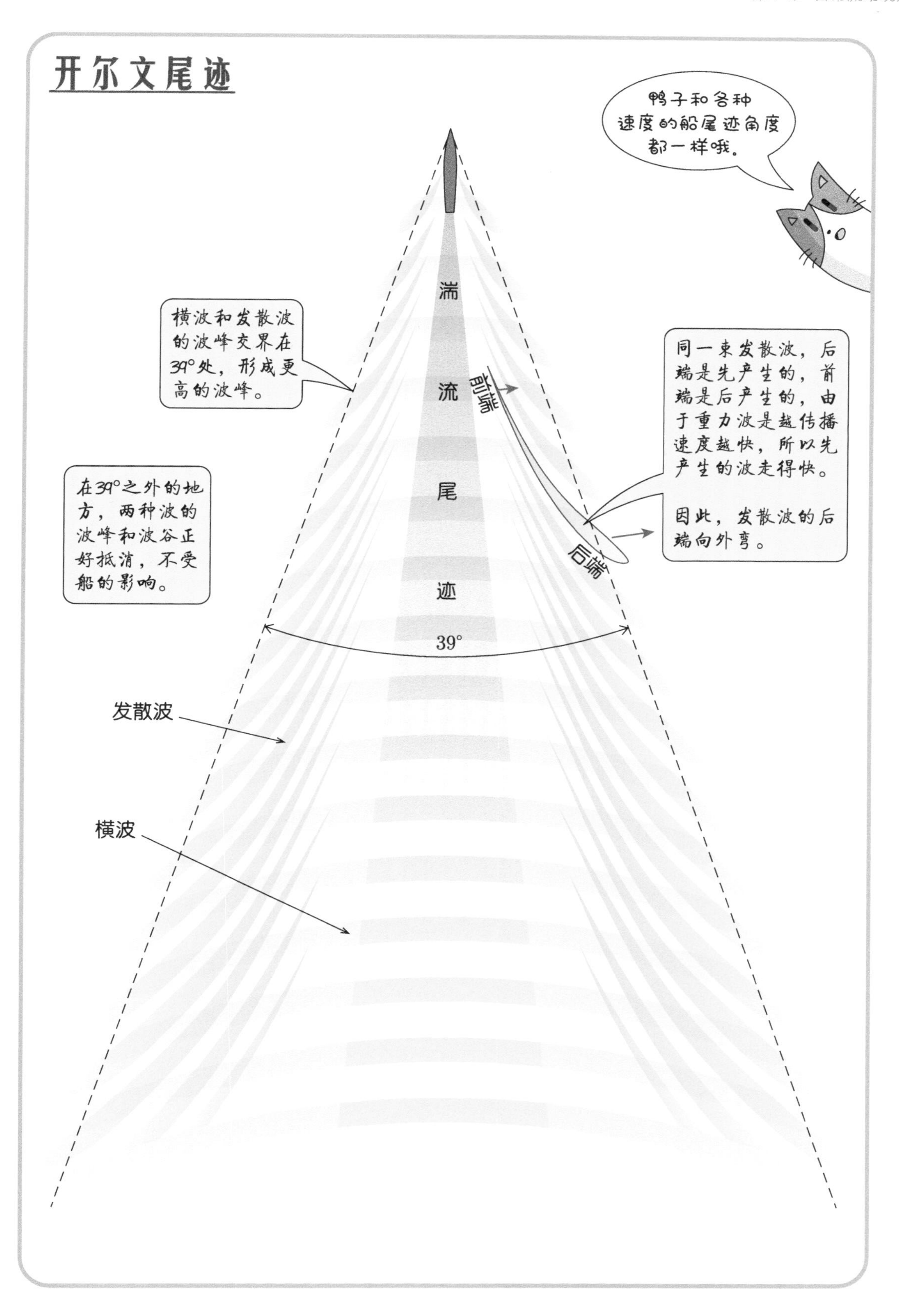
开尔文尾迹
鸭子和各种速度的船尾迹角度都一样哦。
横波和发散波的波峰交界在39°处，形成更高的波峰。
湍流尾迹
前端
后端
同一束发散波，后端是先产生的，前端是后产生的，由于重力波是越传播速度越快，所以先产生的波走得快。
因此，发散波的后端向外弯。
在39°之外的地方，两种波的波峰和波谷正好抵消，不受船的影响。
39°
发散波
横波